第一次検定・第二次検定

土木
施工管理技士

要点テキスト

2級

土木一般
専門土木
共通工学
土木法規
施工管理法
（知識・能力）
第二次検定
検定試験問題

市ヶ谷出版社

まえがき

　2級土木施工管理技士の資格は，土木工事の現場において**主任技術者**（施工計画を作成し，工程管理・安全管理・品質管理など施工に必要な技術上の管理をつかさどる技術者）**を目指す土木技術者にとっては必要な資格**です。この資格は，建設業界において土木技術者個人ならびに企業の社会的な信用を高めるとともに，企業の技術力の評価を向上させる役割をもっています。

　従来，2級土木施工の検定試験は学科試験，実地試験に分かれておりましたが，建設業法の改正に伴い試験制度が変更され，2021年4月からは「第一次検定」および「第二次検定」のそれぞれ独立した試験として実施されます。また，新制度に伴い，第一次検定合格者には「技士補」の称号が，第二次検定合格者には「技士」の称号がそれぞれ与えられます。

　近年の試験では，出題分野が多岐にわたり，出題レベルも比較的高くなっており，今回特に第一次検定のレベルが若干上がるものと考えられ，体系的に学習し，要点をしっかり理解することが求められます。

　本書は，現場で活躍する**中堅の土木技術者の方々**や，将来の土木工事の**現場監督を目指す高校・大学等の学生**を対象に，2級土木施工管理技士の試験に合格する力を効果的に身に付けられるよう，次のことに留意してあります。

1.　過去の試験問題を徹底的に分析し，学習する単元ごとの頻出レベル，学習のポイントをわかりやすくまとめてあります。

2.　学習する単元を，原則として見開き2ページ単位でまとめ，表や図を用いて解説してあります。また，問題を解くために必要となる基礎知識を学習しやすいようにまとめてあります。

3.　重要かつ頻出する事項は，赤字で示して，視覚による理解度を高めるようにしてあります。

4.　学習する単元・章の最後には，学習内容の理解度をはかるための確認テスト，覚えた知識の定着をはかるための章末問題を設けてあります。また，巻末には，令和4年度後期試験として実施された本試験の問題および解答・解説を掲載してあります。

> 　本書令和6(2024)年度版は，令和4年度（後期試験）に出題された問題の中から，特に重要な事項を抜き出し，章の始めにまとめてあります。最初にその重要事項を一読してから，学習をはじめて下さい。

　本書を十分に活用され，2級土木施工管理技士の資格を取得されることを祈念しております。

令和6年4月　　　　　　　　　　　　　　　　　　　　　　著　者

2級土木施工管理技術検定　令和3年度制度改正について

令和3年度より，施工管理技術検定は制度が大きく変わりました。

●**試験の構成の変更**　　（旧制度）　　　──→　　　（新制度）

　　　　　　　　学科試験・実地試験　──→　第一次検定・第二次検定

●**第一次検定合格者に『技士補』資格**

　令和3年度以降の第一次検定合格者が生涯有効な資格となり，国家資格として『2級土木施工管理技士補』と称することになりました。

●**試験内容の変更**・・・以下参照ください。

●**受験手数料の変更**・・第一次検定の受検手数料が5,250円に変更になりました。

---

1. 試験内容の変更

　学科・実地の両試験の合格によって2級の技士となる現行制度から，施工技術のうち，基礎となる知識・能力を判定する第一次検定，実務経験に基づいた技術管理，指導監督の知識・能力を判定する第二次検定に改められました。

　第一次検定の合格者には技士補，第二次検定の合格者には技士がそれぞれ付与されます。

第一次検定

　これまで学科試験で求められていた知識問題を基本に，実地試験で出題されていた施工管理法など能力問題が一部追加されることになりました。

　第一次検定はマークシート方式で，これまでの四肢一択形式と出題形式の変更はありません。

　合格に求められる知識・能力の水準は，現行検定と同程度で，合格基準は得点が60%以上となっています。

試験内容

検定科目	検 定 基 準
土木工学等	1. 土木一式工事の施工の管理を適確に行うために必要な土木工学，電気工学，電気通信工学，機械工学及び建築学に関する概略の知識を有すること。 2. 土木一式工事の施工の管理を適確に行うために必要な設計図書を正確に読みとるための知識を有すること。
施工管理法	1. 土木一式工事の施工の管理を適確に行うために必要な施工計画の作成方法及び工程管理，品質管理，安全管理等工事の施工の管理方法に関する基礎的な知識を有すること。
	2. 土木一式工事の施工の管理を適確に行うために必要な基礎的な能力を有すること。
法　　規	建設工事の施工の管理を適確に行うために必要な法令に関する概略の知識を有すること。

（2級土木施工管理技術検定　受検の手引より引用）

第二次検定

試験の内容

次の試験科目の範囲とし，記述式の筆記試験を行います。

検定区分	検定科目	検 定 基 準
第二次検定	施工管理法	1. 主任技術者として，土木一式工事の施工の管理を適確に行うために必要な知識を有すること。 2. 主任技術者として，土質試験及び土木材料の強度等の試験を正確に行うことができ，かつ，その試験の結果に基づいて工事の目的物に所要の強度を得る等のために必要な措置を行うことができる応用能力を有すること。 3. 主任技術者として，設計図書に基づいて工事現場における施工計画を適切に作成すること，又は施工計画を実施することができる応用能力を有すること。

第二次検定では，得点が 60% 以上の者が合格となります。ただし，試験の実施状況等から，変更される可能性があります。

（参考） 第二次検定の受検資格

第一次検定合格者で，別表に示す所定の実務経験を満たした者は，第二次検定を受検できます。

※最終学歴に応じて必要とされる実務経験年数は異なりますのでご注意ください。

※第二次検定受検の際に必要な実務経験は，第一次検定を合格した種別（土木・鋼構造物塗装・薬液注入）と同じ工事種別の実務経験を積む必要があります。

※第一次検定で合格した種別以外の実務経験の場合は，再度第一次検定から受検する必要があります。

[別表] 第二次検定の受検に必要な実務経験年数

最終学歴	土木施工管理に関する必要な実務経験年数	
	指定学科	指定学科以外
学校教育法による 大学 専門学校の「高度専門士」[※1]	卒業後 1 年以上 の実務経験年数	卒業後 1 年 6 か月以上 の実務経験年数
学校教育法による 短期大学 高等専門学校（5 年制） 専門学校の「専門士」[※2]	卒業後 2 年以上 の実務経験年数	卒業後 3 年以上 の実務経験年数
学校教育法による 高等学校 中等教育学校（中高一貫 6 年） 専修学校の専門課程	卒業後 3 年以上 の実務経験年数	卒業後 4 年 6 か月以上 の実務経験年数
その他（最終学歴を問わず）	8 年以上の実務経験年数	

※1 修業年限が 4 年以上等の要件を満たしたもので，文部科学大臣が指定した課程の修了者に，高度専門士の称号が付与されます。

※2 修業年限が 2 年以上等の要件を満たしたもので，文部科学大臣が指定した課程の修了者に，専門士の称号が付与されます。

（2 級土木施工管理技術検定 受検の手引より引用）

2級土木施工管理技術検定の概要

1. 試験日程

	【前期】第一次検定	【後期】第一次検定・第二次検定
受検申込期間	令和6年3月6日(水)～3月21日(木)	令和6年7月5日（水）～7月19日（水）
試験日	令和6年6月2日（日）	令和6年10月22日（日）
合格発表	令和6年7月2日（火）	令和6年11月30日（木）（第一次検定後期のみ） 令和7年2月7日（水）（第一次・第二次検定）

2級土木施工管理技士補の資格取得まで（前期）

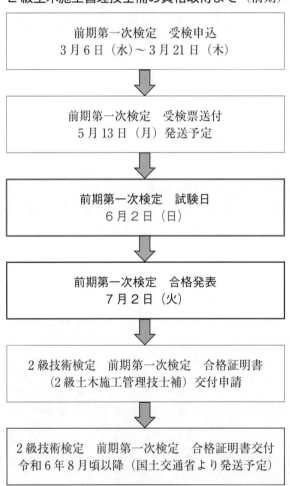

前期第一次検定　受検申込
3月6日（水)～3月21日（木）

前期第一次検定　受検票送付
5月13日（月）発送予定

前期第一次検定　試験日
6月2日（日）

前期第一次検定　合格発表
7月2日（火）

2級技術検定　前期第一次検定　合格証明書
（2級土木施工管理技士補）交付申請

2級技術検定　前期第一次検定　合格証明書交付
令和6年8月頃以降（国土交通省より発送予定）

2．受検資格

第一次検定のみ

試験実施年度末日に満 17 歳以上となる者【誕生日が平成 18 年 4 月 1 日以前の者が対象】

第二次検定

全国建設センター，ホームページあるいは「受検の手引」をごらん下さい。

3．試験地

（前期）札幌・仙台・東京・新潟・名古屋・大阪・広島・高松・福岡・那覇の 10 地区

（第一次検定・第二次検定，第一次検定（後期），第二次検定）

札幌，釧路，青森，仙台，秋田，東京，新潟，富山，静岡，名古屋，大阪，松江，岡山，広島，高松，高知，福岡，鹿児島，那覇の 19 地区

なお，第一次検定（後期）試験地については，上記試験地に熊本を追加します。

※試験会場は，受検票でお知らせします。

※試験会場の確保等の都合により，やむを得ず近郊の都市で実施する場合があります。

4．試験の内容

「2 級土木施工管理技術検定　令和 3 年度制度改正について」をご参照ください。

受検資格や試験の詳細については「受検の手引」をご確認してください。

不明の点等は，下記機関に問い合わせしてください。

5．試験実施機関

国土交通大臣指定試験機関

一般財団法人　全国建設研修センター　土木試験部

〒187-8540　東京都小平市喜平町 2-1-2

TEL　042-300-6860

ホームページアドレス　https://www.jctc.jp/

電話によるお問い合わせ応対時間　9：00～17：00

土・日曜日・祝祭日は休業日です。

本書の利用のしかた

本書には，体系的な学習の取組みの中で，要点をしっかり理解できるように次のような工夫がしてあります。

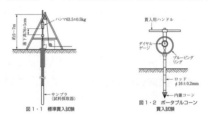

1 **節ごとの出題内容**

　節ごとの出題内容をまとめてあります。節ごとの出題内容を把握した後，単元の学習に入るとより効果的です。

2 **頻出レベル**

　過去6年間の試験問題を分析し，単元ごとの頻出レベルをグラフ化してあります。高頻出レベルの単元は，今年度も出題される可能性が高いことを表しています。

3 **学習のポイント**

　単元ごとの学習する事項を視覚的に捉えられるようにしてあります。単元の学習に入る前には，「学習のポイント」の一読をお薦めします。

4 **基礎をじっくり理解しよう**

　試験問題を解くためのカギとなる基礎知識がまとめてあります。1行1行を丁寧に読返し，理解を深めて下さい。特に重要かつ頻出する事項は，ゴチック・赤字の順で示してあります。

5 **章末問題**

　章末問題は，○×で解答する問題です。過去の試験問題で繰返し出題された重要な問題ですので，確実に解けるようにして下さい。

目　　　次

第5章　施工管理法
（一般的な知識・基礎的な能力）

2級土木施工管理技術検定試験　分野別の出題数と解答数

第一次検定（旧学科試験）　　　　　　　　　　　＊令和3，4年度の出題数で，（　）の数字は，「基礎的な能力」の出題数である。

分野別 / 年度別			令和4年度後 出題（解答）数*	令和3年度後 出題（解答）数*	令和2年度後 出題（解答）数	令和元年度後 出題（解答）数	平成30年度後 出題（解答）数
必須：全問解答	共通	測　　量	1	1	1	1	1
		契約・設計	2	2	2	2	2
		建設機械	1	1	1	1	1
	施工管理法	施工計画	1	1（1）	2	2	2
		建設機械	（2）	（1）	1	1	1
		工程管理	（2）	（2）	2	2	2
		安全管理	2（2）	2（2）	4	4	4
		品質管理	2（2）	2（2）	4	4	4
		環境保全	2	2	2	2	2
	計		19	19	19	19	19

			出題数	解答数	出題数	解答数	出題数	解答数	出題数	解答数	出題数	解答数
選択：必要数解答	土　木　一　般		11	9	11	9	11	9	11	9	11	9
	土　　工		4		4		4		4		4	
	コンクリート工		4	9	4	9	4	9	4	9	4	9
	基　礎　工		3		3		3		3		3	
	専　門　土　木		20	6	20	6	20	6	20	6	20	6
	構　造　物		3		3		3		3		3	
	河川・砂防		4		4		4		4		4	
	道路・舗装		4		4		4		4		4	
	ダム・トンネル		2	6	2	6	2	6	2	6	2	6
	海岸・港湾		2		2		2		2		2	
	鉄道・地下構造物		3		3		3		3		3	
	上　下　水　道		2		2		2		2		2	
	土　木　法　規		11	6	11	6	11	6	11	6	11	6
	労働基準法		2		2		2		2		2	
	労働安全衛生法		1		1		1		1		1	
	建　設　業　法		1		1		1		1		1	
	道路関係法		1		1		1		1		1	
	河　　川　　法		1	6	1	6	1	6	1	6	1	6
	建　築　基　準　法		1		1		1		1		1	
	火薬類取締法		1		1		1		1		1	
	騒音規制法		1		1		1		1		1	
	振動規制法		1		1		1		1		1	
	港　則　法		1		1		1		1		1	
	計		42	21	42	21	42	21	42	21	42	21
	必須・選択合計		61	40	61	40	61	40	61	40	61	40

第二次検定 （旧実地試験）	令和4年度		令和3年度		令和2年度後		令和元年度後		平成30年度後	
	必須5 解答5	選択4 解答2	必須5 解答5	選択4 解答2	必須5 解答5	選択4 解答2	必須5 解答5	選択4 解答2	必須5 解答5	選択4 解答2

２級土木施工第一次検定・第二次検定　過去５年間（６回）の出題内容と出題数

分類		年度	令和					平成
			４年前	４年後	３年後	２年後	元年後	30年後
土木一般	1節　土　工							
	1・1　土質調査		1	1	1	1	1	1
	1・2　土工機械と土量計算		1	1	1	1	1	2
	1・3　土工事と締固め管理		1	1	1	1	1	
	1・4　軟弱地盤対策工法		1	1	1	1	1	
	1・5　法面保護工							
	2節　コンクリート工							
	2・1　コンクリート材料		1	1	1	1	1	1
	2・2　コンクリート配合・レディーミクストコンクリート		1	1	1	1		1
	2・3　運搬・打込み・締固め・打継目・養生・型枠		2	2	1	1	3	2
	2・4　鉄筋工				1	1		
	3節　基　礎　工							
	3・1　直接基礎							
	3・2　既製杭基礎		1	1	1	1	1	1
	3・3　場所打ち杭基礎		1	1	1	1	1	1
	3・4　土留め工・ケーソン基礎		1	1	1	1	1	1
	合　　　計		11	11	11	11	11	11
専門土木	1節　鋼・コンクリート構造物							
	1・1　鋼材の性質		1	1	1	1		1
	1・2　鋼材の接合		1		1		1	
	1・3　橋梁の架設			1		1	1	1
	1・4　鉄筋コンクリート構造物		1	1	1	1	1	1
	2節　河川・砂防							
	2・1　河川堤防・河川護岸		2	2	2	2	2	2
	2・2　砂防えん堤		1	1	1	1	1	1
	2・3　流路工・地すべり防止工		1	1	1	1	1	1
	3節　道路・舗装							
	3・1　路体・路床			1		1	1	
	3・2　路盤・表層・基層		2	1	2	1	1	2
	3・3　コンクリート舗装・舗装の維持管理		2	2	2	2	2	2
	4節　ダム・トンネル							
	4・1　コンクリートダム		1		1			1
	4・2　RCD工法・フィルダム			1		1	1	
	4・3　山岳トンネル			1	1	1	1	1
	4・4　支保工・覆工		1					
	5節　海岸・港湾							
	5・1　海岸堤防・突堤・離岸堤		1	1	1	1	1	
	5・2　防波堤・係留施設			1	1	1	1	
	5・3　浚渫工		1					1

分類	年度	令和					平成
		4年前	4年後	3年後	2年後	元年後	30年後
専門土木	6節　鉄　　道						
	6・1　土工・路盤工	1	1	1	1	1	1
	6・2　営業線近接工事と線路閉鎖工事	1	1	1	1	1	1
	7節　地下構造物						
	7・1　開削工法						
	7・2　シールド工法	1	1	1	1	1	1
	8節　上下水道						
	8・1　上水道	1	1	1	1	1	1
	8・2　下水道	1	1	1	1	1	1
	8・3　推進工法						
	合　　　計	20	20	20	20	20	20
共通工学	1節　測　　量						
	1・1　測角・測距						
	1・2　水準測量			1	1	1	1
	1・3　トラバース	1	1				
	2節　設計図書						
	2・1　公共工事標準請負契約約款	1	1	1	1	1	1
	2・2　設計図書の読み方	1	1	1	1	1	1
	3節　建設機械						
	3・1　建設機械	1	1	1	1	1	1
	合　　　計	4	4	4	4	4	4
土木法規	1節　労働基準法						
	1・1　労働契約						
	1・2　賃金・労働時間	1	1	1	1	1	1
	1・3　就業制限・労働環境	1	1	1	1	1	1
	2節　労働安全衛生法						
	2・1　安全衛生管理体制	1	1	1	1	1	1
	3節　建設業法						
	3・1　建設業法	1	1	1	1	1	1
	4節　道路関係法						
	4・1　道路関係法	1	1	1	1	1	1
	5節　河川法						
	5・1　河川法	1	1	1	1	1	1
	6節　建築基準法						
	6・1　建築基準法	1	1	1	1	1	1
	7節　火薬類取締法						
	7・1　火薬類取締法	1	1	1	1	1	1
	8節　騒音・振動規制法						
	8・1　騒音・振動規制法	2	2	2	2	2	2

分類	年度	令和					平成
		4年前	4年後	3年後	2年後	元年後	30年後
土木法規 9節　港則法							
	9・1　港則法	1	1	1	1	1	1
	合　　　計	11	11	11	11	11	11
施工管理 1節　施工計画							
	1・1　施工計画の立案	2	1	2	2	2	2
2節　建設機械							
	2・1　建設機械の分類	1	2	1	1	1	1
3節　工程管理							
	3・1　工程管理の計画			1	1	1	
	3・2　各種工程表の特徴	1	1				1
	3・3　ネットワーク手法	1	1	1	1	1	1
4節　安全管理							
	4・1　現場の安全管理					1	
	4・2　足場・型枠支保工の安全対策	2	1	1	1	1	2
	4・3　土留め支保工の安全対策	1	1	1	1		1
	4・4　建設機械作業時の安全対策		1	1	1	1	
	4・5　各作業の安全対策	1	1	1	1	1	1
5節　品質管理							
	5・1　品質管理の基本・ISO規格	1	1	1	1		1
	5・2　ヒストグラム・工程能力図・管理図	1	1	1	1	2	1
	5・3　工種別の品質管理	2	2	2	2	2	2
6節　環境保全対策							
	6・1　公害防止対策	1	1	1	1	1	1
	6・2　建設副産物の対策	1	1	1	1	1	1
	合　　　計	15	15	15	15	15	15
第二次検定（旧実地試験） ※1節　経験記述（必須）							
	1・1　品質管理		○	○		○	○
	1・2　工程管理		○		○	○	
	1・3　安全管理			○	○		○
	1・4　施工計画						
	1・5　環境対策						
2節　各種の学科記述							
	2・1　土工		2	2	3	2	3
	2・2　コンクリート工		2	2	3	2	2
	2・3　安全管理		1	2	1	1	1
	2・4　建設副産物・環境対策		1				
	2・5　品質管理		2	1		2	1
	2・6　施工計画						
	2・7　工程管理			1	1	1	1

※1節の経験記述は，該当項目のいずれかを選択する。

第1章 土木一般

令和4年度（後期）の出題状況

　出題数は11問あり，そのうちから9問を選択して解答しなければならない。各分野に配当されている出題数は例年と同様である。なお，下線部で示した箇所は，令和3年度（後期）の試験問題の内容と異なる出題事項である。

1．土工（4問）

　①土工作業に使用する建設機械，②土質試験の種類，③盛土の施工，④軟弱地盤の改良工法が出題された。①の問題は，土工機械の適用作業を問うものである。

2．コンクリート工（4問）

　①コンクリートに使用するセメント，②コンクリートの締固め，③フレッシュコンクリートの性質，④コンクリートの仕上げと養生が出題された。①の問題は，セメントの性質と種類を問うものであり，②の問題は，棒状バイブレータで締め固める場合の留意点を問うものであり，④の問題は，混合セメントの湿潤養生期間などの用語を問うものである。

3．基礎工（3問）

　①既製杭の施工，②場所打ち杭工の特徴，③土留め工の施工が出題された。①の問題は，杭打ち機の特徴を問うものであり，③の問題は，ボイリング・パイピングの用語などを問うものである。

1節　土　工

土工は，土の掘削，積込み，運搬，敷均し，締固めなど土を動かす工事のことである。試験では，主に土質調査，土工機械，土量計算，軟弱地盤対策などが出題されている。

1・1　土質調査

頻出レベル
低■■■■■■高

学習のポイント

原位置試験と土質試験を総称して土質調査という。それぞれの試験における試験の名称，試験により求められる値，および試験結果の利用方法の組合せを理解する。

●━━━━━━━━━━━━━━━━━━━◀ 基礎知識をじっくり理解しよう ▶━━━━━━━

1・1・1　原位置試験

原位置試験は，調査地点で地盤の性質を直接調べる試験である。原位置試験には，地盤の支持力，土のせん断強さ，土の密度，地盤の地質状態，地下水位の高さなどを調査するものがある。

(1)　サウンディング

サウンディングは，**ロッドの先端に取り付けた抵抗体を地中に挿入し，貫入，回転，引抜きの抵抗から地盤の硬さや締まり具合等の性状を調べる方法**であり，概略調査などでよく用いられる。代表的な試験には，標準貫入試験，ポータブルコーン貫入試験などがある。

①　**標準貫入試験**　ボーリング孔を利用し，$76\pm1\,\mathrm{cm}$ の高さから質量 $63.5\pm0.5\,\mathrm{kg}$ のハンマ

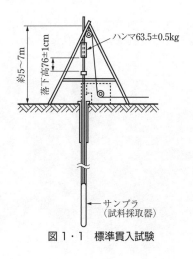

図1・1　標準貫入試験

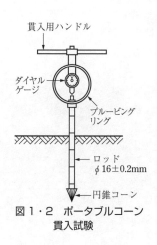

図1・2　ポータブルコーン
貫入試験

を自由落下させ，ボーリングロッドの先端に取り付けたサンプラを 30 cm 貫入させるのに要する打撃回数（N 値）を求める。試験結果は土の硬軟，締まり具合の判定に利用される。

② **ポータブルコーン貫入試験**　ロッドの先端に取り付けた直径 28.6 mm，高さ 53.5 mm の円錐コーンを 1 cm/秒の速さで人力により地中に貫入し，そのときの貫入抵抗値からコーン指数 q_c を求める。試験結果は建設機械の走行性（トラフィカビリティ）の判定に利用される。

(2)　単位体積質量試験（現場密度試験）

単位体積質量試験は，地山または盛土における土の単位体積当たりの質量を求め，土の締まり具合を測定する試験である。湿潤密度や乾燥密度を求める方法には砂置換法，コアカッター法，RI（ラジオアイソトープ）計器による方法があり，試験結果は締固めの施工管理に利用される。

(3)　平板載荷試験

平板載荷試験は，地表面に直径 30 cm の載荷板を通して荷重を加え，荷重強さと載荷板の沈下量との関係から地盤反力係数（K 値）を求める試験である。試験結果は，道路の舗装の設計に必要な路床・路盤の地盤係数や盛土の締固め管理に利用される。

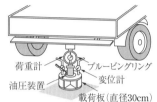

図 1・3　平板載荷試験

(4)　弾性波探査・電気探査

弾性波探査は，地中を伝わる弾性波速度を求める試験である。試験結果は，地層の種類・性質などの推定や岩質の掘削法に利用される。

電気探査は，一対の電極から地下に電気を流し，地盤の電気的な性状（比抵抗値）を求める試験である。試験結果は，地層の種類・性質の推定などに利用される。

表 1・1　原位置試験の一覧

試験の名称		試験結果から求められるもの	試験結果の利用
サウンディング	標準貫入試験	N 値（打撃回数）	土の硬軟，締まり具合の判定
	スウェーデン式サウンディング	N_{sw} 値（半回転数）	土の硬軟，締まり具合の判定
	ポータブルコーン貫入試験	コーン指数 q_c	建設機械の走行性の判定
	オランダ式二重管コーン貫入試験	コーン指数 q_c	土の硬軟，締まり具合の判定
	ベーン試験	粘着力 c	軟弱地盤の判定，細粒土の斜面や基礎地盤の安定計算
現場密度試験（砂置換法，コアカッター法，RI 計器による方法）		湿潤密度 ρ_t 乾燥密度 ρ_d	締固めの施工管理
平板載荷試験		地盤反力係数 K	締固めの施工管理
現場 CBR 試験		CBR 値（支持力値）	締固めの施工管理
現場透水試験		透水係数 k	湧水量の計算，排水工法の検討，地盤改良工法の設計
弾性波探査		地盤の弾性波速度 V	地層の種類・性質，成層状況の推定
電気探査		地盤の比抵抗値 r	地下水の状態の推定

土木一般

1・1・2　土質試験

　土質試験は，調査地点から土の試料を採取し，土の工学的性質を詳細に土質試験室で調べる試験である。土質試験には，土の判別分類のための試験と，土の力学的性質を求める試験がある。

(1)　土の判別分類のための試験

　土の判別分類のための試験は，土の物理的な性質を求め，土を大きく判別分類して，土の持っている概略の性質を把握する。

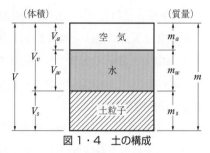

図1・4　土の構成

　① 　**土粒子の密度試験**　自然にある土は，土粒子，水，空気から構成され，これらの体積と質量は図1・4に示す関係がある。土粒子の密度は，土粒子の単位体積当たりの質量をいい，すなわち，土粒子の密度 ρ_s（g/cm³）は，$\rho_s = m_s/V_s$ で求める。この試験結果から，飽和度 S_r または空気間げき率 V_a を求めて，土の締固め管理などに利用される。

　② 　**含水比試験**　土に含まれる水の量を含水量といい，土の含水量は含水比で表される。含水比は，土粒子の乾燥質量 m_s に対する水の質量 m_w との比を百分率で表したものをいい，すなわち，含水比 w（%）は，$w = (m_w/m_s) \times 100$ で求める。試験結果は，土の締固めの管理などに利用される。

　③ 　**粒度試験**　土の試料をふるい分けして粒径別の質量を計算し，土の粒径分布を求める試験である。試験結果は，土の分類，盛土材料の適否，透水性の良否，液状化の判定などに利用される。

　④ 　**コンシステンシー試験**　土が含水量によって軟らかくなったり，硬くなったりする性質をコンシステンシーという。土のコンシステンシーを判定するために，液性限界 W_L，塑性限界 W_P などを求める試験である。

(2)　土の力学的性質を求める試験

　土の力学的性質を求める試験は，土の締固め特性，透水性，強度など，土工の設計に必要な土の定数を求める。

　① 　**突固めによる土の締固め試験**　原位置から採取した土の含水比を変え，それぞれの土試料を所定のモールドに入れてランマーで所定の回数を突固め，このときの土の乾燥密度 ρ_d と土の含水比 w との関係を求める。図1・5に示すような土の締固め曲線を描き，このグラフから土の最大乾燥密度 ρ_{dmax} と土の最適含水比 w_{opt}（締固めた土の間げきを最小にする含水状態のことで，最大乾燥密度の得られる含水比である。）を求める。試験結果は，締固めの施工管理に利用される。

　② 　**せん断試験**　土をある面でせん断し，その面上に働くせん断強さ・せん断応力を測定し，内部摩擦角 ϕ や粘着力 c を求める。試験結果は，斜面の安定，支持力，土圧などの検討に利用される。**粘着力は，土粒子間の結合に基づくもので，一般的に細粒の土ほど大きくなる。**一軸圧縮強さ q_u を求める一軸圧縮試験を図1・6に示す。

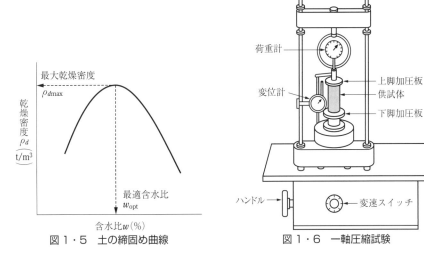

図1・5 土の締固め曲線　　　　　　　図1・6 一軸圧縮試験

③ **圧密試験**　　高含水比の粘性土試料に時間をかけて圧縮力を与え，粘性土中に含まれる間げき水を追い出し，体積を縮小させる試験である。試験結果は，**粘性土地盤の沈下量・沈下速度**の計算に利用される。

④ **CBR 試験**　　路床や路盤の支持力を表す指標で，対象とする材料と代表的なクラッシャーランとの支持力比を百分率で求める試験である。試験結果は，**舗装厚の設計や路盤材料の評価や選定**に利用される。

表1・2　土質試験の一覧

区分	試験の名称	試験結果から求められるもの	試験結果の利用
土の判別分類の試験	土粒子の密度試験	土粒子の密度 ρ_s 空気間げき率 V_a 飽和度 S_r	粒度，飽和度，空気間げき率の計算
	含水比試験	含水比 w	土の基本的性質の計算
	粒度試験	粒径加積曲線 有効径 D_{10}，均等係数 U_c	土の分類 土の判定
	コンシステンシー試験 （液性限界試験，塑性限界試験）	液性限界 W_L 塑性限界 W_P 塑性指数 I_p	細粒土の分類 細粒土の安定性の判定
土の力学的性質を求める試験	締固め試験	土の締固め曲線 最大乾燥密度 $\rho_{d\text{max}}$ 最適含水比 w_{opt}	路盤および盛土の施工方法の決定 締固めの施工管理 盛土材料の選定
	せん断試験 ・一面せん断試験 ・一軸圧縮試験 ・三軸圧縮試験	内部摩擦角 ϕ 粘着力 c 一軸圧縮強さ q_u 鋭敏比 S_t	地盤の支持力の確認 細粒土のこね返しによる支持力の判定 斜面の安定性の判定，支持力の推定
	圧密試験	体積圧縮係数 m_v	沈下量の判定，沈下時間の判定
	室内 CBR 試験	設計 CBR 値 修正 CBR 値	舗装厚の設計 路盤材料の評価や選定

土木一般

土

土木一般

1・2　土工機械と土量計算

学習のポイント

土工機械では，掘削機械，積込み機械，締固め機械などの土工機械の特性を理解する。土量計算では，土量換算係数を用いて，地山の状態，ほぐした状態または締め固めた状態に応じた土量を計算できるようにする。

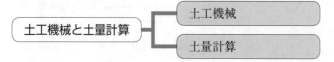

＝＝＝＝＝＝＝＝＝＝＝＝＝＝＝＝＝＝＝　基礎知識をじっくり理解しよう　＝＝＝＝＝＝＝＝＝＝

1・2・1　土工機械

（1）　掘削・積込み機械（ショベル系掘削機）

ショベル系掘削機は，本体とアタッチメントから構成され，図1・7のように分類される。

ショベル系掘削機の適用作業を表1・3に示す。**パワーショベルは，バケットが上向き**に取り付けられたもので，機体の位置よりも高い場所の掘削に適する。**バックホウは，バケットが下向き**に取り付けられたもので，機体の位置よりも低い場所の掘削や溝掘り，法面仕上げに適する。**クラムシェル**は，シールドの立坑など深い掘削に使用される。

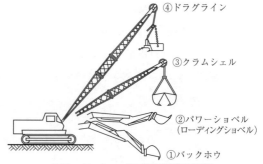

④ドラグライン

③クラムシェル

②パワーショベル
（ローディングショベル）

①バックホウ

図1・7　ショベル系掘削機の種類

表1・3　ショベル系掘削機の適性作業

		バックホウ	パワーショベル	クラムシェル	ドラグライン
	掘　削　力	大	大	小	小
掘削 材料	硬い土・岩・破砕された岩	◎	◎	×	×
	水中掘削	◎	×	○	○
掘 削 位 置	地面より高い所	×	◎	◎	×
	地面より低い所	◎	×	◎	○
	正確な掘削	○	○	○	××
	広い範囲	×	×	○	◎

○：適当，×：不適当，◎：○のうち出題頻度の高いもの

構造物の基礎掘削や溝の掘削には，作業条件に応じてバックホウやトレンチャなどが使用される。

（2）　伐開除根・掘削・押土・短距離運搬機械（ブルドーザ）

ブルドーザは，トラクタにアタッチメントとして土工板（ブレード）を取り付けた機械で，ブレードの種類によってストレートドーザ，アングルドーザ，チルトドーザなどに分類される。

① ストレートドーザは，ブレードを固定し硬い土を掘削する重掘削に用いる。

② アングルドーザは，進行方向に対してブレード面に角度を付け，土を横流して作業を行う。

③ チルトドーザは，**ブレードの左右端の高さを変え**，地盤に溝掘り作業を行う。

④ レーキドーザは，**伐開除根**に用いる。

⑤ リッパドーザは，リッパを岩盤の割れ目に差込み，岩盤の破砕・掘削作業を行う。**硬い岩ほどリッパの数を少なくする。**リッパビリティとは，ブルドーザに取り付けた爪によって作業できる程度をいう。

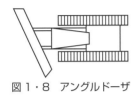 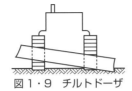 

図1・8　アングルドーザ　　図1・9　チルトドーザ　　図1・10　レーキドーザ

（3）締固め機械

締固め機械には，静的な重力によって締め固めるロードローラ，タイヤローラ，振動力によって締め固める振動ローラ，衝撃力によって締め固める**タンピングローラ，タンパ**などがある。

タイヤローラは，**空気圧，バラストなどの調整**によりタイヤの線圧（地盤を押す圧力）を変化できる。締固め機械と適用土質の関係は，表1・4のとおりである。

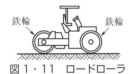  

図1・11　ロードローラ　　図1・12　タイヤローラ　　図1・13　タンピングローラ

表1・4　締固め機械と適用土質の関係

締固め機械	適　用　土　質
ロードローラ	路床・路盤の締固めや盛土の仕上げに用いられる。粒度調整材料，切込砂利・礫混り砂などに適している。
タイヤローラ	砂質土・礫混り砂・山砂利・まさ土など細粒分を適度に含んだ締固め容易な土，高含水粘性土などの特殊な土を除く普通土に適している。大型タイヤローラは，一部細粒化する軟岩にも適する。
振動ローラ	細粒化しにくい岩・岩砕・切込砂利・砂質土などに適している。一部細粒化する軟岩や法面の締固めにも適している。
タンピングローラ	風化岩・土丹・礫混り粘性土，細粒分は多いが鋭敏比の低い土に適している。一部細粒化する軟岩にも適している。
振動コンパクタ，タンパなど	鋭敏な粘性土などを除くほとんどの土に適している。ほかの機械が使用できない狭い場所やのり肩などにも適している。
湿地ブルドーザ	鋭敏比の高い粘性土，高含水比の砂質土・粘性土の締固めに適している。

（4）敷均し機械

モーターグレーダは，スカリファイヤで硬い地盤をかき起こし，ブレードで敷均し・整地の作業を行う。また，ブレードを左右に振ってバンクカットなどの作業を行う。

スクレーパは腹部に掘削用カッタとボウルを有し，掘削・積込み・中距離運搬・敷均しの作業を一連して行う。

タイヤ
タイヤ
ブレード
スカリファイヤ
図1・14 モーターグレーダ

進行方向
ボウル
カッテングエッジ
図1・15 被けん引式スクレーパ

スクレープドーザは，スクレーパとブルドーザの機能を兼ね備え，狭い場所や軟弱地盤での施工に用いる。

(5) 積込み機械（トラクターショベル）

トラクターショベルは，履帯式または車輪式のトラクターにバケットを取り付けた機械で，土の積込み・運搬・集積作業に用いられる。

(6) コーン指数・運搬距離・作業勾配

① 地盤が軟弱な場合は，履帯幅の広い湿地ブルドーザのようなコーン指数の低いものが適し，逆に地盤が硬い場合は，モータスクレーパやダンプトラックなどのようなコーン指数の高いものが適する。コーン指数と土工機械の関係は，表1・5のとおりである。

② 運搬距離と土工機械の関係は，表1・6のとおりである。

表1・5 コーン指数と土工機械の関係

建設機械	コーン指数 q_c（kN/m^2）
湿地ブルドーザ	300以上
スクレープドーザ	600以上
ブルドーザ	500～700以上
被けん引式スクレーパ	700～1,000以上
モータスクレーパ	1,000～1,300以上
ダンプトラック	1,200～1,500以上

表1・6 運搬距離と土工機械の関係

建設機械	運搬距離（m）
ブルドーザ	60以下
スクレープドーザ	40～250
被けん引式スクレーパ	60～400
モータスクレーパ	200～1,200
ダンプトラック	100以上

③ 作業勾配は，**ダンプトラックや自走式スクレーパでは10～15%**，被けん引式スクレーパでは15～25%，ブルドーザでは35～40%以下になるように施工する。

1・2・2 土量計算

(1) 土量の変化率

土工事において，図1・16に示すように，地山土量1 m^{3}を掘削して土をほぐすと，ほぐした土量（運搬土量）の質量は変化しないが，体積が増加する。また，地山土量1 m^{3}をローラで締め固

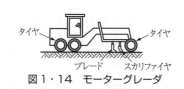

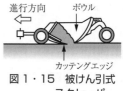

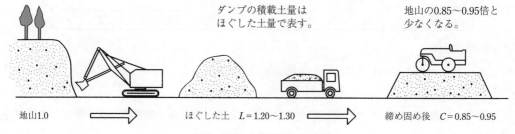

ダンプの積載土量は
ほぐした土量で表す。
地山の0.85～0.95倍と
少なくなる。
地山1.0
ほぐした土 L＝1.20～1.30
締め固め後 C＝0.85～0.95
図1・16 土量の変化率の例

めると，締め固めた土量（盛土量）の体積は減少する。このように，地山の土量を基準にしてほぐした土量，締め固めた土量を体積比で表したものを土量の変化率といい，次式で表される。

$$\underset{(\text{ほぐし率})}{\text{変化率 } L} = \frac{\text{ほぐした土量の体積}}{\text{地山土量の体積}} \qquad \underset{(\text{締固め率})}{\text{変化率 } C} = \frac{\text{締め固めた土量の体積}}{\text{地山土量の体積}}$$

(2) 土量の換算

土量を計算する場合，表1・7に示す値を用いることで，基準とする土量の状態に応じた，求める状態の土量を換算できる。

表1・7 土量の換算係数の値

基準 ＼ 求める量	地山土量	ほぐした土量	締め固めた土量
地 山 土 量	1	L	C
ほぐした土量	$1/L$	1	C/L
締め固めた土量	$1/C$	L/C	1

各状態の土量を基準として，土量を求めてみよう。ただし，$L=1.2$，$C=0.9$ とする。

① 地山土量 1000 m^3 を基準として計算するとき，

　ほぐした土量 $= 1000 \times L = 1000 \times 1.2 = 1200$ m^3

　締め固めた土量 $= 1000 \times C = 1000 \times 0.9 = 900$ m^3

② ほぐした土量（運搬土量）1000 m^3 を基準として計算するとき，

　地山土量 $= 1000 \div L = 1000 \div 1.2 \fallingdotseq 830$ m^3

　締め固めた土量（盛土量）$= 1000 \times C \div L = 1000 \times 0.9 \div 1.2 = 750$ m^3

③ 締め固めた土量（盛土）1000 m^3 を基準として計算するとき，

　地山土量 $= 1000 \div C = 1000 \div 0.9 \fallingdotseq 1110$ m^3

　ほぐした土量（運搬土量）$= 1000 \times L \div C = 1000 \times 1.2 \div 0.9 \fallingdotseq 1330$ m^3

(3) 土量の計算例

盛土量 13000 m^3 が必要な工事において，8000 m^3 の地山土量を流用するとき，不足する購入土の盛土量と，購入土の運搬土量を求めてみよう。ただし，流用土の土量の変化率 $L=1.2$，$C=0.8$，購入土の土量の変化率 $L'=1.1$，$C'=0.9$ とする。

① 締め固めた土量（盛土量）を基準として計算する。

② 必要な盛土量 $= 13000$ m^3

③ 流用土の盛土量 $= 8000 \times C = 8000 \times 0.8 = 6400$ m^3

④ 購入土の盛土量 $= 13000 - 6400 = \underline{6600 \text{ m}^3}$

⑤ 購入土の運搬土量 $= 6600 \times L' \div C' = 6600 \times 1.1 \div 0.9 \fallingdotseq \underline{8070 \text{ m}^3}$

1・3　土工事と締固め管理

学習のポイント

　盛土および切土を施工する場合，法勾配や排水工法などの施工上の留意点を理解する。盛土の締固め管理では，管理基準の種類とその特徴を整理しておく。

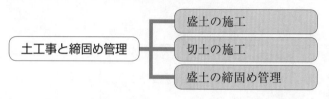

- - - - - - - - - - - - - - - 基礎知識をじっくり理解しよう - - - - - - - - - -

1・3・1　盛土の施工

（1）　望ましい盛土材料の性質

① 施工機械のトラフィカビリティ（走行性の良否の程度）が確保でき，施工性の高いこと。

② 締め固められた**土のせん断強さが大きく，圧縮性・透水性が小さいこと。**

③ 吸水による**膨潤性の低いこと。**

④ 粒度配合のよい礫質土や砂質土であり，木の根，草などの有機物を含まないこと。

⑤ ベントナイト，温泉余土，酸性白土，凍土，腐植土などは用いないこと。

（2）　トラフィカビリティが十分でない盛土材料を用いるときの対策

① 湿地ブルドーザで締め固める。

② 表層に排水溝を設置し，表層の含水比を低下させる。

③ 表層の軟弱土にセメント・石灰を散布し，混合安定処理を行う。

④ サンドマットや敷鉄板により走行路を確保する。

（3）　単一の盛土材料を用いるときの土質の適正順序

① 道路盛土の場合，支持力の大きい土が必要となり，**礫，礫質土，砂，砂質土**の順で用いる。

② 河川堤防の場合，堤防の川表（流水側）には透水性の小さいシルト・粘性土を用い，川裏には透水性の大きい礫質土・砂質土を用いる。

（4）　裏込めおよび埋戻しの材料と施工

① 供用開始後に構造物との間に段差が生じないよう圧縮性の小さい材料を用いる。

② 雨水などの浸透による土圧増加を防ぐため，透水性の良い材料を用いる。

③ 小型ブルドーザ・人力などにより平坦に敷き均し，仕上り厚は 20 cm 以下とする。

（5）　盛土の敷均しと締固め作業

① 道路盛土の場合，路体では一層の締固め後の仕上り厚さが 30 cm 以下となるように，敷均し厚さ 35～45 cm 以下とする。**路床では一層の締固め後の仕上り厚さが 20 cm 以下となるよ**

うに，敷均し厚さ 25～30 cm 以下とする。

② 　粘性土の締固めは，振動コンパクタ・ランマ・タンパなどを用い，こね返しが生じないようにする。盛土の構成部分と土質に応じた締固め機械の選定を表1・8に示す。

表1・8　盛土の構成部分と土質に応じた締固め機械の選定

締固め機械 土　質　区　分	ロードローラ	タイヤローラ	振動ローラ	タンピングローラ	ブルドーザ 普通型	ブルドーザ 湿地型	振動コンパクタ	タンパ	備　　考	土の粒度
盛土路体 岩塊などで，掘削・締固めによっても容易に細粒化しない岩			◎				大 ◉	大 ◉	硬岩塊	大
風化した岩や土丹などで，掘削・締固めにより部分的に細粒化する岩		大 ○	◎	◎			大 ◉	大 ◉	軟岩塊	
細粒分を適度に含んだ粒度分布の良い締固め容易な土，まさ土，山砂利など		大 ◎	◎				◉	◉	砂質土 礫混り砂質土	
含水比調整が困難でトラフィカビリティが容易に得られない土，シルト質土など					●				水分を過剰に含んだ砂質土，シルト質土	
高含水比で鋭敏比の高い粘性土，関東ロームなど					●	●			鋭敏な粘性土	小
路床 粒度分布の良いもの	○	大 ◎	◎				◉	◉	粒度調整材料	
路床 単粒度の砂，粒度分布の悪い礫混り砂や切込砂利など	○	大 ○	◎				◉	◉	砂 礫混り砂	

◎　有効なもの　　　○　使用できるもの　　　　　大：大型機種
● 　トラフィカビリティの関係で，他の機種が使用できないのでやむを得ず使用するもの
◉ 　施工現場の規模の関係で，他の機種が使用できない狭い場所でのみ使用するもの

③ 　余盛りは天端だけでなく，**法面・小段にも設ける。**

④ 　図1・17のように，盛土材料が良質で，法面勾配が1：2程度までの場合は，ブルドーザで法線と直角に締め固め，法勾配が1：1.8前後の場合は，ローラで法面と直角に締め固める。

⑤ 　構造物の周辺の敷均しは，まき出し厚さを薄くし，構造物に偏圧（片側にだけ圧力をかけること）を与えないように**左右対称に締め固める。**

⑥ 　敷均し厚さは，締固め機械および要求される締固め度などの条件に左右される。

⑦ 　盛土の締固めは，透水性を低下させ，圧縮沈下の抑制および**土構造の安定に必要な強度特性を得る**ために行う。

⑧ 　構造物縁部の締固めは，ソイルコンパクタやランマなどの小型の機械により入念に締め固める。

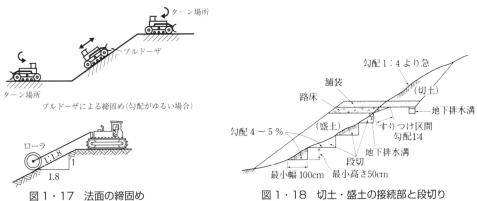

図1・17　法面の締固め　　　　　　図1・18　切土・盛土の接続部と段切り

(6)　傾斜地盤上に盛土するときの対策

①　原地盤の傾斜が1：4より急な場合は，段切りを行って盛土がすべらないようにする。**段切りは幅100 cm，高さ50 cm以上**とし，段切り面には排水のため**4〜5%の勾配**を設ける。

②　切土と盛土の境界や切土法面の法尻には，地下排水溝（暗渠）を設ける。

③　切土と盛土の接続部は，勾配1：4のすりつけ切土を行い，良質土で締め固める。

1・3・2　切土の施工

(1)　切土法面の勾配と高さ

①　切土高が7〜10 mごとに小段を設け，小段の幅は1〜2 mとし，排水のため排水溝側に10%の法勾配をつける。

②　土質が変化する位置に小段を設け，土質に応じた法勾配とする。

③　異なった土質が含まれる道路切土の場合は，最もゆるい土質の安定勾配を採用し，単一法面とする。

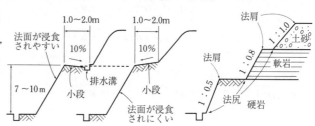

(a) 切土法面形状　　　(b) 土質によって変わる勾配
図1・19　法面の形状

(2)　切土の掘削工法

①　**ベンチカット工法**　　高い位置の地山を切土するとき，数段に**階段状に分けて掘削する**。

②　**ダウンヒル工法**　　高い位置から低い位置に向けてブルドーザで**斜面に沿って掘削する**。

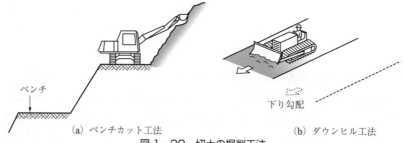

(a) ベンチカット工法　　　　　(b) ダウンヒル工法
図1・20　切土の掘削工法

(3)　切土法面の施工上の留意点

①　崩壊が予想される法面は小段を設け，法勾配を1：1.5〜1：2.0よりゆるくする。

②　土質が浸食に弱いシラス，まさ土の場合，勾配を1：0.8〜1：1.5程度とする。

③　岩質の仕上げ面の凹凸は，30 cm程度以下とする。

④　土質や気候によっては，施工後法面に乾燥亀裂や表面はく離が生じるので，軽微な場合にはアスファルトを吹き付けたり，ビニールシートで覆ったりする。

⑤　長大な法面では，法勾配をゆるくしたり，抑止杭（すべり面に打つ杭）を用いたりし，法面の安定化を図る。

1・3・3　盛土の締固め管理

(1)　盛土の締固めの目的

①　土の空気間げきを小さくし，透水性を小さくする。

②　雨水の浸入による土の軟化や吸水による膨張を小さくする。

③　盛土の法面の安定や支持力など，必要な強度を得る。

④　完成後の盛土自体の圧縮沈下を少なくする。

　盛土の締固管理基準には，発注者の仕様書に施工方法が定められる工法規定方式と，盛土に必要な品質は仕様書に明示されるが，施工方法は請負者の選択にゆだねられる品質規定方式がある。

(2)　工法規定方式

　工法規定方式には，工法規定の一種類だけで，盛土材料が岩塊や玉石のときに適用される。工法規定は，あらかじめ現場締固め試験（試験施工）を行って締固め機械の種類，敷均し厚さおよび走行回数を仕様書に定め，これにより盛土の品質を確保する方法である。設計変更の対象になる。

(3)　品質規定方式

①　強度規定　　締め固めた盛土の強度特性を**地盤係数 K 値，現場 CBR 値またはコーン指数 q_c 値によって測定**し，測定値が規定値を満足するように盛土を締め固める方法である。適用される盛土材料は，岩塊，玉石，砂，砂質土である。

②　変形量規定　　締め固めた盛土の変形特性をプルーフローリング（タイヤローラを走行させ，盛土の沈下量を測定する試験）による**たわみ量で測定**し，測定値が規定値を満足するように盛土を締め固める方法である。適用される盛土材料は，岩塊，玉石，砂，砂質土である。

③　乾燥密度規定　　室内での締固め試験で得られた最大乾燥密度 $\rho_{d\max}$ と，現場の締め固められた土の現場乾燥密度 ρ_d との比を締固め度という。最も効率よく土を密にすることができる含水比を最適含水比といい，そのときの乾燥密度を**最大乾燥密度**という。**盛土が高い強度を要求する場合は最適含水比よりやや乾燥側で，盛土が水浸しても安定を期待したい場合は最適含水比よりやや湿潤側で施工**する。適用される盛土材料は自然含水比が比較的低い普通土である。盛土の乾燥密度の計測は，RI（ラジオアイソトープ）計器のほうが砂置換法より計測時間がかからない。

④　飽和度規定（または空気間げき率規定）　　締め固めた土が安定な状態にある条件として，飽和度または空気間げき率が一定の範囲内となるように盛土を締め固める方法である。道路盛土では，飽和度を 85% 以上，空気間げき率を 10〜15% 以下の範囲となるように規定されている。適用される盛土材料は，自然含水比が高いシルトまたは粘性土である。

1・4 軟弱地盤改良工法

学習のポイント

軟弱地盤を改良または処理する工法の種類と特徴を理解する。また、それぞれの工法が表層部か深層部、または砂地盤か粘性地盤のように、どちらに適用できるかを判断できるようにする。

```
                    ┌─ 表層部における軟弱地盤の処理と対策
軟弱地盤改良工法 ──┼─ 深層部における軟弱地盤の処理と対策
                    └─ 排水工法
```

● ● ● ● ● ● ● ● ● ● ● ● ● ● ● ●◀ 基礎知識をじっくり理解しよう ▶● ● ● ● ● ● ● ● ● ●

1・4・1 表層部における軟弱地盤の処理と対策

表層部における軟弱地盤の処理は、建設機械の走行性（トラフィカビリティ）を確保するとともに、地表面付近の地盤強度を増加させるために行われ、表層処理工法には次のようなものがある。

① **表層排水工法**　　地表面に深さ 100 cm、幅 50 cm 程度のトレンチ（溝）を掘削し、地表水を排除するとともに地下水位を低下させて**表層軟弱地盤部の含水比を低下**させる工法である。また、トレンチは盛土施工中に地下排水溝として機能をもたせるため透水性の高い砂礫等で埋め戻す。

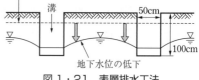

図1・21　表層排水工法

② **サンドマット工法（敷砂工法）**　　軟弱地盤の表層部に 50〜120 cm 程度の厚さの砂または砂礫を敷均し、軟弱地盤中の間隙水を排除して地盤の強度増加を図る工法である。サンドマットだけでは排水の効果が期待できない場合は、地下排水溝や排水用の孔あきパイプを併用する。

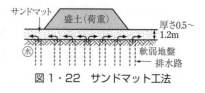

図1・22　サンドマット工法

③ **敷設材工法**　　軟弱地盤の表層部に鋼板やジオテキスタイル（化学繊維シート、樹脂ネット）などの敷設材を敷設し、建設機械のトラフィカビリティを確保する工法である。敷設材は盛土端部より広く敷き、荷重による沈下の影響を受けないようにする。

④ **表層混合処理工法（添加材工法）**　　軟弱地盤の表層部に石灰またはセメントなどの固化材を混合撹拌し、地盤を改良する工法である。一般に**砂質系軟弱地盤にはセメント**を、**粘性土系軟弱地盤には石灰**を使用する。

安定材の添加量は、土質条件、要求される改良強度により試験練りを行って決定する。

1・4・2　深層部における軟弱地盤の処理と対策

　地層の深い位置における軟弱地盤には，ゆるい砂層と高含水比の粘性土地層があり，これらの地層の改良工法には次のようなものがある。

(1)　ゆるい砂層の改良

　①　サンドコンパクションパイル工法（締固め砂杭工法）　図1・23に示すような，ケーシングパイプを振動させて所定の深さまで貫入して，砂を投入し，ケーシングパイプを引き上げながら中の砂に振動と圧力を加えて締め固め，砂杭をつくる工法である。この方法は，**高含水比の粘性土地層の改良にも用いることができる**が，施工中の地盤のこね返しに注意する必要がある。

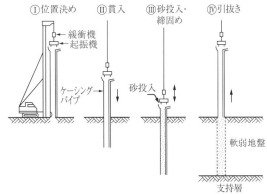

図1・23　サンドコンパクションパイル工法

　②　バイブロフローテーション工法
　図1・24に示すように，バイブロフロットと呼ばれる棒状振動機を砂層中に振動させながら高圧水を噴射して挿入し，その振動と噴射水によって**周囲の地盤を締め固め**，生じた空げきに砂・砂利を充てんしながら，バイブロフロットを引き抜いていく工法である。この工法は，水を使用するため**高含水比の粘性土地層の改良には用いることができない**。

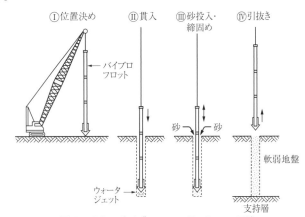

図1・24　バイブロフローテーション工法

(2)　高含水比の粘性土地層の改良

　①　バーチカルドレーン工法　軟弱地盤上に砂を敷均し，この上から鉛直方法（バーチカル）に溝（ドレーン）を掘り，**砂柱などを打設して排水路を設ける**。さらに排水の効果を高めるため，盛土によって地中の間げき水を排水して圧密沈下を促進させ，地盤の支持力を高める。この工法には，**排水路に砂を用いるサンドドレーン工法**，穴あき厚紙のカードボードを用いる**ペーパードレーン工法**などがある。

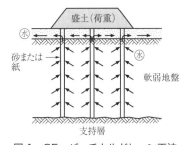

図1・25　バーチカルドレーン工法

　②　石灰パイル工法　軟弱地盤中に直径30〜50cm程度の生石灰杭を打設し，生石灰は地中の水と急激に反応し消石灰になるとともに，地中に含まれる水分を水蒸気として発散させ，軟弱地盤の脱水効果を高める。このような生石灰の化学反応によって，**地盤を固結する工法**である。

なお，生石灰は吸水時に著しい高熱を発するので，取り扱いに注意する必要がある。

③　**深層混合処理工法**　深層部に撹拌機を貫入し，セメントまたは石灰などの安定材と原地盤の土とを強制的に撹拌・混合し，柱体状または壁状に地盤を固結し，地盤の沈下やすべり破壊を防止する工法である。

④　**押え盛土工法**　本体盛土のすべり破壊を防止するために，本体盛土に先行して盛土ののり先に押え盛土を施工し，**すべりに対する抵抗を増加させる工法**である。この工法は軟弱層が厚く，しかも支持力が著しく不足する場合に有効であるが，押え盛土のために広い用地と多量の土砂が必要になる。

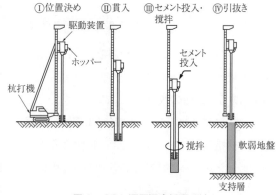

図1・26　深層混合処理工法

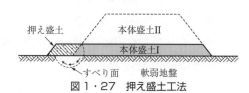

図1・27　押え盛土工法

⑤　**掘削置換工法**　軟弱層が比較的浅い場合に，掘削により軟弱層の一部または全部を除去して良質材に置き換える工法である。

⑥　**緩速載荷工法**　軟弱地盤が破壊しない範囲で盛土荷重をかけ，圧密進行に伴って増加する地盤のせん断強さを期待しながら時間をかけて盛土を仕上げる工法である。

⑦　**盛土荷重載荷工法（プレローディング工法）**　構造物の沈下を軽減するため，軟弱地盤上にあらかじめ将来建設される構造物の荷重と同等以上の盛土を載荷して基礎地盤の圧密沈下を促進させ，地盤強度を増加させた後に盛土を除去し，構造物を築造する工法である。

⑧　**軽量盛土工法**　盛土材として軽量の発泡材や軽石などを用い，盛土本体の重量を軽減して原地盤への影響を少なくする工法である。軽量盛土工法には，発泡スチロールブロック工法，気泡混合軽量土工法，発泡ビーズ混合軽量土工法がある。

⑨　**薬液注入工法**　地盤中に薬液を注入し，透水性の減少や原地盤強度の増大を図る工法である。薬液には，水ガラス（けい酸ナトリウム）系やセメント系があり，セメント系薬液は固結強度や耐久性が大きい。

1・4・3　排水工法

　排水工法は地下水位を低下させる工法で，大気圧下で水頭差により集水させる地下水を排水する重力排水工法と，真空の力で地下水を吸い上げる強制排水工法に大別される。重力排水工法には釜場排水工法，深井戸工法（ディープウェル工法）などがあり，強制排水工法にはウェルポイント工法，深井戸真空工法，電気浸透工法などがある。

①　**釜場排水工法**　掘削底面に湧出した水を，掘削面より深い位置に設置した水だめ（釜場）に集めて水中ポンプで排水する工法である。小規模掘削で，**湧水量が少なく透水性の良い地盤に効果的**である。

② **深井戸工法（ディープウェル工法）**　径 600 mm 程度のストレーナ（ろ過器）をもつパイプを透水層に貫入し，ストレーナパイプの内部に設置した水中ポンプで排水して地下水位を低下させる工法である。広範囲にわたって地下水位を低下させる場合や，**透水性の高い地盤で排水量が多い場合に効果的**である。

③ **ウェルポイント工法**　ウェルポイントと呼ばれる集水装置を揚水管とともに地下水面下に打込み，ウェルポイント先端の吸水部から地下水を真空ポンプで強制的に排水する工法である。**砂質土の地盤に適するが，礫層や排水量が多い場合は適用できない**。1 段当たりの揚水高は6 m 程度で，それよりも深い場合には多段式を用いる。

④ **深井戸真空工法**　ウェルポイント工法と同じ原理で，ストレーナ（ろ過器）の付いた鋼管を打設して深井戸をつくり，何段かのポンプを取り付け，真空ポンプで強制的に排水する工法である。砂質土の地盤で，排水量が多い場合に効果的である。

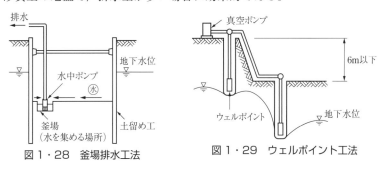

図1・28　釜場排水工法　　　　図1・29　ウェルポイント工法

1・5　法面保護工

頻出レベル
低 ■□□□□□ 高

学習のポイント

　法面の保護工の種類と特徴を理解する。また，それぞれの工法が盛土または切土のように，どのような箇所に適用できるかを判断できるようにする。

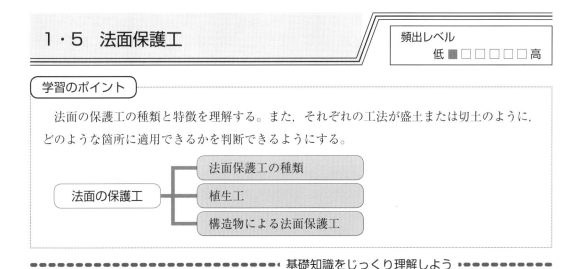

法面の保護工　─┬─　法面保護工の種類
　　　　　　　　├─　植生工
　　　　　　　　└─　構造物による法面保護工

■■■■■■■■■■■■■■■■■■■■◀ 基礎知識をじっくり理解しよう ▶■■■■■■■■■■■■

1・5・1　法面保護工の種類

　法面の保護は，植物を用いて法面を保護する植生工と，コンクリート，石材などの構造物による法面保護工に分類される。このほか，湧水による洗掘を防止する法面排水工や，落石を防止する落石防護柵，落石防護網工がある。法面保護工の工種と目的を表1・9に示す。

表1・9　法面保護工の工種と目的（道路土工法面工，斜面安定施工指針）

分類	工　種	目　的　・　特　徴
植生工	種子散布工 客土吹付工 植生基材吹付工 張芝工 植生マット工	浸食防止，凍土崩落抑制，全面植生（緑化）
	植生筋工 筋芝工	盛土法面の浸食防止，部分植生
	植生土のう工	不良土，硬質土法面の浸食防止
	植栽工	景観形成
構造物による法面保護工	編柵工 じゃかご工	法面表層部の浸食や湧水による土砂流出の抑制
	プレキャスト枠工	中詰が土砂やぐり石の空詰めの場合は浸食防止
	モルタル・コンクリート吹付工 石張工 ブロック張工	風化，浸食，表面水の浸透防止
	コンクリート張工 現場打ちコンクリート枠工	法面表層部の崩落防止，多少の土圧を受けるおそれのある個所の土留め，岩盤はく落防止
	石積，ブロック積擁壁工 ふとんかご工 コンクリート擁壁工	ある程度の土圧に対抗
	補強土工（盛土補強土工，切土補強土工） ロックボルト工 グラウンドアンカー工	すべり土塊の滑動力に対抗

1・5・2　植生工

　植生工は，法面に植物を繁茂させることによって，法面の浸食や表層のすべりを防止するとともに，緑化による自然環境の調和を図る工法である。

① **種子散布工**　種子，肥料，ファイバー（繊維）などを水に混合したスラリーをつくり，ポンプを利用して法面に散布する工法である。盛土法面，切土法面，**比較的緩勾配の箇所に適している。**

② **客土吹付工**　種子，肥料，土を水によって混合した泥土状の種子肥土を，モルタルガンなどを使用して圧縮空気によって吹き付ける工法である。切土法面に適し，**急勾配の箇所でも施工が可能**である。

③ **植生マット工**　種子，肥料などを装着したマットで法面を被覆する工法である。切土法面**に適し，マットによる保護効果がある**ので，芝が生育するまでの間も法面は安定している。

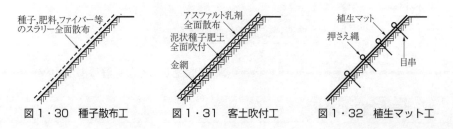

図1・30　種子散布工　　　図1・31　客土吹付工　　　図1・32　植生マット工

④ **張芝工**　切芝（辺長約20〜30 cmに切った芝）を法面全体に敷き並べ，**目串（竹や木を小割りした串）を差し込んで芝付までの脱落を防止する工法**である。切芝の目地は間隔をあけないで，通りは千鳥張りとする。切土法面，浸食されやすい法面に適している。

⑤　筋芝工　　盛土法面を平滑に規定の勾配に仕上げるとき，**切芝を水平の筋状に挿入する工法**である。切芝は生育が遅いので，全面被覆するまでに時間がかかり，砂質土の場合は筋間の土砂が流出するおそれがある。盛土法面に適している。

⑥　植生土のう工　　種子と肥料を網袋に詰め，法面に掘削した水平な溝やのり枠内に固定する工法である。網袋に包まれているので，流失が少なく地盤に密着しやすい。**不良土・硬質土の切土法面に適している。**

図1・33　張芝工

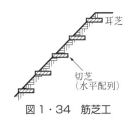
図1・34　筋芝工

図1・35　植生土のう工

1・5・3　構造物による法面保護工

構造物による法面保護工は，植物の生育が困難な法面，植生では崩壊を防止できない法面などに用いる工法である。

①　モルタル吹付工，コンクリート吹付工　　湧水がなく風化しやすい岩・土丹などの法面で，植生が困難な法面に，モルタルまたはコンクリートを吹き付ける工法である。**吹付厚さは，モルタル吹付工で8～10 cm，コンクリート吹付工で10～20 cm を標準**としている。切土法面に適している。

②　石張工，ブロック張工　　1：1.0 よりゆるい法面で，土丹または崩れやすい粘性土の法面に，石またはブロックを張り付ける工法である。一般に直高は5 m 以内，法長は7 m 以内とすることが多い。また，湧水や浸透水のある場合は，裏側に栗石，切込み砂利を詰めるとともに，土粒子が流出しないようにフィルタなどで処置する。切土法面に適している。

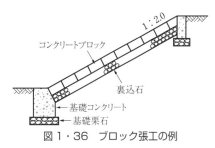
図1・36　ブロック張工の例

③　コンクリート張工　　節理の多い岩，ルーズな崖すい層で，吹付工や法枠工では安定しない法面に，金網または鉄筋を入れ，コンクリートを打ち込む工法である。一般に，**1：1.0 程度の勾配には無筋コンクリート張工が，1：0.5 程度の勾配には鉄筋コンクリート張工が用いられる。**切土法面に適している。

④　現場打ちコンクリート枠工　　湧水のある長大な法面，勾配の急な法面に，現場打ち鉄筋コンクリートによる枠組を，多数配列して法面を覆う工法である。枠内は栗石，コンクリート，植生などにより保護する。切土法面，盛土法面に適している。

⑤　編柵工（あみしがらみ）　　**法面に打ち込んだ木杭に竹，そだまたは高分子材料のネットなどを編んで，土**

土木一般

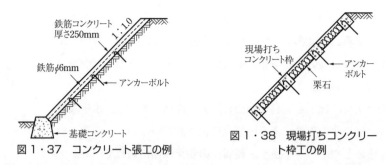

図1・37 コンクリート張工の例

図1・38 現場打ちコンクリート枠工の例

留めを行う工法である。植生工がその機能を発揮する間，法表面の土砂流出を防止する目的で設置する。

⑥ 蛇かご工　法面の湧水により土砂が流出するおそれのあるとき，浸透水により崩落した法面を復旧するときなど，鉄線製のかごに石をつめたものを杭で留める工法である。**法面表面の湧水・浸食対策や法面保護などに用いられる。**

⑦ グランドアンカー工　岩盤が崩落またははく落するおそれのあるとき，不安定な岩盤と堅固な基盤をアンカー材により直接緊結する工法である。

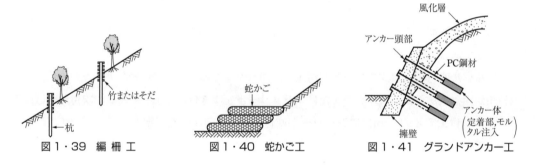

図1・39 編柵工　　　　図1・40 蛇かご工　　　　図1・41 グランドアンカー工

2節　コンクリート工

コンクリート工は，材料の計量，練混ぜ，運搬，打込み，締固め，表面仕上げ，養生など，一連のコンクリート施工のことである。試験では，主にコンクリート材料，コンクリートの運搬・打込み・締固めなどが出題されている。

2・1　コンクリート材料

頻出レベル
低■■■■■■高

学習のポイント

コンクリート材料には，セメント，水，骨材，混和材料などがあり，それぞれの材料がもつ基本的な性質を理解する。

―――――――――――――――――◀ 基礎知識をじっくり理解しよう ▶―――――――――――

2・1・1　セメントと水

（1）セメント

セメントの種類には，JIS に規定されているポルトランドセメント，混合セメント，および JIS に規定されていない特殊なセメントがある。混合セメントは，ポルトランドセメントと混和材を混合したセメントで，混合する混和材の量により A 種，B 種，C 種に分けられる。セメントは，高いアルカリ性をもっている。セメントの品質は，密度・粉末度・凝結時間・圧縮強さなどによって判定する。

① **密度**　普通ポルトランドセメントの密度は，約 $3.15\,\mathrm{g/cm^3}$ であり，風化すると小さくなる。

② **粉末度**　**セメント粒子の細かさを示すもの**。粉末度の高いセメントほど水和反応が早い。

表 1・10　主なセメントの種類と特徴

分　類		特　　徴
ポルトランドセメント系	普通ポルトランドセメント	一般の構造物に広く用いられている。
	早強ポルトランドセメント	初期強度が大きく，工期を短縮する場合や寒冷地などに適している。
	中庸熱ポルトランドセメント	水和熱（セメントと水の化学反応により生じる熱）が低く，**ダムなどのマスコンクリートに用いられる**。
混合セメント	高炉セメント	微粉末にした高炉スラグ（高炉中で溶融された鉄鉱石と石灰石から鉄分を取り去った残りかす）をポルトランドセメントに混合したもので，長期にわたり強度の増進があり，水和熱が低く化学抵抗性が大きい。ダムや港湾などの大型の構造物に用いられる。高炉セメント B 種・C 種は，普通ポルトランドセメントと比べて，初期強度が小さい。
	フライアッシュセメント	火力発電所より排出される炭塵をポルトランドセメントに混合したもので，水和熱が低く化学抵抗性が大きい。ダムや港湾などの大型の構造物に用いられる。

③　**凝結**　水と接したセメントが流動性を失い硬化していくことで，一般にセメント使用時の温度が高いほど，凝結の始まりが早い。

(2) 水

コンクリートの練混ぜに用いる水は，上水道または規格に合格した水を使用し，コンクリートの品質に悪影響を及ぼさないようにする。**鉄筋コンクリートには練混ぜ水として海水を用いてはならないが**，無筋コンクリートには海水を用いることもできる。

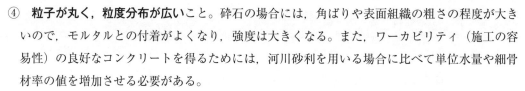

2・1・2　骨　　材

骨材は，粒径によって細骨材と粗骨材に分けられる。細骨材は **10 mm ふるいを全部通り，5 mm ふるいを重量で 85% 以上通る砂**をいい，粗骨材は **5 mm ふるいに重量 85% 以上とどまる砂利**をいう。

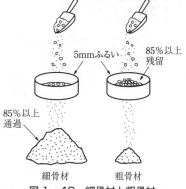

図1・42　細骨材と粗骨材

(1) 骨材に要求される性質

コンクリート用骨材に要求される性質は，次のとおりである。

①　ごみ・どろ・有機物を含まないこと。

②　密度・単位容積質量が大きいこと。

③　気象作用に影響を受けにくく，化学的に安定していること。

④　**粒子が丸く，粒度分布が広い**こと。砕石の場合には，角ばりや表面組織の粗さの程度が大きいので，モルタルとの付着がよくなり，強度は大きくなる。また，ワーカビリティ（施工の容易性）の良好なコンクリートを得るためには，河川砂利を用いる場合に比べて単位水量や細骨材率の値を増加させる必要がある。

⑤　**すりへりにくい**こと。舗装コンクリートなどに用いる骨材は，すりへり減量に対する抵抗性を調べるために，ロサンゼルス試験が行われる。すりへり減量が小さいほど，良質な骨材である。

⑥　**吸水率が小さく，硬くて強い**こと。吸水率が小さい骨材を用いたコンクリートは，耐凍害性が向上する。骨材の耐久性を確認するために，硫酸ナトリウムによる安定性試験を行う。

⑦　塩化物イオン量が少ないこと。海砂はよく水洗いし，**塩化物含有量を 0.3 kg/m³ 以下**にしなければならない。

⑧　骨材の粒形は，偏平や細長ではなく，球形に近いほどよい。

(2) 骨材の粒度

骨材の大小粒の混合している程度を骨材の粒度といい，**粒度のよい骨材を用いると，コンクリートの単位水量が少なく経済的**になるとともに，ワーカビリティが改善され施工しやすい耐久的なコンクリートができる。

①　**粗粒率**　使用骨材の平均粒径を粗粒率といい，粗粒率（FM）は 80, 40, 20, 10, 5, 2.5, 1.2, 0.6, 0.3, 0.15 mm ふるいの1組を用いてふるい分け試験を行い，**各ふるいにとどまる全試料の質量百分率の和を 100 で割って求める**。粗粒率が大きいほど粒度が大きい。

②　**粗骨材の最大寸法**　ふるい分け試験において，**質量で少なくとも骨材の 90% が通過するときの最小のふるい目の寸法**を，粗骨材の最大寸法という。

土木一般

コンクリート工

(3)　単位容積質量

骨材の単位容積質量は，骨材の容積 1 m³ に占める骨材の質量をいい，骨材の空げき率や実績率などの計算に用いる。

① **空げき率**　骨材の単位容積中に占める骨材の空げきを容積百分率で表したものをいう。

② **実績率**　骨材の単位容積中に占める骨材の実績部分を容積百分率で表したものをいう。

(4)　アルカリ骨材反応の抑制

アルカリ骨材反応は，セメント中に含まれるアルカリイオンが，骨材に含まれるシリカ鉱物と化学反応して骨材が膨張することであり，アルカリシリカ反応ともいう。また，このアルカリ骨材反応によりコンクリートにひび割れが生じる。アルカリ骨材反応の判別と対処は，次の方法を用いる。

① アルカリ骨材反応の判別は，化学法，モルタルバー法によって試験を行い，**無害とされた骨材を使用する。**

② **コンクリート中のアルカリ総量を** 3.0 kg/m³ **以下とする。**

③ **混合セメントの B 種または C 種を使用**する。

(5)　骨材の含水状態

骨材は含水の状態によって，図 1・43 のように区分される。表乾状態における密度を表乾密度，絶乾状態における密度を絶乾密度という。**コンクリートの配合設計には表乾密度が用いられ**，骨材の硬さ・強さ・耐久性を判断する指針には絶乾密度が用いられる。なお，細骨材および粗骨材の絶乾密度は

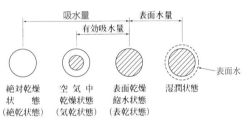

図 1・43　骨材の含水状態

2.5 g/cm³ を標準としている。一般に密度の大きい骨材は，吸水率が小さい。

2・1・3　混和材料

混和材料は，コンクリートの性質を改善することを目的として，練混ぜの前または練混ぜ中に加えるセメント，水，骨材以外の材料である。混和材料のうち，使用量が比較的多く（セメント量の5% 以上），その容積をコンクリートの配合計算で考慮するものを混和材といい，使用量が少なく（セメント量の1% 未満），その容積をコンクリートの配合計算で考慮しないものを混和剤という。

混和材料の種類と特徴を図 1・44 に示す。

(1)　混和材

① **ポゾラン**　コンクリート中の水に溶けている水酸化カルシウムと常温で徐々に化合し，不溶性の化合物となる混和材の総称であり，フライアッシュが該当する。

図 1・44　混和材料の分類

② **フライアッシュ**　火力発電所より排出される炭塵のことで，粒子の表面が滑らかな球状であるため，コンクリートのワーカビリティ（施工の容易性）を改善し，水和熱による温度上昇を低減させ，**コンクリートの長期強度，水密性を増大させることができる。**

③ **コンクリート用膨張材**　水和反応によって，コンクリートなどを膨張させる作用のある混和材で，コンクリートの乾燥収縮や硬化収縮などによるひび割れを防止することができる。

④ **高炉スラグ**　高炉中で溶融された鉄鉱石と石灰石から鉄分を取り去った残りかすのことで，長期強度の増大，水和熱の発生速度を遅くし，水密性・耐久性を向上することができる。

⑤ **シリカフューム**　主成分が二酸化ケイ素からなる微粉末をいい，材料分離を生じにくく，コンクリートの強度を増大させ，水密性・化学抵抗性を向上させることができる。

(2) 混 和 剤

① **AE剤**　界面活性剤の一種で，**コンクリート中に微小な独立した空気の泡を一様に分布させる混和剤**である。AE剤を使用したコンクリートは，コンクリートの**ワーカビリティーを改善し，凍結融解に対する抵抗性を増大することができる。**しかし，空気量1%の増加に対して，コンクリートの圧縮強度は4～6%低下する。AE剤によって生じる空気の泡をエントレインドエア，コンクリート中に自然に含まれる空気の泡をエントラップトエアという。また，AE剤を混入したコンクリートをAEコンクリートという。

② **減水剤**　界面活性剤の一種で，コンクリートの単位水量を減少することを目的とした混和剤である。減水剤を使用したコンクリートは，セメントの粒子が分散されるので，コンクリートのワーカビリティを改善し，**コンクリートの圧縮強度を増大することができる。**

③ **流動化剤**　単位水量を一定に保ちコンクリートの流動性を増大することを目的とした混和剤である。流動化剤を使用したコンクリートは，配合や硬化後のコンクリートの品質を変えることなく，コンクリートの流動性を大幅に改善することができる。

④ **防せい剤**　コンクリート中の鉄筋の腐食を防ぐことを目的とした混和剤である。

⑤ **収縮低減剤**　コンクリートに添加することで，コンクリートの**乾燥ひずみを20～40%程度低減**できる。

土木一般

コンクリート工

2・2　コンクリート配合・レディーミクストコンクリート

頻出レベル
低 ■■■■■□ 高

【学習のポイント】

　フレッシュコンクリートの性質を表す基本的な用語とコンクリート配合時の粗骨材の最大寸法，スランプ，水セメント比などの設定方法を理解する。また，レディーミクストコンクリートの購入方法，受入検査の方法などを理解する。

コンクリート配合・レディーミクストコンクリート
- フレッシュコンクリートの性質
- コンクリートの配合設計
- レディーミクストコンクリートの受入れ

━━━━━━━━━━━━━━━ 基礎知識をじっくり理解しよう ━━━━━━━━━━

2・2・1　フレッシュコンクリートの性質

　まだ固まらない状態にあるコンクリートをフレッシュコンクリートという。フレッシュコンクリートは，打込みに適する軟らかさをもち，材料分離がなく打ち込め，締固め・仕上げが容易でなければならない。フレッシュコンクリートにおけるこれらの性質を表すのに，次の用語が用いられる。

① **コンシステンシー**　水量によって左右する**フレッシュコンクリートの変形あるいは流動に対する抵抗性**を定量的に表す用語である。フレッシュコンクリートのコンシステンシーは，図1・45に示すスランプ試験により0.5 cm単位で求めたスランプ値

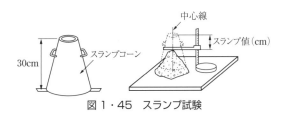

図1・45　スランプ試験

で表す。スランプは，フレッシュコンクリートの軟らかさの程度を示す指標である。

② **ワーカビリティー**　材料分離を生じることなく，フレッシュコンクリートの運搬・打込み・締固め・仕上げなどの作業が容易にできる程度を表す用語である。

③ **プラスティシティ**　材料の分離に対する抵抗性を概念的に表す用語である。

④ **フィニッシャビリティ**　**仕上げの容易さを概念的に表す用語**であり，粗骨材の最大寸法，細骨材率，粗骨材の粒度，コンシステンシーなどで総合的に判断する。

⑤ **ポンパビリティー**　コンクリートポンプによって，フレッシュコンクリートを圧送する作業のしやすさを表す用語である。

2・2・2　コンクリートの配合設計

　コンクリートの硬化後において，所定の強度・耐久性・水密性などの品質を確保するように，コ

ンクリートをつくるときの各材料の使用割合または使用量を定めることを配合設計という。

コンクリート配合設計の基本は，**所要の品質と作業に適するワーカビリティが得られる範囲内で，単位水量をできるだけ少なくすることである。**

(1) 配合の表し方

① **示方配合**　**設計図書または責任技術者によって指示される配合**で，骨材は表乾状態であり，細骨材は5mmふるいを全部通過するもの，粗骨材は5mmふるいに全部とどまるものを用いた場合の配合である。

② **現場配合**　現場における材料の状態および計量方法に応じて，示方配合のコンクリートとなるように，調整を行った配合である。

(2) 配合設計の手順

① **配合強度の設定**　コンクリートの配合強度f_{cr}'は，現場において予想される圧縮強度の変動係数vに応じて，設計基準強度f_{ck}'に割増し係数pを掛けて求める。変動係数と割増し係数の関係は図1・46のとおりであり，**圧縮強度のバラツキが大きいほど，割増し係数を大きくしなければならない。**

$$f_{cr}' = p \times f_{ck}'$$

設計基準強度は，構造計算において基準とするコンクリートの強度で，一般に材齢28日における圧縮強度を基準とする。

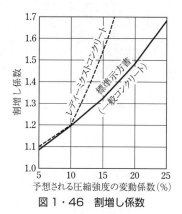

図1・46　割増し係数

② **粗骨材の最大寸法，スランプ，空気量の設定**　**粗骨材の最大寸法は，部材最小寸法の1/5，鉄筋の最小あきの3/4を超えない範囲**で決定する。標準的な粗骨材の最大寸法の値を表1・11に示す。スランプは，運搬・打込み・締固め等の作業に適する範囲内でできるだけ**小さく定める**。標準的なスランプの値を表1・12に示す。締固め作業高さが高い場合は，最小スランプの目安を大きくする。鉄筋量が少ない場合は，最小スランプの目安を小さくする。

空気量は，粗骨材の最大寸法，その他に応じて**コンクリート容積の4〜7%を標準**とする。

表1・11　粗骨材の最大寸法の標準値

構造物の種類	粗骨材の最大寸法(mm)
一般の場合	20 または 25
断面の大きい場合	40
無筋コンクリート	40 部材最小寸法の1/4を超えてはならない。

表1・12　スランプの標準値

種　　類		スランプ（cm）	
		通常のコンクリート	高性能AE減水剤を用いたコンクリート
鉄筋コンクリート	一般の場合	5〜12	12〜18
	断面の大きい場合	3〜10	8〜15
無筋コンクリート	一般の場合	5〜12	—
	断面の大きい場合	3〜8	—

③ **水セメント比の設定**　**水セメント比（W/C）**とは，練りたてのコンクリートやモルタルにおいて，骨材が表面乾燥状態にあるときのセメントペースト中の水WとセメントCとの質量比を百分率で表したものである。水セメント比は，コンクリートに求められる力学的性能，耐久性・水密性を考慮し，これから定まるセメントのうちで**最小の値を設定する。**水密性から水セメント比を求める場合には，**55%以下を標準**とする。

④　**単位水量，細骨材率の設定**　　単位水量 W（kg）は，コンクリート 1 m³ をつくるのに必要な水の質量のことで，作業ができる範囲で，できるだけ少なくなるように試験により定める。

　　細骨材率（s/a）は，コンクリート中の全骨材量に対する細骨材の絶対容積比を百分率で表したもので，所要のワーカビリティが得られる範囲で，単位水量が最小になるように試験により定める。単位水量および細骨材率のおよその目安は，表 1・13 の値から基準となる砂の粗粒率，スランプ，空気量，水セメント比との差を求めて決定する。**コンクリートの単位水量の上限は，175 kg/m³ を標準とする。**

表 1・13　コンクリートの単位粗骨材容積，細骨材率および単位水量の概略値

最大骨材寸法の（mm）	単位粗骨材容積（%）	AE コンクリート				
		空気量 A（%）	AE 剤を用いる場合		AE 減水剤を用いる場合	
			細骨材率 s/a（%）	単位水量 W（kg）	細骨材率 s/a（%）	単位水量 W（kg）
15	58	7.0	47	180	48	170
20	62	6.0	44	175	45	165
25	67	5.0	42	170	43	160
40	72	4.5	39	165	40	155

（1）　この表に示す値は，骨材として普通の粒度の砂（粗粒率 2.80 程度）および砕石を用い水セメント比 0.55 程度，スランプ約 8 cm のコンクリートに対するものである。
（2）　使用材料またはコンクリートの品質が（1）の条件と相違する場合は，上記の値を補正する。

⑤　**単位セメント量，単位細骨材量，単位粗骨材量などの決定**　　コンクリート 1 m³ をつくるのに必要なセメント，細骨材量，粗骨材量の質量を単位セメント量，単位細骨材量，単位粗骨材量という。単位セメントの下限は，粗骨材の最大寸法が 20〜25 mm の場合，270 kg/m³ を推奨とする。単位セメント C（kg），単位細骨材量 S（kg）および単位粗骨材量 G（kg）は，次式によって求める。

　　単位セメント C（kg）　$= 単位水量\ W × 水セメント比（C/W）$

　　骨材の絶対容積 a（m³）　$= 1 - (W/1000 + C/(\rho_c × 1000) + 空気量（\%）/100)$

　　単位細骨材量 S（kg）　$= a × (s/a) × \rho_S × 1000$

　　単位粗骨材量 G（kg）　$= a × (1 - s/a) × \rho_G × 1000$

　　ρ_c はセメントの密度（kg/m³），ρ_S は細骨材の密度（kg/m³），ρ_G は粗骨材の密度（kg/m³），s/a は細骨材率である。

（3）　練　混　ぜ

　　コンクリートの練混ぜは，練上りコンクリートが均等質となるまで十分に練り混ぜる。練混ぜ時間は，ミキサの形式・容量，コンクリートの配合等に応じた最適の時間を試験によって定め，一般に，ミキサ内に材料を投入したのち，**可傾式ミキサの場合は 1 分 30 秒以上，強制練りミキサの場合は 1 分以上を標準**とする。

図 1・47　可傾式ミキサ

図 1・48　強制練りミキサ

2・2・3　レディーミクストコンクリートの受入れ

(1)　購入時の留意点

　レディーミクストコンクリートとは，JISで認可されたコンクリート製造設備をもつ工場で生産されたコンクリートである。

　購入時には，表1・14に示す○印のものから，**コンクリートの種類，粗骨材の最大寸法，スランプまたはスランプフロー，および呼び強度（コンクリートの圧縮強度の区分）の組合せを指定**する。また，購入者は生産者と協議して，セメントの種類，骨材の種類，混和材料の種類および使用量などの17項目を指定することができる。

表1・14　レディーミクストコンクリートの種類

コンクリートの種類	粗骨材の最大寸法 (mm)	スランプまたはスランプフロー (cm)	呼び強度 (N／mm²)													
			18	21	24	27	30	33	36	40	42	45	50	55	60	曲げ4.5
普通コンクリート	20, 25	8, 10, 12, 15, 18	○	○	○	○	○	○	○	○	○	○	－	－	－	－
		21	－	○	○	○	○	○	○	○	○	○	－	－	－	－
	40	5, 8, 10, 12, 15	○	○	○	○	○	－	－	－	－	－	－	－	－	－
軽量コンクリート	15	8, 10, 12, 15, 18, 21	○	○	○	○	○	○	○	－	－	－	－	－	－	－
舗装コンクリート	20, 25, 40	2.5, 6.5	－	－	－	－	－	－	－	－	－	－	－	－	－	○
高強度コンクリート	20, 25	10, 15, 18	－	－	－	－	－	－	－	－	－	－	○	－	－	－
		50, 60	－	－	－	－	－	－	－	－	－	－	○	○	○	－

(2)　受入れの留意点

① 　コンクリートの打込みを円滑に行うため，打込み前に生産者と打ち合わせておく。

② 　打込み中にも生産者と十分に連絡を取り，コンクリートの打込みが中断しないようにする。

③ 　打込み速度の変動などにより運搬車の待機時間が長くなるような場合でも，コンクリートの施工性能を確保する目的で**レディーミクストコンクリートに加水などは絶対に行わない。**

④ 　荷卸しは，直前にトラックアジテータを短時間高速で回転させ，材料分離を防止する。

⑤ 　コンクリートは，**練混ぜを開始してから1.5時間以内に荷卸しできるように**トラックアジテータで運搬する。ただし，スランプ2.5cmの舗装コンクリートを運搬する場合は，ダンプトラックを使用することができ，運搬時間は，練混ぜを開始してから1時間以内とする。

(3)　受入れ検査

　レディーミクストコンクリートの受入れにおいて，**強度・スランプ・空気量・塩化物含有量は，荷卸し地点で検査し**，次の条件を満足しなければならない。ただし，塩化物含有量の検査は，工場出荷時でも荷卸し地点での所定の条件を満足するので，工場出荷時に行うことができる。

① 　**コンクリートの強度**　　標準養生を行った円柱供試体の材齢28日における圧縮強度を標準とする。

　　・試験は3回行い，3回のうちどの**1回の試験結果も，**指

表1・15　スランプ値の許容差

スランプ値 (cm)	許容量 (cm)
2.5	±1
5以上8未満	±1.5
8以上18未満	±2.5
21以下	±1.5

定した呼び強度の強度値の 85% 以上で，かつ 3 回の試験結果の平均値は，指定した呼び強度の強度値以上でなければならない。

表1・16　空気量の許容差

コンクリート	空気量（%）	許容差（%）
普通コンクリート	4.5	
軽量コンクリート	5.0	±1.5
舗装コンクリート	4.5	
高強度コンクリート	4.5	

② **スランプ値・空気量**　表 1・15 および表 1・16 の範囲内でなければならない。空気量は，コンクリート中に含まれる量が増加するほど，コンクリート強度が低下する。

③ **塩化物含有量**　コンクリートに含まれている塩化物含有量は，塩化物イオン（Cl⁻）量として，**鉄筋コンクリートで 0.3 kg/m³ 以下**とする。ただし，無筋コンクリートで購入者の承認を受けた場合は，0.6 kg/m³ 以下とすることができる。

(4)　特殊コンクリート

① **膨張コンクリート**　コンクリートに膨張材を加えて練り混ぜたもので，硬化後に体積膨張を起こすコンクリートである。膨張コンクリートは，主にコンクリートの乾燥収縮に伴う構造物のひび割れを防ぐ目的で，貯水槽・プールなど水密性を要する構造物に用いられる。

② **流動化コンクリート**　単位水量を増大させないで，流動化剤の添加によってコンクリートの流動性を高めたコンクリートである。

③ **マスコンクリート**　部材または構造物の寸法が大きく，セメントの水和熱による温度変化に伴う構造物のひび割れに注意して施工しなければならないコンクリートである。

④ **寒中コンクリート**　日平均気温が 4℃ 以下の場合に施工するコンクリートである。セメントはポルトランドセメントを用いるのを標準とし，単位水量は所要のワーカビリティーが保てる範囲内でできるだけ小さくしなければならない。コンクリートの凝結および硬化反応を早める場合には，早強ポルトランドセメントを使用する。打込み時のコンクリートの温度は 5〜20℃ で，所定の温度を得るために，骨材や水は加熱してよいが，セメントは直接加熱してはならない。

⑤ **暑中コンクリート**　日平均気温が 25℃ を超える時期に施工するコンクリートである。暑中コンクリートは，低温度の材料を用いて打込み時のコンクリートの温度を 35℃ 以下にし，練り混ぜたコンクリートをできるだけ早く打ち込まなければならない。

土木一般

コンクリート工

2・3 運搬・打込み・締固め・打継目・養生・型枠

学習のポイント

コンクリートの施工において，運搬方法，打込み方法，締固め方法，水平・鉛直打継目の処理方法，養生日数，型枠の取外し時期などを理解する。

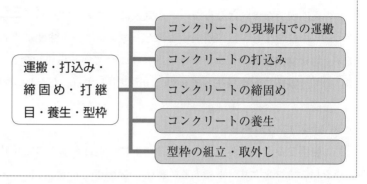

運搬・打込み・締固め・打継目・養生・型枠

- コンクリートの現場内での運搬
- コンクリートの打込み
- コンクリートの締固め
- コンクリートの養生
- 型枠の組立・取外し

●━━━━━━━━━━━━━━━━━━━━━ 基礎知識をじっくり理解しよう ●━━━━━━━

2・3・1 コンクリートの現場内での運搬

練り混ぜたコンクリートは，材料が分離しないように，速やかに運搬する。**運搬中に著しい材料分離が認められた場合には，十分に練り直して，均等質のものとしてから用いる。**ただし，少しでも固まったコンクリートは用いてはならない。

コンクリートの現場内での運搬には，コンクリートポンプ，ベルトコンベア，バケット，シュート等があり，バケットによる運搬が材料分離の最も少なくできる方法である。

（1）コンクリートポンプによる運搬

コンクリートポンプを使用する際の留意点は，以下のとおりである。

① 輸送管の径および配管の経路は，コンクリートの種類および品質，粗骨材の最大寸法，コンクリートポンプの種類，圧送条件，圧送の容易さ，安全性を考慮して定める。

② 配管経路の計画では，配管を下向きに行ってはならない。また，配管の距離は，水平距離で 400 m 程度，鉛直距離で 50 m 位の高さまで圧送できるが，**なるべく短く，かつ，曲がりの数を少なくする。**

③ **コンクリートの圧送に先がけて，コンクリート中のモルタルと同程度の配合のモルタルを圧送し，コ**

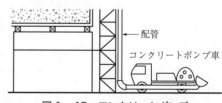

配管
コンクリートポンプ車

図1・49 コンクリートポンプ

ンクリート中のモルタルがポンプなどに付着して少なくならないようにする。

④ スランプ値は 12 cm 以下を標準とし，作業に適する範囲でできるだけ小さくする。ただし，高性能 AE 減水剤を用いたコンクリートまたは流動化コンクリートのスランプ値は，18 cm 以下とする。

（2）　シュートによる打込み

　コンクリートの打込みにシュートを用いる場合は，縦シュートの使用を標準とする。やむを得ず斜めシュートを用いる場合は，水平 2 に対し鉛直 1 程度の傾斜とし，材料分離を防ぐためにシュートの吐出し口にバッフルプレートを取り付ける。また，**コンクリートの打込み高さは，打込み用具にかかわらず** 1.5 m 以下とする。

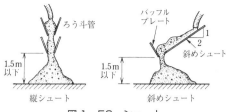

図 1・50　シュート

2・3・2　コンクリートの打込み・締固め

（1）　打込み準備の留意点

①　コンクリートの打込み前に，鉄筋，型枠等が施工計画で定められたとおりに配置されていることを確認する。

②　鉄筋の配置を乱さないように，**コンクリートポンプの配管は，台などを用いて設置**する。

③　打設前には型枠内部の点検および清掃を行い，吸水するおそれのあるところを散水し，**湿潤状態を保っておく。**

④　型枠内にたまった水は，打込み前に取り除く。

⑤　コンクリートの打込み順序は，コールドジョイント（先に打ち込んだコンクリートと後から打ち込んだコンクリートとの間に生じる完全に一体化していない継目）を発生しないように打足しまでの許容時間を設定し，**荷卸し場所より遠いところから打ち始め，近いところで打ち終わるように計画**する。

（2）　打込み時の留意点

①　コンクリートを練り混ぜてから打ち終わるまでの時間は，**原則として外気温が 25℃ を超えるときで 1.5 時間，外気温が 25℃ 以下のときで 2 時間**を超えないようにする。

②　コンクリートの打込み作業は，鉄筋の配置や型枠を乱さないようにする。

③　**打ち込んだコンクリートは，型枠内で横移動させてはならない。**

④　打込み中に著しい材料分離が認められた場合には，**そのコンクリートを型枠の中に打込むのをやめ，**材料分離の原因を調べる。材料分離の原因には，豆板（硬化したコンクリートの一部に粗骨材だけが集まってできた空げきの多い不良部分）やコールドジョイントがある。

⑤　一区画内のコンクリートは，打込みが完了するまで連続して打設し，コンクリート表面がほぼ水平になるように打ち込む。

⑥　コンクリートを 2 層以上に分けて打ち込む場合には，上層のコンクリートの打込みは，コールドジョイントを防止するため，下層のコンクリートが固まり始める前に行い，上層と下層が一体となるように施工する。許容打重ね時間間隔は，外気温が 25℃ 以下のときで 2.5 時間以内，25℃ を超えるときで 2.0 時間以内とする。

⑦　コンクリートの打込みで表面に浮き出た水（ブリーディング水）は，**スポンジ等で取り除く。**

⑧　壁または柱の大きいコンクリートを連続して打ち込む場合には，打込みおよび締固めの際に

発生するブリーディング（コンクリートの打設後，練混ぜ水の一部が骨材およびセメントの沈降に伴ってコンクリート表面に上昇する現象）の悪影響をできるだけ少なくするように，コンクリート打込みの1層の高さや打上り速度を調整する。一般には，コンクリート打込みの1層の高さを40〜50 cm以下，打上り速度を30分につき1〜1.5 m程度とする。

⑨　スラブ（コンクリートの床版）または梁のコンクリートが壁または柱のコンクリートと連続している場合には，図1・51のように，沈下によるひび割れを防止するため，**壁または柱のコンクリートの沈下収縮がほぼ完了してからスラブまたは梁のコンクリートを打ち込む**。沈下ひび割れが生じた場合には，ただちにタンピング（金こてで強く押し叩くこと）や再振動によって沈下ひび割れ線を消す。

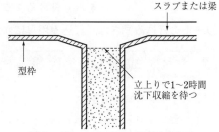

図1・51　スラブまたは梁の打込み

⑩　型枠の高さが高い場合には，図1・52のように，型枠に投入口を設けて打ち込む。その際，シュートあるいはポンプ配管の吐出し口と打込み面までの高さを1.5 m以下とする。

⑪　コンクリートを直接地面に打ち込む場合には，あらかじめ均しコンクリートを敷いておく。

⑫　打込み時のコンクリートの温度は，**寒中コンクリートで5〜20℃，暑中コンクリートで35℃以下**とする。また，マスコンクリートはできるだけ温度を低くする。

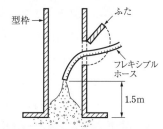

図1・52　コンクリートの投入口

⑬　トレミー管でコンクリートを打ち込む場合には，管の先端を打設したコンクリート上面から挿入した状態で打ち込む。

(3)　締固め時の留意点

①　コンクリートの締固めには，密度の大きいコンクリートをつくるために行い，原則として内部振動機を用いる。ただし，薄い壁など内部振動機の使用が困難な場所には，型枠振動機を使用することができる。

②　コンクリートは，打込み後速やかに十分締固め，コンクリートが鉄筋の周囲および型枠のすみずみにゆきわたるようにしなければならない。

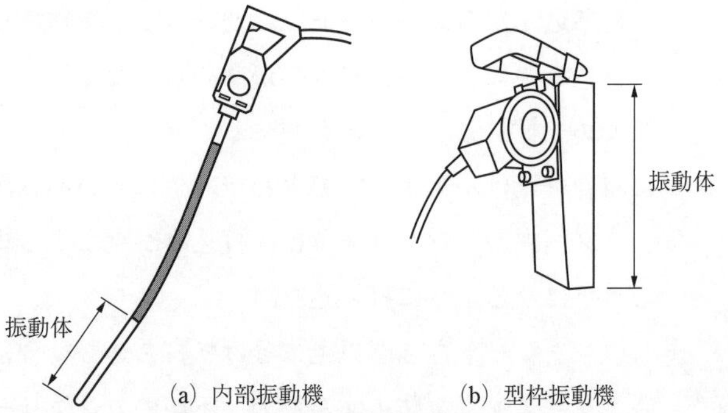

③　内部振動機は，**鉛直に，かつ，一**

（a）内部振動機　　　（b）型枠振動機

図1・53　内部振動機と型枠振動機

様な間隔（一般に50 cm以下）に差し込んで締め固める。コンクリートを2層以上に分けて打ち込む場合は，1層の高さを40〜50 cmとし，図1・54のように，下層のコンクリートが固まり始める前に打ち継ぎを行い，上下層が一体となるように内部振動機を**下層のコンクリート**

中に **10 cm 程度挿入し，締め固める。**なお，1
か所あたりの内部振動機の振動時間は 5〜15
秒とする。

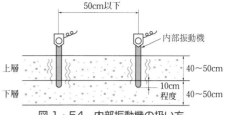

図 1・54　内部振動機の扱い方

④　内部振動機の引抜きは，後に穴が残らないよ
うにゆっくり行う。また，**内部振動機は，コン
クリートを横移動する目的で使用してはならな
い。再振動を行う場合は，締固めが可能な範囲でできるだけ遅くする。**

⑤　仕上げ後，コンクリートが固まり始めるまでに，沈下ひび割れが発生することがあるので，
タンピング再仕上げを行い修復する。

2・3・3　コンクリートの打継目

硬化したコンクリートに接して新しいコンクリートを打ち継ぐためにできた継目を，コンクリー
トの打継目という。打継目は，型枠の転用や鉄筋の組立など，コンクリートをいくつかの区画に分
けて打込むために必要となる。打継目には，水平打継目と鉛直打継目がある。

打継目は，構造上の弱点になりやすく，漏水やひび割れの原因にもなりやすいため，その配置や
処理に注意しなければならない。

梁またはスラブの場合，コンクリートの打継目は，図 1・55 のように，**せん断力の小さい中央付
近とし，打継目を部材の圧縮力の作用する方向と直角**に設ける。せん断力の大きい位置にやむを得
ず打継目を設ける場合には，図 1・56 のように，**打継目にほぞまたは溝をつくるか，鉄筋を差し込
む**などして，打継目の部分を補強する。

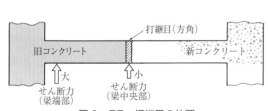

図 1・55　打継目の位置

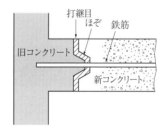

図 1・56　せん断力の大き
い位置の打継

打継目の施工では，設計で定められた継目の位置および構造を守らなければならない。設計で定
められていない継目の施工では，継目の位置，方向および施工方法を示す。海洋構造物の打継目は，
塩分による被害を受けるおそれがあるので，できるだけ設けない。

(1)　水平打継目の施工

水平打継目とは，**下層コンクリートに上層コンクリートを打
ち継ぐためにできる継目**をいう。水平打継目には，コンクリー
ト硬化前に打ち継ぐ場合と，コンクリート硬化後に打ち継ぐ場
合がある。

①　**コンクリート硬化前の水平打継**　コンクリート硬化前

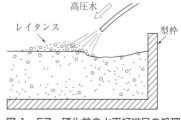

図 1・57　硬化前の水平打継目の処理

に打ち継ぐ場合は，コンクリートの凝結終了後，図1・57のように，高圧の空気および水でコンクリート表面に浮き出たレイタンス（セメント中の不活性な微粉末，骨材中の不純物からなる物質）を除去し，型枠を締め直して新しいコンクリートを打ち継ぐ。

②　**コンクリート硬化後の水平打継**　　コンクリート硬化後に打ち継ぐ場合は，ワイヤブラシ等でコンクリート打継面のレイタンス，ゆるんだ骨材粒を除去し，水でコンクリート表面を洗い流し，旧コンクリートを十分に吸水させる。その後，型枠を締め直して新しいコンクリートを打ち継ぐ。また，コンクリートを打ち込む前に，**セメントペーストあるいはコンクリートと同等の品質のモルタルを敷いて打ち継ぐ**と，新旧コンクリートがより密着される。

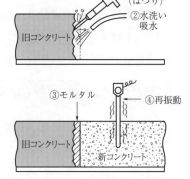

図1・58　鉛直打継目の処理

(2)　鉛直打継目の施工

鉛直打継目の施工では，図1・58のように，旧コンクリートの表面を**ワイヤブラシで削るか，チッピング（のみなどで表面をはつること）等により，表面を粗**にして十分吸水させ，セメントペースト，モルタルあるいは湿潤用エポキシ樹脂などを塗ったのち，新しいコンクリートを打ち継ぐ。また，コンクリートの打込み後に再振動締固めを行い，ブリーディング水を追い出す。

水密を要するコンクリート構造物の鉛直打継目では，止水板を用いる。

(3)　伸縮継目の施工

コンクリート構造物は，温度や水分の変化，基礎の不同沈下などによってひび割れを生じる。これを防ぐために，アスファルト系やゴム発泡体系の目地材などを用いて，温度変化に応じて伸縮できる伸縮継目を設ける。

2・3・4　コンクリートの養生

(1)　湿潤養生

湿潤養生は，コンクリートの硬化中に十分な湿潤状態を保つため，コンクリートの露出面をマットや布等で覆った上に，散水等を行う養生方法である。

①　コンクリートは，**打込み後，硬化が始まるまで**，日光の直射や風等による水分の逸散を防ぐ。

②　コンクリートの露出面には，養生マットや布などを濡らしたもので覆うか，散水，湛水（コンクリート上面に水を溜めること）を行い，**湿潤状態に保つ**。湿潤状態を保つ期間は，表1・17を標準とする。

表1・17　湿潤養生の期間

日平均気温	普通ポルトランドセメント	混合セメントB種	早強ポルトランドセメント
15℃ 以上	5日	7日	3日
10℃ 以上	7日	9日	4日
5℃ 以上	9日	12日	5日

③　せき板が乾燥するときは，散水して乾燥を防ぐ。

④　膜養生を行う場合には，十分な量の膜養生剤を適切な時期に，均一に散布する。

⑤　膜養生の散布は，**コンクリート表面の水光りが消えた直後に行い**，鉄筋や打継目等に付着しないようにする。やむを得ず散布が遅れるときは，膜養生剤を散布するまではコンクリートの表面を湿潤状態に保つ。また，膜養生で用いる養生剤は湿気（水）を通さないものを使用する。

⑥　湿潤養生の効果は，打込み後3日間に発揮される部分が，その後の3日間に発揮される部分より大きい。

⑦　コンクリートの養生温度は，**高いほど初期における強度発現は大きいが，長期強度は初期養生温度が低いほうが大きくなる。**

⑧　寒中コンクリートで保温養生を終了する場合は，コンクリート表面にひび割れを生じるおそれがあるため，コンクリート温度を急激に低下させない。

(2) 温度制御養生

温度制御養生は，コンクリートの水和を所定の速度にするため，コンクリートの温度をコントロールする養生方法である。

蒸気養生・給熱養生，その他の促進養生を行う場合には，コンクリートに悪影響を及ぼさないように養生を開始する時期，温度の上昇速度，冷却速度，養生温度および養生期間等を定める。

(3) 仕上げ

コンクリートの打上り面の表面仕上げは，コンクリートの上面に，しみ出た水がなくなるか，または，上面の水を取り除いてから行う。また，滑らかで密実な表面を必要とする場合には，作業が可能な範囲で，できるだけ遅い時期に，金ごてでコンクリートの上面を強い力を加えて仕上げる。

2・3・5　型枠・支保工の組立，取外し

(1) 型枠・支保工の設計

①　型枠は，図1・59のように，**組立および取外し作業が容易に行える**とともに，取外しにコンクリート，その他に振動や衝撃などを及ぼさないような構造とする。また，**せき板またはパネルの継目は，なるべく部材軸に直角または平行とし，モルタルの漏れない構造**とする。

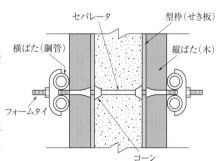

図1・59　木製型枠の固定器具

表1・18　型枠および支保工の取外しに必要なコンクリートの圧縮強度の参考値

部 材 面 の 種 類	例	コンクリートの圧縮強度 (N/mm^2)
厚い部材の鉛直に近い面，傾いた上面，小さいアーチの外側	フーチングの側面	3.5
薄い部材の鉛直に近い面，45°より急な傾きの下面，小さいアーチの内面	柱，壁，梁の側面	5.0
スラブおよび梁，45°よりゆるい傾きの下面	スラブ，梁の底面アーチの内面	14.0

② 型枠組立後，内部が閉塞してしまい，組立後やコンクリートの打込み前の清掃・検査に支障をきたす場合や，型枠の高さが大きく，コンクリート打込み時に所定の高さを確保できない場合などには，**型枠の清掃・検査およびコンクリートの打込みに便利なように，型枠の途中に一時的に開口部を設ける。**

③ 支保工は，施工時および完成後のコンクリート自重による沈下や変形を想定して適切な上げ越しを行う。

(2) 型枠・支保工の施工

① 型枠の締付けには，ボルトまたは棒鋼を用いる。締付け材は，型枠を取り外したのち，コンクリートの表面に残しておいてはならない。このため，**コンクリート表面から 2.5 cm の間にあるボルト，棒鋼等**の部分は，穴をあけて取り除き，穴は高品質なモルタル等で埋める。

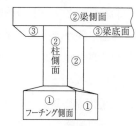

図1・60　型枠の取外し順序

② せき板内面には，**コンクリートが型枠に付着するのを防ぐとともに型枠の取り外しを容易にするため，はく離剤を塗布**する。

③ 型枠は，所定の精度内におさまるよう加工し，組み立てる。

④ コンクリート打込み中は，型枠のはらみ，モルタルの漏れなどの有無を確認する。

⑤ 型枠のすみの面取り材は，使用中のコンクリートのかどの破損を防ぐ。

(3) 型枠・支保工の取外し

① 型枠および支保工は，**コンクリートがその自重および施工中に加わる荷重を受けるのに必要な強度に達するまで，これを取り外してはならない。**

② 型枠および支保工の取外し時期は，構造物に打ち込まれたコンクリートと同じ状態で養生したコンクリート供試体の圧縮強度によって判定する。コンクリート標準示方書では，コンクリートの圧縮強度を基準にしたおおよその値を，表1・18のように定めている。

③ 型枠の取外し順序は，図1・60のように，比較的荷重を受けない部分をまず取り外し，その後残りの重要な部分を取り外す。例えば，**柱・壁等の鉛直部材の型枠は，スラブ・梁等の水平部材よりも早く取り外す。**

④ 型枠および支保工を取り外した直後の構造物は，一般にコンクリートの圧縮強度が設計基準強度に達していない場合が多い。

2・4　鉄　筋　工

頻出レベル
低 ■■□□□□ 高

学習のポイント

鉄筋の加工，組立，継手などに関する制限を理解する。

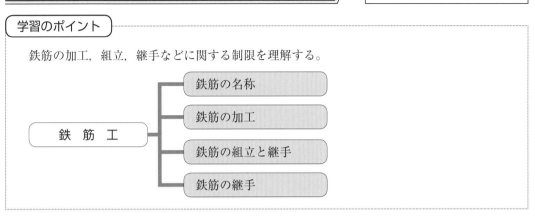

```
                  ┌─ 鉄筋の名称
                  │
                  ├─ 鉄筋の加工
   鉄 筋 工 ──────┤
                  ├─ 鉄筋の組立と継手
                  │
                  └─ 鉄筋の継手
```

━━━━━━━━━━━━━━◆ 基礎知識をじっくり理解しよう ◆━━━━━━━━━

2・4・1　鉄筋の名称

　鉄筋コンクリートの梁には，図1・61のように，引張鉄筋，圧縮鉄筋，スターラップ，折曲げ鉄筋が配置されている。柱には，図1・62のように，軸方向鉄筋，帯鉄筋が配置されている。

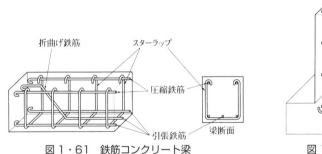

図1・61　鉄筋コンクリート梁

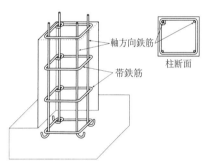

図1・62　鉄筋コンクリート柱

2・4・2　鉄筋の加工

　鉄筋には，表面に突起をもたない丸鋼と，鉄筋とコンクリートの相互の付着力を増加させるために鉄筋の表面に突起をもつ異形棒鋼がある。
　鉄筋の加工の留意点としては，次のような点があげられる。

① 　鉄筋は，設計図に示された形状および寸法に正しく一致するように，材質を害さない方法で加工する。一度曲げ加工した鉄筋を曲げ戻すと材質を害するおそれがあるため，できるだけ避けるようにする。

② 　**鉄筋は，原則として溶接してはならない。**やむを得ず溶接し，溶接した鉄筋を曲げ加工する場合には，溶接した部分を避けて

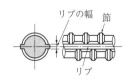

図1・63　異形棒鋼の形状

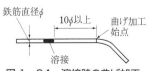

図1・64　溶接時の曲げ加工

曲げ加工し，少なくとも鉄筋直径の10倍以上離れたところで行うのがよい。

③　太い鉄筋でも常温における曲げ加工が容易にできるので，**鉄筋は，常温加工を原則**とする。

④　鉄筋の曲げ半径が設計図に示されていない場合には，表1・19に示す曲げ半径以内で鉄筋を曲げる。

⑤　鉄筋の曲げ形状が設計図に示されていない場合には，図1・65に示す形状で曲げる。

表1・19　フックの曲げ内半径

種　　　類		曲げ内半径（r）	
		フック	スターラップおよび帯鉄筋
普通丸鋼	SR 235	2.0 ϕ	1.0 ϕ
	SR 295	2.5 ϕ	2.0 ϕ
異形棒鋼	SD 295A，B	2.5 ϕ	2.0 ϕ
	SD 345	2.5 ϕ	2.0 ϕ
	SD 390	3.0 ϕ	2.5 ϕ
	SD 490	3.5 ϕ	3.0 ϕ

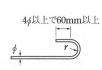  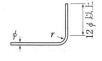

ϕ：鉄筋直径
r：鉄筋の曲げ内半径

半円形フック
（普通丸鋼および異形鉄筋）

鋭角フック（異形鉄筋）

直角フック（異形鉄筋）

図1・65　鉄筋端部のフックの形状

2・4・3　鉄筋の組立

(1)　鉄筋の組立の留意点

①　鉄筋は，組み立てる前に清掃し，**浮きさび，どろ，油，ペンキ等，鉄筋とコンクリートとの付着を害するおそれのあるものを取り除く**。

②　**鉄筋を組み立ててから長期間経ったときは，コンクリートを打ち込む前に再び清掃**する。

③　鉄筋は，正しい位置に配置し，コンクリート打込み時に動かないよう堅固に組み立てる。また，必要に応じて組立用鋼材を用いる。

④　鉄筋相互の位置を固定するためには，**鉄筋の交点を直径0.8 mm以上の焼なまし鉄線または適切なクリップで結束**する。

⑤　組立後に鉄筋を長時間大気にさらす場合は，鉄筋表面に防錆処理を施す。

(2)　鉄筋のかぶりの確保

鉄筋のかぶりとは，**鉄筋の表面とコンクリートの表面との最短距離で測ったコンクリートの厚さ**である。鉄筋を適切な位置に保持し，所要のかぶりを確保するためには，図1・66のように，スペーサを適切な間隔で配置しなければならない。

型枠に接するスペーサは，**モルタル製あるいはコンクリート製を使用することを原則**とする。特に，腐食環境の厳しい地域では，鋼製のスペーサを使用しない。

スペーサの数は，梁，床版等で1 m²当たり4個程度，ウェブ，壁および柱で1 m²当たり2~4個程度を千鳥に配置する。

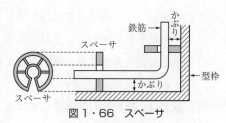

図1・66　スペーサ

鉄筋のかぶりの最小値は，次式による値としてよい。ただし，鉄筋の直径以上とする。

$$C_{\min} = \alpha \times C_0$$

　　　ここに，$C_{\min}$：最小かぶり

　　　　　　α：コンクリートの設計基準強度$f_{ck}{}'$に応じ，次の値とする。

$$f_{ck}{}' \leqq 18\,\text{N/mm}^2 \text{ の場合}　\alpha = 1.2$$
$$18\,\text{N/mm}^2 < f_{ck}{}' < 34\,\text{N/mm}^2 \text{ の場合}　\alpha = 1.0$$
$$34\,\text{N/mm}^2 \leqq f_{ck}{}' \qquad\qquad \text{ の場合}　\alpha = 0.8$$

　　　　C_0：基本のかぶりで，部材の種類および環境条件に応じて表1・20の値とする。

表1・20　C_0の値（mm）

環境条件 ＼ 部材	スラブ	梁	柱
一般の環境	25	30	35
腐食性環境	40	50	60
特に厳しい腐食性環境	50	60	70

普通丸鋼のかぶりは，異形棒鋼と比べて，一般に大きくしなければならない。

（3）　鉄筋のあきの確保

鉄筋のあきとは，図1・67のように，**互いに隣り合って配置された鉄筋の表面間隔**である。コンクリートを鉄筋の周囲に十分いきわたらせるようにするためには，所定の鉄筋のあきを確保しなければならない。鉄筋のあきの留意点としては，次の点があげられる。

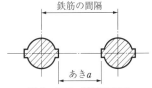

図1・67　鉄筋のあき

① **梁における軸方向鉄筋の水平のあきは20 mm 以上，粗骨材の最大寸法の4/3倍以上，鉄筋の直径以上とする。** 2段以上に軸方向鉄筋を配置する場合には，一般に鉛直のあきは20 mm 以上，鉄筋直径以上とする。

② **柱における軸方向鉄筋のあきは40 mm 以上，粗骨材の最大寸法の4/3倍以上，鉄筋の直径の1.5倍以上とする。**

③　直径32 mm 以下の異形鉄筋を用いる場合で，複雑な鉄筋の配置により，十分な締固めが行えない場合には，図1・68のように，梁およびスラブ等の水平の軸方向鉄筋は2本ずつを上下に束ね，柱および壁等の鉛直の軸方向鉄筋は，2本または3本ずつを束ねて，これを配置してもよい。

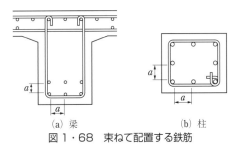

（a）梁　　　　　　（b）柱
図1・68　束ねて配置する鉄筋

（4）　鉄筋の継手

鉄筋の継手は，設計図に示された位置に正しく一致するように設ける。設計図に示されていない鉄筋の継手を設ける場合には，次のように行う。

①　鉄筋の継手位置は，**できるだけ応力の大きい断面を避け，継手は同一断面に集めないことを原則**とする。継手を同一断面に集めないため，継手位置を軸方向に相互にずらす距離は，継手の長さに鉄筋直径の25倍か，断面高さのどちらか大きいほうを加えた長さを標準とする。

② 鉄筋の重ね継手は，図1・69のように，**鉄筋直径の20倍以上を重ねて0.8 mm焼なまし鉄線で数箇所緊結**し，巻付け長さをできるだけ短くする。

③ ガス圧接継手（鉄筋の両端を加熱して溶かし，両端を押し合わせて鉄筋を接合する方法）を用いる場合は，資格を有する圧接工を選び，圧接面はグラインダをかけ面取りをする。圧接は，鉄筋直径の1.1〜1.5倍の縮み代を見込み，膨らみは鉄筋直径の1.4倍以上とする。ただし，圧接する鉄筋相互の直径の差が5 mmを超えるものには用いない。

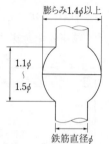

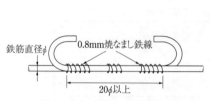

図1・69　鉄筋の重ね継手長さ　　　　図1・70　鉄筋の圧接部

④ 鉄筋の継手の検査は，表1・21に示す検査項目を実地する。

表1・21　鉄筋の継手の検査項目

継手の種類	検査項目
重ね継手	①外観検査（鉄筋の開き，継手位置の相互のずれ，継手長さ）
ガス圧接継手	①外観検査（圧接部のふくらみの直径および長さ，圧接面のずれ） ②超音波探傷検査（内部欠陥の検出）
突合せアーク溶接継手	①外観検査（割れ，余盛不足，オーバーラップ，アンダーカット，ふくらみ直径および幅，圧接面のずれ），②超音波探傷検査（内部欠陥の検出）
機械式継手	①性能確認検査（引張試験），②充填剤検査（混合材料，混合時間，フロー値），③外観検査（挿入長さ）

3節 基 礎 工

基礎工は，構造物の基礎を施工することである。試験では，主に直接基礎，既製杭基礎，場所打ち杭基礎，ケーソン基礎，基礎の掘削に伴う土留め工が出題されている。

3・1 直接基礎

頻出レベル
低 ■□□□□□ 高

学習のポイント

直接基礎の基礎地盤の種類に応じた基礎底面の処理方法を理解する。

```
直接基礎 ─┬─ 直接基礎の安定
          └─ 直接基礎の施工
```

--------- 基礎知識をじっくり理解しよう ----------

3・1・1 直接基礎の安定

直接基礎（フーチング基礎）は，図1・71のように，上部構造からの荷重を構造物の底面から地盤に伝える基礎である。直接基礎は良質な支持層が浅い位置にある場合に採用し，**支持層のN値は，砂・礫層で30以上，粘性土で20以上を目安**とする。

直接基礎の設計では，基礎が鉛直支持，水平支持（滑動），転倒に対し安定であることを確認する。設計上の留意点としては，次のような点があげられる。

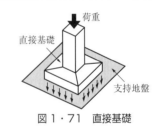

図1・71 直接基礎

① 直接基礎は，基礎側面の摩擦抵抗はあまり期待できないため，鉛直荷重に対しては，基礎底面の鉛直地盤反力のみで抵抗させる。**基礎底面の鉛直支持力が不足する場合は，基礎底面の面積を大きくするか，杭基礎などに変更**する。

② 直接基礎は，水平荷重に対しては根入れ部を考慮せず，基礎底面のせん断地盤反力のみで抵抗させる。**基礎底面のせん断地盤反力が不足する場合は，基礎底面に突起を設け，せん断抵抗の増加を図る。**

③ 直接基礎が回転して転倒しないため，直接基礎にかかる合力の作用位置は，図1・72のように，**地震のない平常時には底面中心より底面幅の1/6以内，地震時には底面中心より底面幅の1/3以内**とする。

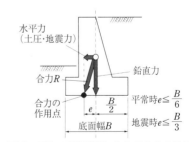

図1・72 直接基礎にかかる合力の作用位置

3・1・2　直接基礎の施工

① 基礎地盤が締まった砂礫層や岩盤の場合は，図1・73(a)のように，掘削により生じた浮石などを除去した後に，均しコンクリートを打設して貧配合のコンクリートで埋戻す。**岩盤の仕上げ面は，ある程度の不陸を残し，平滑な面としないようにする。**

② 基礎地盤が砂地盤の場合は，図(b)のように，ある程度不陸を残して整地し，その上に栗石や砕石等を敷き均す。その後，**均しコンクリートを打設して良質土で埋戻す。**

③ 水平支持力を増すための方法として基礎底面に突起を設ける場合は，図(c)のように，**突起は栗石や砕石等で処理した層を貫いて十分支持地盤に貫入させなければならない。**

④ 軟弱地盤を良質な材料に置き換えて基礎地盤とする場合には，置換え底部の幅は鉛直荷重の伝達幅を考慮して底版幅より広くする。

⑤ 基礎地盤の地質・地層状況，地下水の有無は，ボーリングで調査する。

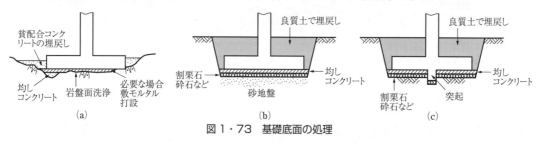

図1・73　基礎底面の処理

3・2　既製杭基礎

頻出レベル

低■■■■■■■高

学習のポイント

　既製杭基礎は，杭基礎の一つで，工場製品の杭を打ち込んで作った杭である。既製杭の打込み工法，埋込み工法の特徴を理解する。

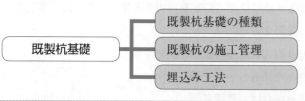

・・・・・・・・・・・・・・・・・・・・・・・ 基礎知識をじっくり理解しよう ・・・・・・・・・・・・・

3・2・1　既製杭基礎の種類

(1)　杭の材料による分類

① **鋼　杭**　　H鋼杭，鋼管杭および鋼管矢板がある。H鋼杭は仮設構造物の基礎に用いられ，鋼管杭は大型構造物に用いられ，大断面の杭が施工できる。鋼管矢板は井筒状に打設し，さら

土木一般

基礎工

に大きな構造物の基礎として用いられる。

②　RC 杭（鉄筋コンクリート杭）　　工場で生産される直径 50 cm 以下のプレキャスト杭で，小型構造物の基礎杭に用いられる。

③　PC 杭（プレストレストコンクリート杭）　　工場で生産されるプレキャスト杭で，中型構造物の基礎杭に用いられる。

④　合成杭　　RC 杭または PC 杭の周囲を鋼管で補強したプレキャスト杭である。

(2)　杭の支持方法による分類

既製杭には，図1・74 のように，支持層で支持する支持杭と，杭の周辺の摩擦力で支持する摩擦杭がある。また，図1・75 のように，地盤沈下を起こすような粘性土層を貫いて，支持杭が施工されたときは，杭周囲の土層の沈下に伴い，杭周面に杭を下方に引きずり込むような摩擦力が働く。このことをネガディブフリクションまたは負の摩擦力という。

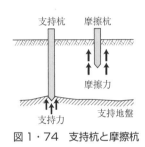

図1・74　支持杭と摩擦杭

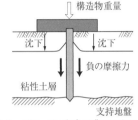

図1・75　ネガディブフリクション

3・2・2　既製杭の施工管理

(1)　杭打ち試験

杭打ち試験は，支持層の深さを確認する試験である。**本杭より 1〜2 m 長い杭を用いて杭打ちを行い**，杭先端が支持層に達し，打止め現象を見せたとき，杭打ち試験を完了する。

(2)　杭の建込み

杭の建込みを正確に行うには，杭軸方向を設計の角度で建込み，建込み後の杭の鉛直性は，図1・76 のように，セオドライト（トランシット）を使用し，**直角2方向から検測**する。

(3)　杭の打込み工法

杭の打込み工法には，ハンマで打撃する方法と，振動機を杭の頭部に装着し振動とその重量で打込む方法がある。杭の打込み工法は，比較的手軽な設備で済み，施工速度が早く，材質も安心でき，支持力の確認ができるなど，利点が多い。

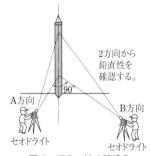

図1・76　杭の建込み

ハンマにはドロップハンマ，ディーゼルパイルハンマ，バイブロハンマ，油圧ハンマがある。

①　ドロップハンマ　　図1・77 のように，モンケン（10〜40 kN）と呼ばれるハンマを高さ2 m 未満までウィンチで引き上げ，自由落下させて杭を打込む。**ハンマ重量を大きくし落下高を小さくすれば，一打撃ごとの押込み持続時間が長くなるが**，打撃応力が小さく杭の損傷が少

なくなるため，打込み効率を高めることができる。ハンマの重量は，杭の重量以上が望ましい。

②　**ディーゼルパイルハンマ**　図1・78のように，2サイクル機関で，ラム（ハンマ）の落下によって空気を圧縮して高温とし，ここに燃料を噴射して爆発させた反動で杭を打ち込む。騒音・振動が大きく，油の飛散を伴う。硬い地盤では，爆発力が増大して作業効率はよいが，軟弱な粘性土では，爆発せず作業効率は悪い。

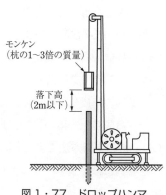

図1・77　ドロップハンマ

③　**バイブロハンマ**　図1・79のように，電動機の回転を偏心によって上下の運動に変えて**杭に振動を与え，杭周辺の摩擦力を低下させ，杭とハンマの重量と，上下加速度によって杭を打ち込む。**

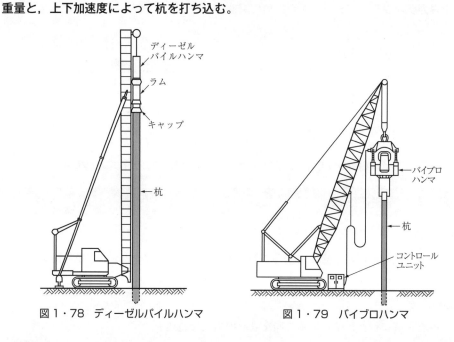

図1・78　ディーゼルパイルハンマ　　　　図1・79　バイブロハンマ

④　**油圧ハンマ**　油圧によりラムを上昇させて，任意の高さから落下させ，打撃力を与えて杭を打込む。また，油圧ハンマは，**杭の種類・径に応じてラムの落下高を設定でき，杭打ち時の騒音を低くすることができ，油煙の飛散もない。**

(4)　杭の現場継手

杭の打込み完了後，**杭の現場継手は，杭の全周をグルーブ溶接（突合せ溶接）によるアーク溶接継手を原則**とする。現場溶接時には，溶接施工管理技術者を常駐して，溶接の管理，指導，検査を行う。また，溶接工は，6か月以上の経験のある有資格者から選任する。

(5)　杭の打込み，打止め

①　杭の打込み順序は，杭の諸元，杭の配置，周辺への影響，杭打ち機の種類等に応じて決める。群杭の場合は，群杭の中央から周辺に向かって打ち進み，**構造物の近くで杭を打込む場合は，構造物の近くから離れるように打ち進む。**

② 　杭の打込み時には，常に杭の位置および軸線を観測し，杭のずれと傾斜に注意しながら杭本体に損傷のないように打ち込む。

③ 　杭打ちを中断すると時間の経過とともに，杭周面の摩擦力が増大して打込みが困難となり，より大きな打込み設備が必要となるため，原則として連続して打ち込む。

④ 　杭は，杭の根入れ深さ，動的支持力，打止め時の一打あたり貫入量，電流・電圧計，貫入速度等の打止め条件を総合的に十分検討して打ち止める。打止め時の一打あたり貫入量は，図1・80のように，**1回の打撃量からリバウンド量（杭の貫入直後，地盤の押し戻す力ではね上がる量）を差し引いた量で，2〜10 mm を目安**とする。杭の動的支持力

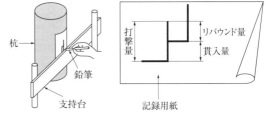

図1・80　リバウンド量の測定

は，支持層における一打あたりの貫入量やリバウンド量から推定し，リバウンド量が大きいほど大きくなる。

3・2・3　埋込み工法

　埋込み工法は掘削して既製杭を埋込む方法で，おもに**騒音や振動などの公害を低減する**ために施工される。埋込み工法の代表的なものには，プレボーリング工法，中掘り杭工法，ジェット工法などがあり，一般に打込み杭工法に比べて支持力が小さい。

① 　**プレボーリング工法**　図1・81のように，杭を打込む位置に杭径より少し大きめの孔を掘削・泥土化し，孔壁の崩壊を防止しながらこの孔に杭を挿入し，ディーゼルハンマで1〜3 m を支持地盤に打撃する。打込みを行わないときは，孔の底にコンクリートを投入し，杭を落とし込む。打撃・

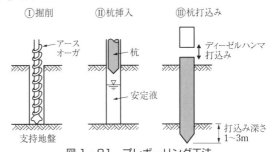

図1・81　プレボーリング工法

振動による工法と比較すると杭の支持力は低い。削孔時の孔壁保護には，ベントナイト安定液を用い，撹拌混合してソイルセメント状にした後，杭を沈設する。

② 　**中掘り杭工法**　先端開放の既製杭の内部に，スパイラルオーガやバケットを通して地盤を掘削しながら杭を所定の深さまで沈設させたのち，所定の支持力が得られるように杭の先端処理を行う。掘削中は，地盤の緩みを最小限に抑えるために過大な先掘りを行わない。杭の先端処理には，杭をドロップハンマ等で打撃する最終打撃方式，セメントミルクを噴射して根固めるセメントミルク噴射撹拌方式，コンクリートを打設して根固めるコンクリート打設方式がある。打撃・振動による工法と比較すると，近接構造物に対する影響が小さい。削孔時の孔壁保護は，杭の外郭部を用いる。セメントミルク噴出撹拌方式の杭先端根固部は，所定の形状となるよう先掘りおよび拡大掘りを行う。

③ 　**ジェット工法**　既製杭の中空部または肉厚部に設置したジェットパイプ装置の先端ノズル

から**高圧水を噴射し，杭先端の地盤をゆるめながら杭の自重を利用して所定の位置まで貫入さ
せる**。この工法の特徴は，砂地盤に適し，騒音・振動が小さい。

④　**圧入工法**　　**圧入機械の重量を反力として，既製杭を地中に圧入**する。圧入が困難な土質の
場合は，ジェット工法などとの併用も容易にできる。この工法の特徴は，騒音・振動が極めて
小さい。

3・3　場所打ち杭基礎

頻出レベル
低■■■■■■高

学習のポイント

　場所打ち杭基礎は，杭基礎の一つで，現地に杭穴を掘削し，コンクリートを打設してつくっ
た杭である。場所打ち杭の工法名，掘削方式および孔壁の保護方法の組合せを理解する。

- 場所打ち杭基礎 ── 場所打ち杭工法の分類
- 　　　　　　　　└── 場所打ち杭の施工

・・・・・・・・・・・・・・・・・・・・・・・◀ 基礎知識をじっくり理解しよう ▶・・・・・・・・・・

3・3・1　場所打ち杭工法の分類

　場所打ち杭は，**既製杭に比べて騒音や振動が小さく，材料の運搬などの取扱いが容易**で，長さの
調整が自由であり，市街地での施工に適するが，設備が大がかりとなって施工速度が落ち，杭とし
ての支持力が施工に大きく左右される。場所打ち杭工法は，オールケーシング工法，アースドリル
工法，リバース工法，深礎工法に分類され，**大口径の杭を施工することにより大きな支持力**が得ら
れる。

（1）　オールケーシング工法

　オールケーシング工法は，図1・82のように，フランスのベ
ノト社の開発した工法で，ベノト工法とも呼ばれる。二重の鋼
製のケーシングチューブに取り付けた揺動装置・圧入装置を用
いて，ケーシングチューブを上下に振動させて圧入し，**地盤の
崩壊を防ぎながらハンマグラブで掘削および土砂を排出**する。
掘削後，泥水ポンプなどで孔底処理を行い，孔内に鉄筋かごを
建て込み，ケーシングチューブを引き上げながらコンクリート
を打設し，杭を築造する。

　オールケーシング工法の特徴は，次のとおりである。

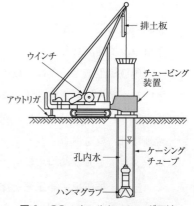

図1・82　オールケーシング工法

①　ケーシングチューブを使用するため，孔壁の崩壊防止が確実である。

②　ほとんどの土質に適応するが，5～7 m 以上の厚い砂層では，ケーシングチューブの引抜き

が難しくなることがある。また，**被圧水が地表面より高い場合は施工ができない。**

③　ケーシングチューブ内の掘削地盤にバケットを落下させるときの振動が大きく，**ハンマグラブの接触音が大きい。**

(2) アースドリル工法

　アースドリル工法は，図1・83のように，地表面近くはケーシングチューブを設置し，それより以深は**ベントナイト安定液**（粒度の小さい粘性土水溶液で，人工泥水ともいう）を使用し，水位を地下水位以上に保ち，地盤の崩壊を防ぎながら円筒形の回転バケット（ドリリングバケット）で掘削および土砂を排出する。掘削後，孔内に鉄筋かごを建て込み，コンクリートを打設し，杭を築造する。アースドリル工法の特徴は，次のとおりである。

①　機械の取扱いが容易で，掘削速度も速いが，**ベントナイト安定液の管理が必要**である。

②　ケリーバーの長さに限界があり，長杭には不向きである。

③　**地下水のない粘性土には最適**である。被圧水が地表面より高い場合や伏流水がある場合は施工ができない。

④　**施工に伴う振動・騒音が小さい。**

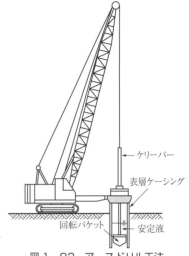

図1・83　アースドリル工法

(3) リバース工法

　リバース工法は，リバースサーキュレーション工法とも呼ばれる。図1・84のように，スタンドパイプを建て込み，地下水位より2m以上高い孔内水位によって，地盤の崩壊を防ぎながら回転ビットで掘削し，サクションポンプを介して土砂と水とを吸い上げる。このとき**水は，地上で土砂と分離させたのち，清水を掘削孔に戻して循環**させる。掘削後，孔内に鉄筋かごを建て込み，コンクリートを打設し，杭を築造する。

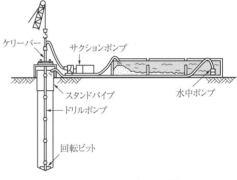

図1・84　リバース工法

　リバース工法の特徴は，次のとおりである。

①　ビッドを上下動する必要がなく，**連続的に掘削でき，水上や狭い場所でも施工**できる。

②　ドリルロッドを通らない玉石層に適応できない。また，被圧水が地表面より高い場合は施工が困難であり，伏流水がある場合は施工ができない。

③　**施工に伴う振動・騒音が小さい。**

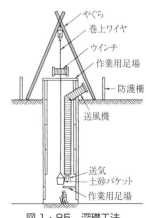

図1・85　深礎工法

(4) 深礎工法

深礎工法は，図1・85のように，孔壁が自立する程度に人力または機械によって掘削および土砂を排出して，ライナープレート（特殊山留鋼板）などをせき板として山留めをする。さらに，掘削と山留めを繰り返し，所定の深さまで掘削する。掘削後，孔内に鉄筋かごを建て込み，コンクリートを打設し，杭を築造する。**山留め材は原則として撤去しないものとし，周囲にモルタル等を注入して空げきを充てん**する。深礎工法の特徴は，次のとおりである。

① **簡単な排土設備で作業ができ，山間部の傾斜地や狭い場所での施工も可能**である。
② **軟弱地盤，地下水位の高い地盤などでは施工が困難**である。
③ 支持地盤を直接，目で確認することができる。
④ 孔内の湧水量が多い場合は，人力掘削による施工は不可能である。
⑤ 施工に伴う振動・騒音は，ほとんど問題にならない。
⑥ 酸欠や有毒ガスに十分に注意する。

(5) 場所打ち杭工法の特徴

場所打ち杭工法の特徴をまとめたものが表1・22である。

表1・22　場所打ち杭工法の特徴

工　法　名	オールケーシング工　　　　　法	リバースサーキュレーション工法	アースドリル工法	深　礎　工　法
掘削・排土方式の概要	ケーシングを揺動，圧入させながらハンマグラブで掘削・排土する。	ドリルパイプ先端のビットを回転させて掘削し，自然泥水の逆還流によって排土する。	掘削孔内に安定液を満たしながら，回転バケットで掘削・排土する。	ライナープレートやナマコ板などをせき板とし，人力等で掘削・排土する。
掘　削　方　式	ハンマグラブ	回転ビット	ドリリングバケット	人力等
孔　壁　保　護　方　法	ケーシングチューブ孔内水	スタンドパイプ自然泥水	ベントナイト安定液（表層ケーシング）	せき板と土留リング
付　帯　設　備	———	自然泥水関係の設備（スラッシュタンク）	安定液関係の設備	やぐら・バケット巻上用ウインチ

3・3・2　場所打ち杭の施工

機械掘削による場所打ち杭は，**掘削（孔壁の保護が必要）→孔底のスライム処理→鉄筋かごの建込み→コンクリートの打設→養生→杭頭の処理**，という手順で施工される。掘削方法や孔壁の保護方法は，各種の工法によって違いはあるが，孔底のスライム処理以降は同じ作業となる。

(1) スライム処理

孔底沈殿物（スライム）を残したままコンクリートを打込むと杭の品質や支持機能に悪影響を与えるため，**スライム処理は必ず行わなければならない**。

スライム処理の時期は，鉄筋かご建込み後に行うのが最良であるが，それが困難な場合には鉄筋かご建込み前に適切な方法で処理し，以後の作業（鉄筋かご建込みなど）を慎重に行い，新しいスライムの発生を防止する。また，スライム処理の方法には，図1・86のように，トレミー管を利用したエアリフト方式などがある。

（2） コンクリートの打込み

　場所打ち杭のコンクリートは，**スランプ 15〜21 cm，セメント量 350 kg/m³ 以上で，水セメント比 55% 以下の水中コンクリート**を用い，粗骨材の最大寸法は鉄筋のあきの 1/2 以下とする。コンクリートの打込みは，以下の点について留意しなければならない。

① 　コンクリートの打込みは，**トレミー管を用いるのを標準とし，連続的に行う。**トレミー管を用いる打込みは，図 1・87 のように，プランジャー方式が一般的である。

② 　トレミー管の下端は，レイタンスやスライム等を巻き込まないように，図 1・88 のように，**打ち込んだコンクリート上面より 2 m 以上，入れておく。**

③ 　打込み中にケーシングチューブの引抜きを行う場合は，鉄筋かごの共上がりを防止するとともに，孔壁土砂を混入しないように，**ケーシングチューブ下端を打ち込んだコンクリート上面より 2 m 以上下げておく。**

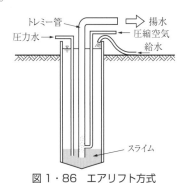

図 1・86　エアリフト方式

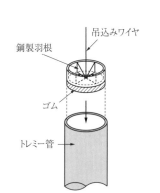

図 1・87　プランジャー方式

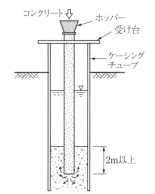

図 1・88　コンクリートの打込み

④ 　所定の高さまで品質のよいコンクリートを施工する。孔内水を使用する場合は 0.8 m 程度，孔内水を使用しない場合は 0.5 m 程度のコンクリートを余分に打込み，コンクリートの硬化後，設計高さまで，はつり取る。

3・4　土留め工・ケーソン基礎

学習のポイント

　土留め壁の種類と特徴，土留め支保工の部材の取付け方法，地中連続壁の施工上の留意点を理解する。また，オープンケーソンとニューマチックケーソンの特徴を理解する。

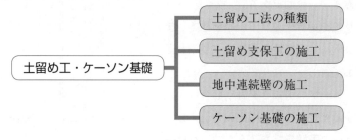

━━━━━━━━━━━━━━━━━━━ 基礎知識をじっくり理解しよう ━━━━━━━━━━━━━━

3・4・1　土留め工法の種類

　土留め工法は，土留め壁の種類によって，親杭横矢板工法，鋼矢板工法，地中連続壁工法などに分類される。各工法の特徴を表1・23に示す。

表1・23　土留め壁の種類と特徴

名称	構　造　形　式	特　　　　徴
親杭横矢板工法	・親杭間隔を1〜2mで設置	・施工が比較的容易である。 ・止水性がない。 ・土留め板と地盤の間に間隙が生じやすいため，地山の変形が大きくなる。 ・根入れ部が連続していないため，軟弱地盤への適用には限界がある。 ・地下水位の高い地盤や軟弱地盤では，補助工法が必要となることがある。
鋼矢板工法	・鋼矢板の継手部をかみ合わせる。	・止水性があり，地下水位の高い地盤に適用する。 ・たわみ性の壁体であるため，壁体の変形が大きい。 ・引抜きに伴う周辺地盤の沈下の影響が大きいと考えられるときは残置することを検討する。 ・長尺物の打込みは，傾斜や継手の離脱が生じやすく，矢板の引抜き時の地盤沈下も大きい。
地中連続壁工法	・安定液を使用し，掘削した壁状の溝に鉄筋かごを建て込み，コンクリート打設する。	・他に比べて止水性がよく，騒音・振動が小さい。 ・剛性が大きいが経済的にならない。 ・大規模な開削工事，地盤変形が問題になるときに適用する。 ・軟弱地盤から岩盤まで，適用地盤の範囲は広い。 ・施工期間が比較的長い。 ・泥水処理施設が必要なため，広い施工スペースが必要である。 ・本体構造物として利用されることがある。 ・軟弱地盤では溝壁が崩壊しやすいため注意が必要である。

3・4・2 土留め支保工の施工

土留め支保工は，図1・89のように，土留め
に作用する土圧等の外力に対抗して，土留めの
安定を図る仮設構造物であり，腹起し，切梁，
火打ち，中間杭等から構成される。

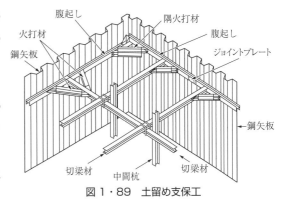

図1・89 土留め支保工

切梁による土留めが困難な場合や掘削断面の
空間を確保する必要がある場合には，土留めア
ンカーを用いる。

① **腹起し** 土留め壁からの荷重を均等に
受け，これを切梁に伝達するものである。

② **切梁** 腹起しを介して伝達された荷重を均等に支え，土留めの安定を保たせるものである。

③ **火打ち** **切梁の座屈長を小さくし，腹起しのスパンを小さくするために用いられる**もので
ある。

④ **中間杭** 切梁の座屈防止や覆工受桁からの荷重を支持するために用いられるものである。

(1) 掘 削

掘削は，**偏土圧が作用しないよう左右対称に行い**，土留め壁の前面掘削開放による応力的に不利
な状態をできるだけ短期間にするため，**中央部から掘削**する。腹起し，切梁の設置にあたっては，
作業が可能な範囲で，できるだけ余掘り量を小さくする。

粘性土地盤で，掘削背面の土の重量が掘削底面以下の地盤支持力より大
きくなる場合は，図1・90のように，掘削底面が押上げられることがある。
これをヒービングといい，**周辺の地盤が沈下するおそれがあるので，土留
め壁の根入れ長と剛性を増して防止**する。また，ゆるい砂地盤で，高い地
下水位の箇所を掘削する場合は，図1・91のように，掘削地盤の下面から
砂と水が湧き出すことがある。これをボイリングといい，**周辺の地盤が沈
下するおそれがあるので，土留め壁の根入れを大きくして防止**する。

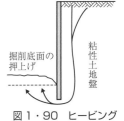

図1・90 ヒービング

なお，砂質土の弱いところを通って，ボイリングがパイプ状に生じる現
象を**パイピング**という。

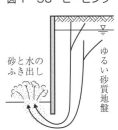

図1・91 ボイリング

(2) 腹起し，切梁，火打ちの取付け

腹起し材の継手部は弱点となりやすいので，ジョイントプレートを取り
付けて補強し，**継手位置は応力的に余裕のある切梁や火打ちの支点に近い
箇所に設ける**。切梁は，圧縮応力以外の応力が作用しないように**腹起しと直角，かつ密着させて取
り付ける**。また，**切梁は原則として継手を設けてはならない**が，掘削幅が広く継手を設けなければ
ならない場合には，継手位置は中間杭付近に設け，継手部にはジョイントプレート等を取り付ける。

3・4・3　地中連続壁の施工

　地中連続壁は，場所打ちコンクリート杭と同様の工法により，安定液を使用して地中に長方形断面の鉄筋コンクリート壁体を築造し，これを連続的に配置したものである。

深い掘削や軟弱地盤において，土圧，水圧が大きい場合などに地中連続壁工法が用いられる。

(1)　掘　　削

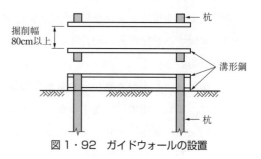

　①　ガイドウォールは，図1・92のように，地中連続壁掘削作業の位置を示す定規である。

　②　掘削は，土質に応じ，所定の精度を確保できる適切な掘削速度でしなければならない。

　③　安定液の使用目的は，掘削中の溝壁の安定を保つことと，良質な水中コンクリートを打設するための良好な置換流体となることである。

図1・92　ガイドウォールの設置

　④　地中連続壁掘削時の溝壁の安定性には，土質，地下水位，エレメント長（コンクリートを1回で打ち込む連続地中壁の構築単位の長さ），上載荷重等の条件を考慮して適切な工法を選定する。溝壁は，一般に**粘着力またはせん断抵抗角度が小さいほど，地下水位が高いほど，エレメント長が大きいほど，上載荷重が大きいほど安定度が悪く，崩れやすい。**

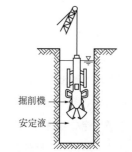

図1・93　掘削・スライム処理

(2)　スライム処理

　①　スライムを除去せずにコンクリートを打込むと，基礎先端の支持機構に悪影響を与えたり，コンクリートの品質が低下したりするため，スライム処理を十分に行わなければならない。

　②　スライム処理は，掘削完了後，一定時間放置した後に行う一次処理（大ざらえ）と，鉄筋かご建込み直前に行う二次処理に分けられ，二次処理の管理は安定液の砂分率で行う。

　③　一次処理はスライムバケット等の掘削機で行い，二次処理はサクションポンプやエアーリフトを利用した専用の処理機で行う。

(3)　鉄筋かごの製作

　鉄筋かごは重ね継手とし，その長さは鉄筋直径ϕの40倍以上とする。一般に，鉄筋かごは現場アーク溶接を用いて1エレメントごとに製作する。

(4)　エレメント間の継手

　各エレメント間の継手には，図1・94のような鉛直継手構造とする剛結継手があり，工場で生産された接合鋼板と鉄筋かごを一体化し，吊り上げの高さ・重さに余裕のあるクレーンで掘削溝に建て込む。継手部は，先行エレメントのコンクリート打込み時に，後続エレメントにコンクリートが流出しないよ

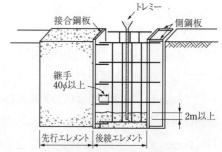

図1・94　エレメント間の継手

うにし，**側鋼板は後続エレメントのコンクリート打設時に撤去**する。

(5)　コンクリートの打込み

① 　コンクリートの打込みにはトレミーを使用する。トレミーは内径 200 mm 以上，1 本の長さが 1〜3 m で継手部分からの漏水のないものを使用する。

② 　トレミーの配置は，エレメントの長手方向 3 m 程度に 1 本以上とし，コンクリート打設中は常にコンクリートの打込み高の測定を行い，**トレミーをコンクリート上面から最低 2 m 以上貫入させて**，打込み面付近のレイタンスや押し上げられてくるスライムを巻き込まないように管理する。

③ 　トレミーを用いて水中コンクリートを打設すると，地中連続壁頭部付近のコンクリートは，安定液と接触して分離したり，沈殿物を巻き込んだりして所定の強度を確保できない。このため，**50 cm 程度の余盛りを行い，硬化したのち，所定の高さまで取り壊す**。

3・4・4　ケーソン基礎の施工

(1)　オープンケーソン

オープンケーソンは，ケーソン内の土砂をクラムシェルやグラブバケット等で掘削しながらケーソンを沈下させ，所定の支持層に到達させる方法である。オープンケーソンの**施工順序は，刃口の据付け，躯体の構築，掘削，沈下の順で行う**。刃口の先端部には，図 1・95 のように，ケーソン周辺と地盤の摩擦を小さくするため，フリクションカットを設け，**根入深さが 10 m 未満の早いうちに，傾斜や移動を修正**する。

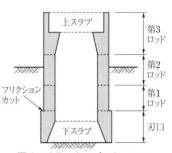

図 1・95　オープンケーソン

支持層に到達後，水中コンクリートを打設して，支持地盤とケーソンを一体化する。

(2)　ニューマチックケーソン

ニューマチックケーソンは，ケーソン下部に作業室を設け，作業室内に圧縮空気を送り込んで作業室内の水を排除し，人力あるいは機械により土砂を掘削しながらケーソンを沈下させ，所定の支持層に到達させる方法である。ニューマチックケーソンには，図 1・96 のように，コンプレッサー，シャフト，マテリアルロック（掘削土の搬出や機材の搬入室用）およびマンロック（人体調圧室）のほか，掘削用にクレーンとバケット，通信・伝達設備などを設ける。

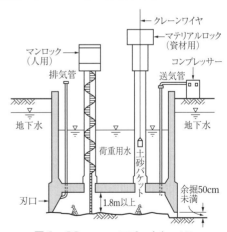

図 1・96　ニューマチックケーソン

室内圧 0.1 MPa（地下水面より 10 m）以上の掘削は，ホスピタルロック（再圧室）を設ける。

作業室の天井高は 1.8 m 以上とし，刃口と天井とは同時に施工して一体化する。**作業室の大きさは，1 人当たり 4 m³ 以上の気積とし，加圧・減圧の速さは毎分 0.08 MPa 以下**とする。

土木一般

表1・24　ケーソン工法の比較

項　　目	オープンケーソン	ニューマチックケーソン
周辺地盤への影響	地下水位の低下および周辺地盤をゆるめることが多い。	地下水位の低下などがなく，周辺地盤をゆるめることが少ない。
施　工　深　さ	相当の深さまで施工が可能で，地下60 m 程度までの例がある。	高圧室内作業となるので，健康管理から施工深さは地下水位下30 m 程度を限界とすることが多い。
地　盤　の　確　認	水中作業になることが多く，地盤の確認が困難である。	作業室に作業員が降りるので，地盤の確認が容易である。
機　械　設　備	比較的簡単で工費が割安である。	送気設備を含めて機械電気設備が大がかりであり，工費も割高になる。
工期（障害物除去）	沈下途中に障害物が出ると除去に手間取るので，工期は不安定である。	障害物の除去が容易で沈下が計画的にできるので，工期は安定である。
公　害　問　題	騒音・振動源をもたず，地盤への影響が少ないので，市街地施工に適する。	コンプレッサーの騒音・振動，エアロックからの排気音が問題になる。
工　事　の　確　実　性	一般に水中作業となるので，機械掘り作業となり確実性に乏しい。	作業室内は排水しての作業となるので，確実性は高い。

第 1 章　章末問題

次の各問について，正しい場合は○印を，誤りの場合は×印をつけよ。（解答・解説は p.324）

□□ 【問 1】　土の圧密試験の結果は，地盤の液状化の判定に使用される。(R1 前)*

□□ 【問 2】　スウェーデン式サウンディング試験は，原位置試験である。(H30 後)*

□□ 【問 3】　ＣＢＲ試験の結果からは，岩の分類に関することが求められる。(H29 前)

□□ 【問 4】　平板載荷試験は，室内試験である。(H30 前)

□□ 【問 5】　土の運搬の作業には，トラクターショベルを使用する。(H30 前)

□□ 【問 6】　土の敷均し・整地の作業には，ロードローラを使用する。(R1 後)

□□ 【問 7】　伐開除根の作業には，ブルドーザを使用する。(H28)

□□ 【問 8】　盛土工の構造物縁部の締固めは，大型の締固め機械により入念に締め固める。(H29 前)

□□ 【問 9】　道路土工の盛土材料として望ましい条件は，盛土完成後の圧縮性が大きいことである。(H30 前)

□□ 【問 10】　盛土の施工における盛土材料の敷均し厚さは，路体より路床の方を厚くする。(H28)

□□ 【問 11】　盛土の締固めの効果や特性は，土の種類及び含水状態などにかかわらず一定である。(R1 前)

□□ 【問 12】　ディープウェル工法は，軟弱地盤改良工法のうち地下水位低下工法に該当する。(H28)

□□ 【問 13】　押え盛土工法は，軟弱地盤上の盛土の計画高に余盛りし沈下を促進させ早期安定性をはかる。(H30 前)

□□ 【問 14】　ウェルポイント工法は，軟弱地盤改良工法のうち載荷工法に該当する。(H28)

□□ 【問 15】　植生マット工の目的は，浸食防止である。(H21)

□□ 【問 16】　コンクリート張工の目的は，崩落防止である。(H21)

□□ 【問 17】　補強土工の目的は，雨水の浸透防止である。(H21)

□□ 【問 18】　セメントは，風化すると密度が大きくなる。(R1 後)

□□ 【問 19】　フライアッシュは，コンクリートの初期強度を増大させる。(H30 前)

□□ 【問 20】　すりへり減量が大きい骨材を用いたコンクリートは，コンクリートのすりへり抵抗性が低下する。(H30 後)

□□ 【問 21】　ＡＥ剤は，コンクリート中に多数の微細な気泡を均等に生じさせる。(H29 前)

□□ 【問 22】　配合設計は，所要の強度や耐久性を持つ範囲で，単位水量をできるだけ少なくする。(H28)

□□ 【問 23】　打ち込んだコンクリートは，水平になるよう型枠内で横移動させる。(R1 後)

□□ 【問 24】　コンクリートの練混ぜから打ち終わるまでの時間は，外気温が 25℃ を超えるときは 1.5 時間以内とする。(R1 前)

□□ 【問 25】　コンクリートを 2 層以上に分けて打ち込む場合は，気温が 25℃ を超えるときの許容打重ね時間間隔は 2 時間以内とする。(H30 後)

□□ 【問 26】　内部振動機で締固めを行う際は，下層のコンクリート中に 5 cm 程度挿入する。(H30 前)

□□ 【問 27】　ブリーディング水は，仕上げを容易にするために，そのまま残しておく。(H29 前)

□□ 【問 28】　型枠内面には，流動化剤を塗布することにより型枠の取外しを容易にする。(H28)

* （R1 前）は令和元年度前期試験の出題問題を表し，（H30 後）は平成 30 年度後期試験の出題問題を表す。

□□【問29】　部材断面が大きいマスコンクリートでは，セメントの水和熱による温度変化に伴い温度応力が大きくなるため，コンクリートのひび割れに注意する。(H27)

□□【問30】　日平均気温が4℃以下となると想定されるときは，寒中コンクリートとして施工する。(R1前)

□□【問31】　打込み前に型枠内にたまった水は，そのまま残しておかなければならない。(R1前)

□□【問32】　鉄筋の継手は，大きな荷重がかかる位置で同一断面に集めるようにする。(H30前)

□□【問33】　鉄筋の重ね継手は，焼なまし鉄線で数箇所緊結する。(H30前)

□□【問34】　型枠のすみの面取り材設置は，供用中のコンクリートのかどの破損を防ぐ。(H28)

□□【問35】　砂地盤では，標準貫入試験によるN値が10以上あれば良質な基礎地盤といえる。(H22)

□□【問36】　支持地盤が地表から浅い箇所に得られる場合には，直接基礎を用いる。(H26)

□□【問37】　直接基礎は，基礎底面と支持地盤を密着させ，十分なせん断抵抗を有するよう施工する。(H26)

□□【問38】　中掘り杭工法は，打込み杭工法に比べて騒音・振動が小さい。(H30前)

□□【問39】　バイブロハンマ工法は，中掘り杭工法に比べて騒音・振動が小さい。(H28)

□□【問40】　打撃工法は，既製杭の杭頭部をハンマで打撃して地盤に貫入させるものである。(H29前)

□□【問41】　油圧ハンマは，低騒音で油の飛散はないが，打込み時の打撃力を調整できない。(H30後)

□□【問42】　中掘り杭工法では，泥水処理，排土処理が必要である。(H28)

□□【問43】　リバースサーキュレーション工法は，スタンドパイプを建込み，掘削孔に満たした水の圧力で孔壁を保護しながら，水を循環させて削孔機で掘削する。(R1前)

□□【問44】　アースドリル工法は，掘削孔に満たした水の圧力で孔壁を保護しながら，ドリリングバケットで掘削する。(H29前)

□□【問45】　場所打ち杭は，杭材料の運搬などの取扱いや長さの調節が難しい。(R1後)

□□【問46】　場所打ち杭は，掘削土により，中間層や支持層の土質が確認できる。(H28)

□□【問47】　深礎工法は，ケーソンを所定の位置に鉛直に据え付け，内部の土砂をグラブバケットで掘削する。(H27)

□□【問48】　親杭横矢板壁は，止水性を有しているので軟弱地盤に用いられる。(H28)

□□【問49】　柱列杭は，剛性が大きいため，深い掘削にも適する。(H29前)

□□【問50】　連続地中壁は，剛性が小さく，他に比べ経済的である。(R1後)

専門土木

令和 4 年度（後期）の出題状況

　出題数は 20 問あり，そのうちから 6 問を選択して解答しなければならない。各分野に配当されている出題数は例年と同様である。なお，下線部で示した箇所は，令和 3 年度（後期）の試験問題の内容と異なる出題事項である。

1．鋼・コンクリート構造物（3 問）

　①鋼材の特性と用途，②橋梁の架設工法，③コンクリート構造物の劣化機構が出題された。①の問題は，低炭素鋼・鋳鋼・鍛鋼の用途を問うものである。

2．河川・砂防（4 問）

　①河川堤防の施工，②河川護岸の施工，③砂防えん堤の構造，④地すべり防止工の工法が出題された。①の問題は，堤外地・堤内地などの用語を問うものである。

3．道路・舗装（4 問）

　①アスファルト舗装の路床の施工，②アスファルト舗装の締固め，③アスファルト舗装の補修工法，④コンクリート舗装の施工が出題された。①の問題は，盛土路床や切土路床などを問うものである。

4．ダム・トンネル（2 問）

　①ダムの施工，②トンネルの山岳工法の掘削が出題された。①の問題は，RCD 工法・グラウチングなどを問うものであり，②の問題は，ロックボルト・吹付けコンクリートなどを問うものである。

5．海岸・港湾（2 問）

　①傾斜型海岸堤防の構造，②ケーソン式混成堤の施工が出題された。①の問題は，傾斜型海岸堤防の構造名称を問うものである。

6．鉄道（2 問）

　①鉄道の用語，②鉄道の営業線近接工事が出題された。①の問題は，線路閉鎖工事・軌間・路盤などの用語を問うものであり，②の問題は，保安管理者・列車見張員の職務などを問うものである。

7．地下構造物（1 問）

　①シールド工法の種類が出題された。①の問題は，泥水式シールド工法・土圧式シールド工法の特徴などを問うものである。

8．上下水道（2 問）

　①上水道の管布設工，②下水道管渠の接合方式が出題された。①の問題は，ダクタイル鋳鉄管の据付け・鋳鉄管の切断などを問うものであり，②の問題は，水面接合・管頂接合などの特徴を問うものである。

1節　鋼・コンクリート構造物

鋼・コンクリート構造物では，土木構造物の代表的な鋼橋およびコンクリート橋を扱う。試験では，主に鋼の性質，鋼材の接合，橋梁の架設などについて出題されている。

1・1　鋼材の性質

頻出レベル

低 ■■■■■□ 高

学習のポイント

　鋼材の試験では，試験の種類，軟鋼・鉄筋・高張力鋼の強度の求め方などを理解する。また，鋼材の性質では，応力を受けたときの鋼材の特性などを理解する。

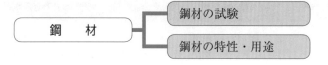

```
　　　　　　　　　　┌─ 鋼材の試験
鋼　　材 ─┤
　　　　　　　　　　└─ 鋼材の特性・用途
```

‑‑‑‑‑‑‑‑‑‑‑‑‑‑‑‑‑‑‑‑‑‑‑‑‑‑‑‑‑ 基礎知識をじっくり理解しよう ‑‑‑‑‑‑‑‑‑‑‑‑

1・1・1　鋼材の試験

①　**引張試験**　図2・1(a)に示すように試験鋼材に2点マークを付け，両端を試験機で破断するまで引っ張る試験である。鋼種 SS 400 のような軟鋼の場合は，図(b)に示すように，試料が伸びきって破断し，引張力の最大値を引張る前の試料の断面積で割って鋼板などの引張強さを求める。

　鋼材は，応力度が弾性限界に達するまでは弾性を示し，それを超えると塑性を示す。鋼種 SM 490 などの高張力鋼の場合は，図(c)に示すように引張強さは示すが，降伏点を明確に示さないので，残留ひずみ 0.2% の応力度を耐力として降伏点を求める。なお，伸びは，図(a)に示す引っ張る前に印した2点間距離 L に対する伸びた長さ ΔL の百分率で示す。**引っ張る速度を基準より速くすると，引張強さは増すが伸びは減少する**。PC 鋼棒は，鉄筋コンクリート用棒鋼に比べて引張強さは高いが，伸びは小さい。

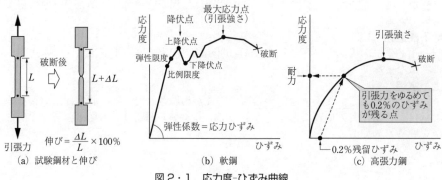

(a) 試験鋼材と伸び　　伸び $= \dfrac{\Delta L}{L} \times 100\%$

(b) 軟鋼

(c) 高張力鋼

図2・1　応力度‑ひずみ曲線

② **曲げ試験**　　曲げ加工性の判断に用いられる試験である。試料を押曲げ法または巻付け法により曲げ，曲げた部分を観察して傷などの異常があれば不合格とする。鋼材の表面や内部の材料欠陥の有無が容易に判定できる。

③ **シャルピー衝撃試験**　　図2・2のように，試料に切欠を付けセットし，振子状のハンマの自然落下エネルギーを用いて破壊し，振子の振り角度の低下から試料に吸収された破壊エネルギーを算出する試験である。**鋼材のシャルピー値は，低温なほど，厚い板ほど，切欠があるほど，圧延直角方向の作用力ほど低下する。**溶接用鋼材ではシャルピー値によって溶接接合かボルト接合かを定める。

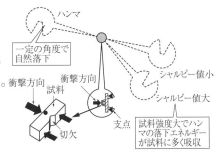

図2・2　シャルピー衝撃試験

1・1・2　鋼材の特性・用途

① **延性と脆性**　　延性は，鋼材に引張力が作用したとき，鋼材が伸びても荷重に抵抗することをいい，**脆性破壊はほとんど伸びずに突然破壊**することをいう。鉄鋼材料は，低温，切欠（ノッチ）による集中応力，衝撃的な荷重などにより，延性が大きく低下し，破壊されやすくなる。

② **高い応力を受ける鋼材の性質**　　高力ボルトやピアノ線などのように高い応力を受ける鋼材は，焼き入れなどにより調質してあるので，加熱加工してはならない。鋼材の強度が大きいほど最大応力となるひずみは小さい。しかし，高い応力の状態でひずみが増加し，応力が減少するリラクゼーションや突然に破断する遅れ破断が生じることもあるので注意する必要がある。

③ **繰返し応力を受ける鋼材の性質**　　小さな応力でも繰り返して生じる鋼材は，疲労破壊をする。高強度の鋼材ほど繰返し応力に対して強度低下が生じやすい。

④ **炭素量**　　炭素量の増加に伴って**硬度（硬さ）が増加し，じん性（粘り強さ）が減少し，延性や展性**（平たく伸ばして箔状にする性質）**は低下**する。低炭素鋼は，延性・展性に富み，橋梁等に用いられる。

⑤ **鋼材の用途**　　キーピン・工具には高炭素鋼，つり橋のワイヤーケーブルには硬鋼線材，橋梁の伸縮継手には鋳鋼が用いられる。また，継目なし鋼管は，小・中径のものが多く，高温高圧用配管等に用いられる。

　鋼材の腐食が心配される場合には，耐候性鋼材等の防食性の高い鋼材を用いる。

1・2　鋼材の接合

学習のポイント

　ボルト接合と溶接接合による施工上の留意点，ボルトの締付け検査方法，溶接の欠陥などを理解する。鋼材の加工と規格では，切断の留意点や鋼材の種類・記号を理解する。

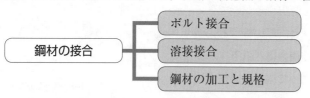

鋼材の接合 ── ボルト接合／溶接接合／鋼材の加工と規格

■■■■■■■■■■■■■■■■■■ 基礎知識をじっくり理解しよう ■■■■■■■■

1・2・1　ボルト接合

（1）　ボルト接合の準備

　ボルト接合の継手には，母材を重ねた重ね継手と母材を突き合わせる突合せ継手がある。

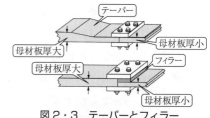

図2・3　テーパーとフィラー

　① 　**ボルト接合の接触面の表面処理**　　接触面を塗装しない場合は，黒皮を除去し粗面とし，締付け時直前に接触面の浮錆びや油，泥などを除去する。塗装する場合は，厚膜型無機ジンクリッチペイントを用いる。この結果，**すべり係数 0.4 以上が得られる**。

　② 　**肌すき処理方法**　　肌すきは異なる板厚の接合で生じるすき間のことをいう。肌すきは，応力の伝達や防錆・防食上好ましくないので，図2・3に示すテーパーやフィラーを取り付ける。

　③ 　**ボルトの孔あけ**　　孔あけは呼び径＋2.5 mm であけ，原則としてドリルを用いる。

（2）　高力ボルトの種類と締付け順序

　高力ボルトの種類には，図2・4に示す，通常の高力ボルトとトルシア形高力ボルトがある。トルシア形高力ボルトはボルト頭部が丸くワッシャも不要で，ボルト軸を反力にナットだけを回転して締付け，締付け完了後にボルト軸先端が切断するボルトである。切断部をピンテールという。

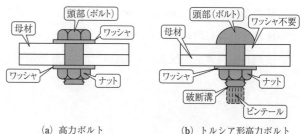

（a）高力ボルト　　　　（b）トルシア形高力ボルト

図2・4　高力ボルトの種類

　締付け順序は，図2・5に示すように，**ボルト群の中央から端部に向かって締め付ける**。

専門土木

鋼・コンクリート構造物

(3) ボルト締付け方法

① **回転法**　ボルトの締付けはナットを回して行う。接触面の肌すきがない程度にトルクレンチまたは組立用スパナで力一杯締める。回転法では，**予備締めは不要である**。ボルト・ナット・座金に図2・6(a)のようにマーキングし，

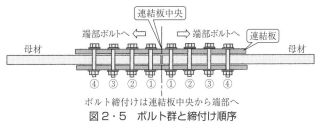

図2・5　ボルト群と締付け順序

所定のナット回転量で締め付ける。回転法では，全数についてマーキングによる外観検査を行い，図(b)のようにナットのマークが適切な状態となり，図(c)のように共回りがないことを検査し，マークの開き角度が規定の締付け回転角範囲であることを確認する。使用ボルトは，**F8T か B8T を使用**する。

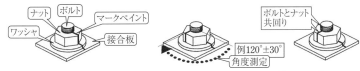

(a) 予備締め後のマーキング　　(b) 本締め後の適切な状態　　(c) ナットとボルトが共回り状態
図2・6　回転法のマーキング

② **トルク法**　ボルトの締付けは，ボルト軸力が均一になるようにナットを回して締付けトルクを調整する。**予備締めは締付けボルト軸力の60%** とする。

その後，締忘れや共回りを防止するためマーキングする。トルクレンチの検定は搬入時に1回，月に1回検定する。締付けボルト軸力は設計ボルト軸力を確保するため，**設計ボルト軸力の110%** を標準とする。

締付け検査は，ボルトの締付け後，速やかに行い，各ボルト群の10% のボルト本数を標準にして，トルクレンチで締付け，キャリブレーション時に設定したトルク値の±10% の範囲ならば合格である。**F8T，F10T を標準使用**する。

③ **耐力点法**　導入軸力とナット回転角が耐力点付近で非線形となることを電気的に捉ええて締める。ボルトは，一つの製造ロットから5組を無作為に選び，現場締付け試験をして一定の範囲に入っているか確認しておく。全数マーキング外観検査し，1ボルト群5本抽出しマーキングで回転角を測定して平均し，その平均値に対して，ボルト全数が±30° の範囲なら合格である。高力ボルトは，**F10T を使用**する。

④ **トルシア型高力ボルト**　本締めには，トルシア専用締付け機を用い，ナットを回転させてピンテールの切断を確認する。一定の締付け力でピンテールが破断したときが締付け軸力となる。トルシア形高力ボルトは，常温時の締付け軸力を，1製造ロットから5組の供試セットを無作為抽出して現場試験をし検査しておく。マーキングで共回りがあれば新品と交換する。高力ボルトは **S10T を使用**する。

1・2・2　溶接接合

溶接接合には，工場溶接と現場溶接がある。現場溶接は欠陥が生じやすいので厳しい管理が必要である。応力を伝える溶接継手には，図2・7に示す，すみ肉部に溶着金属を流し込むすみ肉溶接と溶接部材に開先と呼ぶ溝をつくり

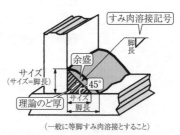
(a) すみ肉溶接（T継手）

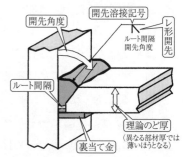
(b) 開先溶接（グルーブ溶接）レ形開先の例

図2・7　溶接の種類

溶着金属を流し込む開先溶接（グルーブ溶接）を用いなければならない。厚板ほど溶接量の少ない開先形状とし，細い溶接棒で積層により溶接ひずみを少なくする。**溶接工は資格を有し，6ヶ月以上の実務経験を有する**ことが必要である。鋼橋に限らず鋼構造物の溶接には，一般にすみ肉溶接と開先溶接が多く用いられる。

(1)　溶接の作業方法

①　**手溶接**　　被覆アーク溶接棒を用い，溶接作業のすべてを手で行う。フラックスと呼ばれる被覆材がアーク熱で溶接部分を覆い，スラグとなって溶着金属の急冷や酸化を防ぐ。**手溶接は下向き，上向き，側面の3方向溶接が可能である。**施工速度は遅く，均質施工が困難である。**深い溝の溶接ほど細い棒で積層**していく。溶接棒が湿っているとアークが不安定，ブローホールの発生，水素割れの原因となる。

②　**半自動溶接**　　溶着金属の送りを自動化し，溶接部保温のため水分の少ない炭酸ガスシールドを施しながら溶接する。半自動溶接は**下向きで行う**が，側面も可能である。現場の継手溶接に用いられる。溶接材料の自動供給により，手溶接より能率がよい。風速2m/s以上ではガスが流されてシールドができないため，防風処置が必要である。

③　**全自動溶接**　　サブマージアーク法とかユニオンメルト法と呼ばれ，自動で粒状のフラックスをまきながら溶接ワイヤを供給し溶接する。全自動溶接は**下向きの溶接**しかできない。手溶接に比較し，高い電流で溶接するため高温割れを発生しやすく，湿気などの水分や錆びなどに対して敏感で溶接が不完全になりやすい。機械が比較的大きくなるので，工場など環境の完備した所での使用となる。

④　**スタッド溶接**　　フランジとコンクリート床版を一体化するために，大電流によりスタッドと平板の間にアークを発生させ，図2・8に示すスタッドを平板に圧接して溶接する。スタッド溶接は大電力を用いるので，計画時，電気容量の確保に注意する。全数について余盛り高さ1mm，幅0.5mm以上か割れやスラグ巻込みがないかなど外観検査をする。

⑤　**エンドタブ・スカラップ**　　溶接の始端と終端には，ブローホール（溶着金属内の空洞）などのクレータが生じて欠陥となる。

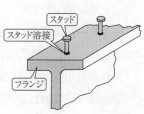

図2・8　スタッド溶接

図2・9（a）に示すエンドタブを設けて溶接し，溶接後，ガス切断によって除去する。

溶接金属の線が交わる場合の溶接は，応力の集中を避けるため，スカラップという片側の部材に扇状の切欠きを設ける（図2・9（b））。

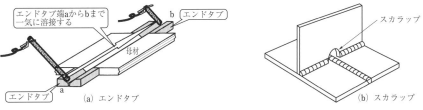

（a）エンドタブ　　　　　　　　　　　（b）スカラップ

図2・9

(2)　溶接の欠陥と作業上の留意点

① **溶接の欠陥**　図2・10に示す，外観検査と放射線や超音波を使用して，肉眼ではわからないブローホールやスラグ（溶接のかす）巻込みなどの内部の欠陥

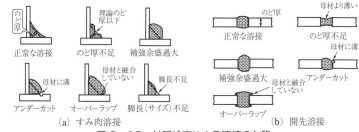

（a）すみ肉溶接　　　　　　　　　　　（b）開先溶接

図2・10　外観検査による溶接の欠陥

を見い出す内部検査がある。溶接部の強さは，溶着金属部ののど厚と有効長によって求める。

② **溶接の施工上の留意点**　溶接の施工上の留意点は次のようである。

(a)　溶接前には，溶接に有害な黒皮，さび，塗料，油などを除去しておく。厚板の溶接や寒冷期の溶接では，溶接部材の溶接部前後10 cm程度の幅を予熱し，溶接むらをなくす。

(b)　雨天や気温が5℃以下，強風など，十分な対策がとれない場合は作業を中止する。

(c)　仮付け溶接であっても，本溶接と同等の技能を有する溶接工による施工を行う。仮付けは脚長4 mm以上，長さ80 mm以上の溶接長とする。

(d)　溶接とボルトで接合する場合，**溶接を先に，ボルトを後に接合する**ことを原則とする。

(e)　溶接は，溶接線近傍を十分に乾燥させてから行う。

1・2・3　鋼材の加工と規格

(1)　鋼材の加工

① **切　断**　主要部材の切断には，原則として自動ガス切断を用いる。鋼材の表面仕上げの凹凸は，機械加工と変わらない。ただし，板厚10 mm以下のフィラー，ガセットプレートなどは，機械切断による切断も可能である。鋼材のせん断面は角張り，塗装膜厚が薄くなり塗装寿命の低下となるので**1 mmの面取り**を行う。

② **孔あけ**　ボルト孔は，**ドリルとリーマ通しの併用**であける。二次部材の板厚16 mm以下の場合は，押抜きせん断機を用いてもよい。孔あけは，組立て前に同一形式の部材を重ねて大型ドリルであけるフルサイズ工法と，予備工法で予備孔をあけておき，仮組立て時にリーマ通

しであけるサブサイズ工法がある。

③　**曲　げ**　　冷間加工と熱間加工がある。冷間加工は図 2・11 に示すように，**内側曲げ半径は板厚の 15 倍以上**とする。曲げる外側には加工前ポンチを打たない。曲げるエッジ部は板厚の 0.1 倍以上の面取りをしておく。**熱間加工では，焼き入れや焼き戻しした調質鋼を焼き戻し温度（650℃）以上で加工しない。**

（2）　鋼材の規格

　鋼材の規格は鋼種記号で分類されている。鋼種記号の代表的な異形鉄筋は，図 2・12 に示すように，普通丸鋼の周囲にリブや節を設けたもので，記号に鋼材（Steel），異形（Deformed）の頭文字 S,D を用いて表す。主な鋼材名と鋼材記号の関係は，表 2・1 のようである。鉄筋は展性・延性に富み，加工性が高い。

図 2・11　冷間曲げ加工

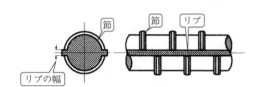

図 2・12　異形鉄筋表面形状と鋼種記号

表 2・1　鋼材と鋼種記号

鋼種記号	鋼　　種	用　　途	記　号　の　説　明
SS400A	一般構造用圧延鋼材	ボルト接合用	S：鋼材（Steel），S：一般構造（Structure），400：引張強さ N/mm^2，A：板厚制限
SM400*	溶接構造用圧延鋼材	溶接接合用	S：鋼材（Steel），M：溶接構造（Marine），400：引張強さ N/mm^2
SD295A	鉄筋コンクリート用異形棒鋼	コンクリート用鉄筋	S：鋼材（Steel），D：異形（Deformed），295：降伏点または耐力 N/mm^2，A：溶接接合を前提としないため化学成分の規格がない。B は溶接性を確保
SR295	鉄筋コンクリート用丸鋼	コンクリート用鉄筋	S：鋼材（Steel），R は丸鋼（Round），295：降伏点または耐力 N/mm^2
STK400	一般構造用炭素鋼管	鉄塔，足場，支柱等	S：鋼材（Steel），T：管（Tube），K：構造，400：引張強さ N/mm^2
SKK400	鋼管杭	杭	S：鋼材（Steel），K：鋼管，K：杭，400：引張強さ N/mm^2
F8T，B8T，S10T	摩擦接合用高力六角ボルト	摩擦接合用鋼材支圧接合用鋼材	F：摩擦（Friction），B：支圧（Bearing），S：せん断（Shear）でトルシア形，8：引張強さ 800 N/mm^2，10：引張強さ 1000 N/mm^2　T：引張強度（Tension）

＊ SMA400W 溶接構造用耐候性熱間圧延鋼材　A：耐候性，W：無塗装用（塗装用：P），炭素鋼にクロム・ニッケルなどを添加。
　SC450 炭素鋼鋳鋼（伸縮装置），S450N 高炭素鋼（支承ピン）

1・3　橋梁の架設

学習のポイント

橋梁の架設工法の特徴，架設の施工上の留意点などを理解する。

橋梁の架設 ─┬─ 鋼橋の架設工法
　　　　　　 └─ 架設の施工上の留意点

◀━━━━━━━━━━ 基礎知識をじっくり理解しよう ▶━━━━━━━━━━

1・3・1　鋼橋の架設工法

(1)　仮　組　立

　トラスなど複雑な構造は仮組立を陸上で行い，寸法精度の確認を行う。仮組立には，各部材無応力の状態で実際に組み立てる方法と，整合性を確認された数値シュミレーションによる方法がある。仮組立では，寸法，継手部，溶接，各部品などの検査をする。

(2)　橋梁架設工法

　架設において，連結部を仮固定する**仮締めボルトとドリフトピンの合計本数は，本締めボルト数の1/3を標準**とする。ただし，ケーブルエレクション工法などでは，部材間自由度確保のため合計本数を減らしてもよい。

　架設工法は，架設地点の地形条件などによって以下に示す工法がある。

①　**ベント式工法**　　図2・13に示すように，自走式クレーン車で橋桁を吊り上げ，橋桁の連結部がベント（支持台）にくるように架設し，現場接合する。キャンバー調整も可能であり，架設時に局部的な大きな応力を受けることがある。

　　この工法は，支持台を設置できる地盤がある場合や，市街地や平坦地で桁下空間が使用できる場所，ベント高が30 m程度で，支間が短く鋼重の軽い場合に適している。

②　**フローティングクレーン工法（一括架設工法）**　　図2・14に示すように，フローティングクレーンで大ブロックを一括して架設する。架設時と完成時では支持点が変わるため，輸送時

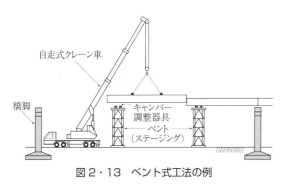

図2・13　ベント式工法の例　　　　　図2・14　フローティングクレーン工法の例

専門土木

鋼・コンクリート構造物

や架設時または完成時で部材に生じる応力やたわみを計算しておく必要がある。

　この工法は，水深が深く流れの弱い港湾部や河川部に適している。

③　**ケーブルクレーン（ケーブルエレクション）工法**　図2・15に示すように，両岸に塔を建て，そこにケーブルを渡し吊索で部材を谷線に対して対称に組み立てていく。吊方により，図(a)の直吊工法と図(b)の斜吊工法がある。足場が不安定なのでキャンバー調整が困難である。

　この工法は，桁下が流水部や谷でベントの設置が不可の場合に適している。架設時の主索や吊索に調整装置を付け調整するが，全荷重が作用した状態で部材の閉合スペースが必要である。

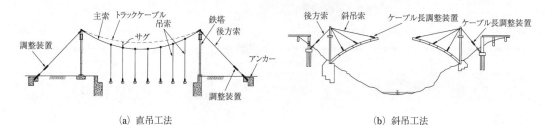

(a) 直吊工法　　　　　　　　　　　(b) 斜吊工法

図2・15　ケーブルクレーン工法の例

④　**片持式工法**　図2・16に示すように，連続トラスの上部にレールを敷き，トラベラークレーンをのせ，部材を張り出して組立てる。**架設時と架設後の応力が異なる**ので検討を十分に行う。継手部ボルトを本締めするため，最終段階のキャンバー調整が困難である。

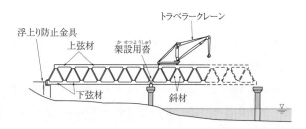

図2・16　連続トラスの片持式架設例

　この工法は，橋梁下部空間が利用できない場合で，連続トラス橋の組立などに適している。

⑤　**送り出し（引き出し）工法**　図2・17(a)に示すように，架設現場近くで橋として組立を完成させ，手延機と構造部を連結し軌条を走る自走式クレーン車または門型クレーンによって送り出す手延機による工法や，図2・17(b)に示すように，架設空間下に軌条を敷き，移動台車（ベント）による工法などがある。**架設時と架設後の応力が異なる**ので，検討を十分に行っておく必要がある。

　この工法は，桁下空間を利用できない場合に適しているが，桁を送り出し，所定位置に降下させるときに危険が伴うことが多い。また，鉄道や道路をまたぐときのように架設期間が短い場合にも適している。

⑥　**押出工法**　橋台の後方に設けた桁製作ヤードでブロックを製作して前方に押し出した後，空いた桁製作台上で次のブロックを製作して先に押し出したブロックと連結し，順次，前方に橋桁を押し出しながら架設する。この工法は，桁下の空間が利用できない場所での連続桁橋の架設に適し，桁製作ヤードでの繰返し作業により施工管理が容易となる。

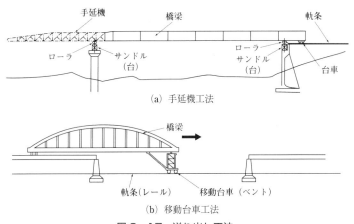

(a) 手延機工法

(b) 移動台車工法

図2・17　送り出し工法

⑦　**架設トラス（桁）工法**　図2・18に示
すように，ベントの代わりに長さ55m吊
り能力30t程度のトラスまたは桁を架設し，
完成時にこれを撤去する。架設桁は設計応
力以上の力を受けることがあるので，キャ
ンバーを含め十分検討しておく。この工法
は，ベントを用いることができない深い谷
や安定性の必要な曲線橋の架設に適している。

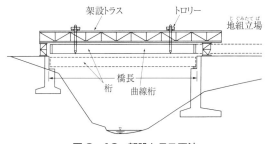

図2・18　架設トラス工法

⑧　**全面支柱式支保工架設工法**　架設地点に支保工・型枠を組み立て，コンクリートを打込む
工法で，桁下空間を一部確保する必要がある場合に適している。

1・3・2　橋梁架設時の留意点

橋梁を架設する場合，施工上の留意点は次のとおりである。

①　予め吊り込みフックを部材に付けておく。

②　組立部材の重心点は，よく確認して吊り上げる。

③　吊り上げた部材の地肌や塗膜を傷を付けないように部材角に当てものを施す。

④　リフトピンは，孔の位置合わせに用いる。また，仮締めボルトは，部材と連結板の密着位置
合わせをする。

⑤　仮締めボルトとドリフトピンの合計本数は，その連結部ボルト総本数の1/3以上を用いる。
合計本数のうち，ドリフトピンは1/3以上を用いる。

1・4　鉄筋コンクリート構造物

学習のポイント

　鉄筋コンクリート床版の打設上の留意点，プレストレストコンクリートの施工順序，コンクリートの劣化原因を理解する。

鉄筋コンクリート構造物 ─┬─ 鉄筋コンクリート床版の施工
　　　　　　　　　　　　└─ プレストレストコンクリートの施工

‐‐‐‐‐‐‐‐‐‐‐‐‐‐‐‐‐‐‐‐‐‐‐‐ 基礎知識をじっくり理解しよう ‐‐‐‐‐‐‐‐‐‐‐

1・4・1　鉄筋コンクリート床版の施工

(1)　鉄筋の配置

　適正な位置に鉄筋を配置するためには，次に示す点に留意する。

①　スペーサは，コンクリート製またはモルタル製とし，$1\,m^2$ 当たり4個以上を用いる。

②　鉄筋の重ね長さは，鉄筋の直径の20倍以上とする。

③　鉄筋の継手位置は，相互に鉄筋の直径の25倍以上ずらして配置する。

④　鉄筋の交点は，直径 0.8 mm 以上の焼なまし鉄線またはクリップで緊結する。

⑤　かぶりは鉄筋の直径以上とする。

⑥　鉄筋の有効高さ誤差は，設計値に対して±10 mm 以内とし，鉄筋間隔の誤差は，設計値に対して±20 mm 以内とする。

(2)　コンクリートの打込み

　コンクリートの**打込みは，練混ぜ後1時間以内**とする。床版の仕上り高は，計画高，主桁のたわみ量，支保工の沈下量を考慮して定める。型枠の設置高は，これらの値から床版厚を引いて求める。床版厚の誤差は，設計値の + 20 mm〜− 10 mm の範囲とする。

　コンクリートの打設順は，ひび割れなどが生じないように**変形量の大きい部分**から図2・19の①→②の順番で打設する。**締固め振動機は，鉄筋に触れないように**する。

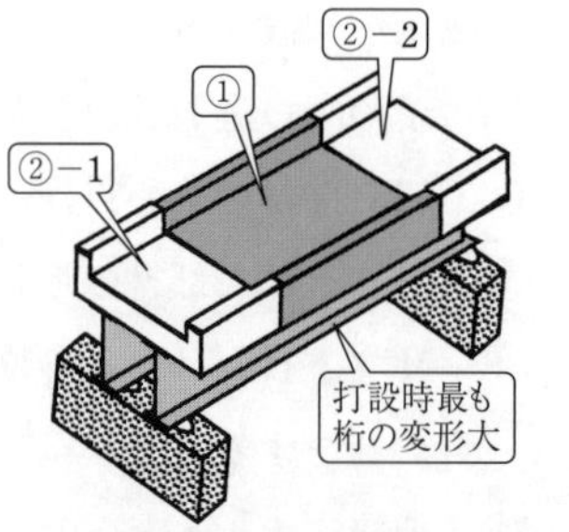

図2・19　床版コンクリートの打設順序（単純桁橋）

　打継目は，原則として橋軸方向に設けず，橋軸直角方向にもできるだけ少なくする。また，打継目は，**せん断力の小さい位置で圧縮力に対して直角に設ける**。

(3)　コンクリート構造物の劣化機構と対策

　コンクリート構造物の劣化機構には，コンクリートの中性化，塩化物イオンの侵入（塩害），凍結融解作用（凍害），化学的浸食，アルカリシリカ反応，疲労などがある。

①　**コンクリートの中性化**　　コンクリート中に大気中の炭酸ガスが侵入し，アルカリ分が中和

され炭酸カルシウムに変化し，鉄筋の酸化・膨張によりコンクリートが破壊される現象をいう。その対策として，鉄筋のかぶりを多くとり，ひび割れ補修を徹底する。

② **塩害**　コンクリート中の鋼材が塩化物イオンと反応し，鋼材の腐食・体積膨張によりコンクリートにひび割れや剥離などを起こす現象をいう。その対策として，塩化物イオンのない骨材を使用し，水セメント比を抑えた密実なコンクリートにし，鉄筋のかぶりを多くとり，凍結防止剤を抑制する。

③ **凍害**　コンクリート中の水分が凍結融解し，体積変化によりコンクリートが破壊され，鉄筋の露出や微細なひび割れなどを起こす現象をいう。その対策として，ＡＥ剤を使用し，コンクリート中の空気量を $4 \sim 7\%$，水セメント比を 65% 以下とする。また，コンクリートの水密性を高めるためには，吸水率の小さい骨材を使用し，ワーカビリティーの許す範囲で単位水量を小さくする。

④ **化学的浸食**　酸性雨や硫酸などによりセメント水和物が溶解され，骨材の露出・脱落や鉄筋の酸化・膨張が起きる現象をいう。その対策として，コンクリート表面に保護層を設け，化学物質の流入を防ぎ，鉄筋のかぶりを多くとる。

⑤ **アルカリシリカ反応**　コンクリート中のアルカリ分と骨材中のシリカ成分が化学反応し，反応生成物であるアルカリシリカゲルが吸水膨張し，コンクリートのひび割れや破壊を起こす現象をいう。その対策として，骨材のアルカリシリカ反応性試験方法により無害であることが確認された骨材，高炉セメントＢ種またはＣ種，フライアッシュセメントＢ種またはＣ種を使用する。

⑥ **疲労**　コンクリートに荷重が繰り返し作用することで，コンクリート中に微細なひび割れが発生し，やがて大きな損傷を起こす現象をいう。その対策として，構造物の設計の際，疲労に対する十分な検討を行い，曲げを伴う床版などは劣化過程を観察して補強対策を施す。

1・4・2　プレストレストコンクリートの施工

① **プレテンション方式の施工手順**　プレテンション方式は，図2・20(a)に示すように，型枠内でピアノ線を緊張しておきコンクリートを打設し，硬化後緊張を解きプレストレスを導入する。

② **ポストテンション方式の施工手順**　ポストテンション方式は，図(b)に示すように，型枠内にピアノ線（PC鋼材）を通すシースと呼ぶパイプを通し，コンクリート打設，硬化後シース内にPC鋼材を通し緊張して**モルタルを注入する。1.2 mmフルイを通したモルタルグラウトポンプ**で，空気を閉じこめないように**最も低いところから注入**する。モルタル硬化後緊張を解いてプレストレスを導入する。

専門土木

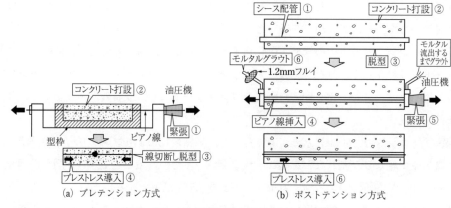

<table>
<tr><td>シース配管 ①</td><td></td><td>コンクリート打設 ②</td></tr>
</table>

（a）プレテンション方式　　　　　　　　　　（b）ポストテンション方式

コンクリート打設 ②　　油圧機
型枠　　　ピアノ線　　緊張 ①
線切断し脱型 ③
プレストレス導入 ④

モルタルグラウト ⑥
1.2mmフルイ
ピアノ線挿入 ④
プレストレス導入 ⑥
脱型 ③
モルタル流出するまでグラウト
油圧機
緊張 ⑤

図2・20　プレストレストコンクリートの施工

2節　河川・砂防

河川・砂防では，河川にかかわる治水，利水，土砂災害の防止などのために行う工事を扱う。試験では，主に河川堤防，河川護岸，砂防えん堤，地すべり防止工などについて出題されている。

2・1　河川堤防・河川護岸

頻出レベル
低 ■■■■■■ 高

学習のポイント

堤防の各部名称を把握し，盛土締固め方法，築堤材料の土砂要件，堤防施工時の留意点などを理解する。また，護岸各部名称や役割を把握し，低水護岸の法覆工，基礎工の施工上の留意点を理解する。

河川堤防・河川護岸
- 堤防の種類と構造
- 堤防の施工
- 護岸の種類と構造
- 護岸の施工

◆━━━━━━━━━━━━━ 基礎知識をじっくり理解しよう ◆━━━━━━━━━━

2・1・1　堤防の種類と構造

（1）　堤防の種類

堤防の種類には，河道の両岸に築造された本堤，流路の方向を定める導流堤，急流河川などで洪水の一部を堤内地に流入させ，ピーク流量を低減させるために不連続な堤防としたかすみ堤，流れの異なる2つの河川が合流して水位差調整や流れの安定化を図る背割堤などがある。

（2）　堤防の構造

堤防の標準的断面の名称としては，図2・21のようである。河川の流水がある側を堤外地，堤防で守られている側を堤内地という。

堤防の天端の高さは，計画洪水位に余裕高を加算した高さ以上とする。ただし，地形の状況など

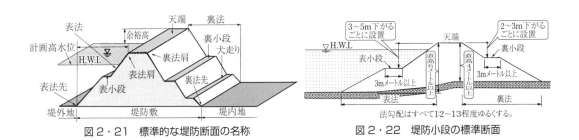

図2・21　標準的な堤防断面の名称　　　　図2・22　堤防小段の標準断面

から見てその必要がない場合はその限りではない。堤防の小段は，堤防の安定化を目的とし，図2・22に示すように，川表で堤防直高が6m以上では，天端から3～5m下がるごとに，また，川裏で堤防直高が4m以上では，天端から2～3m下がるごとに，幅3m以上の小段を設ける。

　河川において，上流から下流を見て右側を右岸，左側を左岸という。また河川には，浅く流れの速い瀬と，深くて流れの緩やかな淵と呼ばれる部分がある。

（3）　堤防の材料

　堤防用の材料は，**河道改修と抱合せ**で行われることが多く，高水敷きの土を1～2.5m程度掘削して用いられる。**掘削は下流から上流に向かって施工**する。掘削の凹凸は±10cmとして正常な流水を乱さないようにする。抱合せは，コンクリート壁などで築造することに比べ，地震などでの破壊時でも簡単に修復が可能で，身近に材料が手に入るためである。堤防の盛土の性能は，耐荷性よりも耐水性に重点が置かれる。良質な築堤材料としての理想的な土砂の要件は，次のようである。

① 　飽水時でも法面のすべりが起こりにくいこと（**せん断抵抗角が大きい**）。

② 　できるだけ不透水性で，裏法先まで浸潤面が到達しない程度の透水性であること。

③ 　掘削・運搬・敷均し・締固めなどの施工が容易で，せん断強度が大きいこと。

④ 　乾燥による亀裂が少ないこと（**圧縮性が小さく，湿潤乾燥に対して安定**）。

⑤ 　草や木の根などや**腐食土を含まない**こと。

⑥ 　有害物質や水に溶ける物質を含まないこと。

⑦ 　堤体の安定に支障を及ぼすような圧縮変形や膨張性がないものであること。

⑧ 　粗い粒度から細かい粒度までさまざまな粒径を含む土であること。

2・1・2　堤防の施工

（1）　築堤工事の種類と準備工

① 　**築堤工事の種類**　　築堤工事の種類には，図2・23(a)の新しく堤防を築く新築堤防工事，図(b)の川幅を広げるため，新堤防を築いてからしばらく新旧併存させ**新堤防の安定を待って旧堤防を取り壊す引堤工事**，および図(c)の堤防断面の拡大のため，高さを増す嵩上げと幅を拡築する腹付け工事がある。

　腹付け工事は，旧堤とのなじみをよくするため段切りを行うので，**出水期での工事は行わない**。また，腹付け工事は，安定している表法面はそのままにして，裏法面に**段切りを施し裏腹付けとする**ことが望ましい。用地の取得が困難で，十分な広さの高水敷きがある場合は，やむ

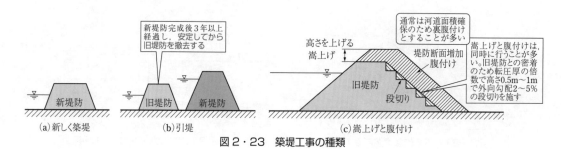

図2・23　築堤工事の種類

を得ず表腹付けとする。ただし，低水路に堤防のり先が接している場合には，十分広くても裏腹付けとする。最小腹付け幅は施工機械のブルドーザの施工スペースから4mとする。不足の場合は既設堤防内に段切りを設け，掘削再転圧して4m幅を確保する。

② **築堤の準備工**　築堤する地盤は，基礎地盤面1m以下をかき起して雑草や木根，転石などを除去し，堤体盛土と密着させるようにする。また，堤体のひび割れの原因となる不等沈下が生じないよう，**基礎面が均一な強度**になるようにする。法面仕上りの丁張りは，法肩，法先に10m間隔に設置する。

　軟弱地盤はなるべく避ける。やむを得ない場合は，サンドドレーンや排水溝により排水を行ったり，土を置き換えたり等を行う。基礎地盤が透水性の場合は完全に対策をとらなければならない。また，腹付けや傾斜地に新堤を設置する場合は，段切りをしておく必要がある。

③ **堤体の施工上の留意点**　築堤土の敷均しは，薄すぎると施工効率が低下するが，**一層の仕上り厚が30cm以下**になるようにする。通常では35～45cmの敷均しとなるが，高まきにならないように注意する。

　転圧は，ブルドーザやタイヤローラ，振動ローラにより行う。締固め度は，下限値を80%とし平均値で90%以上の両者で管理する。盛土におけるタイヤローラの空気圧は，**粘性土は下げ，礫性土では上げる。高含水比粘性土では湿地ブルドーザを用いる。**振動ローラは高含水比の砂質土や粘性土では使用できないが，深さ方向の転圧効果が高く，敷均し厚を大きくできる。

　締固めは，締固め幅を重複させ盛土全体を均質に締め固める。盛土の施工中転圧面は，降水の滞留を防ぐため，**一層ごとに4～5%外向の横断勾配をつけて転圧する。**また，降雨が予想されるときには，盛土表面の平滑化につとめ，雨水の浸透が生じにくい処置をする。降雨や降雪では作業を中止するが，**日降雨量が5mm程度を施工中止**の目安とする。降雪中は，シートで転圧面を保護することもある。

　図2・24に示すように，築堤された堤体は，自重により基礎も含めて圧密沈下を起こすので，小段も含めて各天端で堤防高の5～10%の余盛りをする。計画断面より少し余盛りをされたものを，所定の断面に仕上げる，法切り，天端均し，突固め，法面の土羽打ちなどを行う作業を，築立という。築立は，**上流から下流に，堤防法線に平行に締め固めていく。堤防法面は，法線と直角に締め固める。**締固め方法は，図2・25に示すように，法面にブルド

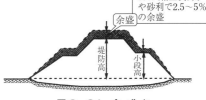

図2・24　余　盛　り

各堤防高の5～10%（粘土質），砂や砂利で2.5～5%の余盛

余盛

堤防高

小段高

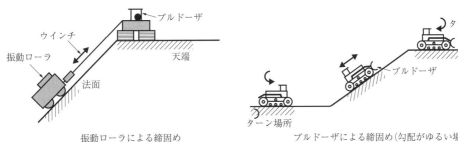

ウインチ

振動ローラ

ブルドーザ

天端

法面

振動ローラによる締固め

ターン場所

ブルドーザ

ターン場所

ブルドーザによる締固め（勾配がゆるい場合）

図2・25　法面の転圧

ーザで吊った振動ローラにより行う方法や法尻にブルドーザのターン場所があり，勾配がゆるい場合には直接ブルドーザを斜面に走行させて土羽打ち転圧をする。**法面が急な場合には，地表すべりを起しにくいよう堤体と表層が一体化するように締め固める。**

　盛土材料は，**透水性の砕石や砂利を使用してはならない。**図2・26に示すように，表法面に不透水性の土砂を入れ，裏法先付近には排水のため透水性の大きい砂礫などを用いる。堤防の基礎地盤の凹凸を取り不等沈下を防止する。**堤体の強度は局部的に強くても水流により弱いところから破壊される。**したがって，**堤体の強度は均一な強さが要求**される。

　浚渫土を築堤等に利用する場合は，高水敷などに仮置し，水切りなどを行った後，運搬して締固める。築堤した堤防の法面保護は，草丈が低く表層に根を張り，浸食に強い芝により行う。自然繁茂した深根性植生は，腐敗すると空げきができ，堤体を弱体化する。

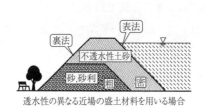 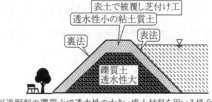

図2・26　堤防材料の使い方

　築堤した堤防には，法面保護のために種子散布・張芝・筋芝・総芝等の植生工を行う。堤防（堤防裏側の側帯を除く）への桜などの植樹については，堤防の安定性を損うことがあるので，堤防部分に植樹することはできない。

2・1・3　護岸の種類と構造

(1)　護岸の種類

　護岸は，**堤防や河岸を浸食・洗掘などから保護**するための構造物をいう。護岸の構造や名称は，図2・27に示すように，堤防護岸，高水護岸，低水護岸の3種類がある。

　一般に，急流部は水流の衝撃による浸食が大きいので，堤防護岸を設け，下流の緩流部は川幅も大きくなるので，低水護岸と高水護岸を設ける。

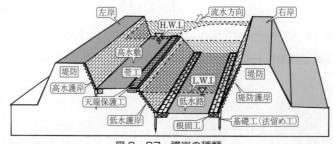

図2・27　護岸の種類

① **堤防護岸**　**高水敷の幅が狭く（10 m以下），低水路河岸と堤防を一括して保護**する場合の護岸である。

② **高水護岸**　出水時高水位となる複断面河川で，堤防のみを保護するために，高水敷より上の堤防の表法面に施工するものである。

③　**低水護岸**　低水路の乱流あるいは高水敷の洗掘を防止し，高水敷と低水護岸を連続に設け，低水路両岸の法面に施されるものである。

(2)　低水護岸の構造と役割

①　主な各部の役割

(a)　**法覆工**　堤防や河岸法面を被覆し，流水・流木などの流下物に対して保護する。覆工表面は粗面とし，河水の流速を低下させ，水を流心に集める作用もある。

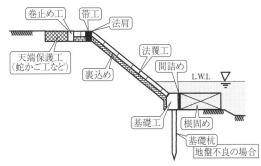

図2・28　低水護岸の構造

(b)　**基礎工**　法覆工の基礎部に設け，法覆工とは縁を切りながら支持する。状況によっては，杭や矢板などを基礎として施工し，**洗掘に対しての保護や裏込め土砂の流出を防止**する。天端高は，付近の最深河床高を評価して決定する。

(c)　**根固工**　護岸前面の**河床の洗掘**，護岸の**基礎部の破壊を防止**し，基礎工とは縁を切って，届とう性をもたせて設置する。根固工は，①掃流力に耐えること，②河床変化に対して順応性があること，③施工が容易であること，④耐久性が大きいこと，などの要件を備えていること。水深が1.5 m以上では，乱積みが多い。

(d)　**天端保護工**　低水護岸工の上端部と背後地とのなじみをよくし，かつ**低水護岸が天端裏側からの流水により破壊しない**ようじゃかごや平板ブロックで保護する。

(e)　**帯工**　縦帯工は，護岸の法肩部に設け，法肩部の施工を容易にするとともに**護岸の法肩部の損壊を防止**する。横帯工は，法覆工の延長方向の一定区間ごとに設け，**護岸の変位や破損が他に影響しないように絶縁**する。

②　護岸の高さ

護岸の高さは，原則として計画高水位までとし，遊水池か川幅の広い所，河口付近で波浪が予想される場合は，堤防天端までとする。

③　護岸の根入れ

護岸の根入れは，計画河床または，現状河床のいずれか低い河床から，中小河川では50 cm～1 m，大河川では，1 m以上とする。

④　護岸の法勾配と高さ

護岸の法勾配は，**できる限りゆるやかにする**。低水護岸の法勾配は，原則として1：2とする。

⑤　法覆工の高さ

改修済みの大河川では計画水深の35～60%程度の高さとする。河川勾配1/400以上の場合計画高水位まで，勾配1/200以上の場合は，堤防天端高まで必要とする。

⑥　その他の留意点

(a)　法覆工は，温度変化による伸縮に対処するため，適当な間隔で絶縁する。

(b)　法覆工と基礎工は，自由な変位に対応できるように相互に絶縁する。

(c)　新設護岸の上下流端は，**強度が異なり破壊しやすいので**，コンクリートや矢板により小口止工を設けて洗掘を防ぐ。また，急激な流れの変化をじゃかごや連節ブロックなどの届とう性と適度な粗度をもった材料により，すりつけ工を施す。

2・1・4 護岸の施工

(1) 法覆工の施工

法覆工の選定にあたっては，河川の勾配や計画箇所の河床の粗さ，水量，護岸法勾配などを考慮して適切な工法を採用する。

① **石積み工・石張り工**　石張り・石積みにモルタルコンクリートを使用した場合を練石張り・練石積み，使用しない場合を空石張り・空石積みと呼ぶ。法勾配が1割よりも**急な場合は石積みを行い，ゆるい場合は石張り**とする。また，空石張りは緩流部，**石張り工は中流部，高度の練石張りは急流部**で用いられる。

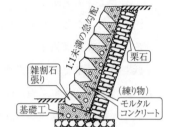

図2・29　石積み工（練石積みの場合）

② **石詰め法枠工**　法面上に鉄筋コンクリート材の長方形枠を組み，中に敷きコンクリートを打設した上に，割ぐり石を敷くものである。この工法は，法勾配が1：2よりゆるい場合に用いられる。

③ **コンクリート張り工**　この工法には，平張コンクリート工と法枠コンクリート工がある。平張コンクリート工は，法面に玉石または砂利を敷き，その上に厚さ10～25cmのコンクリートを打込み，突起をもった表面に仕上げる。この工法は，**緩流部・中流部で用いられる。**

④ **コンクリート法枠工**　コンクリート格子枠を設置し，枠の中に厚さ10～20cmのコンクリートを打込む。この工法は，勾配の急な個所では施工が難しく，1：2以上の勾配の箇所で施工する。

⑤ **コンクリートブロック張り工**　この工法には，平板ブロック張り工と間知ブロック張り工がある。**平板ブロック張り工は勾配が1：2よりゆるい緩流部，間知ブロック張り工は1：1より急勾配，急流部に用いられる。**

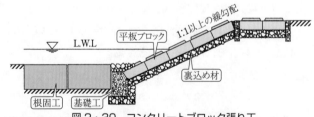

図2・30　コンクリートブロック張り工

⑥ **蛇かご工**　円筒形の蛇かごを法勾配の方向に縦に並べて，先端を河床に延ばして，法覆工とともに根固めと法留めを兼ねさせる。一本の大きさは，径50～90cm程度，長さ10m以下である。他の工法より耐久性に乏しい。この工法は，**緩流部・中流部で用いられる。**

⑦ **連節ブロック張工**　工場が製作したコンクリートブロックを鉄筋で数珠継ぎにして法面に敷設するもので，一般に急な法面には不向きである。

(2) 基礎工の施工

一般に水深が浅く簡単な締切り工ですむ場合は基礎工とし,水深が深い場合には,図2・31に示すように,法留工とする。

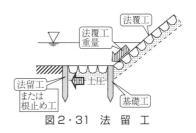

図2・31 法 留 工

法留工は,法覆工や法覆工背面の土圧を受けたり,単独で用いることがある。基礎工の天端高は,一般に,**計画河床または,現況河床のいずれか低いものより0.5〜1.0 m 程度下げる。**法覆工・法留工と基礎工・根固工は絶縁するように施工する。

(3) 根固工の施工

根固工の施工は,一般には上流から開始し順次下流に向かって施工することが望ましい。根固工の代表的な種類として,捨石型,沈床型,かご型,異形コンクリートブロック型などがある。異形コンクリートブロックによる乱積みの**空げき率は,通常約50〜60%**である。

(4) 水 制 工

水制工は,水流の方向を変え,堤防および河岸を洪水時などの浸食作用に対して保護するために設ける。水制工には,流水が通過できる透過水制と通過させない不透過水制がある。透過水制には杭打ち,牛枠などがあり,不透過水制にはコンクリートブロックなどがあり,不透過水制の場合は河川の洗掘なども生じやすい。

水制は,流水に対して直角の横工と平行の縦工がある。横工の場合,通常は直角または上向きに水制を設け,下向き水制は水制の根元が洗掘する。

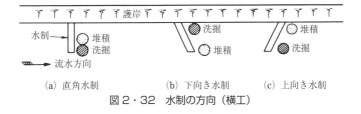

図2・32 水制の方向（横工）

2・2 砂防えん堤

頻出レベル
低 ■■■■■ 高

学習のポイント

砂防えん堤各部の名称や役割を把握し，砂防えん堤の施工順序や施工上の留意点などを理解する。

◆━━━━━━━━━━━━━━━━━ 基礎知識をじっくり理解しよう ◆━━━━━━━━━

2・2・1 砂防えん堤の種類と構造

砂防えん堤は，渓流が流れる渓岸からの土砂生産の抑制，流出土砂の抑制・調整のために設置する構造物である。

(1) 砂防えん堤の目的

砂防えん堤の目的は以下のとおりである。

（ア）渓床勾配を緩和して，縦浸食を防止する。（イ）乱流区域で流路の整正をして縦浸食・横浸食を防止する。（ウ）渓床を高め両岸の傾斜をゆるくして山脚の固定をする。（エ）流出土砂を貯留する。（オ）流出土砂の調節・調整をする。

(2) 砂防えん堤の設置位置とえん堤形式

砂防えん堤の計画で，**支渓の合流点の下流部にえん堤の位置を設定**することにより両方の渓流の基礎えん堤として有効である。えん堤設置箇所には，渓床および両岸に強固な岩盤が存在することが好ましい。この場合は，谷幅が高さの3倍程度まではアーチ式コンクリートえん堤のほうが経済的となるが，重力式コンクリートえん堤でもよい。やむを得ず，砂礫層上に設置する場合もあるが，この場合は前庭部の保護に留意し，重力式コンクリートえん堤形式とする。

(3) 重力式コンクリート砂防えん堤の各部名称と役割

えん堤の構造は，図2・33に示すとおりである。各部の役割と形状は次のようである。

① 水通し　砂防えん堤の上流側からの水を越流させるために設ける。**断面は，逆台形とし**，幅は側面浸食しない限りできるだけ広くとると，えん堤の安全上有利となる。高さは，対象流量を流せる水位に一定の余裕高を加えて定める。一般に，水通しの幅は現渓流幅を考慮して決め，土石流や流木などを考慮して最小幅は3mを限度とする。**袖小口の勾配は1：0.5を標準**とする。土石流対処型では1：1勾配として袖の破壊防止対策をとる。水通しの位置は，両岸同地質なら中央に，岩盤と砂礫なら岩盤側に寄せて設ける。

② 袖　袖は洪水を越流させないことを原則とし，土石などの流下による衝撃力で破壊されない構造とする。袖天端の勾配は，**両岸に向かって上り勾配**とし，土石流対策えん堤では渓床勾

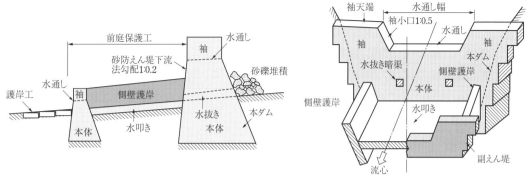

図2・33 砂防えん堤の構造

配程度，それ以外では，えん堤上流の計画堆砂勾配以上とする。流水に遠心力が作用する屈曲部河川に設ける場合は，**凹岸の袖高が，凸側の袖高よりも高く**するよう計画する。

③ **砂防えん堤下流法面勾配**　法面は越流土砂による損傷を受けにくくするため，一般に1：0.2の急勾配にする。

④ **基礎**　えん堤の基礎は，所要の支持力ならびにせん断摩擦抵抗力をもち，浸透水などで破壊されないように，必要に応じて止水壁や遮水壁などを設ける。

⑤ **水抜き**　**堆砂後の浸透水圧を軽減させたり，施工中の流水の切替に利用する**。洪水流量や流砂量などを考慮して必要最低量とする。

⑥ **前庭保護工**　副えん堤と水叩き，または水叩きや副えん堤のみで構成され，**えん堤の下流側に設ける**。副えん堤工はえん堤を越流した落下水や落下砂れきの衝突に対して，えん堤基礎地盤の洗掘と下流の河床低下を保護する役割がある。水叩きは**えん堤基礎地質が良好でない場合に，下流法先の洗掘を防止**してえん堤を保護する役割がある。副えん堤を設けない場合は，水叩き下流端に河床面と同高の垂直壁を設ける。

⑦ **間詰め**　基礎および袖はめ込み部の余掘部は間詰めにより十分保護しておく。

⑧ **側壁護岸**　えん堤の前庭部の両岸には，両岸を保護するため必要に応じて側壁護岸を設ける。

⑨ **副えん堤**　**上流部で流量が比較的少なく，流送石れき粒径が大きい場所**に適する。副えん堤を設けると水じょく（ウォータークッション）により落水の衝撃力を弱めて深掘れを防止する。流域面積が大きくなり，流量に比較し流送石れきが小さい場合は水叩き工法が適する。副えん堤の袖は原則として水平でよい。

2・2・2　砂防えん堤の施工

（1）　砂防えん堤の施工順序

　工事施工中の流下土砂による破壊等の手戻りのないように，図2・34の手順で行う。**①本えん堤基礎部→②副えん堤→③側壁護岸→④水叩き→⑤本えん堤上部**，の順となる。

　本えん堤基礎部の施工は，工事中の流水処理がし

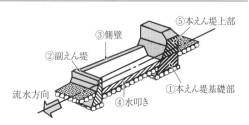

図2・34　砂防えん堤の施工手順

やすくなる高さまで立ち上げ，上流からの流水を処理する仮締めの役割で，後続の副えん堤以降の施工を手戻りなく行うことが可能となる。

(2) 砂防えん堤の施工上の留意点

① **施工調査**　砂防えん堤高15m以上は，河川管理施設等構造令を準用しなければならない。このため，外力，えん堤体および基礎地盤の条件が定められているので，これらに必要な調査をする。

② **仮排水路・仮締め**　仮排水路は，基礎部設置箇所をドライにするために設けるバイパス水路で，半川締切り，仮排水トンネル，仮排水開きょなどが用いられるが，通常の砂防えん堤では，工事の規模や施工速度の点から半川締切りを用いることが多い。半川締切りは，本えん堤基礎を半分ずつ施工し，半分本えん堤基礎の立ち上げができたら堤体内の水抜き暗渠での排水に切り替える。

仮締切りは，仮排水路に水流を導くもので，えん堤の場合一般に規模が小さいので，牛枠等であら水をはね，次に2列に置いた土俵の間に粘土を詰めて締め切る。

③ **基礎掘削**　砂礫掘削では，掘削用重機によって，地盤を掻き乱してはならない。0.5m程度は人力掘削とする。基礎仕上げ面の大きい転石除去には発破を避け，2/3が地下内ならそのままにする。砂礫では，十分な水替えを行い，ドライ掘削とし，基礎の根入れは2m以上とする。

岩盤掘削では，発破で基礎岩盤をゆるめないようにし，基礎の根入れは1m以上とする。両岸は階段状に掘削し，コンクリートのひび割れの原因となるので規定の法面で掘削する。露出風化している岩肌には，コンクリート打設直前にモルタルやコンクリートで吹付ける。

④ **基礎処理**　砂礫基礎の支持力が不足して，砂防えん堤に適合しない場合には，えん堤底を広くとる。コンクリートによる杭打ち，セメント安定処理等の土質改良を行う。基礎が透水性の場合には，止水や鋼矢板，薬液注入などの処置をする。また，岩盤の場合には，高さ15m以上の砂防えん堤ではコンクリートの置き換え，杭による堅岩部への支持，岩盤PSアンカーで筋結，グラウチング等で改善する。

⑤ **ダムコンクリート打設**　コンクリート強度は，一般に18N/mm^{2}を標準とする。

セメントの配合は，耐久性と耐摩耗性から得た最小水セメント比で，単位セメント量が多く，細骨材の粒径もある程度大きいものがよい。

流石などの強い衝撃力を受ける天端コンクリートやダム下流のり面の配合は，耐摩耗強度や衝撃抵抗が発揮できるように変える配慮をする。

基礎岩盤やダム袖貫入部にコンクリートを打設する場合には，泥やゴミを排除し，溜水も拭き取り，湧水があれば止水排水処理をしておく。

一般に，岩盤との付着をよくするために，ダムコンクリートと同程度の配合のモルタルを2cm程度敷く。コンクリートの打継面は，旧コンクリート面をワイヤブラシで清掃し，1.5cm程度のモルタルを敷き打設する。

1回のリフト高は0.75m〜1.5mで，ブロック割りはダム軸方向（流れに直角）に15m程度

とする。

　基礎部の施工時期は，出水期を避ける。コンクリート打設は厳寒期はなるべく避ける。

⑥　**天端保護工**　水通し天端は，良質な石張り，膠石コンクリートとも呼ばれるグラノリシック工，鉄材コンクリートとも呼ばれるノンシュリンコンクリート工を上下流端角にのみ用いる方法，厚さ9 mmの鋼板をエポキシ系樹脂等で接着保護する方法などで保護する。

⑦　**水叩き工**　水叩き厚は，ダム落差に応じた（落差5 mで0.7〜1.0 m，10 mで1.5 m，20 mで3.0 m）経験値で決めてよい。原則としては，コンクリート製であるが他に捨石枠工，コンクリートブロックなどがある。

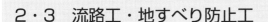

2・3　流路工・地すべり防止工

頻出レベル
低■■■■■■高

専門土木

河川・砂防

学習のポイント

　流路工の各部名称や役割を把握し，流路工の施工順序や施工上の留意点などを理解する。また，山腹工の種類，地すべり防止工における抑制工と抑止工の特徴を理解する。

流路工・地すべり防止工 ─┬─ 流路工の構造と施工
　　　　　　　　　　　　├─ 山腹工の種類
　　　　　　　　　　　　└─ 地すべり防止工の工法選択

━━━━━━━━━━━━━━━━━◀ 基礎知識をじっくり理解しよう ▶━━━━━━━━━━━

2・3・1　流路工の構造と施工

　流路工は，渓流区域の砂防えん堤の下流で，扇状地のような堆積土砂の区域である急流地域（1/100以上の勾配）における乱流や偏流による，土砂の二次生産に伴う縦横浸食（たてよこしんしょく）防止のために設置する構造物である。

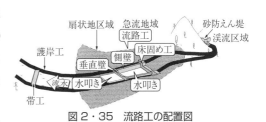

図2・35　流路工の配置図

　流路工には，図2・35に示すように，上流に床固め工を設け，下流両岸に護岸工（側壁）を設ける。また，渓床勾配が大きく，渓床構成材料が小さい場合には，渓床をコンクリートまたは石で張り詰める水叩き工を設ける。

（1）　流路工の各部名称と役割

①　流路工は，一般に床固め工と護岸工を併用する。

②　法線（ほうせん）はできるだけなめらかに計画する。

③　床固め工は，縦浸食を防止し，堆積物の把握，山足の固定と護岸等の基礎の保護をする。

④　床固め工の高さは5 m以下であり，5 m以上では計画河床勾配で階段状に設置する。なお，床固め工間隔が長くなる場合には，河床面から下方に2 m程度の帯工を設置する。

⑤　枝渓合流地点では，合流点の下流に床固めを設置する。また，保護したい河川内の構造物があればその下流に床固めを設ける。

⑥　床固め工の前庭保護工として水叩きを設ける場合の厚さは，0.7～1.0 m とする。

⑦　床止め工の方向は，**計画箇所下流部の流心線に直角とし，水通しの中心線は直上の水通し中心線上**とする。

⑧　護岸工は渓岸山腹の崩壊防止や，耕地や住宅の決壊などを防止する。渓流ではコンクリートや石積みなどの耐久力の大きいものとし，単なる空石積みは不適当であり練石積みとする。上流護岸は床固めの水通しに取り付けるように設計する。

⑨　護岸工の天端高は，**カーブ外側では内側より高めに**，また，えん堤や床固め工の上流の護岸天端高はえん堤や床固め工天端以上とする。

(2)　流路工の施工着手時期

流路工の施工着手時期の判断は，上流の砂防工事の完了状況により，未施工なら着手しないで，50% 以上または完了済みなら着手する。着手は，上流からの土砂の流下防止体制ができたのちとする。

(3)　施工上の留意点

流路工の施工上の留意点は次のようである。

①　流路工の最上流端に床固め工を施工する場合は，強固な岩盤にくい込ませる。また，地盤が弱い場合には，上流に護岸を設ける。

②　流路工完成後，渓床内から玉石や転石を採取すると流路工の破損原因となることがある。

③　流路工内に転石があると洗掘が促進され護岸の破壊の原因となるので，流路工施工前に処理する。

④　最下流端は，下流の流路工となじませて取り付ける。下流に行くほど勾配をゆるくする。

⑤　施工は，**上流から下流に向かって行うことが原則**である。

2・3・2　山腹工の種類

山腹工には，植生回復のための基礎作りを行う山腹基礎工（谷止め工，のり切工，山留め工，水路工，暗渠工）と，草木の種子をまいたり，幼木を植えたりする山腹緑化工（棚工，そだ伏せ工，植栽工など）がある。

①　谷止め工　　山で谷ができる V 字形の浸食地に，石積谷止め工，張り芝谷止め工，編柵谷止め工，蛇かご谷止め工などが用いられる。

②　法切り工　　崩壊地斜面の急な部分や起伏の多い斜面の安定化のため，法を 1 割よりゆるい勾配で切り取る。仕上り勾配は，上部ほど急で，下部にいくほどゆるくする。

③　土留め工　　不安定な山腹斜面や法切り工で崩した土砂を，ブロック板や石積工，擁壁，ふとんかご工などで安定化を図る。長斜面や法切り土量が多い場合，他の工作物の基礎とする場合などに用いられる。

④　水路工　　雨水や湧水から山腹の浸食や山腹工作物の破壊を，水路や暗渠により排水し防止

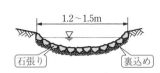

図 2・36 水路工の例（張り石水路）

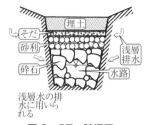

図 2・37 暗渠工

図 2・38 柵工の例

するもである。砂防断面が多い場合や，斜面の起伏が多く，周辺から特に水が集まる場合など
で用いる。図 2・36 に水路工の例を示す。

⑤ 暗渠工　　地下水が多く再崩壊のおそれの多い箇所やのり切り土砂を大量に堆積せざるを得
ない場所に用いる。図 2・37 に暗渠工の例を示す。

⑥ 柵 工　　山腹表土流出のおそれがある場合で，植生導
入が可能な場合に用いる。図 2・38 に柵工の例を示す。

⑦ そだ伏せ工　　表土が柔軟で，種子をまくのに適し，比
較的小面積の赤土のとくしゃ地（地表に植生がなく，山肌
が露出した場所）に用いられる。図 2・39 にそだ伏せ工の
例を示す。

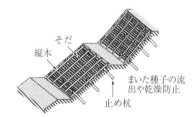

図 2・39 そだ伏せ工の例

2・3・3　地すべり防止工の工法選択

地すべり防止工は，抑制工（地表水排水工，地下水排水工，排土工，押え盛土工など）と抑止工
（杭打ち工，シャフト工，アンカー工，擁壁工）に大別できる。**抑制工**は，地すべり地の地形，地
下水の状態などの自然条件を変化させ地すべり運動を停止または緩和させる。**抑止工**は，杭などの
構造物自体の抑止力により地すべり運動の一部または全部を停止させる。

(1)　地すべり防止工法の選択

地すべり防止工法は，以下のことを考慮して選定する。

① 地すべり発生機構，特に降水（融雪水）・地下水と地すべり運動との関連性，地形・地質・
土質，地すべり規模とその運動形態，地すべり速度などを十分検討してそれらに適応した工法
を選ぶ。

② 主たる使用工法は抑制工とし，抑止工は，人家や施設などを直接守るためや，小さい範囲の
地すべり運動ブロックの安定化を図る場合に計画する。

③ **地すべり運動が活発に継続している場合には**，原則として抑止工は用いず，抑制工の先行使
用によって地すべり運動を軽減してから抑止工を用いる。

④ 工法は通常，複数の組合せにより地すべり防止工とすべきであり，適切な組合せで計画する。

(2)　抑　制　工

①　地表水排除工　　地表水排除工は，降水による地下水浸透を防止するため，図2・40に示す水路網を斜面に設置して降雨・地表水を速やかに集水排除する工法で，水路幅は広いほどよく50cm程度とし，原則として底張りをする。

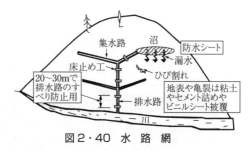

図2・40　水路網

地表水排除工には，水路工や浸透防止工がある。

(a)　水路工は，地すべり周囲の降雨・地表水を速やかに集水し，**地すべり地外に排除する**工法である。

(b)　浸透防止工は，亀裂の発生個所に粘土・セメントの充てんやビニル布の被覆などを行う工法である。

②　地下水排除工　　地すべり地域内に流入する地下水および地域内にある地下水を排除する工法で，排除には浅いものと深いものがある。浅層地下水排除工には，暗渠工，明暗渠工，浅層部の横ボーリング工などがあり，深層地下水排除工には，集水井工，深層部の横ボーリング工，排水トンネル工などがある。

(a)　暗渠工は，地表から3m程度までに分布する土粒子の間隙に貯まった地下水を排除したり，降水浸透水を速やかに集めるために行う。特に，透水係数の小さい粘土質層中の地下排水では積極的に用いられ，岩盤層ではほとんど用いられない。

(b)　明暗渠工は，地下・地表同時に排水できるように，図2・41に示す明暗渠工を設置する。

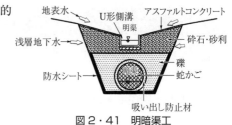

図2・41　明暗渠工

(c)　横ボーリング工は，明暗渠工では排除できない浅い地層の地下水やすべり面付近に分布する深層地下水を排除する工法である。浅層の横ボーリング工の場合は，延長20m～50mの**上向き5°～10°の傾斜角**で径65mmのボーリングを行い，湧水部ではストレーナー付の保孔管を挿入する。深層の横ボーリング工の場合は，図2・42に示すように，50m～80mのボーリングを放射状に施工し，孔口は蛇かごなどで洗掘防止につとめる。

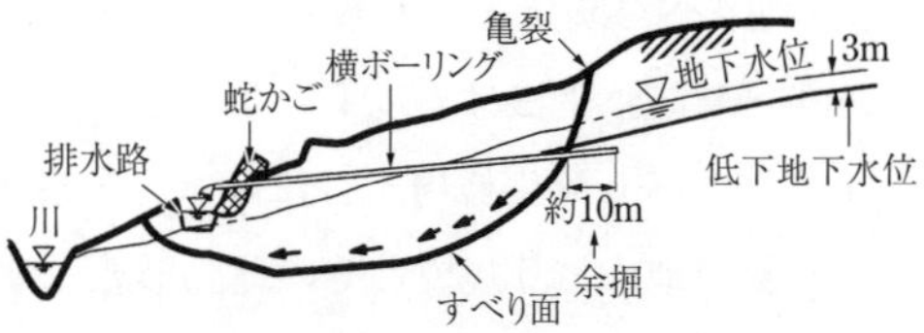

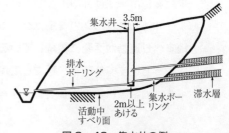

図2・42　横ボーリング工の例

(d)　集水井工は，深さ30m以内の基盤付近で集中的に地下水を集水しようとする場合，または，横ボーリング延長が50m程度より長くなる場合に用いる。設置位置は地下水の集中している付近で，**活動中のすべり面では底部を地すべり**

図2・43　集水井の例

面より 2 m 以上浅くする。休眠中のすべり地域または地域外では，**基盤に 2〜3 m 程度貫入させる**。いずれも井筒を設けて地下水を集水し，底部にコンクリートを打設する。図 2・43 に示すように，**集水した地下水を排水ボーリングの排水路に導き，地すべり地外に自然排水を行う**。

（e）　排水トンネル工は，すべり面の下にある安定した基盤岩内にトンネルを設け，ここから帯水層に向けてボーリングを行い，トンネルを使って排水する。地すべり規模や地すべり層の厚さが大きく，地下水が深部にあり，排水量が多く，集水井工や横ボーリング工では施工が困難な場合に排水トンネル工を用いる。

③　排土工　　　**地すべり頭部などの不安定な土塊を取り除き**，滑動部の土塊重量を少なくすることによって**土塊の滑動力を減少する工法**である。地すべり土砂を排除する場合，斜面頭部から行う。

④　押え盛土工　　　**地すべり面より前に擁壁を設け，排土した土砂を用いて地すべりを防止する**。

(3)　抑　止　工

①　杭　工　　　**鋼管杭などを地すべり面を貫いて不動土塊まで挿入し，斜面の安定度を高める工法**である。ボーリングで穿孔した垂直孔に 31〜47 cm 径の杭を挿入して，杭周面にグラウト固定する。杭工の設置位置は，地すべりブロックの中央部より下部のすべり面がゆるやかになるところで，かつすべり厚が大きいところを選定する。杭の根入れは，杭全長の 1/3〜1/4 とし基礎となる基岩中に挿入グラウトを行う。杭頭部同士を剛結すると曲げ強度が上がる。

②　シャフト工　　　地すべり土圧が大きく，基礎部分が良好ですべり厚が 20 m 以下の場合に用いられる。直径 2.5〜6.5 m の立坑を不動土塊まで掘り，鉄筋を建込み，コンクリートを打設してシャフトを設置する。シャフトの抵抗力で地すべりの滑動力に対抗する工法である。図 2・44 にシャフト工の例を示す。

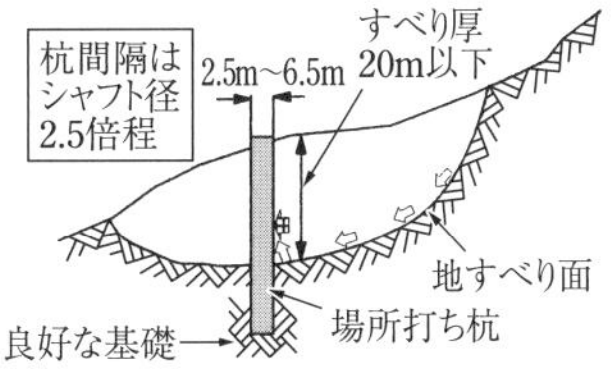

図 2・44　シャフト工の例

③　グランドアンカー工　　　地すべり末端部に擁壁を設け，PC 鋼材によるアンカーを取付け，土塊を安定させる工法である。

専門土木

3節 道路・舗装

道路・舗装では，自動車や歩行者などの通行のために行う車道の工事を扱う。試験では，主に路体・路床，路盤，コンクリート舗装，舗装の維持管理などについて出題されている。

3・1 路体・路床

頻出レベル
低 ■■■■□□ 高

学習のポイント

アスファルト舗装の構造を把握し，路体の盛土，路体の安定処理などの施工上の留意点を理解する。

```
路体・路床 ┬ 舗装の構造と設計
          └ 路体・路床の施工
```

◀ 基礎知識をじっくり理解しよう ▶

3・1・1 舗装の構造と設計

(1) アルファルト舗装の構造

アスファルト舗装は，図2・45に示すように，路床上に構築される。**路床は路盤下1mの範囲**をいい，特に支持力を確保するために改良した層を構築路床と呼ぶ。表層の摩耗層は舗装厚に含めない。路盤の軟弱化防止のための遮断層は路床厚に含まれる。

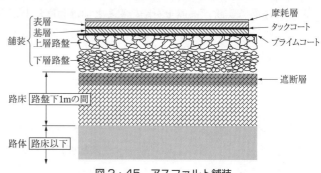

図2・45 アスファルト舗装

(2) アスファルト舗装の設計

舗装の設計は，路床の強さ（設計CBR），舗装計画交通量，疲労破壊（ひび割れ）を起こし始める度合を示す信頼度から舗装厚が決まる。さらに，平たん性や騒音低減・透水性能などの性能指標から舗装材料など舗装構成が決定される。舗装厚は，一般に T_A 法（信頼度90%の式は $T_A = 3.84 N^{0.16}/$設計$CBR^{0.3}$ で与えられている）が用いられる。T_A 法で算出された厚さ必要等値換算厚 T_A（cm）は，表層・基層・路盤をすべてアスファルト混合物と考えたときの厚さである。材料ごとに定められた等値換算係数表や，表層・基層最小厚の規定などにより，実際に用いる等値換算厚合計 $T_A{}'$ を求めて，$T_A{}' > T_A$ となるように各層厚を決定する。

3・1・2 路体・路床の施工

(1) 路体の施工

路体の盛土は，一層 35〜45 cm で敷均し，仕上り厚さは 1 層 30 cm 以下とする。

(2) 路床の施工

設計 CBR が 3 未満では，切土路床土を入れ替える**置換え工法**，良質土で原地盤に盛り上げる**盛土工法**，セメントや石灰の安定材で処理する**安定処理工法**で改良しなければならない。

① 盛土の一層の敷均し厚さは，仕上り厚で 20 cm 以下を目安とする。

② 盛土路床施工後の降雨対策として，縁部に，図 2・46 に示す仮排水路を設置する。

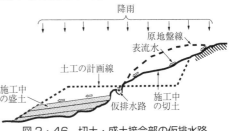

図 2・46 切土・盛土接合部の仮排水路

③ 路床が切土の場合，表面から 30 cm 程度以内に木根や転石などの路床の均一性を欠くものはこれらを取り除いて仕上げる。岩盤では切削し貧配合のモルタルで均一性を保つ。

④ 路床の締固め不良部分はプルーフローリングで確認する。

⑤ 安定材の散布に先立ち現状路床の不陸整正，必要に応じて仮排水溝の設置などを行う。

⑥ 路床の安定処理は，現状路床土と安定材を均一に混合し，締め固めて仕上げることで，一般に路上混合方式で行う。一般に砂質土にはセメント，粘土に対しては石灰を用いる。粒状の生石灰を用いる場合は，1 回目混合（スタビライザ，バックホウ）後に転圧放置し，生石灰の消化を待ってから 2 回目混合し転圧する（0〜5 mm の**粉状では 1 回混合**でよい）。セメント使用では，**六価クロムの溶出量の確認**をする。

⑦ 安定材の混合終了後，タイヤローラによる仮転圧を行う。次にブルドーザやモーターグレーダにより整形し，タイヤローラにより締固める。

⑧ 置換え工法の一層仕上り厚は，20 cm 以下で敷均し転圧する。

3・2　路盤・表層・基層

頻出レベル
低 ■■■■■■ 高

学習のポイント

　下層・上層路盤の工法の種類と施工上の留意点を理解する。また，アスファルト混合物の運搬・転圧・継目・交通開放の作業方法などを理解する。

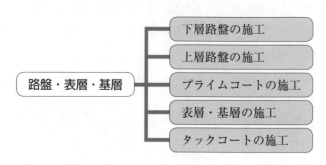

```
                        ┌─ 下層路盤の施工
                        ├─ 上層路盤の施工
路盤・表層・基層 ────────┼─ プライムコートの施工
                        ├─ 表層・基層の施工
                        └─ タックコートの施工
```

・━・━・━・━・━・━・━・━・━・━・　基礎知識をじっくり理解しよう　・━・━・━・━・━

3・2・1　下層路盤の施工

(1)　工法の種類

　下層路盤の築造工法には，粒状路盤工法，セメント安定処理工法および石灰安定処理工法がある。下層路盤材料は，**現場近くで安価に入手可能な材料を用いる**。入手した路盤材料の修正 CBR（所要の締固め度における CBR）や I_P（塑性指数）が規格外ならば補足材やセメント，石灰を添加し規格内にして用いる。また，再生路盤材の使用も検討する。下層路盤材料の最大粒径は 50 mm 以下とし，やむを得ないときは，一層の仕上り厚の 1/2 以下で 100 mm までなら用いてよい。

① 　粒状路盤工法　　クラッシャラン，クラッシャラン鉄鋼スラグ，砂利あるいは砂などを用いる工法である。

② 　セメント安定処理工法　　現地発生材や地域産材料またはこれらに補足材を加えたものを骨材とし，これに普通ポルトランドセメント，高炉セメントなどを添加して処理する工法である。一般的には，路上混合方式によるが，中央混合方式により製造する場合もある。

表2・2　下層路盤材料の品質規格

工　法	規　　格
粒　状　路　盤	修正 CBR 20% 以上 I_P 6 以下
セメント安定処理	一軸圧縮強さ　［7 日］0.98 MPa
石 灰 安 定 処 理	アスファルト舗装の場合：一軸圧縮強さ　［10 日］0.7 MPa コンクリート舗装の場合：一軸圧縮強さ　［10 日］0.5 MPa

専門土木

③　石灰安定処理　　現地発生材や地域産材料またはこれらに補足材を加えたものを骨材とし，これに石灰を添加して処理する工法である。この工法は，骨材中の粘土鉱物と石灰との化学反応によって安定させるもので，強度の発現はセメント安定処理に比べて遅いが，長期的には耐久性・安定性が期待できる。石灰は，**一般に消石灰を用いるが，含水比が高い場合には生石灰を用いる**。粒状の生石灰を用いる場合は，1回目の混合が終了したのち，仮転圧して放置し，生石灰の消化を待ってから再混合する。

(2)　下層路盤の施工上の留意点

①　粒状路盤工法　　敷均しは，一般にモーターグレーダ，ブルドーザ，アグリゲートスプレッダ等で行う。転圧は，一般に 10～12 t のロードローラと 8～20 t のタイヤローラで行う。粒状路盤材が乾燥しすぎている場合は適宜散水し，**最適含水比付近の状態で転圧する**。降雨により，締固めが困難な場合には，晴天を待って爆気（ばっき）乾燥を行う。下層路盤一層の仕上り厚さは，20 cm 以下を標準とする。

②　セメント，石灰安定処理工法　　路床部の状況により，事前にかき起こし，散水して含水比調整を行う。混合は，一般的に路上混合機（スタビライザ）を用いる。混合後，モーターグレーダ等で粗整正を行い，タイヤローラで軽く締固めたのち，舗装用ローラで転圧する。

路上混合方式の場合，前日の施工端部を乱してから新たに施工を行う。ただし，日時を置くと施工目地にひび割れを生じることがあるので，できるだけ早い時期に打ち継ぐのがよい。

下層路盤一層の仕上り厚さは，15～30 cm を標準とする。

3・2・2　上層路盤の施工

(1)　工法の種類

上層路盤の築造工法には，粒度調整工法，セメント処理工法，石灰安定処理工法，瀝青安定処理工法などがある。上層路盤材料は，ほとんどが中央混合方式などによって製造されるので，事前に地域における供給状況を把握しておく。安定処理に用いる骨材は，規格からはずれていても上層路盤材料の品質規格を満足する安定処理ができれば使用してもよい。骨材の最大粒径は 40 mm 以下で，かつ一層の仕上り厚の 1/2 以下がよい。

①　粒度調整工法　　良好な粒度に調整された粒度調整砕石，粒度調整鉄鋼スラグ，水硬性粒度調整鉄鋼スラグなどを骨材として用いる工法で，敷均しや締固めが容易である。骨材の $75\,\mu$m ふるい通過量は，10 % 以下であるが，締固めが行える範囲でできるだけ少ないほうがよい。

②　セメント安定処理工法　　クラッシャランまたは地域産材料に必要に応じて補足材を加えたものを骨材とし，これにセメントを添加して処理する工法で，強度を高め，含水比の変化による強度の低下を防ぎ，耐久性を向上させる。

一般に中央混合方式で製造するが，路上混合方式によって製造することもある。

大きな沈下や不同沈下が予想される場所には適さない。セメントの種類は，普通ポラトランド，高炉，フライアッシュなどのいずれを使用してもよい。締固めは，敷き均した路盤材料の硬化が始まる前までに締固めを完了させる。

③　石灰安定処理工法　　下層路盤の石灰安定処理に準ずる。

④　瀝青安定処理工法　　単粒度砕石，砂などを適当な比率で配合したものや，クラッシャランまたは地域産材料に，必要に応じて砕石，砂利，鉄鋼スラグ，砂などの補足材を加えたものを骨材とし，これに瀝青材料を添加して処理する工法で，加熱混合と常温混合があり，仕上りは平坦性がよく，たわみ性や耐久性に富む。

　瀝青材料は，おもに舗装用石油アスファルト（通常，ストレートアスファルト60〜80または80〜100）のほか，アスファルト乳剤などを用いる。

　粒度分布がなめらかなほど施工性はよく，規格範囲内で細粒分が少ないほど，必要なアスファルト量が少なくてすむ。一層の仕上り厚が10 cmを超えた工法を特にシックリフト工法といい，大規模工事や急速施工などに用いられる。

(2)　上層路盤の施工上の留意点

①　粒度調整工法　　粒度調整路盤は，材料の分離に留意し，均一に敷き均し締め固めて仕上げる。一層の仕上り厚は標準15 cm以下とし，振動ローラを使用する場合は，上限20 cmとする。なお，一層の仕上がり厚さが20 cmを超える場合，所要の締固め度が保証される施工方法が確認できれば，その仕上がり厚さを用いてもよい。

②　セメント，石灰安定処理工法　　敷き均したセメント安定処理路盤材料または石灰安定処理路盤材料は，速やかに締め固める。セメント安定処理路盤材料の締固めは，硬化が始まる前までに完了する。石灰安定処理路盤材の締固めは，最適含水比よりやや湿潤側が望ましい。横方向の施工目地は，**セメントを用いた場合は端部を垂直に切り取り，石灰を用いた場合は前日の端部を乱してから路盤を打ち継ぐ**。縦方向の施工目地は，仕上り厚さと同じ高さの型枠を設置し，打継ぎはできるだけ早い時期に行う。

　　一層の仕上り厚は標準10〜20 cmとし，振動ローラを使用する場合，上限30 cmとする。

③　瀝青安定処理工法　　加熱アスファルト安定処理路盤は，下層の路盤面にプライムコートを施す必要がある。加熱アスファルト安定処理路盤材料は，基層および表層用混合物に比べてアスファルト量が少ないため，あまり混合時間を長くすると，アスファルトの劣化が進むので注意が必要である。敷均しには，一般にアスファルトフィニッシャを用いる。一層の仕上り厚は，一般工法の場合10 cm以下，シックリフト工法の場合10 cm以上とする。

　シックリフト工法の採用にあたっては，過去の実績や施工条件を十分検討して，配合・施工方法を慎重に決定する。敷均し時の混合物温度は，110℃を下回らない。

　敷均しには，アスファルトフィニッシャが一般的であるが，ブルドーザやモーターグレーダを用いる場合には，締固め時に不陸が生じやすいので，初転圧の前に軽量ローラなどで仮締めを行う。交通開放を転圧後早期に行うと，初期にわだち掘れが発生しやすいので，**早期交通開放する場合**には，舗設後，**冷却するなどの処置が必要**である。また，できるだけ夏期の**施工は避ける**ことが望ましい。

3・2・3　プライムコートの施工

　プライムコートは，**瀝青安定処理路盤をのぞく路盤**を仕上げた後，すみやかに瀝青材料を散布して行う。

(1)　プライムコートの目的

　プライムコートは，路盤の上にアスファルト混合物を施工する場合，路盤とアスファルト混合物のなじみをよくし，路盤の上にコンクリートを施工する場合，打設直後のコンクリートからの水分の吸収を防止する。プライムコートは，路盤表面部に浸透し，その部分を安定させ，路盤からの水分の蒸発を遮断する。また，降雨による路盤の洗掘または表面水の浸透などを防止する。

(2)　プライムコートの施工上の留意点

　材料は，一般的に**アスファルト乳剤（PK–3）を用い，1～2 l/m² を標準**に散布する。
寒冷期には，養生期間の短縮のため，アスファルト乳剤を**加温して散布する**ことがある。
コート後，一時的に交通開放する場合には，砂を散布し，瀝青材料の車輪への付着を防止する。
瀝青材料が路盤に浸透しないで，厚い被膜をつくったり養生が不十分な場合には，上層の施工時にブリーディングを起こしたり，層間でずれて基層にひび割れを生じることがあるので，所定量と均一性に注意する。

　透水性舗装には，プライムコートを用いない。

3・2・4　表層・基層の施工

(1)　表層・基層の施工

　①　**アスファルト混合物の運搬**　　アスファルト混合物には，最大粒径20 mm（耐流動性・耐摩耗性・すべり抵抗性が高い）と13 mm（耐水性・耐ひび割れが高い）がある。使用地域では，一般地域用とタイヤチェーンによる摩耗が問題となる積雪寒冷地域用がある。後者にはフィラーを多く使用した20F，13F を用いる。F 付きは耐摩耗性は高くなるが，わだち掘れが生じて耐流動性に劣る。アスファルト混合物の現場到着温度は，一般に140～150℃ 程度とする。5℃ 以下の寒冷期では，プラント温度を若干高めにしたり，運搬車荷台に幌布や特殊保温シート，木枠の取付けなどをする。施工では，温度管理が最も重要である。

　②　敷均し

　(a)　敷均し温度：アスファルトの粘度にもよるが，110℃ を下回らないようにする。

　(b)　作業中の降雨：敷均し中に雨が降り始めたら，敷均し作業を中止し，敷き均してある混合物は速やかに締め固めて仕上げる。

　(c)　寒冷期の敷均し：5℃ 以下で敷き均す場合は，連続作業に心がけ，局部加熱に注意しながらアスファルトフィニッシャのスクリードを断続的に加熱する。

　(d)　敷均し機械：敷均しは，一般的にアスファルトフィニッシャで行う。狭いところや，構造物周りなど機械の使用が困難な場合は，人力で行う。

　(e)　排水性混合物の温度低下は通常の混合物より早いので，敷均しは速やかに行う。

専門土木

道路・舗装

　　(f)　混合物到着時間の遅れ：混合物到着時間が遅れる場合は，ホッパ内残量が少ないと温度低下が進むので，たる木で仕切り，全て敷均し転圧仕上げを行う。

③　締固め　締固め作業の一般的順序は，次のとおりである。表2・3に締固め作業の留意点を示す。

> 継目（横継目・縦継目の順）転圧 ⇨ 初転圧 ⇨ 二次転圧 ⇨ 仕上げ転圧

表2・3　締固め作業の留意点

作　　業	施 工 上 の 留 意 点	転 圧 機 械
初　転　圧	混合物は，ヘアークラックが生じない限り，できるだけ高い温度で行う。一般には，110～140℃である。 ローラへの混合物の付着防止には，少量の水，切削油乳剤の希釈液，軽油などを噴霧器等で薄く塗布する。	10～12 t ロードローラで2回（1往復）
二 次 転 圧	二次転圧の終了温度は，一般に70～90℃である。 タイヤローラは，交通荷重に似た締固め作用があり，また，深さ方向に均一に締め固められるため，重交通道路，摩耗を受ける地域，寒冷期の施工などによい。振動ローラは，タイヤローラを用いるより少ない転圧回転で，所定の締固め度が得られる。	8～20 t タイヤローラまたは6～10 t 振動ローラ
仕上げ転圧	仕上げ転圧は，不陸の修正やローラマークを消すために行う。 仕上げたばかりの舗装の上に，長時間ローラを停止させない。	8～20 t タイヤローラあるいはロードローラで2回（1往復）
共　　　通	ローラの適切な転圧速度は，ロードローラ　2～6 km/h，振動ローラ　3～8 km/h，タイヤローラ　6～15 km/h である。 ローラは，駆動輪を先（フィニッシャ側），案内輪を後にして初転圧する。 横断勾配の低いほうから高いほうへ，適切な速度で等速で締め固め作業を行う。縦断勾配が大きな場合（7％以上）も同様に行う。 ヘアークラックの誘発は，ローラの線圧（タイヤローラの場合は空気圧）が大きい，転圧時の混合物の温度が高い，転圧速度が速い，必要以上に転圧を繰り返す等によることが多い。	
寒冷期の転圧	転圧作業のできる最小限範囲まで，混合物の敷均しが済んだら，直ちに締固め作業を開始する。ローラへの混合物の付着防止には，水を用いず，軽油などを薄く噴霧する。コールドジョイント部は，バーナー等で過加熱しない程度に加熱する。	

④　**交通開放**　**交通開放温度**は，わだちなどの変形が生じないように，舗装表面の温度が，約50℃以下となってから行う。夏期などの高い気温で，シックリフト工法を用いた場合などは，冷却が不十分となるので，舗装冷却機などを用いて強制冷却や舗設時間の調整をする。

⑤　**継目の施工**　施工継目または構造物との接触面をよく清掃し，タックコートを施して敷均し転圧する。接触面では締固めが不十分となるので，施工継目は少なくする。施工継目には，工事終了時に道路横断方向に設ける横継目とレーンマーク下に設ける縦継目がある。**横継目は可能な限り平坦に仕上げ，下層の横継目と重ねない。**縦継目

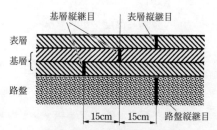

図2・47　各層縦継目の配置

は表層に設ける場合はレーンマークに合わせる。締固めが不十分では継目部の開きや縦ひび割れが生じる。図 2・47 に示すように，下層の縦継目とは 15 cm ほどあけ，重ねない。

縦継目の施工は，レーキなどで粗骨材を取り除き，新しい混合物を既設舗装に 5 cm 程度重ねて敷き均す。

(2)　特殊な舗装

特殊な舗装の工法とその概要を表 2・4 に示す。

表 2・4　特殊な舗装の工法とその概要

工法名称	概　　要
半たわみ性舗装	浸透用セメントミルクを開粒度アスファルトコンクリートの表面間げき中に浸透させたもので，剛性とたわみ性を合わせもった舗装である。耐流動性・耐油性・難燃性・明色性にすぐれ，トンネル内に用いる。
グースアスファルト舗装	高温時の混合物の流動性を利用して流し込み，フィニッシャやコテで平らに敷均しを行う。不透水性で防水にすぐれ，たわみ性にもすぐれている。鋼床版の下層の舗装に用いる。
ロールドアスファルト舗装	アスファルト，石粉，砂からなるサンドアスファルトモルタル中に，比較的単粒度の砕石を一定量混入した不連続粒度舗装である。すべり抵抗性・水密性・耐摩耗性・耐久性にすぐれ，坂道に用いる。
排 水 性 舗 装	車道路面の水を路盤面または基層面で浸透・排水するよう，ポーラスアスファルト混合物を表層・基層に用いる。高規格道路に用いる。路盤以下への水の浸透はない。

(3)　表層・基層に用いるアスファルト混合物の種類と性質

① 表層・基層には，加熱アスファルト混合物や再生加熱アスファルト混合物が用いられる。再生加熱アスファルト混合物は，アスファルトコンクリート再生骨材が使われるが，その品質は，旧アスファルトの針入度 20（1/10 mm 25℃）以上，旧アスファルト含有量 3.8% 以上となっている。それ以外は路盤材として用いる。

② 基層には，粗粒度アスファルト混合物が用いられる。表層は性能指標や用途により混合物を使い分けている。例えば，**排水性舗装にはポーラスアスファルト混合物が用いられ，半たわみ性舗装には開粒度アスファルト混合物が用いられる。**

③ 混合物中のアスファルトは，石油アスファルトにポリマーなどを加えて把握力や耐久力を改善した改質アスファルトを用いる。空げき率が大きい開粒度の骨材を用いた，ポーラスアスファルト混合物では，耐流動性（耐塑性変形性）や透水性に優れているポリマー改質アスファルト H 型が用いられ，骨材の飛散抵抗もよい。

3・2・5　タックコートの施工

(1)　タックコートの目的

中間層や基層と，その上に舗設するアスファルト混合物との付着をよくするために行う。路盤に瀝青安定処理層を用いた場合，タックコートは上層のアスファルト混合物と付着をよくする。

(2)　タックコートの施工上の留意点

材料は，一般的に**アスファルト乳剤（PK-4）を用い**，$0.3 \sim 0.6 \, l/\text{m}^2$ を標準に均等に散布する。

　寒冷期には，養生時間の短縮のため，アスファルト乳剤を加温して散布したり，ロードヒータにて加熱したり，所定量を2回に分けて散布する方法をとることがある。散布後は，異物の付着に注意して，水分がなくなってからなるべく早く基層や表層などを舗設する。

　ポーラスアスファルト混合物，開粒度アスファルト混合物や改質アスファルト混合物の舗設などで，層間接着力を高める場合には，ゴム入りアスファルト乳剤（PKR-T）を用いる。

3・3　コンクリート舗装・舗装の維持管理

頻出レベル
低 ■■■■■■ 高

学習のポイント

　コンクリート舗装の設計法と種類を把握し，コンクリートの運搬・打設・養生・目地の作業方法と施工上の留意点などを理解する。また，道路舗装の維持・修繕工法の内容を理解し，破損状況に応じた工法の選択ができるようにする。

```
                          ┌─ コンクリート版の設計法と構造
                          │
                          ├─ コンクリート版の施工
                          │
コンクリート舗装・舗装の維持管理 ─┼─ 舗装の維持と修繕
                          │
                          ├─ 舗装の維持工法
                          │
                          └─ 舗装の修繕工法
```

◀ 基礎知識をじっくり理解しよう ▶

3・3・1　コンクリート版の設計法と構造

　コンクリート舗装は，表層にコンクリート版を用いたものである。**コンクリート舗装は剛性舗装と呼ばれ，アスファルト舗装はたわみ性舗装と呼ばれている。**

　コンクリート舗装の設計手順は，路床の設計支持力係数（K 値）または設計 CBR で路盤の厚さを設定し，舗装計画交通量で，用いるコンクリートの設計基準曲げ強度から，コンクリート版の厚さを設定する。設計 CBR が2以上3未満の路床最上部には，路床土が路盤に侵入しないように，シルト分の少ない砂やクラッシャランを遮断層として 15～30 cm 設ける。

　コンクリート版の種類には，以下のものがある。

① **普通コンクリート版**　　まだ固まらないコンクリートを振動締固めによって締め固めてコンクリート版とするものである。横目地にダウエルバー，縦目地にタイバーを用いる。コンクリート版の厚さは 15～30 cm 程度であり，路盤の厚さが 30 cm 以上の場合は，上層路盤と下層路盤に分けて施工する。

② **連続鉄筋コンクリート版**　　打設箇所において横方向鉄筋上に縦方向鉄筋をあらかじめ連続的に敷設しておき，まだ固まらないコンクリートを振動締固めによって締め固めてコンクリー

ト版とするものである。横目地は不要である。

③　**転圧コンクリート版**　　単位水量の少ない硬練りコンクリートを，アスファルト舗装用の舗設機械を用いて転圧締固めによってコンクリート版とするものである。

④　**プレキャストコンクリート版**　　工場で製作した RC 版や PC 版を敷きつめ，必要に応じて版をダウエルバーなどを用いて結合するものである。

3・3・2　コンクリート版の施工

(1)　コンクリートの製造運搬

①　コンクリートの製造は，レディーミクストコンクリートを用いる。コンクリート製造量は，ロスを見込み 3～4% 増量する。コンクリートは，養生中の収縮が少ないものを使用する。

②　コンクリートの運搬には，スランプが 5 cm 未満の硬練りコンクリートや転圧コンクリートは，ダンプトラックを用いる。**スランプ 5 cm 以上はアジテータトラックを用いる。**

③　練混ぜ開始から舗設開始までの時間は，**ダンプトラック運搬の場合で約 1 時間以内，アジテータトラックで約 1.5 時間以内とする。**

(2)　コンクリート舗装の施工順序

施工順序は，表 2・5 のようである。

表 2・5　コンクリート版の施工順序

コンクリート版の種類	施　工　順　序
普通コンクリート版	石粉塗布→目地バーアッセンブリ設置→下層コンクリート荷卸し→敷均し→鉄網等設置→上層コンクリート荷卸し→敷均し→締固め→荒仕上げ→平坦仕上げ→粗面仕上げ→初期養生→後期養生→目地材注入
連続鉄筋コンクリート版	石粉塗布→鉄筋設置→コンクリート荷卸し→敷均し→締固め→荒仕上げ→平坦仕上げ→粗面仕上げ→初期養生→後期養生
転圧コンクリート版	荷卸し→敷均し→締固め→養生
プレキャストコンクリート版	路盤にビニルフィルム敷設→版敷設→ダウエルバー→超速硬セメントグラウト→目地材注入

注　1)　平坦仕上げは，機械やフロートでモルタル成分を表面に浮き上がらせ，平坦にすることである。
　　2)　粗面仕上げは，版面のスリップ防止のため，仕上げの最後で，ブラシで粗面にすることである。

(3)　コンクリート舗装の施工上の留意点

①　コンクリートの打込みは，一般的には施工機械を用い，コンクリートの材料分離を起こさないように，隅々まで敷き広げる。

②　コンクリートの敷均しはスプレッダを用い，全体ができるだけ均等な密度になるよう行う。敷き広げたコンクリートは，コンクリートフィニッシャーや平板振動機を用いて十分に締め固める。

③　普通コンクリート版の鉄網・縁部補強鉄筋や連続鉄筋コンクリート版の縦方向鉄筋は，コンクリート版の上面から 1/3 の深さを目標に入れる。鉄網の継手はすべて重ね継手とし，焼きなまし鉄線で結束する。鉄網の設置位置の精度は±3 cm とする。

④　鉄網および縁部補強鉄筋を用いる場合の横収縮目地間隔は，版厚に応じて 8 m から 10 m とする。コンクリート舗装版の厚さは，路盤の支持力や交通荷重などにより決定する。

⑤　普通コンクリート版や連続鉄筋コンクリート版の締固めは，鉄網の有無にかかわらず，2 層

に分けて敷均しても，1層として振動機をあてがい，一体で仕上げる。

⑥　連続鉄筋コンクリート版では，縦方向鉄筋は横方向鉄筋の上側となるようにし，縦横とも鉄筋の重ね合せ長は直径の25倍以上とする。

⑦　転圧コンクリート版を敷均し後，初転圧，二次転圧には振動ローラを，仕上げにはタイヤローラを用いる。

⑧　目地の施工は，目地を挟んで隣接版の高低差がないようコンクリート版面に垂直にする。

⑨　コンクリートの最終仕上げは，コンクリート舗装版表面の水光りが消えてから，ほうきやブラシ等で粗仕上げを行う。

(4)　コンクリート舗装版の養生

養生には表面仕上げした直後から，**表面を荒らさずに養生作業ができる程度に硬化するまで行う初期養生**と，コンクリートの硬化を十分に行わせるため一定期間湿潤と温度を保つ後期養生がある。

養生期間を試験で定める場合は，現場養生を行った供試体の曲げ強度が配合強度の70%以上となるまでとする。養生期間を試験によらないで定める場合は，早強ポルトランドセメントで1週間，普通ポルトランドセメントで2週間を標準とする。

①　初期養生

(a)　コンクリート表面が直射日光や風などによって急激に乾燥し，ひび割れが発生することを防止するために行う。一般的に膜養生や屋根養生を行う。

(b)　**転圧コンクリート版の初期養生は，舗設後すぐに後期養生へ入れるので行わない。**

②　後期養生

(a)　養生マットなどを用い版表面をすき間なく覆い，散水して湿潤状態にする。

(b)　寒中の養生は，4℃以上なら通常の養生でよく，0～4℃ならシートなどの保温程度でよい。−3～0℃では練り上がり温度を極力高めにし，シートで覆う。−3℃以下では骨材の加熱やジェットヒーターなどの給熱保温をする。

(c)　**後期養生は，初期養生より養生効果が大きい。**コンクリート表面を荒らさないで後期養生ができるようになったら，**なるべく早く後期養生に切り替える。**

(d)　養生中は車両等の荷重をかけない。ただし，転圧コンクリート版では，転圧終了後の版上を，小型および作業車が低速で走ることは，表面の荒れが生じなければ特にかまわない。

③　真空養生

(a)　平坦仕上げ後，版表面に真空マットを置き，真空ポンプで15～20分減圧しコンクリート中の余乗水を吸出し，かつ**大気圧によって締固めを促進させる**ものである。

(b)　平坦仕上げ後に粗面仕上げにかかる。

(c)　真空養生したコンクリートは，まだ固まっていないがダレが抑制でき，強度の発現が早いので，**急坂道や早朝の交通開放に用いられる。**

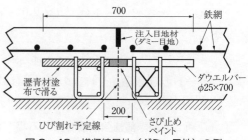

図2・48　横収縮目地（ダミー目地）の例

（5）　目地の施工

①　コンクリート版は施工後収縮する。連続した版では無計画にひび割れが生じてしまう。このため，図2・48に示すように，ダウエルバーを中心に，所要の幅および深さまでコンクリートに目地溝をカッタで切込んでおく。これを横収縮目地という。ひび割れはこの切込みに沿って点線のように生じることとなる。

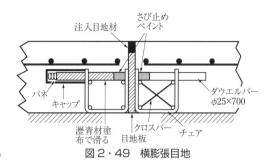

図2・49　横膨張目地

②　コンクリート版は，温度変化や交通荷重の作用力によって，わずかであるが伸縮が繰り返される。このため，図2・49に示すように，コンクリート版を完全に区切るように，区切った間に変形自由な目地板を挿入する。これだけでは版相互の力の伝達ができないため，目地をまたいでダウエルバーを挿入し，一端可動構造とし，自由に版を伸縮させたものを横伸縮目地または横膨張目地という。横膨張目地は版が区切れているので，一日の舗設終了として利用することもある。目地には，横目地の他に縦目地もある。

③　**横目地は，車両走行直角に入れるので，走行性能にきわめて影響がある**。普通コンクリート版では，**ダウエルバーは路面および道路軸に平行**に取り付け，版相互の段差のないように配慮する。

④　縦目地は，走行区画線（レーンマーク）に合わせて設ける。タイバーにより版相互の力の伝達をする。

⑤　**連続鉄筋コンクリート版では横目地は用いないが**，起終点にはダウエルバーにより設ける。**縦目地は，タイバーにより普通コンクリート版と同様に設ける**。

⑥　**転圧コンクリート版では，タイバーを用いないで**，縦横目地溝に目地材を充てんする。

3・3・3　舗装の維持と修繕

（1）　維持と修繕

道路の補修には，表層の破損のように，路面機能を維持する機能的対策の維持工法と，路盤以下の縦方向破損を回復する構造的対策の修繕工法がある。

（2）　舗装の評価方法

路面の破損状況の調査項目の主なものには，ひび割れ，わだち掘れ量，平坦性などがある。ひび

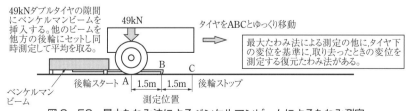

図2・50　最大たわみ法によるベンケルマンビームによるたわみ測定

割れはスケッチ，わだち掘れ量は横断プロフィルメータ，平坦性は3メートルプロフィルメータによって調査する。最近は路面性状測定車により一括して測定できる。

　構造的な破損状況の調査には，非破壊調査のFWD（フィーリング・ウェイト・デフレクトメータ）や，図2・50に示すベンケルマンビーム等によるたわみ測定，開削調査による直接測定がある。

3・3・4　舗装の維持工法と選定

　舗装の維持には，巡回パトロールや道路利用者などからの情報で，ポットホール等の変状が現れたところを対象に行う日常的維持と，排水性舗装の目詰まりを早めに回復させる等，路面の機能回復を行う予防的維持がある。表2・6に日常的な維持および工法例を，表2・7に予防的維持工法例を示す。しかし維持工法を適用する場合，図2・51に示すように，**路面のひび割れの破壊原因には，構造的な破損による場合もある**ので，補修工法の選択に注意する。**排水性舗装では浸透水量や騒音**などの測定も行う。

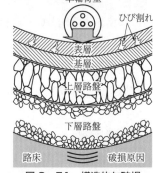

図2・51　構造的な破損

　アスファルト舗装の破損の形態は，おもに局部的なひび割れや変形がある。

(1)　局部的なひび割れ

①　線状ひび割れ　縦横に幅5mm程度で長いひび割れである。線状ひび割れは，路床・路盤の支持力低下などにより発生する。

②　ヘアークラック　路面の沈下がなく，表層に不規則的に生じる幅1mm程度で比較的短い線状ひび割れである。ヘアークラックは転圧時のローラの線圧過大，転圧温度の高温，過転圧などによって発生する。

③　亀甲状ひび割れ　線状クラックやヘアークラックが進行して互いに接合し，亀甲状に閉合したひび割れである。亀甲状のひび割れは，路床・路盤の支持力低下や沈下および混合物の劣化によって発生する。

(2)　変形

①　わだち掘れ　車両の通過位置が同じで，低速で走る交差点・登坂車線の道路の横断方向に生じる凹凸である。わだち掘れは，路床・路盤の支持力低下，締固め不足や表層混合物の塑性変形などによって発生する。

②　道路縦断方向の凹凸　道路の延長方向に，比較的長い波長で生じる凹凸である。道路縦断方向の凹凸は，路盤の施工不良などによってどこにでも発生する。

表2・6　日常的な維持工法例

舗装の種類	破損の種類	維持工法
アスファルト舗装	ポットホール，ジョイントの開き，ひび割れなど	パッチング工法（表層の局部的なひび割れやくぼみ，段差などに舗装材料を充てんし，路面の平坦性を応急的に改善する。），シール材注入工法
コンクリート舗装	目地材の剥脱飛散，目地部やひび割れ部の角欠け，穴あき	パッチング工法，シーリング工法，注入工法

表2・7　予防的維持工法例

舗装の種類	破損の種類	予防的維持工法
アスファルト舗装	ひび割れ	切削工法（路面の凸部などを切削し，不陸や段差を解消する。） シール材注入工法（比較的幅の広いひび割れに加熱型材料を注入する。）
	わだち掘れ	表面処理工法（加熱アスファルト混合物以外の材料で3cm未満の封かん層を設ける工法で，チップシール，スラリーシール，マイクロサーフェシング，樹脂系表面処理などがある。） 薄層オーバーレイ工法（既設舗装に3cm未満の加熱アスファルト混合物を舗設するもので，予防的維持工法として用いられることもある。）
	平坦性の低下	
	すべり抵抗値の低下	
コンクリート舗装	ひび割れ，目地部の破損	シーリング工法（目地材の老化やひび割れでシール材を注入，充てんする。）
	平坦性の低下	表面処理工法，薄層オーバーレイ工法
	すべり抵抗値の低下	

3・3・5　舗装の修繕工法と選定

　舗装の修繕工法には，ひび割れが大きく発生したり，わだち掘れや平坦性が著しく悪化するなど，舗装全体の性能が低下し，維持だけでは回復できず不経済となる場合に適用する。表2・8に主な破損の種類と修繕工法の例を示す。

表2・8　主な破損の種類と修繕工法の例

舗装の種類	破損の種類	修繕工法
アスファルト舗装 （表層）	ひび割れ	打換え工法，表層・基層打換え工法，切削オーバーレイ工法，オーバーレイ工法，路上路盤再生工法，線状切削打換え工法
	わだち掘れ	表層・基層打換え工法，切削オーバーレイ工法，オーバーレイ工法，路上表層再生工法
	平坦性の低下	
	すべり抵抗値の低下	表層打換え工法，切削オーバーレイ工法，オーバーレイ工法，路上表層再生工法

(1)　工法の概要

①　打換え工法　　路盤もしくは路盤の一部までを施工し直す。路床の入れ替えや，路盤路床安定処理も含む。破損がきわめて著しく，オーバーレイなどの補修が不適切な場合に行う。

②　表層・基層打換え工法　　線状に発生したひび割れに沿って，既設舗装の表層または基層まで施工し直す。

③　切削オーバーレイ工法　　表層・基層打換え工法で切削により既設アスファルト混合物層を撤去して施工し直す。

④　オーバーレイ工法　　既設舗装の上に，厚さ3cm以上の加熱アスファルト混合物層をアスファルトフィニッシャで舗設する。事前に局部打換えの処置も行う。

⑤　路上路盤再生工法　　図2・52に示すように，既設アスファルト混合物層を路上破砕混合機で粉砕し，セメントやアスファルト乳剤などの添加材を加え，既設粒状路盤材と混合し締め固めて新たな安定処理路盤を構築する。路面が高くなる場合等，既設アスファルト混合物を撤去廃棄することもある。

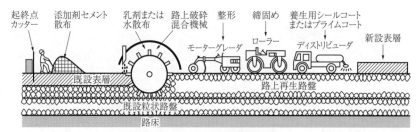

図2・52　路上路盤再生工法

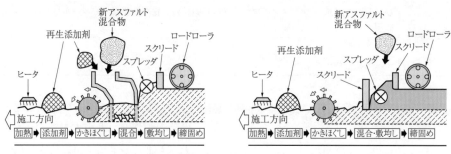

（a）リミックス方式（旧アスファルトの品質を総合的に改善の場合）　　（b）リベーブ方式（旧アスファルトの品質改善が特に不要の場合）

図2・53　路上表層再生工法

⑥　**路上表層再生工法**　図2・53に示すように，リミックス方式とリベーブ方式がある。路上表層再生機で既設アスファルト混合物層の加熱かきほぐし，新アスファルト混合物や再生添加剤を加え，混合し締め固め表層とする。

⑦　**局部打換え工法**　局部的に破損が著しい場合，路盤も含めて局部的に施工し直す。

⑧　**わだち部オーバーレイ工法**　既設舗装のわだち掘れ箇所のみを加熱アスファルト混合物で舗設する工法である。主に摩耗等によってすり減った部分を補うものであり，流動によって生じたわだち掘れには適しない。

（2）　工法選択上の留意点

①　**わだち掘れが流動による場合**は，表層・基層打換え工法を選ぶ。

②　**ひび割れの程度が大きい場合**は，路盤以下路床も含めた破損もあるので，オーバーレイ工法より打換え工法が望ましい。

③　**路面のたわみが大きい場合**は，路床・路盤の調査を，FWD試験による非破壊試験または開削して直接評価し，原因を把握した上で，工法を選択する。

④　補修の選定では，舗装発生材を極力減らす工法の選択や舗装断面の設定をするよう配慮する。

⑤　**構造計算が必要な工法**は，打換え，局部打換え，路上路盤再生，路上表層再生，表層・基層打換え，オーバーレイの6工法である。

4節　ダム・トンネル

ダム・トンネルでは，貯水・取水などのために行うダム工事と，地中に通路をつくるために行うトンネル工事を扱う。試験では，主にRCD工法，山岳トンネル，支保工・覆工などについて出題されている。

4・1　コンクリートダム

頻出レベル
低 ■■□□□□ 高

専門土木

ダム・トンネル

学習のポイント

コンクリートダムの種類や施工施設を把握し，ダムコンクリートの施工上の留意点やダムに用いられるコンクリートの性質などを理解する。

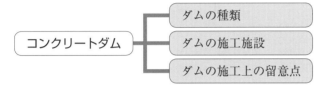

　コンクリートダム ── ダムの種類
　　　　　　　　　── ダムの施工施設
　　　　　　　　　── ダムの施工上の留意点

◆━━━━━━━━━━━━━━━ 基礎知識をじっくり理解しよう ◆━━━━━━━

4・1・1　ダムの種類

ダムには，堤体材料の種類により，以下のようにコンクリートダムと岩石や土などを用いるフィルダムに分かれる。また，岩石を主体として用いるダムをロックフィルダムという。

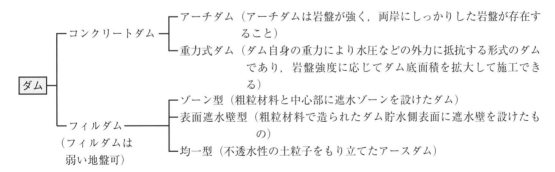

ダム ─┬─ コンクリートダム ─┬─ アーチダム（アーチダムは岩盤が強く，両岸にしっかりした岩盤が存在すること）
　　　　│　　　　　　　　　　　└─ 重力式ダム（ダム自身の重力により水圧などの外力に抵抗する形式のダムであり，岩盤強度に応じてダム底面積を拡大して施工できる）
　　　　└─ フィルダム ─┬─ ゾーン型（粗粒材料と中心部に遮水ゾーンを設けたダム）
　　　　（フィルダムは　├─ 表面遮水壁型（粗粒材料で造られたダム貯水側表面に遮水壁を設けたもの）
　　　　弱い地盤可）　　└─ 均一型（不透水性の土粒子をもり立てたアースダム）

フィルダムの場合は，地盤沈下により変形するため，洪水吐きをダム堤体に設けてはならない。

4・1・2　ダムの施工施設

ダムの施工にあたり必要な準備は，以下のとおりである。

(1) 転　流　工

河水の流れを切り回すことを転流工といい，以下の方法がある。

① 仮排水路トンネル　　図2・54に示すように，川幅が狭く，流量が少ない場合，仮の排水トンネルを設ける方法である。

② 半川締切り　　川幅が広くトンネルなど困難な場合で，河川を半分仕切り，ダム半分を造り，底部に設けた穴から仮排水し，残り半分を造る方法である。

③ 仮排水開渠　　流量が少なく川幅が十分広い場合に，河川端部開渠を設ける。開渠部はダム堤内仮排水路が完成したらコンクリートを打設する。

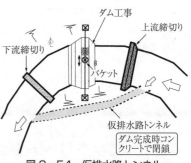

図2・54　仮排水路トンネル

(2) ダムの仮設備

コンクリートダムの施工法には，在来工法によるコンクリートダムとRCD工法によるコンクリートダムがある。

① コンクリートの製造と運搬　　図2・55に示すように，バッチャープラントでコンクリートを練り，トランスファーカーによりケーブルクレーンまで運びバケットに積み替え，ブロックごとの型枠内に降ろして流し込む。

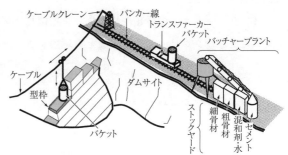

図2・55　コンクリートの製造・運搬

② RCD工法によるダムコンクリートの製造と運搬　　図2・56に示すように，バッチャープラントで造られた超硬練りコンクリートをインクライン（傾斜したスロープのこと）やトランスファーカーで運び，インクラインの下部からダンプに積み込み締固め現場で荷卸しをする。

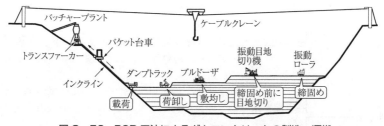

図2・56　RCD工法によるダムコンクリートの製造・運搬

③ フィルダムの材料製造　　フィルダムは，原石山から各ゾーン材料を適切な時期と粒度を確保するために，ベンチカット工法や導坑発破とリッパにより採掘を行う。均一な材料を得るためにストックヤードを設けておく。

④ 濁水処理装置　　コンクリート用骨材は原石のままでは，微粒粉末が付着しているので使用できない。これらを洗い流した処理水を河川に戻すことは環境上好ましくない。処理水をろ過するフィルタや沈殿池などを設置し，強制的に微粒子を除去する。また，アルカリ排水のpH調整も行う。

4・1・3　ダムの施工上の留意点

(1)　コンクリート打込み前の岩盤処理

①　ダム基礎掘削は，基礎岩盤への損傷が少なく，大量掘削が可能なベンチカット工法（せん孔機械で穴をあけて爆破し，順次上方から下方に切り下げていく掘削工法）を用いる。計画掘削線に近づいたら発破掘削は避ける。

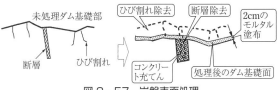

図2・57　岩盤表面処理

②　一番最初の岩着にコンクリートを打設する場合は，図2・57に示すように，浮石を除去し，亀裂部に充てんし，断層部は除去し，コンクリートで置き換える。

③　岩盤（ダム底面）からの多量の湧水がある場合は，図2・58に示すように，湧水点に鋼管を立ち上げてポンプで排水し，コンクリートを打設した後，モルタルを注入する。

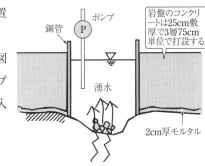

図2・58　岩盤からの湧水処理

(2)　ダムコンクリートに必要な基本的性質

ダムは一般に大規模で，莫大な量の水を貯水することを目的とするため，ダムに用いられるコンクリートには下記の性質が必要とされる。

①　**単位体積重量の大きいこと。**　②　**耐久性の大きいこと。**　③　**水密性が高いこと。**

④　**容積変化の小さいこと。**

⑤　**発熱量の小さいこと。**

(3)　コンクリートダムのブロック工法

コンクリートは，一般に硬化するとき，熱を発生して熱膨張し，表面が冷却するとひび割れが生じる。このようなひび割れを防止するため，また施工能力の関係上，ブロック割で施工する方法をブロック工法（柱状工法）という。

ブロック内のコンクリートは，原則として連続で打込み，コールドジョイント（既に硬化したコンクリート）をつくらないようにしなければならない。

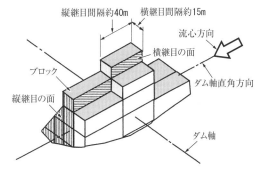

図2・59　ブロックと縦継目・横継目

①　**収縮目地の設置とブロック割**　コンクリートダムは一般に，図2・59に示すように，ダム軸方向（河川を横断する方向）に縦継目，ダム軸直角方向に横継目を設け，横継目間隔15 m，縦継目間隔40 m程度のブロックとして打ち込む。

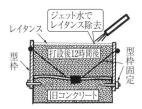

図2・60　グリーンカット

②　**水平打継目の施工法**　水平打継目は，ダム一体化のために重要である。1リフト1.5～2.0 mが打ち終わり，2リフト目を打ち継ぐときは，図2・60に示すように，硬化前，ブリー

ディングで浮き出たレイタンスを高圧力水（ジェット水）などで取り除く。この作業をグリーンカットという。グリーンカットした表面には，厚さ1.5 cm程度のモルタルを塗る。そのあと第2リフトのコンクリートを打設する。グリーンカットの時期は，夏期で打設後6〜12時間後，冬期で12〜24時間後とする。

(4)　コンクリートの打込み

① バケットからコンクリートを排出する際，バケットの開閉ゲートの高さは，コンクリートの打込み面から1 m以内とする。

② コンクリートは，締固めの都合上，1リフトを3〜4層に分けて打ち込む。

③ ダム締固め用の振動機は，**コンクリートが硬練りになるほど振動数が高く重量の大きなものを用い，下層へ約10 cm挿入**する。

④ コンクリートは，図2・61に示すように，ブロックごとに打ち込み，コンクリートの硬化を早め，放熱をするため，各ブロックを適当な間隔をあけて打ち込む。一般に，隣接ブロック上下流方向で4リフト以内，ダム軸方向で8リフト以内を標準とする。ダム堤体の各部のコンクリートは，異なる配合区分のコンクリートが使用される。

(5)　養　　生

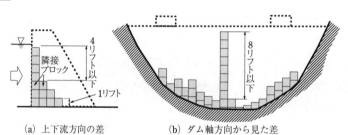

(a) 上下流方向の差　　　　(b) ダム軸方向から見た差
図2・61　隣接ブロックリフト差図

大量のコンクリートを打設することによって生じる発熱をおさえるために，冷却水を循環させる**パイプクーリング**を行う。リフト表面に水道用の配水管をダム軸方向に配管し，漏水を防止する。セメントは一般に中庸熱ポルトランドセメントを用いる。

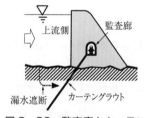

図2・62　監査廊とカーテングラウト

(6)　通　　廊

図2・62に示すように，コンクリートダムの上流から下流に浸透水を防止するために，ダム底部に設けた監査廊から上流に向けて**カーテングラウト**を行う。

4・2　RCD 工法・フィルダム

頻出レベル
低 ■■■□□□ 高

専門土木

ダム・トンネル

学習のポイント

　RCD 工法と在来工法の相違点，RCD 工法によるダムの施工上の留意点を理解する。また，フィルダムに用いる材料とグラウチングの種類などを理解する。

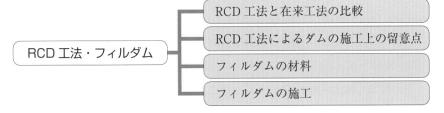

RCD 工法・フィルダム
- RCD 工法と在来工法の比較
- RCD 工法によるダムの施工上の留意点
- フィルダムの材料
- フィルダムの施工

━━━━━━━━━━━━━ 基礎知識をじっくり理解しよう ━━━━━━━━━━

4・2・1　RCD 工法と在来工法の比較

(1)　RCD（Roller Compacted Dam）工法

　貧配合でスランプ 0 cm の超硬練りコンクリートをインクライン（傾斜したスロープ）とダンプトラックで，打設地点まで運搬しブルドーザ等で敷均し，振動ローラで締め固める工法である。

(2)　在来工法との比較

　在来工法と RCD 工法によるコンクリートダムの大きな違いは，打込み方式が異なる。図 2・63 に示すように，**コンクリートの発熱量が極端に少ない RCD 工法では横目地のみのレヤー方式**（面状工法）は，連続施工が可能である。在来工法は，放熱もかねてブロック方式（柱状工法）で施工する。表 2・9 に 2 つの工法の比較を示す。

表 2・9　在来工法と RCD 工法の比較

項　目	在来工法	RCD 工法
打　継　目	ブロック方式	レヤー方式
冷　却	パイプクーリング	プレクーリング
コンクリート	軟　練 （普通配合）	超硬練 （貧配合）
締　固　め	内部振動機 （バイブレータ）	振動ローラ
運　搬	バケット	ダンプ
試　験	スランプ試験	VC 試験

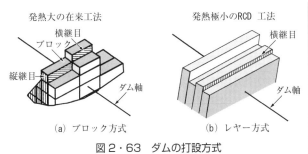

発熱大の在来工法

横継目
ブロック
縦継目
ダム軸

(a) ブロック方式

発熱極小の RCD 工法

横継目
ダム軸

(b) レヤー方式

図 2・63　ダムの打設方式

4・2・2　RCD 工法によるダムの施工上の留意点

①　コンクリートを 1 回に連続して打設する高さをリフトといい，1 リフトの高さは，在来工法では 1.5～2.0 m，RCD 工法では 0.75～1.0 m である。

②　コンクリートの運搬には，一般的にダンプトラックを使用する。

③　打止め型枠は，リフト内に1リフトごとに設置し，据付け・取外し・移動が容易にできるものとする。

④　**パイプクーリングによるコンクリートの温度規制は行わない。** 温度規制は，コンクリートの構成材料を予め冷やすプレクーリングによって行う。

⑤　バッチャープラントからダム堤体打設面までのコンクリートの運搬方法には，ダンプトラック直送，固定式ケーブルクレーン，インクライン，ベルトコンベアの方法がある。

⑥　横継目は，ダム軸に対して直角方向に設置する目地をいい，一般にコンクリート敷均し後，振動目地切機などを用いて設置し，その設置間隔は15m程度とする。

⑦　RCD工法では，セメントなどの結合材料の単位量を少なくした超硬練りコンクリートを用い，水和熱を抑えてひび割れを防止する。

⑧　コンクリートの敷均しは，一般的にブルドーザにより1リフトを数回に分けて行う。

⑨　コンクリートの締固めは，一般的に振動ローラにより行う。

⑩　コンクリートの養生は，スプリンクラーなどによる散水養生を行う。

⑪　水平打継目は，各リフトの表面を，モータースイーパーなどでレイタンスを取り除く。

⑫　RCD工法用のコンクリートのコンシステンシーの管理は，

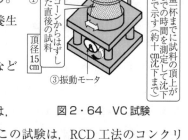

図2・64　VC試験

通常のスランプの測定ができないので，VC試験による。この試験は，RCD工法のコンクリートのように，スランプ値が0の場合，コンクリートの軟らかさを判断するために行う。VC試験は，図2・64に示すように，スランプコーンを振動台に載せ，コンクリートを詰め引き上げて，10cm沈下する時間で測定する。

4・2・3　フィルダムの材料

フィルダムの材料には，粗粒材料（透水材料，半透水材料）と遮水材料がある。ダムの近傍でも材料を入手でき，運搬距離が短く経済的となる。図2・65に中央コア型ロックフィルダムの材料配置例を示す。中央コア型ロックフィルダムでは，堤体の中央部に遮水用の土質材料を用いる。

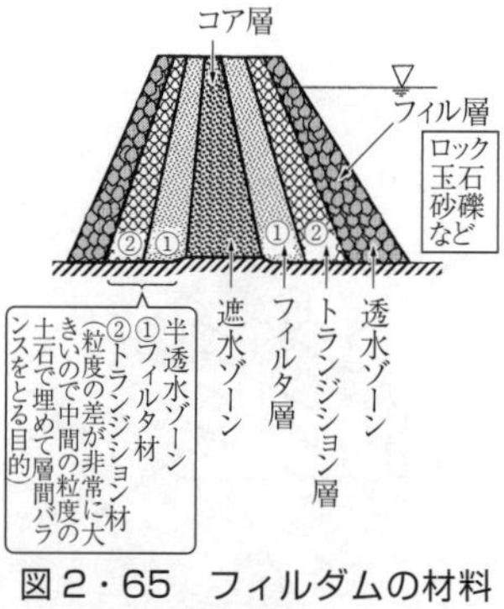

図2・65　フィルダムの材料配置例

（1）　遮水材料

遮水材料は**粘性土などが用いられ，遮水性が十分な透水係数とせん断強さを有し，沈下が少なく有機物を含まない。** 透水ゾーンは粘土とシルトを10～20%，れき分50%を含む**塑性指数の高い**（塑性状態を保つのに水分に影響されにくい）**もの**がよい。

（2）　粗粒材料

粗粒材料は，透水ゾーンと半透水ゾーンに用いられる。

①　透水ゾーン　　水圧の加わるダム表面の層であるため，堅硬でかつ耐久性があり，せん断強

さと排水性が高い。

透水材料は密度を高めるため，適度に粒径が存在し締固めやすいものがよい。

② **半透水ゾーン**　　フィルタ材は，遮水ゾーンからの浸透水に含まれる遮水材料をとどめ，水だけ通過させ細粒分の流失を防止する。トランジション材は，半透水ゾーンと透水ゾーンの密度の急変を緩和し堤体の安定をはかる。

4・2・4　フィルダムの施工

（1）　フィルダムの基礎処理

フィルダムは，ダム底の面積が広く荷重が分散されて地盤に伝わるため，コンクリートダムに比べて大きな基礎地盤の強度を必要としない。

① **遮水ゾーンの基礎**　　岩盤まで掘削し，急なかどや傾斜のないように平滑に仕上げる。掘削終了後，モルタルやコンクリートを吹付け風化防止するかカバーロックを残しておく。

② **半透水性ゾーンの基礎**　　遮水ゾーンと同様に岩盤まで掘削し，連続性をもたせる。

③ **透水ゾーンの基礎**　　ゆるんだ地山を除去し，浸透流によるパイピングに対して安全で，ロック材料と同程度のせん断強さがあればよい。

（2）　各ゾーンの盛立て

遮水ゾーンの盛立ては，図2・66に示すように，遮水ゾーンの着岩面において，監査廊天端のコンクリート面にチッピング（粗面化）し，岩盤も含めて水洗いして，岩盤面の凹凸はコンタクトクレイ（粘性土）処理し，着岩材および中間材，コア材の順にブルドーザで敷均しローラで転圧仕上げする。以下，遮水ゾーンのコア材の高さを保ちながら各ゾーンを振動ローラで立ち上げていく。

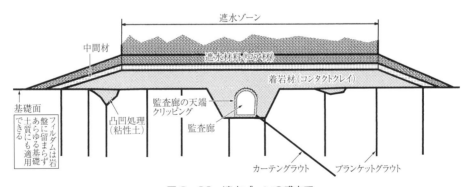

図2・66　遮水ゾーンの盛立て

（3）　グラウチングの種類

グラウチングは，ダムの基礎地盤などの遮水性の改良または弱部の補強を目的とし実地する。所定の深さまでボーリングを行い，岩盤内のクラックや空げきにグラウト（セメントと水の配合割合が1：10程度の注入材料）を圧入・充てんする。

岩盤のすき間にセメントミルクなどを注入するグラウチングの種類には，次の4つがある。

① **コンソリデーショングラウチング**　　ダム底面の均一化と浸透水を抑制する。

② **カーテングラウチング**　　ダム上流面にカーテン状に施し，上流からの浸透水を抑制する。

③　コンタクトグラウチング　**基礎岩盤とコンクリートの一体化のために施す。**

④　ブランケットグラウチング　フィルダムの遮水ゾーンの全域に浸透水の抑制目的で施す。

　なお，重力式コンクリートダムの基礎処理は，コンソリデーショングラウチングとカーテングラウチングによりグラウチングする。

4・3　山岳トンネル

頻出レベル
低 ■■■■■□ 高

学習のポイント

地山条件などに応じた山岳トンネルの掘削工法の特徴などを理解する。

```
山岳トンネル ┬ 山岳トンネルの掘削方式
             ├ 掘削工法の種類
             └ ずり処理
```

- 基礎知識をじっくり理解しよう - - - - - - - - - - - -

4・3・1　山岳トンネルの掘削方式と工法

　トンネルの掘削工法には，爆薬（ダイナマイトや ANFO 等の爆薬）で硬岩・中硬岩地山を破砕掘削する発破掘削方式と，発破方式と比較して騒音・振動・危険性が比較的少ない機械掘削方式がある。発破掘削方式の機械には，削岩機を移動台車に搭載したドリルジャンボが用いられる。機械掘削方式の機械には，図 2・67 に示す軟岩地山を掘削するブーム式自由断面掘削機（ブーム掘削機，バックホー，大型ブレーカなど）や硬岩地山を掘削する全断面掘削機（トンネルボーリングマシン：TBM）がある。また，砂礫地山の掘削には，シールド機が一般に用いられる。機械掘削は，都市部のトンネルで多く用いられる。

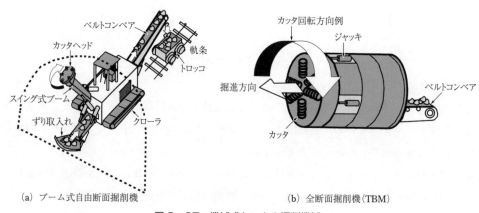

（a）ブーム式自由断面掘削機　　　　　（b）全断面掘削機（TBM）

図 2・67　機械式トンネル掘削機械

4・3・2　掘削工法の種類

　トンネルの掘削工法は，トンネルの規模，断面の大きさ，地山条件，工期等を考慮して決定する。

(1)　全断面掘削工法

　全断面掘削工法は，トンネルの全断面を一度に掘削する工法で，中小断面のトンネルや地質が安定した地山で採用され，大断面のトンネルや地質が安定しない地山には適さない。また，設備が大がかりで，工法の変更は困難である。

(2)　ベンチカット工法

　一般に，上部半断面，下部半断面に2分割してベンチ状に掘進する工法である。また，この工法は半断面で切羽が安定する比較的良好な地質に用いられる。

表2・10　ベンチカット工法の掘削工法例と形状

掘削工法		加背割	主として地山条件からみた適用条件	長所	短所	縦断面図
ベンチカット工法	ロングベンチカット工法	①②	●全断面では施工が困難で，比較的安定した地山に適用される。	●上半・下半を交互に掘削する交互掘進方式の場合機械設備・作業員が少なくてすむ。	●交互掘進方式の場合，工期がかかる。	上部／ロングベンチ／D／5D以上
	ショートベンチカット工法	①②	●土砂地山，膨張性地山から中硬岩地山までに適用される。	●地山の変化に対応しやすい。	●同時併進の場合には上・下半の作業時間サイクルのバランスがとりにくい。	上部／ショートベンチ／5D以下
	ミニベンチカット工法	①②	●ショートベンチカット工法の場合よりも内空変位を抑制する必要がある場合に適用される。 ●膨張性地山などで早期の閉合を必要とする場合に適用される。	●インバートの早期閉合がしやすい。	●上半施工用の架台が必要となる。 ●上半部の掘削に用いる施工機械が限定されやすい。	上部／ミニベンチ／D以下
	多段ベンチカット工法	①②③	●縦長の大断面トンネルで比較的良好な地山に適用されることが多い。	●切羽の安定が確保しやすい。	●閉合時期が遅れる不良地山では変形が大きくなる。 ●各ベンチの長さが限定され作業スペースが狭くなる。 ●各段のずり処理に工夫を要する。	上部／多段ベンチカット(3段)

図中の①，②，③は掘削順序，Dはトンネル断面の直径。

　ベンチの長さや形状によって，ロングベンチ，ショートベンチ，ミニベンチおよび，多段ベンチに分類され，**地山条件が悪くなるとベンチ長を小さくする。さらに悪くなると段数を増加**する。各ベンチは表2・10に示すとおりである。

(3)　導坑先進掘削工法

　導坑先進掘削工法は，地質や湧水状況の調査を行う場合や**地山が軟弱で切羽の自立が困難な場合および，土かぶりが小さく，地表が沈下するおそれがある場合**に用いられる。この工法は，ベンチカット工法で地山が自立できない場合，まず自立できるだけの小断面のトンネルを先行して掘削し，これを足がかりに断面を切り広げる工法である。この先行するトンネルを導坑先進トンネルといい，最初に設ける位置により，表2・11に示すように，側壁導坑先進工法，底設導坑先進工法，中央導坑先進工法などがある。

表2・11　導坑先進工法の標準的な掘削工法の分類と特徴

掘削工法		加　背　割	主として地山条件からみた適用条件	長　　所	短　　所
導坑先進掘削工法	側壁導坑先進工法	③ ② ④ ①	●地盤支持力の不足する地山であらかじめ十分な支持力を確保したうえ，上半部の掘削を行う必要がある場合に適用される。 ●地すべりなどの懸念される土かぶりの小さい軟岩や土砂地山に適用される。	●導坑断面の一部を比較的大規模な側壁コンクリートとして先行施工するため支持力が期待できるとともに，偏圧に対する抵抗力も高い。	●導坑掘削に用いる施工機械が小さくなる。 ●導坑掘削時に上方の地山をゆるませることが懸念される。
	底設導坑先進工法	② ① ③	●地下水位低下工法を必要とするような地山に適用される。	●導坑を先行することにより地質の確認ができる。 ●切上りを行うことで切羽を増やし，工期短縮が可能になる。	●各切羽のサイクルのバランスがとりにくい。 ●施工機械が多種多様になる。
	中央導坑先進工法（TBM先進工法）	② ① ③　上半に導坑を設ける場合もある。	●地質確認や水抜き効果などを期待してTBMによる導坑を先進する場合に適用される。	●発破工法の場合心抜きがいらないため，振動・騒音対策にもなる。 ●導坑位置によってはあらかじめ地下水位低下を図ることが可能になる。 ●導坑を先行することにより地質の確認ができる。	●地質が比較的安定していないと，TBM掘削に時間がかかる。

(4)　中壁分割掘削工法

　中壁分割掘削工法は，図2・68に示すように，**大断面掘削の場合に多く用いられ**，トンネルを左右の2つに分割して，片側半断面を先行して掘削し，反対側半断面を後から掘削する工法である。先進トンネルと後進トンネルの間に中壁ができることから，中壁分割掘削工法という。掘削の途中でもそれぞれのトンネルが閉合された状態で掘削されるため，**トンネルの変形や地表面沈下の防止に有効な工法**である。

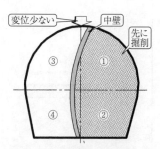

図2・68　中壁分割掘削工法

4・3・3　ずり処理

トンネル掘削時にでる掘削土のことを**ずり**といい，積込み・運搬・土捨ての設備で処理する。

(1)　ずり込み作業

ずり込み機械は，タイヤ式ではトラクタショベル，レール式では図2・69に示す，ロッカーショベルを用いる。機械の選定は切羽（鏡ともいう）の大きさによって異なる。

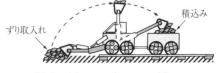

図2・69　ロッカーショベル

(2)　ずり運搬作業

トンネルの勾配が急な場合に，タイヤ方式が用いられる。特に，全断面掘削工法，ベンチカット工法，中壁分割掘削工法に用いられる。

レール方式は，軟弱地盤でタイヤ方式では適用が困難な場合や湧水量が多い場合に用いる。ただし，勾配の制約を受ける欠点がある。

(3)　土捨て作業

タイヤ方式で，流用先が近い場合には直接搬送する。レール式や流用地が遠い場合には，坑口付近に積替えヤードを設ける必要がある。

4・4　支保工・覆工

頻出レベル
低■□□□□□高

学習のポイント

支保工の種類，NATM工法の特徴，覆工の施工順序を理解する。また，切羽の安定対策，湧水・地表面沈下等の対策を理解する。

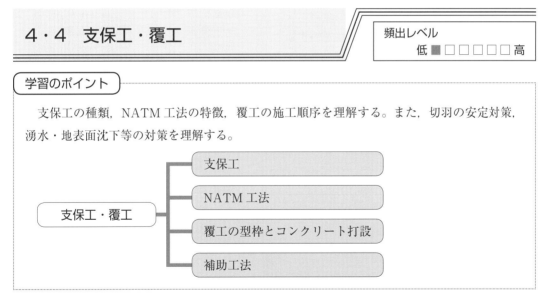

・・・・・・・・・・・・・・◀基礎知識をじっくり理解しよう▶・・・・・・・・・・

4・4・1　支　保　工

支保工はトンネル掘削した周辺地山を安定させることを目的とし，トンネル掘削後速やかに支保工を行うとともに，支保工と地山とを密着あるいは一体化させなければならない。

また，支保工に異常が生じた場合の対策をあらかじめ検討し，補強のための資機材を準備しておく。

専門土木

ダム・トンネル

(1)　支保工の種類

① **支柱式支保工**　支保工部材は，木材で組立や取外しが容易で，なるべく短く引張力が生じない構造とする。地質が良好ならアーチ部のみの合掌式なども用いられる。現在の利用は少ないが，部分的に地質が不良の場合に用いられる。

② **鋼アーチ支保工**　構造は，図2・70に示すように，H形鋼などの形鋼や鋼管をトンネルの形状に合わせて曲げ，これを掘削後のトンネル内に正確に建込む。支保工相互間は，木製または鋼製の矢板を掛けて地山を支え，地山とのすき間にはくさびを打ち込んで土圧を均等に支保工に伝達させる。その後，支保工をコンクリート内に埋設して，地山の土圧の一部を負担し，作業の安全性を高める。鋼アーチ支保工は，小断面から大断面まで多く使用されている。また，支保工沈下防止のため図2・71に示すように，**脚部に皿板を用いたウイングリブや根固コンクリートなどの対策を施す場合もある。**

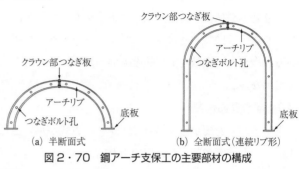

図2・70　鋼アーチ支保工の主要部材の構成

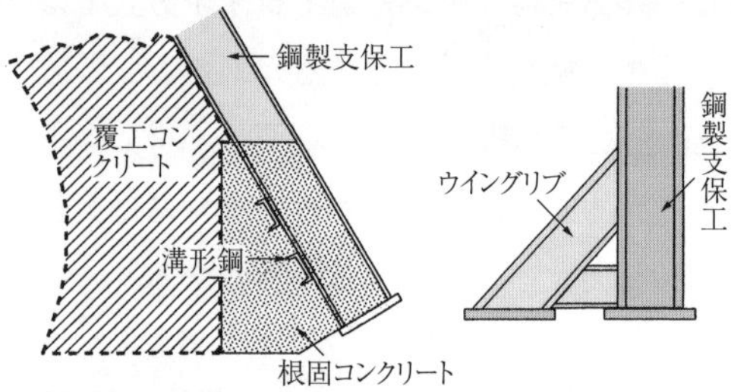

(a)　半断面式　　　(b)　全断面式（連続リブ形）

(a)　根固コンクリートの例　　　(b)　ウイングリブの例

図2・71　支保工沈下防止対策

③ **ロックボルト工**　ロックボルト工は，ロックボルト（図2・72）を用いて，脱落しそうな表面の岩塊を深部のゆるんでいない地山に固定するものである。ロックボルトは，特別な場合を除き，トンネル掘削面に対して直角に設ける。ロックボルトの孔は，所定の位置，方向，深さ，孔径となるように穿孔機械により行うとともに，ボルト挿入前にくり粉が残らないように清掃する。ロックボルトの定着には，打込みによって先端が開くウェッジ形，ねじ込むことでシェルが開くエクスパンション型，モルタルにより全面接着する全面接着型などがある。ベアリン

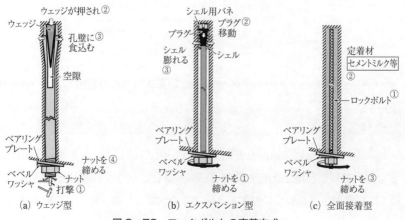

(a)　ウェッジ型　　　(b)　エクスパンション型　　　(c)　全面接着型

図2・72　ロックボルトの定着方式

グプレートの設置は，ロックボルトの軸力をトンネル壁面に十分伝達できることを確認する。

④　吹付けコンクリート工　　吹付けコンクリートは，**地山の凹凸をなくすように吹付け**，鋼製支保工がある場合には，図2・73に示すように，吹付けコンクリートと鋼製支保工とを一体化させる。

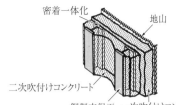

図2・73　鋼製支保工と吹付けコンクリート

　　吹付け方式には，セメント，砂，砂利，急結剤を混合圧縮し，吹付け手前1m付近で圧力水を加える乾式吹付け工法，あらかじめ混合されたコンクリートを圧送し吹出し口の近くで急結剤を混合する湿式吹付け工法がある。乾式吹付け工法は，長距離の圧送が可能だが，跳ね返りが多く作業に熟練を要し，吹付け量の少ない場合に用いる。湿式吹付け工法は，圧送距離は短いが，跳ね返りの粉じんは少なく，多量の吹付け現場に向く。いずれも，ノズルは1m程度離し**吹付け面に対して直角に吹き付ける**。

(2)　支保工の施工順序

支保工の施工順序は，地山の状態により異なる。

地山が安定している場合は，

　　①　吹付けコンクリート，②　ロックボルトの順で支保工をつくる。

地山が軟弱な場合は，

　　①　一次吹付けコンクリート，②　鋼製アーチ支保工，③　二次吹き付けコンクリート，④　ロックボルトの順で支保工をつくる。

4・4・2　NATM工法

　NATM（New Austrian Tunnelling Method）工法は，軟弱な地質や膨張性の地質に対してよく用いられている。図2・74に示すように，地山と支保工（許す限り剛性の低い）とのトンネルリングを構築し，トンネルリング上での土圧応力の差がなくなるように，局部的にひずみを起こさせる工法である。すなわち，地山自体からの圧力を，できる限り地山で支持させるという考えに基づくものである。これに対して，鋼製支保工法は，地山に作用する圧力をト

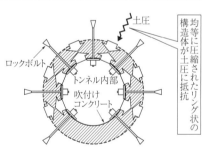

図2・74　NATM工法の概念図

ンネル内側から全面的に支えようとするため，局部的に大がかりな支保工が必要となる。

　NATM工法の主たる支保工部材には，**「吹付けコンクリート」**，**「ロックボルト」**が用いられ，**必要に応じて「鋼製支保工」**が用いられる。最近の山岳トンネル工法は，NATM工法が標準となっている。

4・4・3　覆工の型枠とコンクリート打設

NATM工法では，トンネルの変形が収束した後，覆工を施工することが原則である。

覆工は，図2・75に示すように，アーチ部，側壁部，インバート部の3つで構成される。覆工の構造は，**一般に無筋コンクリート構造である**が，坑口付近など，大きな圧力を受けるときに限り，鉄筋コンクリート構造とすることがある。地山が良好な場合は，インバート部を設けないこともあり，軟弱地盤で側壁とアーチでは支持できない場合は，閉合して円形リングとする。**極端に地山の悪い場合は，インバートをアーチや側壁より先に打つ，先打ちインバートの施工**が行われる。

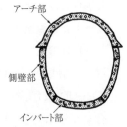

図2・75　トンネルの覆工

(1) 型　枠

覆工のコンクリート打設は，支保工の施工後，型枠を組立てた全断面打設が一般的である。覆工の巻厚は30cmと薄いため，覆工の時期は，内空変位が収束した後に行う。膨張性地山の場合は，できるだけ早急に，覆工のコンクリート打設を行う。型枠には，適切な位置にコンクリートの投入口および作業窓を設ける。覆工コンクリートの型枠には，**移動式型枠と組立式型枠がある。**

① **移動式型枠**　移動式型枠は，図2・76に示すように，走行架台と型枠が一体となって移動でき，移動性がよく，堅固な構造である。移動には，けん引式と自走式があり，一般的に自走式が多く使用されている。

② **組立式型枠**　組立式型枠は，図2・77に示すように，取外しが容易な構造である。コンクリートの端部に用いる・つ・ま型枠や鋼製パネルの強度に留意し，セントルの間隔を1.5m程度とする。組立式型枠は，**曲線部**や拡幅部・坑口部の施工や地山の安定対策上，覆工の早期打設が必要な場合に用いられる。

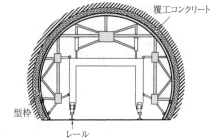

図2・76　移動式型枠の例

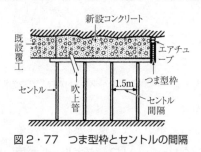

図2・77　つま型枠とセントルの間隔

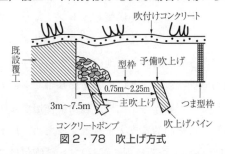

図2・78　吹上げ方式

(2) コンクリート打設

コンクリート打設前には，防水シートを張り**側壁部のコンクリート打設は両側から左右均等に，できるだけ水平に打ち込む。アーチの頂上は空げきが生じやすいので，**充てんがしやすい，図2・78に示す吹上げ方式が多く用いられる。下部の側壁を先に打設し，あとでアーチ部を施工することを順巻き工法という。逆は逆巻き工法という。

4・4・4　補助工法

(1)　補助工法の種類

補助工法は，通常の支保工で対処しきれない場合に用いられる。切羽の崩壊，湧水，地表面沈下

表2・12　補助工法の分類表（抜粋）

工　　法	切羽の安定対策			湧水対策	地表面沈下対策	近接構造物対策	対　象　地　山		
	天端の安定	鏡面の安定	脚部の安定				硬　岩	軟　岩	土　砂
先受工 ●フォアポーリング（非充填・充填式，注入式）	◎	○				○	○	◎	◎
●パイプルーフ	○	○			◎	○			○
●水平ジェットグラウト（噴射攪拌）	○	○			○	○			○
鏡面脚部の補強 ●鏡吹付けコンクリート		◎					○	◎	○
●仮インバート			○		○			○	○
●脚部補強ボルト〔パイル〕			○		○			○	○
湧水対策・地山補強 ●水抜き坑	○	○		◎			○	○	○
●水抜きボーリング	○	○		◎			◎	◎	◎
●ウエルポイント	○	○		○					○
●注入	○	○	○	◎	○	◎	○	○	○
●遮断壁				○	○	◎			○

（注）　◎：比較的よく用いられる工法，　○：場合によって用いられる工法，

などに対して，地山を安定させる特殊な工法である。

補助工法には，目的に応じて，表2・12に示すものがある。

(2)　切羽の安定対策

切羽の安定対策は，切羽の掘削後，支保工が完了するまでに行う処置で，切羽および天端が自立できないときに適用する。

① **天端の安定**　　掘削に先立ち，天端に構造材を挿入するか，セメントミルクの圧入を行う，フォアポーリングやパイプルーフ，水平ジェットグラウトなどがある。

② **鏡面の安定**　　掘削直後に鏡面に吹付けコンクリートやロックボルトを施す。

③ **脚部の安定**　　地盤のゆるみにより，鏡，天端のゆるみが生じないように，**支保工の支持地盤の地耐力を補うため，支保工の脚部にウイングリブを付けたり，**図2・79に示すように，上半仮インバートを設ける。

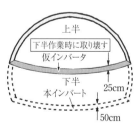

図2・79　上半仮インバート

(3)　湧水・地表面沈下・近接構造物対策

① **湧　水　対　策**　　**水抜きボーリング，水抜き坑，ウエルポイントなどで水を抜き取る工法，**セメントミルクなどを注入する工法などがある。

② **地表面沈下対策**　　地表面沈下対策は，**土かぶりの少ないトンネルの天端に，パイプを挿入してアーチ上の屋根を設置するパイプルーフ工法**や，水平ジェットグラウトで補強する工法がある。

③　**近接構造物対策**　　近接構造物対策は，**既設構造物の近くに遮断壁を設け**たり，既設構造物が沈下しないように，地盤強化や補強を行う。

(4)　山岳トンネル施工時の観察・計測

観察・計測は，掘削に伴う地山の変形などを把握できるように計画する。

観察・計測位置は，観察結果や各計測項目相互の関連性が把握できるよう，断面位置を合わせるとともに，計器配置をそろえる。観察・計測頻度は，切羽の進行を考慮し，掘削直前から直後は密に，切羽が離れるに従って疎になるように設定する。観察・計測結果は，トンネルの現状を把握し，今後の予測や設計，施工に反映しやすいように速やかに整理する。また，支保工の妥当性を確認する。

5節　海岸・港湾

海岸・港湾では，海岸・港湾の保全や維持などのために行う工事を扱う。試験では，主に海岸堤防，海岸浸食の対策工法，防波堤，浚渫工などについて出題されている。

5・1　海岸堤防・突堤・離岸堤

頻出レベル
低■■■■■■高

専門土木

海岸・港湾

学習のポイント

海岸堤防の種類を把握し，海岸堤防の施工方法と施工上の留意点を理解する。また，突堤および離岸堤の施工順序などを理解する。

```
海岸堤防・突堤・離岸堤 ┬ 海岸堤防の施工
                      ├ 突堤の施工
                      └ 離岸堤の施工
```

‑‑‑‑‑‑‑‑‑‑‑‑‑‑‑‑‑‑‑‑‑‑‑‑‑‑‑‑◀ 基礎知識をじっくり理解しよう ▶‑‑‑‑‑‑‑‑‑‑‑‑‑

5・1・1　海岸堤防の施工

海岸堤防の形式は，図 2・80 に示すように，傾斜型・直立型および混成型の 3 種に分類される。

表法勾配が 1 割（1：1）より緩やかなものを傾斜型，1 割より急なものを直立型といい，傾斜型の中で 3 割（1：3）より緩やかなの勾配のものを緩傾斜型と呼んでいる。緩傾斜型は，堤防用地が広く得られる場合や，海水浴等に利用する場合に適している。

軟弱地盤，親水性の要請が高い，堤防直前で砕波が起きる，堤体土砂が容易に得られる場合に適している。

比較的良好な基礎地盤，堤防用地が容易に得られない場合に適している。

水深が割合深く，比較的軟弱な基礎地盤に適している。

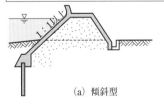

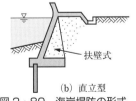

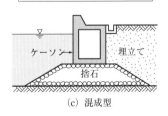

(a) 傾斜型　　　　　　　　(b) 直立型　　　　　　　(c) 混成型
図 2・80　海岸堤防の形式

海岸堤防の施工には，図 2・81 のように，堤体工・基礎工・根固工・表法被覆工・天端被覆工・裏法被覆工などがあり，施工する上で，留意すべき点は次のとおりである。

(1)　堤　体　工

堤体は海岸堤防の主体となるもので，波力や水圧などの外力を基礎地盤に伝達するとともに，海水の浸入を防ぐもので，堤体自体が沈下・滑動・転倒を起こさないようにしなければならない。

① 堤防に使用する盛土材料は，十分に締め固める。

② 盛土材料は，原則として**多少粘土を含む砂質または砂礫質のもの**を用いる。**海岸の砂などを利用する場合には，水締めなどを行い十分に締固めを行えば使用できる。**

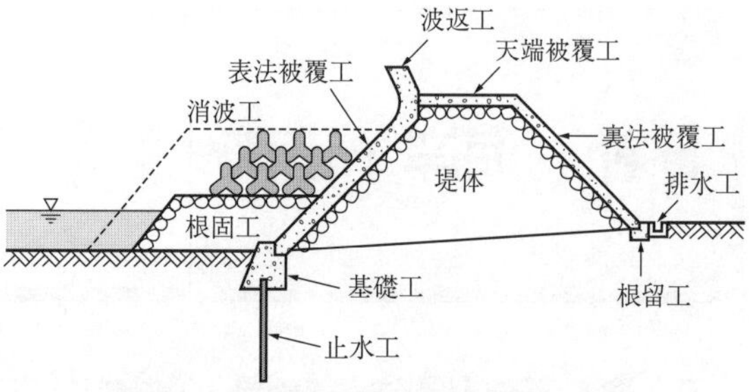

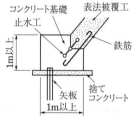

図2・81　海岸堤防における各部の名称

③ 盛土は，日時が経過するにつれて，収縮あるいは圧密により沈下するため，余盛りを行わなければならない。この場合，厚さ30 cm 程度ごとの層状にして，十分に締め固める。

④ 堤体盛土後，天端工や裏法被覆工を行うまで，相当の期間（1年以上）がある場合には，**天端や裏法の仮被覆**をして越波などの浸食に備える。

(2) 基　礎　工

基礎工は，上部構造の滑動・沈下，前面洗掘に耐えるものでなければならない。

① 前面洗掘に対しては基礎工を根固工などで保護し，止水工・被覆工との継目または基礎工の目地などからの土砂の吸出しを防止する。

図2・82　傾斜式堤防の基礎

② 基礎地盤の透水性が大きい場合には，コンクリートの**カットオフ**（透水性基盤の中へ突出させたコンクリートの壁），矢板等による止水工を設ける。

③ 傾斜式堤防の基礎は，図2・82のように**高さ1 m 以上，幅1 m 以上の大きさ**とし，原則として場所打ちコンクリートとする。

(3) 表法被覆工

表法被覆工は，波浪による侵食・磨耗および堤体の土砂の流失を防止し，土圧や波力等の外力に対して安定した構造でなければならない。

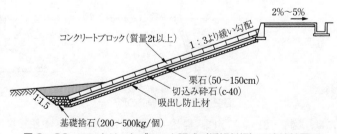

図2・83　コンクリートブロック張式（緩傾斜堤）の表法被覆工

① コンクリートブロック張式（緩傾斜堤）の場合，図2・83のように，法勾配は1:3より緩くする。法尻は，ブロックを水平に設置すると波を反射して洗掘を助長しかねないため，ブロックの先端は同一勾配で地盤に突込むことが望ましい。

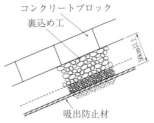

図2・84 緩傾斜堤の裏込め

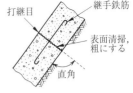

図2・85 打 設 面

表法に設置する裏込め工は50cm以上の厚さとし，裏込め材料は汀線付近での吸出しを防止するため，**上層から下層へ粒径を徐々に小さくして**，かみ合わせをよくする。吸出し防止材は，図2・84のように，裏込め工の下層に設置する。なお，吸出し防止材を用いても，その代替として砕石などを省略することはできない。

② **コンクリート被覆式の場合**，厚さは50cm以上とし，伸縮目地は6〜10m間隔に設ける。打継面は図2・85のように，**法面に直角にし，継手に鉄筋を入れ，打設面は清掃して粗にしておく。**

(4) 波 返 工

波返工は，波やしぶきが堤内側に入り込むのを防ぐために，堤体の表法被覆工の延長として，堤体の天端上に突出した構造物である。

① 波返工は，図2・86のように，**高さ1m以下，天端幅50cm以上**とする。

② 波返工と表法被覆工は一体となるように堅固に取り付ける。また，接続部分は不連続をつくらず，原則としてなめらかに続く曲面とし，衝突する水塊がスムーズに流れるようにする。

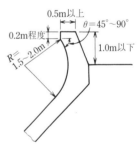

図2・86 波返工の構造

(5) 根 固 工

根固工は，**表法被覆工または基礎工の前面に設け**，波浪による前面の地盤の洗掘を防止して被覆工または基礎工を保護するものである。

① 根固工は，**単独に沈下・屈とうできるように被覆工や基礎工と縁を切る構造とする。**

② 図2・87のように，捨石根固工の場合，**捨込厚さは1m以上，天端幅は2〜5m程度**，前のり勾配は1:1.5〜1:3程度とする。異形コンクリートブロック根固工の場合，**天端幅はブロック2個以上**，層厚はブロック2個以上とする。

③ 緩傾斜堤のように，基礎工が水中施工となる場合，十分な大きさの基礎工とすることで根固

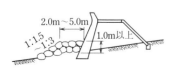

(a) 同重量の捨石を用いる場合

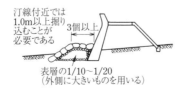

(b) 中詰めを用いる場合

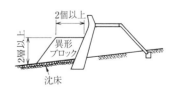

(c) 異形ブロックを用いる場合

図2・87 根固工の一般図

工の必要はなくなる。

(7) 消 波 工

　消波工は，波の打上げ高，越波量および衝撃砕波圧を減少させる目的で堤防の前面に設けるものである。消波工には，一般的にコンクリート製の異形ブロックが使用される。

① 異形ブロックは，大きな表面粗度と適度な内部空げきを有し，波力に対して安定性の高いものを用いる。

② 図2・88のように，消波工の天端幅はブロック2個並び以上とし，消波工の水面上の高さは1m程度以上とし，消波工の天端高は，堤体直立部の天端に合わせる。また，表法勾配は，1:1.3〜1:1.5程度とする。

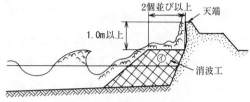

図2・88　消波工の一般図

③ 消波工の積み方には，乱積みと層積みがあり，海底変動の程度，施工の難易度等を勘案して決定する。乱積みは，**沈下とともに異形ブロックのかみ合わせが良くなり，安定してくる。**層積みは，規則正しく配列する積み方で外観が美しいが，すえつけ作業が一般的に難しく，海岸線の曲線部の施工も容易でない。

5・1・2　突堤の施工

　突堤は，**汀線にほぼ直角に海側に突き出して築造した堤体**で，波のエネルギーを減少させ，沿岸漂砂の移動を阻止して，積極的に土砂を堆積させる目的がある。突堤は横断形状により分類すると，図2・89のように，直立型・傾斜型・混成型に分けられる。

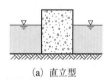
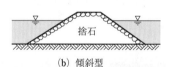

　(a) 直立型　　　　　　　(b) 傾斜型　　　　　　　(c) 混成型

図2・89　突堤の横断形状

　突堤の堤体は土砂を含む海水の通過を可能とするか否かにより，異形ブロックなどによる透過式と，コンクリートブロック，セルラーブロックなどによる不透過式に分けられる。次の場合には原則として透過式のものを用い，それ以外の場合においては不透過式のものを用いる。

① 下手側において侵食のおそれが大きい場合

② 波によって突堤に沿う強い流れが生じ，突堤の両側および先端の周辺が洗掘されるおそれがある場合

③ 沿岸流によって突堤の先端付近の地盤が洗掘されるおそれがある場合

　突堤工の施工順序は，図2・90のように，**沿岸漂砂の下手側から順次上手側に設置していく。**

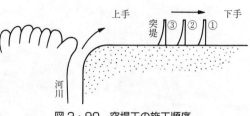

図2・90　突堤工の施工順序

5・1・3 離 岸 堤

離岸堤は，図2・91のように，汀線から離れた沖側の海面に，汀線にほぼ平行に設置される構造物である。離岸堤には**消波または波高減衰を目的とするもの**と，離岸堤の背後に砂を貯え**浸食防止や海浜の造成を目的とするもの**がある。

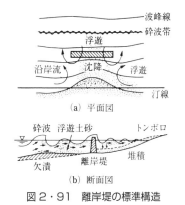

図2・91　離岸堤の標準構造

(1)　離岸堤の採択

漂砂の卓越方向が一定せず，沖方向への漂砂の移動が大きいと思われる所では，突堤工法よりも離岸堤工法を採用する。汀線が後退しつつあって，**護岸と離岸堤を新設しようとするときは，なるべく護岸を施工する前に離岸堤を設置**し，そのあと護岸に着手する。

(2)　離岸堤の施工順序

離岸堤は，浸食区域の上手（漂砂供給源に近い側）から設置すると下手側の浸食傾向を増長させることになるので，**下手側から着手し，順次上手に施工**するのを原則とする。土砂の供給源となる河川がある場合には，これから最も離れた下手側から施工する。

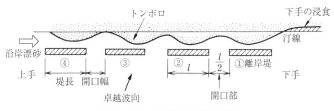

図2・92　離岸堤の施工順序

(3)　開 口 部

開口部あるいは堤端部は，施工後の波浪によってかなり洗掘されるため，**離岸堤の計画の1基分はなるべくまとめて施工**する。現在では，堤長に比べて1/2程度の開口部をもつ，施工性の容易な透過型の不連続堤が多く用いられている。

5・2　防波堤・係留施設

学習のポイント

　　防波堤・係船岸の構造と特徴を把握し，防波堤・係船岸の施工順序と施工上の留意点を理解する。

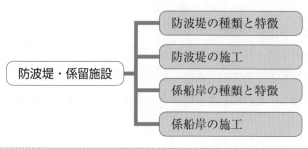

防波堤・係留施設
- 防波堤の種類と特徴
- 防波堤の施工
- 係船岸の種類と特徴
- 係船岸の施工

- - - - - - - - - - - - - - - 基礎知識をじっくり理解しよう - - - - - - - - -

5・2・1　防波堤の種類と特徴

　　防波堤は，構造形式により，傾斜堤・直立堤・混成堤などに分類される。

　　傾斜堤は，図2・93のように，石を台形状に盛り上げ，斜面での破砕によってエネルギーを分散させるものである。**規模としては小さく**，比較的水深の浅い場所に設けられる。

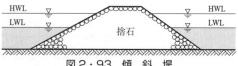

図2・93　傾　斜　堤

　　直立堤は，図2・94のように前面が鉛直である壁体を海底に据えた構造で，波のエネルギーを反射させるものである。また，直立堤は**地盤が硬く波による洗掘のおそれがない場所**に用いられる。

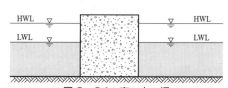

図2・94　直　立　堤

　　混成堤は，図2・95のように傾斜堤と直立堤との特徴をかね，捨石部の上に，ケーソン・コンクリートブロックなどの直立部を設け，防波堤として一体化したものであり，防波堤を小さくすることができるため経済的である。根固工は，壁体前面での砕波を抑制し，直立部を安定させる。

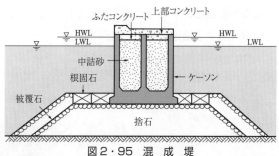

図2・95　混　成　堤

　　各防波堤の特徴を表2・13に示す。

表 2・13　各防波堤の特徴

防波堤の種類	長　　　所	短　　　所
傾 斜 堤	① 海底地盤の凹凸に左右されず，軟弱地盤にも適する。 ② 反射波が少なく，付近の海面を乱さない。 ③ 施工設備が比較的簡単であり，施工管理が容易である。	① 材料が比較的多量に必要である。 ② 水深が大きくなると，広い底面の幅が必要である。
直 立 堤	① 堤体全体が一体のため，波力に対して強い。 ② 安価な中詰材料を用いて，工事費を軽減できる。 ③ 本体製作をドライワークで行うことができ，施工管理が容易で，海上施工日数が短縮できる。	① 壁体を直接海底地盤に据え付けるため，底面反力が大きくなる。 ② ケーソン製作設備など諸設備に多額の工事費が必要である。
混 成 堤	① 大水深で軟弱地盤にも適する。 ② 捨石部と直立部の高さの割合を決め，経済的な断面がつくれる。 ③ 堤体を通過する漂砂が少ない。	① 捨石部と直立部との境界付近に波力が集中し，洗掘されやすい。 ② 施工設備が多様となる。

専門土木

海岸・港湾

5・2・2　防波堤の施工

(1)　基 礎 工

　基礎地盤が軟弱な場合は，軟弱土を床掘り除去し，良質な土砂で置き換える工法などをとる。基礎地盤が良好で支持力が十分な場合は，床掘りを行わず基礎捨石を築造する。**基礎捨石は 100〜500 kg/個程度の割石で築造し**，これを **1000 kg/個程度の被覆石で被覆**し，洗掘を防止する。

(2)　本 体 工

　① **捨石堤・捨ブロック堤（傾斜堤）**　　捨込みには，海上捨込みと陸上捨込みがあり，一般的には海上捨込みが多く用いられる。捨石本体の設計数量は，堤体沈下や散乱を見込んで 2〜3 割増ししておき，耐波上，**表側には小さい石で目つぶしをしない**。

　　砕波を受ける堤体表面は，法面部分と頂面部分の石をよくかみ合わせるようにする。また，洗掘の防止には，法尻に小段状に捨石を入れるか，捨ブロック，沈床，アスファルトマットなどにより法尻を保護する。

　② **コンクリートブロック堤（混成堤）**　　ブロックの積み方には，水平積みと傾斜積みがあり，一般的には施工しやすい水平積みが多く用いられる。水平積みの場合は一体性を保つため，防波堤法線方向と直角な断面の縦目地は，**上から下まで通らないように千鳥状の配置**とし，法線方向の断面についてもできる限り縦目地は通さないようにする。また，ブロックの一体性を増すために，ブロック相互の上下に凹凸のホゾを設ける方法がある。

　③ **ケーソン堤**　　ケーソンの据付け天端高が低いと，ケーソン据付け，中詰投入およびふたコンクリート・上部コンクリート打設作業に制約を受けるので，天端高は朔望平均潮位以上にするのが一般的である。

(3)　ケーソン堤の施工順序

　ケーソン堤の施工順序は，図 2・96 のとおりである。

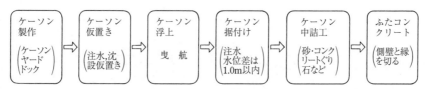

図2・96　ケーソン堤の施工順序

① **製作・進水**　ケーソンヤードまたはドックでケーソンを製作し進水する。進水方式にはドックによる方法のほか，斜路による方法，クレーン船による方法などがある。ケーソンの隔壁には，水位を調整しやすいように通水孔を設ける。

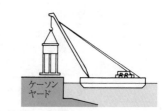

図2・97　クレーン船による進水

② **えい航・回航**　ケーソンの据付け時期になると，現場までケーソンをえい航または回航する。えい航とは，**港内およびその付近までの近距離の運搬**をいい，回航とは**他港に海上輸送する遠距離の運搬**をいう。

　ケーソンのえい航作業は，据付・中詰・ふたコンクリート等の連続した作業工程となるため，気象・海象条件を十分に検討して実施する。

③ **仮置き**　仮置き場は，漂砂で埋まったり，基礎が洗掘されたりしない場所を選定し，捨石で基礎をつくりその上に置く。仮置き場にケーソンを沈設する場合は，ケーソンの四方に錨を張り，サイフォンやポンプなどを使用して，ケーソン隔壁の両側の**水位差が1m以内**となるように調整しながら注水する（図2・98）。

④ **据付け**　ケーソンの四隅に設置してあるフックを利用し，ウインチで調整しながら位置および方向を決め，徐々に注水してケーソンを沈めていく（図2・99）。ケーソンが基礎マウンドの上に達する直前で注水を中止し，ケーソンの据付位置の調整を行った後に，再度注水し，ケーソンを着底させる。

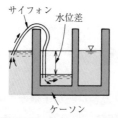

図2・98　ケーソンへの注水

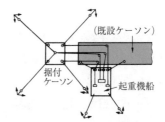

図2・99　ケーソンの据付け

⑤ **中詰め**　ケーソンの据え付けが完了したら，ガット船を使用して直ちに中詰めを行い，ケーソンの安定を高める。中詰めは砂・砂利・栗石・コンクリートなどを用い，ケーソン隔壁の両側の差が1m以内となるように調整しながら充てんする。

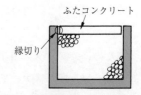

図2・100　ふたコンクリートの縁切り

⑥ **ふたコンクリート**　中詰材を所定の高さまで投入した後，直ちにふたコンクリートを施工する。この場合，ケーソンの側壁上部に剛結すると中詰材などの沈下によりすき間ができて，波などにより破壊されるおそれがあるので，**側壁と縁を切っておくことが必要である。**

目地コンクリートの充てんが不完全であると，波によって砂が流出して災害の原因となるので，入念に施工しなければならない。

ふたコンクリートの厚さは，**通常30 cm以上，波の荒い所では50 cm以上**とする。

(4) 根固工

根固工は，捨石基礎天端のケーソン基部の洗掘を防止するため，ケーソン据付け後できるだけ早い時期に行う。根固ブロックの据付けは，港外側の根固ブロックより堤体とブロックおよびブロック相互の目地間隔が極力小さくなるように施工する。通常，波浪条件の厳しい防波堤の港外側では，**30 t以上の根固ブロック**を使用し，起重機船，クレーン付台船，潜水士船等により据え付ける。

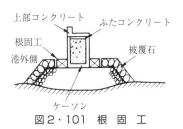

図2・101　根固工

(5) 上部コンクリート工

上部コンクリートの施工時期は，ふたコンクリート打込み，あるいは据付け後できるだけ早い時点で行う。ケーソン堤の場合は1ケーソンごとに，ブロック堤の場合は5〜15 m間隔に目地を入れるのがよい。上部コンクリートの厚さは，**波高2 m以上の場合は1 m以上を，波高2 m未満の場合は50 cm以上を標準**とし，堤体と一体となるように施工する。

5・2・3　係船岸の種類と特徴

(1) 重力式係船岸

重力式係船岸は，土圧・水圧などの外力に対して，壁体の自重，壁体に載る土砂および摩擦力によって抵抗するものである。壁体自体はコンクリートなどが用いられるので，比較的堅固で耐久性もあるが，**地震に対して弱く，水深の深いところでは不経済となることが多い**。また，支持力が期待できない軟弱地盤では，地盤改良が必要となる。重力式係船岸は，壁体形式によりケーソン式係船岸・L形ブロック式係船岸・セルラーブロック式係船岸などに分類される。

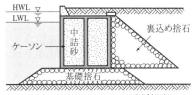

図2・102　ケーソン式係船岸

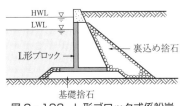

図2・103　L形ブロック式係船岸

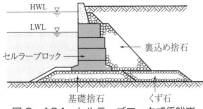

図2・104　セルラーブロック式係船岸

① **ケーソン式係船岸**　ケーソン式係船岸は，陸上などで製作したケーソンを所定の位置にえい航・据付けを行って土留め壁としたものである。

　(a)　**壁体全体が一つの剛体で，一体性に優れている。**

　(b)　中詰材料には土砂等を使用し，セルラーブロック式等に比べ材料費が軽減できる。

② **L形ブロック式係船岸**　L形ブロック式係船岸は，陸上などで製作したL形ブロックを並

べ，ブロックおよび裏込め材料の重量や摩擦力などで外力に抵抗するものである。

(a)　水深の浅い場合は経済的な構造であり，施工設備も簡単である。

(b)　水深が大きくなると，L形ブロックの重量が大きくなる。

(c)　L形ブロック据付け後，**裏込めの行われていない状態では，波浪に対して不安定である。**

③　**セルラーブロック式係船岸**　　セルラーブロック式係船岸は，鋼製や鉄筋コンクリート製の中空の枠を積み重ねて中詰めを行って壁体としたものである。

(a)　施工設備がケーソン式に比べて簡単であり，壁体底面の摩擦抵抗が大きい。

(b)　**他の重力式係船岸より不同沈下に対して弱い。**

(2)　矢板式係船岸

矢板式係船岸は，**矢板を打込んで土留め壁とした係船岸**である。矢板には鋼矢板・鋼管矢板・鉄筋コンクリート矢板・木矢板などを用いるが，鋼矢板が最も多く用いられている。一般には，図2・105のように背面に控え杭・控え版を築造し，タイロッドで控え工を施す方式が多い。

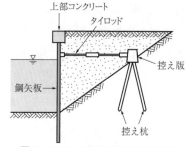

図2・105　通常の矢板式係船岸

①　施工設備が比較的簡単で工費が安価である。

②　基礎工事としての水中作業がないので，短期間で施工できる。

③　**壁体は軽量で弾性に富み，地震に対して強い。**

④　**鋼矢板は腐食しやすいので重力式係船岸に比べ，耐久性が劣る。**したがって，電気防食を施すか，重防食被覆を施した矢板を用いる。

⑤　水深が深いと矢板打設後，**裏込めおよび控え工がない状態では波浪に対して弱い。**

5・2・4　係船岸の施工

(1)　重力式係船岸の施工

重力式係船岸の施工上の留意点は，次のとおりである。

①　ブロックを段積みする場合は，**目地が上から下まで通らないように千鳥状の配置とする。**

②　据付けは，防波堤と異なり裏込材の吸出しがあるので極力据付け目地を小さくする。また，**吸出し防止として防砂板を施工する。**

③　L形ブロックは，据付け後波浪などにより移動し，手戻りとなりやすいので，**速やかに良質の材料にて裏込めを施工する。**

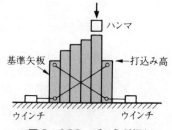

図2・106　びょうぶ打ち

(2)　鋼矢板式係船岸の施工

①　**鋼矢板打設工**　　鋼矢板の打込み方法には，1枚ずつ建込んで打込む方法と，10～15枚を同時に建込み**両端から打込み始めて中央部へ向けて打つ，びょうぶ打ちがある。**

びょうぶ打ちは，つれ込み（打込み中の矢板につれ込まれて隣の矢板が地中に入り込むこと

をいう）が少なく，打込みによる傾斜が少ないなどの長所をもつ一方，海上施工の場合，数枚の矢板が打込み中の状態になるため，波浪による影響を受けやすい欠点をもつ。

② **控え工**　控え工は，先行して控え杭を打設して控え版を設置しておく。鋼矢板打設後，鋼矢板の上部には水平に腹起し材を取付け，タイロッドで控え版と連結する。**控え版はタイロッドの張力に抵抗するため，壁体から遠くに設ける**もので，擁壁式のものや矢板や杭を打ち込んで控え版とする場合もある。

③ **腹起し**　腹起しは，溝形鋼を組み合わせて用いたり，山形鋼またはH形鋼を用いたりし，鋼矢板にできるだけ密着させ，ボルトで十分締め付ける。

④ **タイロッド**　タイロッドは，作用する引張力を控え版に伝達する機能が必要であり，その長さを調整できるように途中にターンバックルを設け，両端にはリングジョイントを設けて腹起しおよび控え版と接続する。その際リングジョイントは，裏込め土の沈下などによる曲げ応力が生じないよう図2・107のように，**リングジョイントのプレートを垂直に**設置する。

側面図
図2・107　腹起しの取付け例

　また，**タイロッドはできるだけ水平に，矢板法線に対し直角になるように設置**し，びょうぶ打ちした鋼矢板が不安定な状態にあるので，鋼矢板打設後，速やかに取り付ける。

　タイロッドの取付け前に埋戻しを行うと，鋼矢板がたわむおそれがあるので，**タイロッドの取付け後，埋戻し工にかからなければならない。**

⑤ **裏込め工**　裏込め工は，タイロッドの取付け後，控え版前面の裏込めを行い，その後，鋼矢板背面の裏込めを行う。また，裏込め材の捨込みによって生じた**鋼矢板のわん曲を，タイロッドの締付けで調整してはならない。**

⑥ **上部コンクリート工**　上部コンクリートは，前面の浚渫・裏込めがすべて完了し，地盤が安定して鋼矢板の変位がおさまった段階で行う。目地は10〜20m間隔に設け，鋼矢板の中央部に合わせて施工し，漏水を防止する。

5・3 浚渫工

頻出レベル
低 ■■□□□□ 高

学習のポイント

各浚渫船の浚渫方法と浚渫船の適用土質などを理解する。

浚渫工 ── 浚渫船の種類と特徴
　　　　 ── 汚染底質の除去工事

・・・・・・・・・・・・・・ 基礎知識をじっくり理解しよう ・・・・・・・・・

5・3・1 浚渫船の種類と特徴

(1) ポンプ浚渫船

ポンプ浚渫船は，曳船を伴う非航式と自力で航行する自航式に分かれる。非航式ポンプ浚渫船は，図2・108のように，サクションパイプの先端にカッターを取り付けて，海底の土砂を掘削しながら海水とともに吸い揚げ，**排砂管を通して直接指定場所まで運搬**する方式の船で，大量の普通土砂の浚渫に適している。**非航式ポンプ浚渫船の標準的な船団は，ポンプ浚渫船，土運船，曳船，揚錨船の4隻で構成**される。

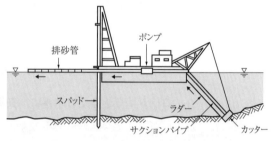

図2・108　ポンプ浚渫船（非航式）

自航式ポンプ浚渫船は船体に大きな泥艙を有し，ドラグヘッドを海底に接触させて海底土砂をポンプで吸い揚げ，泥艙が満載したのち，**土捨場まで運搬し捨土する船**である。

自航式ポンプ浚渫船は大規模な航路浚渫などに適しているが，土質はあまり硬い地盤には不向きである。運転中，排砂管内の流れが遅く土砂の詰まるおそれのある場合は，**ポンプの回転数を増すこと，排砂管の径を小さくすること，ブースターポンプを使うこと**などの処置を講じる。

浚渫作業の進行方向は，一般に潮流の方向の**上流側から行う**。浚渫後の出来形確認測量には，音響測深機を使用する。

(2) バケット浚渫船

バケット浚渫船は，図2・109のように船体中央にラダーがあり，そこにつながれた鋼製バケット（1個当たりの容量0.2〜0.5 m³）の回転によって海底土砂をすくい揚げる船で，大規模で広範囲の浚渫に適している。バケット浚渫船は一般に硬い土質に使用され，底面を平坦に仕上げる。

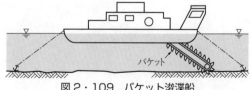

図2・109　バケット浚渫船

(3)　グラブ浚渫船

　グラブ浚渫船は，図2・110のように，**グラブ** **バケットで土砂をつかんで浚渫する船**で，横付け した土運船に土砂を積込み曳船によって指定場所 に土捨する非航式と，掘削した土砂を自船の泥艙 に入れて自力で土捨する自航式に分かれる。また，

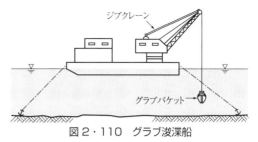

図2・110　グラブ浚渫船

グラブ浚渫船は**比較的小規模の航路，泊地の浚渫，防波堤や岸壁の床掘りなどに適し**，土質は土 砂・砂・砂利混じり土砂に適し，**浚渫深度に制約を受けず，狭い場所でも作業が可能である。**

　グラブバケットの形式はクラムシェル式とオレンジピール式に分けられ，クラムシェル式は爪の 形状によって，N値の小さい順にプレート式・ハーフタイン式・ホールタイン式に分けられる。ま た，グラブバケットの公称容量は**水盛容量で表す。**

　浚渫後の掘り跡の平たん仕上げ精度は，一般に，ポンプ浚渫船に比べ劣る。

　出来形の確認測量は，原則として音響測深機により，工事現場にグラブ浚渫船がいる間に行う。

(4)　ディッパ浚渫船

　ディッパ浚渫船は，図2・111のように1本の強 度の大きいディッパアームを有し，その先端に1個 のディッパバケットを取付け，スパッドで船体を固 定しながら海底土砂をディッパバケットですくい揚 げる船である。ディッパ浚渫船は非航式で，**硬質地** **盤に適し，土丹岩のような軟岩の浚渫や水底の障害** **物の除去**にも用いられる。

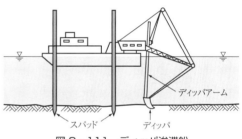

図2・111　ディッパ浚渫船

5・3・2　汚染底質の除去工事

　海域を含めた公共水域において，ダイオキシン類，水銀またはPCBにより汚染された底質は， 魚介類等の環境を損なうため，除去等の工事が必要となる。工事に際しては，底質の撹乱・拡散や 処分地からの有害物質の流出・浸出等による二次汚染が発生するおそれがあるので，底質のうち， **水銀およびPCBを含むもの**について暫定除去基準が定められている。

6節　鉄　　道

鉄道では，車両が2本のレール上を走行するために行う普通鉄道の工事を扱う。試験では，主に土工・路盤工，営業線近接工事と線路閉鎖工事について出題されている。

6・1　土工・路盤工

頻出レベル
低 ■■■■■■■ 高

学習のポイント

軌道の盛土や道床の施工方法と留意点などを理解する。

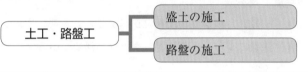

6・1・1　盛土の施工

(1)　軌道の盛土

軌道の盛土は，道路と共通するところがあり，図2・112に示すように，**下部盛土が路体，上部盛土**（天端から3m）**が路床にあたる**。路床は，路盤の荷重が伝わる部分であり，切土および素地の路床では路盤下に排水層を設ける。上部盛土の上に砕石路盤などを設け，道床・枕木・レールの順で施工される。なお，犬走りは，上部盛土と下部盛土の境界および以下6m高さごとに設け，その幅は1.5mを標準とする。路床表面は，排水工の設置位置に向かって3%程度の排水勾配を設け，平滑に仕上げる。

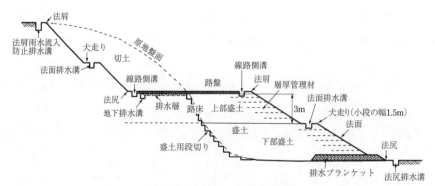

図2・112　切土・盛土の施工

(2) 盛土の施工上の留意点

① 盛土の施工は，支持地盤の状態，盛土材料の種類，気象条件などを考慮し，安定・沈下などに問題が生じないようにする。

② 盛土と支持地盤との間に草木，雑物が入らないようにする。冬期は雪，氷，凍土を取り除いてから盛土の施工を行う。

③ 地盤に滞水や湧水がある場合は，側溝などで排水処理を行う。

④ 地盤が傾斜している場合は，すべり破壊を防止するために，段切り等を施す。

⑤ 運搬車両の走行路を固定すると盛土体の締固めが不均一となるので，運搬車両の走行路を適宜変更する。

⑥ 大きな岩塊や発生コンクリート塊等を用いると転圧作業が困難となるので，混入しないようにする。特に路盤面より 1 m 以内には混入してはならない。

⑦ 毎日の作業終了時には盛土表面に **3～5% 程度の横断勾配**をつけ，降雨によって締め固めた盛土部が軟弱化するのを防止する。

⑧ 降雨時には盛土材料のまき出しや転圧作業を行わない。

⑨ 盛土の施工後は，路盤の施工開始までの間，粘性土地盤の場合で 6 か月程度以上，それ以外の地盤の場合で 3 か月程度以上，放置期間を設ける。

⑩ 盛土を締め固める際の一層の仕上り厚さは，30 cm 程度を標準とする。

⑪ 上部盛土における締固めの程度の管理は K 値と密度，下部盛土における締固めの程度の管理は密度により行い，土構造物の性能ランクごとに定められた，表 2・14 に示す盛土の締固め管理基準値を満たしていることを確認する。

表 2・14　盛土の締固め管理基準値

	性能ランク I（常時は小さな変形で，偶発的作用に対しても過大な変形が生じない土構造物）	性能ランク II（常時は通常の保守で対応できる変形で，偶発的作用に対しても壊滅的な破壊には至らない土構造物）	性能ランク III（常時は変形を許容するが，比較的しばしば生じる作用に対しては破壊しない土構造物）
上部盛土	K 値は K_{30} 値の平均値 110 MN/m^3 以上，密度は締め固め密度比の平均値 95% 以上	K_{30} 値の平均値 70～110 MN/m^3 または 110 MN/m^3 以上，締め固め密度比の平均値 90% 以上	K_{30} 値 70 MN/m^3 以上，締め固め密度比 90% 以上
下部盛土	締固め密度比の平均値が，盛土材料が礫系の場合は 90% 以上，盛土材料が砂の場合は 95% 以上	締固め密度比の平均値 90% 以上	締固め密度比 90% 以上，または空気間隙率で管理する。

6・1・2　路盤の施工

(1) 軌道の種類

土構造物に用いられる軌道の種類には，図 2・113 に示す有道床軌道と省力化軌道がある。有道床軌道は，路盤の上にバラストを敷き，その上にまくらぎとレールを配置した軌道構造である。省力化軌道は，軌道の保守作業を軽減するための，プレキャストのコンクリート版を用いた軌道構造である。

専門土木

鉄道

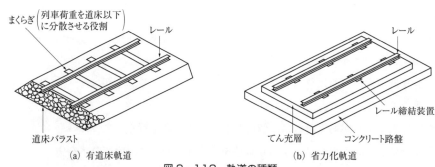

図2・113　軌道の種類

　道床バラストに用いる岩石は，沈下に対する抵抗を増すため，単位容積重量や安息角が大きく，吸水率が小さい，各種の粒径が適当に混合した材料で，角ばった形状のもの，強固で耐麻耗性に優れ，せん断抵抗面の大きいものを用いる。バラスト軌道は，日常的な保守が必要であるが，地盤沈下等が生じた場合には容易に補修できる。道床の役割は，まくらぎから受ける圧力を路盤に伝えることや，排水を良好にすることである。道床バラストに砕石が用いられるのは，荷重の分布効果に優れ，まくらぎの移動を抑える抵抗力が大きいためである。

(2)　路盤の構造

　列車の荷重は，レールからまくらぎ，道床をへて路盤・路床に伝わる。路盤は道床を直接支持し，軌道に対して適当な弾性（剛性）を与え，3％程度の排水勾配を設けることにより，排水処理を施して路床の軟弱化を防止する役割がある。路盤の種類には，**コンクリート路盤**（鉄筋コンクリート版と粒度調整砕石層で構成），**アスファルト路盤**，**砕石路盤**がある。

　軌道により対応する路盤の種類を表2・15に，路盤の構造を図2・114に示す。

表2・15　路盤の種類

軌道の種類	路盤の種類（従来の名称）	説　明
有道床軌道	有道床軌道用アスファルト路盤（強化路盤）	重要度の高い線区に使用
	砕石路盤（土路盤）	一般的な線区に使用
省力化軌道	コンクリート路盤（コンクリート路盤）	スラブ軌道を支持
	省力化軌道用アスファルト路盤（アスファルト路盤）	短い軌道や枕木直接支持

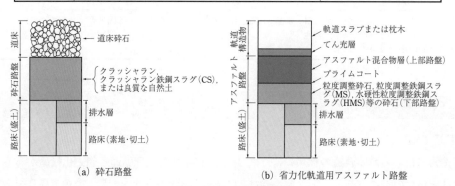

図2・114　路盤の構造

(3)　路盤上の軌道構造

　軌道構造は，図2・115(a)に示すように，路盤の上に道床・枕木・レールの順に施工する。図

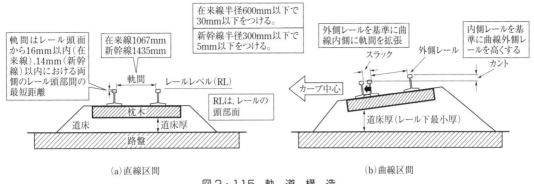

図2・115 軌 道 構 造

（b）に示す曲線部では，カント（曲線外側レールを高くする量）やスラック（列車通過を円滑にするために軌間を拡大する量）は付けることになっている。**カントやスラック量は，曲線半径が小さいほど大きくなる。**レールの長さは定尺レールで25m，ロングレールで200m以上となっている。枕木はレールを強固に締結し，十分な強度をもち，耐用年数が良いものを用いる。

軌道の変位には，レール頭頂部の長さ方向での凹凸をいう高低変位，左右レールの高さの差をいう水準変位，レール側面の長さ方向への凹凸をいう通り変位，左右レールの間隔と基本寸法の差をいう軌間変位，軌道平面に対するねじれの状態をいう平面変位がある。

（4） 鉄道線路の曲線

線路の曲線は円曲線が合理的で，円曲線には単心曲線・複心曲線・反向曲線がある。本線路での曲率半径は，できるだけ大きいほうが望ましく，直線と曲線の間には緩和曲線を入れる。

（5） 砕石路盤の施工上の留意点

① 砕石路盤は，軌道を安全に支持し，路床へ荷重を分散伝達し，有害な沈下や変形を生じないなどの機能を有するものとする。

② 砕石路盤は，噴泥が生じにくい材料の単一層の構造とし，支持力が大きく，圧縮性が小さい材料を使用する。

③ 砕石路盤の施工は，材料の均質性や気象条件などを考慮して，所定の仕上り厚さ，締固めの程度が得られるようにする。

④ 砕石路盤の施工管理は，路盤の層厚，平坦性，締固めの程度などが確保できるよう留意する。

⑤ 材料は，運搬やまき出しにより粒度が片寄ることがないように十分混合して均等な状態で使用する。

⑥ 敷き均しは，モーターグレーダや人力により行い，1層の仕上がり厚さが150mm程度になるように敷き均す。

⑦ 敷き均した材料は，降雨等により適正な含水比に変化を及ぼさないよう，原則としてその日のうちに配水勾配をつけ，平滑に締固めを完了させる。

⑧ 締固めは，ローラで一通り軽く転圧したのち，再び整形して，形状が整ったら，ロードローラ，振動ローラ，タイヤローラなどを併用して十分に締め固める。

6・2　営業線近接工事と線路閉鎖工事

頻出レベル
低 ■■■■■■ 高

学習のポイント

　営業線近接工事では，安全管理体制，各職務内容および具体的な安全対策などを理解する。線路閉鎖工事では工事管理者の職務などを理解する。

```
営業線近接工事と線路閉鎖工事 ─┬─ 営業線近接工事
                              └─ 線路閉鎖工事
```

◀━━━━━━━━━━━━ 基礎知識をじっくり理解しよう ━━━━━━━━━

6・2・1　営業線近接工事

　営業線に近接して工事を施工する場合は，営業線工事保安関係標準示方書が適用され，安全管理体制を確立し，明確な保安対策や異常時対応を検討しておかなければならない。

(1)　営業線近接工事の適用範囲

　営業線近接工事の適用範囲は，図2・116に示すように定められている。しかし，長いブームをもつクレーンの使用や火薬を用いての爆破工事では，さらに，岩石の飛散，クレーンの転倒で車両・建築限界あるいは電線に支障などのおそれを考慮に入れ，実情に応じて適用範囲を拡幅する。

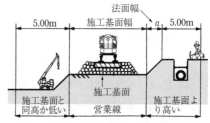

図2・116　営業線近接工事の適用範囲

① **建築限界**　　建築物等が入ってはならない空間を示し，車両限界の外側に最小限必要な余裕空間を確保したもの。曲線区間における建築限界は，車両の偏りに応じて拡大する。

② **車両限界**　　車両が超えてはならない空間を示す。

(2)　営業線近接工事の安全管理体制

　営業線近接工事の安全管理体制は，図2・117に示すとおりである。

(3)　各職務内容と注意点

① 兼務の規定

　現場代理人と主任技術者との兼務をするときには，その旨を契約責任者に書面により届け出て，監督員の承諾を受ける。また，工事従事者の兼務が可能となるのは，1従事者のみであり，この場合も監督員の承諾を受けなければならない。

② 工事従事者の配置

　現場代理人，主任技術者，工事管理者，軌道工事管理者，列車見張員および特殊見張員は，工事現場ごとに専任の者を配置しなければならない。

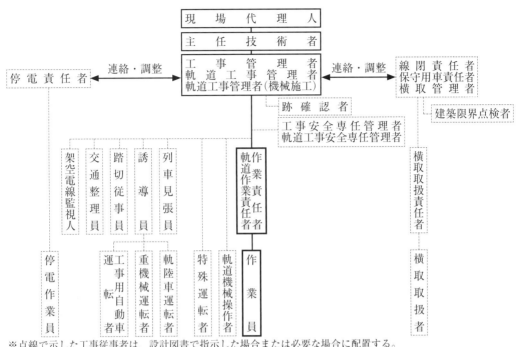

※点線で示した工事従事者は，設計図書で指示した場合または必要な場合に配置する。

図2・117　営業線近接工事の安全管理体制

② **安全管理体制の配置者の職務**　各役職と職務内容を表2・16に示す。

表2・16　安全管理体制の配置者の職務

役　職	職　務　内　容
現 場 代 理 人	現場に駐在し，契約の解除，代金の受領など以外の権限を有する。
主 任 技 術 者	工事の技術的事項を管理する。
工 事 管 理 者	事故防止について，工事安全専任管理者と打合せ，列車の運転状況を確認し，これを各管理者，作業者に周知徹底させる。工事管理者は，施工の指揮および施工管理をする。工事現場ごとに専任の者を常時配置し，必要により複数配置する。工事管理者資格認定証を有すること。
工 事 安 全 専 任 管 理 者	事故防止などの保安業務を行い，列車待避の位置，合図方法の徹底と事故防止計画を作成し，監督員と打合せ，次の作業を実施する。① 保安要員の配置と列車防護訓練の計画実施，② 点呼の立会並びに保安要員に対する列車等の運転状況，列車見張の方法および事故防止の注意事項の周知徹底，③ 標識や掲示類の整備。④工事終了後に作業区間における建築限界内の支障物の確認。
停 電 責 任 者	電力の送電を停止して工事を行うときに配置する。関係保線技術センター等との打合せを行う。
線 閉 責 任 者	事前に関係保線技術センター等と打合せ，保守用車の指揮者として保守用車の使用申込書の作成と駅長との打合せを行う。工事又は作業終了時における列車又は車両の運転に対する支障の有無の工事管理者等への確認を行う。工事管理者は線閉責任者を兼任できる。
列 車 見 張 員	工事管理者の指定した位置での列車などの進来・通過を監視し，列車等が所定の位置への接近時に，作業員や重機械誘導員に列車接近の合図をし，列車乗務員に待避完了の合図を行う。列車見張員および特殊列車見張員は，工事現場ごとに専任の者を配置し，必要により複数配置する。作業員の歩行は，接触事故を防止するため，施工基面上を列車に向かって歩かせる。列車見張員資格認定証を有すること。
誘 導 員	工事用重機および工事用自動車により運転保安に支障するおそれのある場合は，当該運転手と合図方法を打合せ，誘導して事故を防止する。列車見張員資格認定証を有すること。
特 殊 運 転 者	軌道モータカーの運転資格「特殊運転者（MC）資格認定証」を有するもので，監督者の指示を守り，安全運転を行い，使用前後で保守用車の点検をする。
踏 切 従 事 員	踏切や工事用踏切などで，列車や通行者などの安全を確保するため，踏切警備員資格認定証をもち，次のことを実施する。① 工事のため踏切保安設備機能を一時停止して列車監視をする場合には，踏切通行者に対して機能停止中であることの注意を与え，列車等の接近注意を喚起する。② 保守用車等の使用に伴って踏切り監視する場合には，保守用車等を常時監視し，その接近に対して踏切通行者に注意を喚起する。③ 事故発生またはおそれのある場合には，至急列車防護処置をとるとともに関係箇所に連絡する。
重 機 械 運 転 者	運転開始前に各機能を点検し，機能および作業場所等の状態を確認し，重機械誘導員の誘導に従い，安全に運転する。重機械運転者は，重機械運転者資格認定証を有すること。

専門土木

鉄道

③　**施工の安全対策**　列車の運転保安に関する工事の施工では，当日の列車運転状況を確認し，次の各項について留意する。

(a)　保守用車の使用は監督員らと打合せ，元請負人は保守用車責任者として，工事管理者を配置する。監督員不在のときは使用できない。

(b)　保守用車の使用は，監督員らと打合せ，元請負人は，工事管理者または軌道工事管理者を保守用車責任者として配置する。ダンプ荷台やクレーンブームは下げて走行する。

(c)　軌道用諸車の使用は，監督員と打合せ，使用責任者は工事管理者となり，使用に先立って列車見張員を配置する。工事管理者不在のときは，軌道用諸車の使用はできない。**遮断機，工事用重機**や軌道用諸車のカギは，工事管理者または軌道工事管理者が保管する。

(d)　工事用材料の積み卸しは，監督員等の指示により行い，工事管理者は事前に現場を点検する。道床バラストの散布では，元請負人は工事管理者を作業責任者として配置する。

(e)　列車の接近から通過するまで，施工を一時中断しなければならない。対象の工事は，クレーンや重機械を使用する工事，または列車への振動・風圧などによって列車乗務員に不安を与えるおそれのある工事である。

(f)　列車見張員は，時計，時刻表，信号旗，信号炎管などの**列車防護用具などを役割ごとに規定されたものを携帯**する。

(g)　作業表示標は，**工事前に列車進行方向の左側，乗務員の見やすい位置に建植する。また，作業表示標は風圧などで倒れ，建築限界を侵すことのないようにする。**測量等の一日500 m**以上移動する場合や駅構内などでは標示を省略できる。**

(h)　架空線のシールドは，架空線が交流・直流にかかわらず，関係者協議して行う。

(i)　営業線の通路に接近した場所に材料・機械の仮置きをする場合は，置場所，方法について監督員に届け出て，その指示によらなければならない。

(j)　工事施工で支障のおそれのある構造物は，工事管理者立会の上，防護方法を定める。

(k)　複線以上の区間で積みおろしを行う場合は，列車見張員を配置し，**建築限界**（建造物等が入ってはならない空間）**をおかさないように**材料を置く。

④　**異常時の処置**　列車見張員は，事故発生またはそのおそれがある場合に，列車を停止させたり，徐行させたりするときには，直ちに列車防護の手配をとる。手配は，列車運転手に通告，速やかに駅長や関係者に通報する。図2・118に信号機使用可と使用不可の場合の列車防護の手続きを示す。信号区間の工事では，バールなど金属製品による短絡(ショート)を防止する。

（a）信号機の使用不可の場合　　　　　（b）信号機の使用可の場合

図2・118　列車防護方法例

6・2・2　線路閉鎖工事

　線路閉鎖工事は，工事中，定めた区間に列車を侵入させない，保安処置をとった工事をいう。線路閉鎖工事を行える権限は，区長にあり，区長と駅長が打合せを行い，監督者の指示に従って，作業計画を立案する。

（1）　線路閉鎖工事の種類

　　①　敷設したままの状態で行うレールの溶接　　②　レールの交換・振替または転換

　　③　同時に連続して行うまくらぎ交換　　　　　④　レールを撤去して行う枕木交換

　　⑤　橋桁の新設，交換，または撤去　　　　　　⑥　線路付近での火薬類使用の発破作業

　　⑦　建築限界を一時支障とする工事や作業

（2）　工事監督者の職務と留意点

　工事管理者が，線路閉鎖工事の工事監督者となる場合は，あらかじめ線路閉鎖通告書を作成し，関係保線区長等と打合せを行い，承認を受けた上，駅長等に提出する。線路閉鎖工事を行うにあたり，工事監督者の職務と留意事項は次のようである。

　　①　施工計画は間合い，工事量等を検討し無理のないものとする。

　　②　監督者との段取り，作業終了時確認方法などの打合せを行う。

　　③　**作業員を作業開始1時間前に招集し，列車の運行状態，作業分担と方法，作業時間などを全員に徹底させる。**

　　④　準備作業は監督者の指示に従い，やり過ぎのないように厳重に監視する。やり過ぎを発見したときには，手戻りとなってもよいので計画の状態に復元する。

　　⑤　**こう上などの作業は，所定の列車が通過したのちに監督者が駅長に工事着手通告を確認してから工事に着手する。**

　　⑥　**5分前までに予定の工事を終了，線路を復旧させ，現場の点検をして，列車運行に支障がないことを確認できたら直ちにその旨を駅長に通告する。**

　　⑦　き電停止を伴う工事または線路閉鎖工事が解除されても，作業員と工事管理者または軌道工事管理者は現場に残り，初列車運行状況を看視し，異常のないことを確認後現場を去る。

　　⑧　**保守用車の使用では，指揮者不在や，35/1000を超える急勾配では使用しない。**

　　⑨　線閉責任者は，線路閉鎖工事等が作業時間において終了できないと判断した場合は，施設指令員にその旨を連絡し，施設指令員の指示を受ける。

専門土木

7節　地下構造物

地下構造物では，市街地における地下鉄，共同溝などの地下構造物を築造するために行う工事を扱う。試験では，主に開削工法，シールド工法について出題されている。

7・1　開削工法

頻出レベル
低 ■□□□□□ 高

学習のポイント

各開削工法の特徴，土留め支保工の適用場所などを理解する。

開削工法 ── 開削工法の種類
　　　　　　　 土留め支保工

- 基礎知識をじっくり理解しよう - - - - - - - - -

7・1・1　開削工法の種類

　開削工法は，地下鉄工事などで地表面から土砂を掘削し，所定の位置に構造物を築造したあとで土砂を埋め戻す工法である。

(1)　開削工法の種類

　開削工法は，土留め工なしで行う素掘式開削工法と，土留め工を用いる全断面掘削工法に分類される。全断面掘削工法に

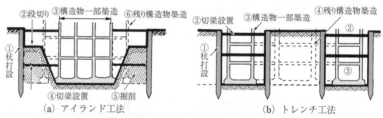

(a)　アイランド工法　　　　　　(b)　トレンチ工法

図2・119　部分掘削工法

は，図2・119に示すように，部分掘削工法であるアイランド工法やトレンチ工法がある。

(2)　全断面掘削工法による施工上の留意点

　図2・120に示す構造物を全断面掘削工法により築造する場合，施工上の留意点は次のとおりである。

① 土留め杭は，路面荷重を支持するため，H形鋼（H−300以上）などを用いる。

② **路面覆工**は，路面交通の開放のため，杭頭部に路面受け桁を渡し覆工板を敷く。

③ **土留め支保工**は，切梁で開削幅を確保し，腹起しで土留め杭の開削部への膨らみを押さえる。

④ 掘削深さに応じて，腹起しを入れて切梁を挿入する。

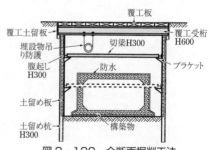

図2・120　全断面掘削工法

これを繰り返し所定の深さまで掘る。

⑤　埋戻しは，**良質土砂で左右均等に埋戻し締め固める。**

⑥　埋戻し完了後，覆工板を撤去し土留め杭を抜く。路床の安定を待って道路の本復旧をする。

(3)　開削工法の長所と短所

①　長　所　**地下深度が浅い構造物の築造**には，施工設備や工法が簡単で経済的である。利用目的に応じて複雑な形状の築造ができる。

②　短　所　**地下深度が増すと，掘削量や土留め工が増して工期もかかり，シールド工法と比較し不経済**である。また，路面覆工の時間を要し，走行性能が低下することがある。

7・1・2　土留め支保工

(1)　親杭横矢板工法

親杭横矢板工法は，図2・121に示すように，H形鋼（H－300以上）を1～2m程度の間隔で打ち込み，矢板をはめ込んで，土圧を支える。**地下水位が深く，良質な地盤に適する。**

(2)　鋼矢板工法

鋼矢板工法は，鋼矢板を打ち込み，切梁，腹起しを設置する工法である。**湧水で水密性が要求される場合，ボイリングやヒービングを防止する目的**で適用される。

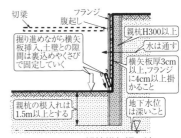

図2・121　親杭横矢板工法

(3)　グランドアンカー工法

グランドアンカー工法は，鋼矢板工法の切梁，腹起しの代わりに，グランドアンカーを地山に打ち込む工法である。**掘削場所に支保工がないため，構造物の施工性がよい。**ただし，周辺構造物がある場合には施工できない。

7・2　シールド工法

頻出レベル
低■■■■■■高

学習のポイント

シールド工法の施工方式，推進ジャッキの操作，シールド機の挙動・修正などを理解する。

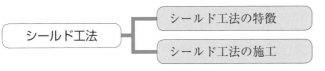

シールド工法　── シールド工法の特徴
　　　　　　　　└ シールド工法の施工

◀ ━━━━━━━━━━━ 基礎知識をじっくり理解しよう ━━━━━━━━━

7・2・1　シールド工法の特徴

シールド工法は，図2・122に示すシールド機という鋼製の円筒型の枠で地山崩壊を防ぎながら

ジャッキで推進させ，図2・123に示すセグメント（鋼製・コンクリート製等）により一次覆工し，二次覆工として内部にコンクリートを巻き，トンネルを構築するものである。

　この工法は，開削工法が困難な都市の地下工事や深い場所の施工に適しているが，シールド機など機材搬入や土砂の搬出のために立坑が必要となる。路面交通を気にせずに施工でき，騒音・振動が少なく，川底や他の構造物との交差部の施工も可能である。しかし，シールド機通過により，土かぶりが浅いと，地上で地盤沈下を引き起こすこともある。また，急勾配や急カーブの施工が困難で，周辺井戸の汚染や水涸れなども注意が必要である。

　シールド機（密閉型）は，カッターで切削を行う**フード部**，ジャッキでシールドを推進させる**ガーダー部**およびセグメントの組立を行う**テール部の三つに区分され**，フード部とガーダー部が隔壁で仕切られている。

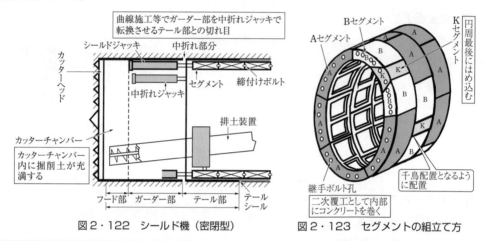

図2・122　シールド機（密閉型）　　　　図2・123　セグメントの組立て方

7・2・2　シールド工法の施工

(1)　シールド工法の施工方式

　① 圧気式シールド　　この工法は，切羽に働く地下水圧に対抗し，空気圧（圧気）を加えることによって湧水を防止し，推進する工法である。**透水性の低いシルトや粘土**には効果的だが，**砂質土や砂礫の場合には，補助工法を用いないと湧水を止めることはできない。**切羽に圧気をかけるため，鉄分地層を通過する空気により，ビル地下室などに酸素欠乏空気が流入することもあるので注意が必要である。圧気は地下深いシールドほど高い圧力が必要で，一般には**シールド機上端から直径の2/3の位置の地下水圧に等しい圧力**が必要である。

　② ブラインド式シールド　　この工法は，シールド機前面の隔壁に3個程度の開口部を設け，シールド前進に伴い，開口部から土砂が流入する方式である。この工法は，切羽の土質が極めて**軟弱なシルトまたは粘土層に適している**。圧入するので，地盤の隆起を生じることがあり，注意が必要である。

　③ 土圧式シールド　　この工法は，シールド工法の中で最も環境に与える影響が少ない工法である。**切羽面に掘削した土砂を回転カッターヘッドに充満し，切羽土圧と均衡させながら推進**して，スクリューコンベヤーで排土する工法である。切羽面の構造は，密閉型シールドである。

一般に**粘性土地盤に適している。**

④　泥土圧式シールド　　この工法は，**掘削した土砂に添加剤を注入**して泥土に変換し，泥土で切羽の安定を図りながら推進する工法である。

⑤　泥水式シールド（泥水加圧式シールド）　　この工法は，図2・124に示すように，加圧泥水により切羽の崩壊や湧水を阻止する工法で，ずりが流体輸送となるため，坑内の作業環境は良くなる。**泥水となった掘削土を排泥管で坑外まで流体輸送し，静水と泥を地上で分離し，静水を再度カッター前面に圧送**する。この工法は，砂礫・砂・シルト・粘土層または互層で地盤の固結が緩く柔らかい層や含水比が高く切羽が安定しない層など，広範囲の土質に適している。しかし，透水性の高い地盤や巨礫地盤では切羽の安定が困難となる。

　地上に大規模な泥水処理施設が必要であるが，常に安定した状態で掘削できるため，都市部の地下鉄や下水道のトンネルに使用される。切羽面の構造は，密閉型シールドである。

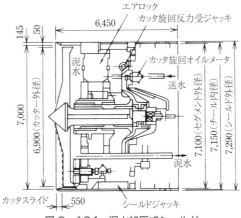

図2・124　泥水加圧式シールド

（2）　シールドの推進

　シールドの推進は，シールドジャッキの適正な使用によって行う。シールドの推進には以下の点に留意する。

①　**セグメントの影響を考慮して，ジャッキは多数使用して，1本あたりの使用推力を減らす。**

②　ジャッキは，セグメントの種類やセグメントの組立やすさを考慮し，**分散してセグメントにあてる。**

③　**急激な蛇行修正をしない。**

④　**砂礫層での推進**は，周辺抵抗が大きくなるので，**ジャッキ数は多め**にする。

（3）　シールド機の挙動と修正

①　ローリング　　図2・125(a)に示すように，シールド機が円筒状に回転することで，**回転カッターをシールドローリングの方向と逆方向へ回転**させて修正を行う。

②　ピッチングとヨーイング　　ピッチングは図(b)に示すように，進行方向上下に動き，ヨーイングは図(c)のように左右に動くことである。これらの修正は，**回転方向と反対側のジャッキ本数を増やし，増加推力をかける**ことにより修正が可能である。

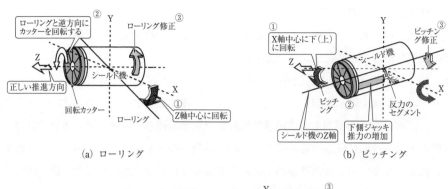

(a) ローリング　　　　　　　　　　(b) ピッチング

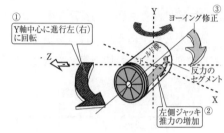

(c) ヨーイング

図2・125　シールド機の挙動

(4)　セグメントの組立

　セグメントは，鋼製セグメント・鋳鉄セグメント・鉄筋コンクリートセグメント・合成セグメントがある。セグメントには継手ボルト穴があり，隣のセグメントと合わせてボルトでとめる。**つなぎ方は千鳥配列**とする。推進の影響がなくなった時点で**再度ボルトの締付け**を行う。

(5)　裏込め注入

　セグメントの外径は，シールド機外径よりも小さいため空げきができ，これを余掘りという。余掘りは，完全にコンクリートで詰めておかないと地山の沈下が生じる。**裏込め注入はシールドの推進と同時または直後に行う。**裏込め注入は，セグメントの注入孔より行うが，下方より上方に向かいグラウトし空げきがないように施工する。

(6)　二次覆工

　二次覆工は，一次覆工であるセグメントのボルト再締付けや防水などが終了したのち行う。二次覆工は，無筋または鉄筋コンクリートの場所打ちでスライディングフォームを用いる。

(7)　シールド工法の補助工法

　シールド工法では，切羽からの湧水・崩落などによって，地上面の沈下などが予想される。これらに対処するために，圧気工法・地下水位低下工法・薬液注入工法・凍結工法などが用いられる。

8節　上下水道

　上下水道では，水を人の飲用に適する水として供給するために行う上水道施設の工事と，家庭や工場からの排水を処理・再生するために行う下水道施設の工事を扱う。試験では，主に上水道，下水道，推進工法について出題されている。

8・1　上水道

頻出レベル
低 ■ ■ ■ ■ ■ ■ 高

学習のポイント

　上水道施設の構成を把握し，配水管の種類と施工上の留意点を理解する。

```
　　　　　　　　├── 上水道施設の構成
上水道 ────────┼── 配水施設
　　　　　　　　└── 配水管の施工上の留意点
```

◀━━━━━━━━━━━━━━━━━━━━━━━ 基礎知識をじっくり理解しよう ━━━━━━━━━━▶

8・1・1　上水道施設の構成

　上水道施設には，図2・126に示すように，水道の原水を取る取水施設，原水を一時ためて置く貯水施設，原水を浄水施設に送る導水施設，水質基準に合うように水をきれいにする浄水施設，必要量の浄水を配水施設に送る送水施設，必要量の浄水を一定圧力以上

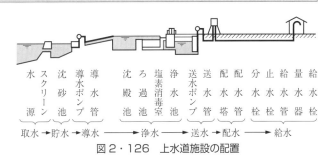

図2・126　上水道施設の配置

で配る配水施設がある。急勾配の道路に沿って導水管を布設する場合には，管体のずり下がり防止のための止水壁を設ける。

8・1・2　配水施設

(1)　配水施設の条件

　配水施設は，**給水区域の中央**に位置し，かつ**高所を選んで設置**することが望ましい。配水管は給水区域内で**水圧が均等**になるように，また，**管内水が停滞しないように，網目式に配置**する。有効水圧が平時火災時で1.5 MPa以上とする。維持修繕で不便であるので，配水本管には給水管は取り付けず，配水支管に取り付ける。区域の異なる配水本管は互いに接続し，消火活動等に備える。

(2)　配水管の種類

　配水管の主な種類と特徴を表2・17に示す。

表2・17 配水管の主な種類と特徴

管　種	特　徴
ダクタイル鋳鉄管	強度・耐久性・靭性が大きく，耐衝撃性が高い。可とう性継手で地盤の変動に対応が可能で，施工性がよく，継手の種類にはメカニカル継手・Ｔ形継手・Ｕ形継手などがある。継手の種類によって異形管防護を必要とし，管の加工がしにくい。 管の質量が大きく，管内外の防食面が損傷・腐食しやすい。
鋼　管	強度・耐久性・靭性が大きく，耐衝撃性が高い。溶接継手で一体化され地盤の変動に追従できるが，温度変化による伸縮継手等が必要である。加工性がよく，ライニングの種類が多い。 溶接継手に熟練工や特殊工具を必要とし，管内外の防食面が損傷・腐食しやすく，電食に対する配慮を必要とする。基礎には良質な砂を敷き均す。
硬質塩化ビニル管	耐食性が高く，軽量で施工性・加工性が大きい。管の内面粗度が一定で，かつ，ゴム輪型継手で伸縮可とう性があり，地盤の変動に追従できる。 低温下での耐衝撃性が低く，熱・紫外線・有機溶剤に弱い。継手によっては異形防護管を必要とする。
ステンレス鋼管	強度・耐久性・靭性が大きく，耐衝撃・耐食性が高い。ライニング・塗装を必要としない。 溶接継手に時間がかかり，異種金属との絶縁処理を必要とする。
ポリエチレン管	耐久性・耐震性・耐食性・施工性が高く，小角度の曲げ配管が可能である。残留塩素に対する管理を必要とし，低温下での耐衝撃性が低く，熱・紫外線・有機溶剤に弱い。重量が軽く施工性がよいが，雨天時や湧水地盤では，融着継手の施工が困難である。

(3) 配水管の伏越し

　河川の横断などで，伏越しをする配水管は，河川横断前後の距離を長く取り，**勾配が 45° 以下のゆるい勾配**となるようにする。屈曲部には，たわみ性の大きい伸縮継手を用いる。

8・1・3　配水管の施工上の留意点

(1) 配水管の埋設

① **配水本管は道路の中央よりに，配水支管は歩道または車道の片側よりに敷設する。**

② 道路法施行令により，**配水本管の土かぶりは 1.2 m 以上**とし，やむを得ないときには 0.6 m **以上**とする。歩道に敷設する**配水支管の土かぶりは，90 cm 程度**を標準とし，やむを得ない場合は，**50 cm 以上**とする。配水管を他の埋設物と**接近する場合には，30 cm 以上**あける。

③ 寒冷地では凍結深度以下に埋設する。

④ 埋設する配水管には，企業名，布設年次，業種別名などを**明示するテープを上に向けて貼る。**

⑤ 埋戻し土は片寄らないように敷き均し，原地盤と同程度の密度に締め固める。

(2) 配水管の据付け

　管の据付けに先立ち，管体検査を行い，亀裂などの欠陥がないことを確認する。管のつり下ろし時に，土留め用切ばりを取り外す場合は，適切な補強を施す。また，つり下ろし場所に作業員を立ち入らせない。

　据付けは，管の受口を高所に向け，低所から高所に施工する。のみ込み寸法線に受口を合わせて管が波打たないように確実に施工する。

　管の切断は，切断線を管の全周にわたって表示し，管軸に対して直角に切断する。鋳鉄管の切断は切断機で行い，異形管は切断しない。既設管には内圧がかかっている場合があるので，栓の正面

には立たない。ポリエチレン管の接合は，削り残しなどの確認をするため，切削面にマーキングする。ダクタイル鋳鉄管は，ダクタイル鋳鉄用の滑剤を使用して接合し，表示記号のうち，管径，年号を上に向けて据え付ける。

8・2　下　水　道

頻出レベル
低 ■■■■■■■ 高

学習のポイント

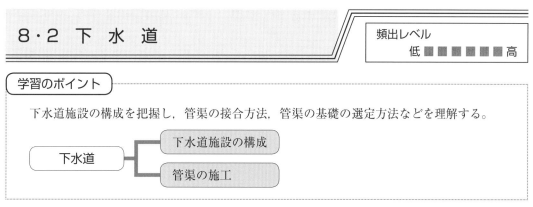

下水道施設の構成を把握し，管渠の接合方法，管渠の基礎の選定方法などを理解する。

下水道 ─┬─ 下水道施設の構成
　　　　 └─ 管渠の施工

━━━━━━━━━━━━━━━━ 基礎知識をじっくり理解しよう ━━━━━━━

8・2・1　下水道施設の構成

　下水道には，河川流域内に降った雨を集めて河川等に排除する施設のほかに，生活や生産活動に伴って発生した汚水を下水処理場で効率的に処理し，安全な水質となったときに河川等に放流する施設がある。

　下水処理場は，流入下水→ 沈砂池 → ポンプ設備 → 最初沈殿池 → 反応タンク → 最終沈殿池 → 高度処理施設 → 消毒施設 →放流水，の順で処理する。流入下水は，ポンプ設備で揚水されるが，あとは自然流下で放流水まで流れる。反応タンクでは活性汚泥により分解される。

(1)　下水道方式

雨水・汚水を1本の管で集水する合流式と2本の管で分別集水する分流式の2つがある。表2・

表2・18　合流式と分流式の比較

	分　流　式	合　流　式
●建　設　費	既設の排水施設があれば安い。	完全な分流式の新設より安い。
●施工の難易	埋設管が2条のため困難が多い。	分流式に比べ容易である。
●管渠の埋設深さ	流速を得るため勾配を大きくとる。したがって，深くなり中間にポンプ場を必要とする場合が多い。	分流式よりも浅くてよい。
●終末処理場	規模が小さくてすみ，水質・水量の変化が少ない。処理が安定している。	規模が大で降雨時には水質・水量の変化が大きく，処理が不安定である。
●管　内　洗　浄	上流部では沈殿物が生ずるためフラッシュが必要である。	雨天時には自然にフラッシュされる。
●土　砂　流　入	少ない。	多い。
●排水設備の接続	煩雑で誤りを生じやすい。	容易である。
●放流先の汚濁	汚水による汚濁がなくなるが，初期は降雨により汚濁物質が流出する。	降雨量が多くなれば汚水が希釈流出する。

18にその比較を示す。合流式では、計画汚水量の3倍を超えると、途中の雨水吐室から河川などに放流され水質汚濁で問題があるので、**近年の建設ではほとんど分流式**である。

(2) 管渠接合

下水管渠は、下流に行くに従って管径を太くする。人孔は、管径、方向、勾配を変えたり、合流させたりする場合に設ける。このとき、管をつなぐ方法には図2・127に示すように、**水面接合・管頂接合・管中心接合・管底接合・段差接合・階段接合**がある。各接合方法の特徴を表2・19に示し、管渠接合の施工上の留意点は次のとおりである。

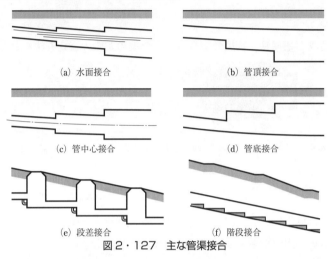

	(a) 水面接合		(b) 管頂接合
	(c) 管中心接合		(d) 管底接合
	(e) 段差接合		(f) 階段接合

図2・127 主な管渠接合

表2・19 管渠接合の特徴

接合方法	特　徴
水面接合	上下流管渠内の水位面を水理計算により求め、概ね計画水位を一致させる。最も合理的であるが計算が煩雑である。
管頂接合	上下流管渠内の管頂高を一致させる。流水は円滑となるが、下流側管渠の掘削土量がかさむ。
管中心接合	上下流管渠の中心線を一致させる。水面接合と管頂接合の中間的なものである。
管底接合	上下流管渠の底部の高さを一致させる。ポンプ排水の場合は、下流側の掘削深さを減じて工事量を軽減できる。上流部で動水勾配線が管頂より上がるなど水理条件が悪くなる。また、二本の管渠が合流する場合、乱流や過流などで流下能力の低下が生じる。
段差接合	地表勾配が急な箇所では、管径の変化の有無にかかわらず、流速が大きくなりすぎるのを防ぐため、マンホールを介して段差接合にする。空気巻きこみを防ぐため、水位差は1.5 m以内とする。
階段接合	大口径管渠または現場打ち管渠に設ける。階段高は1段あたり0.3 m以内とする。

① 管渠の接合は、一般に流水の効率を考慮に入れ、**水理学的に有利な水面接合か管頂接合**を行う。**地表勾配が急な場合は段差接合や階段接合**を行う。

② 2本の管が合流する場合には、**60°以下の互いに流れを阻害しない角度**で合流させる。

③ マンホールの間隔は、径300 mm以下で50 m以下、1000 mmの直径で100 m以下とする。

④ マンホールのふたは、**車道で鋼製、その他はコンクリート製とする。マンホール底面はインバートを設け**流れをスムースにする。

⑤ 管渠が曲線をもって合流する場合の曲線半径は、内法の5倍以上とする。

(3)　下水道管の伏越し

下水道管を水路等の移設不能な構造物を横断して通す場合，図2・128に示すように，下部に水路を設ける。これを伏越しという。この管は，上水道と同じ圧力管として設置する。伏越し管の施工上の留意点は，次のとおりである。

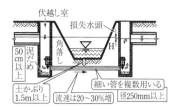

図2・128　伏越し管

① 横断する箇所の上下流に，鉛直に伏越し室を設ける。上下流の伏越し室には，ゲートまたは角落しなどの水位調節施設を設け，下部には0.5 m 程度の泥だめを設ける。

② 伏越し管は，清掃のため必ず**複数管設置する。伏越し管内は，泥の沈殿を防止するため管径を細くし，上流管の流速の 20～30% 増とする。**

③ 河底伏越しの場合は，河川管理者と打合せを行い，計画河床高または現在の最深部より1.5 m 以上の土かぶりを取る。

8・2・2　管渠の施工

(1)　管渠の種類と基礎の選定

管渠は，剛性管と可とう性管に分類され，剛性管とは鉄筋コンクリート管，陶管などがあり，可

表2・20　管渠の種類と基礎の選定

管種　　地盤	剛性管		可とう性管	
	鉄筋コンクリート管	陶管	硬質塩化ビニル管・強化プラスチック複合管	ダクタイル鋳鉄管・鋼管
硬質土 硬質粘土・礫混じり土・礫混じり砂 / 普通土 砂・ローム・砂質粘土	砂基礎 砕石基礎 枕土台基礎	砂基礎 砕石基礎 枕土台基礎	砂基礎 砕石基礎	砂基礎
軟弱土 シルト・有機質土	はしご胴木基礎 コンクリート基礎	砕石基礎 コンクリート基礎	砂基礎 ベットシート基礎 ソイルセメント基礎 砕石基礎	砕石基礎
極軟弱土 非常にゆるいシルトおよび有機質土	はしご胴木基礎 鳥居基礎 鉄筋コンクリート基礎	鉄筋コンクリート基礎	ベットシート基礎 ソイルセメント基礎 はしご胴木基礎 鳥居基礎 布基礎	砂基礎 はしご胴木基礎 布基礎

剛性管：
(a) 砂基礎　(b) 砂利または砕石基礎　(c) コンクリート基礎
(c) 鉄筋コンクリート基礎　(e) はしご胴木基礎　(f) 鳥居基礎
(g) 布基礎　(h) 枕土台基礎

可とう性管：
(a) 砂基礎　(b) はしご胴木基礎　(c) 鳥居基礎
(d) 布基礎　(e) ベットシート基礎　(f) ソイルセメント基礎

とう性管には，硬質塩化ビニル管，ダクタイル鋳鉄管，鋼管などがある。

　管渠の基礎は，表2・20に示すように，管渠の種類と基礎地盤に応じて選定する。

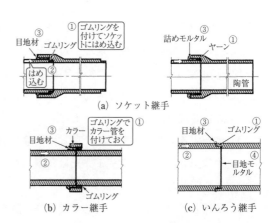

図2・129　管の継手の種類

(2)　鉄筋コンクリート管渠の継手

　鉄筋コンクリート管渠の継手には，図2・129に示すように，ソケット継手，カラー継手，いんろう継手がある。

① ソケット継手　施工性がよく，ゴムリングを用いる継手である。

② カラー継手　継手部の強度は高いが，湧水処理が困難なところには向かない継手である。

③ いんろう継手　大きい口径に使えるが，継手部が弱い継手である。

(3)　雨水ますと汚水ます

　汚水ますは，公道と私道の境界に設け，底にはコンクリート構造のインバートを設ける。雨水ますは，30m間隔に設け，土砂を含んだ**雨水を一時滞留させ15cm以上の泥だめを設け**る。また，雨水ますには，土砂による下水管の摩耗を減少させるため，**砂を沈下させて下水管に雨水を流す役割がある**。

(4)　取　付　管

　取付管は，ますと**下水本管を直角に10%以上の勾配で，下水本管の管頂に取り付ける**。

(5)　下水道管きょなどの耐震対策

① マンホールと管きょとの接合部には，可とう性継手を設置する。

② 下水網は自然流下であるため，不等沈下を起こさないよう，マンホールと管の沈下量を等しくする。

③ セメントや石灰などによる地盤改良の採用で，液状化強度を向上する。

④ 耐震性を考慮した管きょ更生工法を実施する。

⑤ 管材にダクタイル管などの高強度管を用いる。

　製管工法は，既設管きょ内に硬質塩化ビニル材をかん合して製管する工法で，製管させた樹脂パイプと既設管きょとの間げきにモルタルを注入する。さや管工法は，既設管きょより小さな管径の工場製作された二次製品の管きょをけん引・挿入する工法で，間げきにモルタルを注入する。

8・3 推 進 工 法

頻出レベル
低 ■□□□□□ 高

学習のポイント

推進工法の種類を把握し，小口径管推進工法の種類および特徴，推進工法の適用土質などを理解する。

-・-・-・-・-・-・-・-・-・-・-・-・- ◆ 基礎知識をじっくり理解しよう -・-・-・-・-・-

8・3・1 推進工法の種類

推進工法は，鉄筋コンクリート管の先端に刃口を付け，人力または機械で掘削して鉄筋コンクリート管を押し込む工法である。推進工法は，開削工法では困難な軌道や道路などを横断する場合に用いられる。推進工法の種類は図2・130のようである。

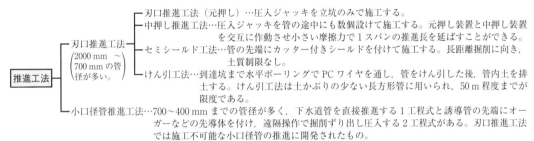

図2・130 推進工法の種類

8・3・2 小口径管推進工法

（1） 小口径管推進工法の種類

小口径管推進工法は，図2・131に示すように，管渠の利用方法，掘削および排土方式，管の布設方法によって分類される。

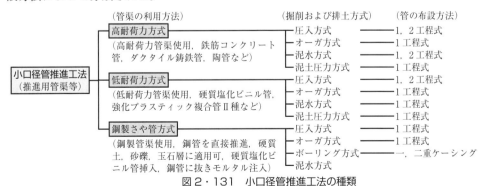

図2・131 小口径管推進工法の種類

　高耐荷力方式は，荷重を管の断面と管の側面の両方の圧力で受ける施工方式である。低耐荷力方式は，荷重を管の側面摩擦力だけで受ける施工方式である。

(2)　小口径管推進工法の適用

　小口径管推進工法の高耐荷力方式の粘性土地盤の N 値と適用方式の関係を表2・21に，一般的な推進工法の適用土質を表2・22に示す。

表2・21　高耐荷力方式の N 値と適用方式

土質分類	土質性状 (N値)	圧入方式		オーガ方式		泥水方式		泥土圧方式
		1工程式	2工程式	1工程式	2工程式	1工程式	2工程式	1工程式
粘性土質	1<N≦20	○	○	○	○	○	○	○
	20<N≦50	△	×	○	○	○	○	○

○：一般的に適用できる。　　△：適用にあたっては検討を要する。
×：一般的に適用できない。

(3)　小口径管推進工法施工上の留意点

① **蛇行の修正は先導体の角度を変える。**

② 支圧壁の加圧面が推進方向に直角になるようにする。

③ 測量の回数を増すことで蛇行の早期発見となる。

④ **先導体は，土の抵抗の弱い方向に曲がるので，地層が変化している所では注意する。**

⑤ **圧入方式では，一気に圧入**し途中で静止させると管周囲の摩擦抵抗が増え圧入できなくなる。

表2・22　一般的な推進工法の適用土質

工法 ＼ 土質	粘性土	高い地下水位の砂質土	砂質土	砂礫	硬質砂礫	玉石
泥水方式	▬	▬	▬	▬	▬	
圧入方式	▬	▬				
オーガ方式	▬	▬	▬	▬	▬	
鋼管さや管方式	▬	▬	▬	▬	▬	
ボーリング方式	▬	▬	▬			
泥土圧方式	▬	▬	▬			
水圧バランス方式	▬	▬	▬	▬	▬	

専門土木

第2章　章末問題

次の各問について，正しい場合は○印を，誤りの場合は×印をつけよ。（解答・解説は p.325）

□□【問1】　橋梁の伸縮継手には，鋳鉄が用いられる。（H30 後）

□□【問2】　鋼材は，応力度が弾性限度に達するまでは塑性を示すが，それを超えると弾性を示す。（H29 後）

□□【問3】　トルシア形高力ボルトの本締めは，インパクトレンチを使用する。（H30 前）

□□【問4】　鋼道路橋の架設工法のうち，一括架設工法は，組み立てられた橋梁を台船で現場までえい航し，フローティングクレーンでつり込み架設する。（H30 後）

□□【問5】　コンクリート構造物の塩害対策として，速硬エコセメントを使用する。（R1 後）

□□【問6】　溶接の始点と終点は，溶接欠陥が生じやすいので，スカラップという部材を設ける。（H29 後）

□□【問7】　クレーン車によるベント式架設工法は，橋桁をベントで仮受しながら部材を組み立てて架設する工法で，自走クレーン車が進入できる場所での施工に適している。（H29 前）

□□【問8】　アルカリ骨材反応は，コンクリートのアルカリ性が空気中の炭酸ガスの侵入などにより失われていく現象である。（H30 前）

□□【問9】　河川堤防の土質材料は，できるだけ透水性が大きい材料がよい。（H30 前）

□□【問10】　河川護岸のコンクリートブロック張工において，一般にのり勾配が急で流速の大きい場所では平板ブロックを用いる工法である。（H30 前）

□□【問11】　砂防えん堤の前庭保護工は，本えん堤を越流した落下水による前庭部の洗掘を防止するために設けられる。（H29 後）

□□【問12】　地すべり防止工では，抑制工，抑止工の順に実施し，抑止工だけの施工を避けるのが一般的である。（R1 後）

□□【問13】　砂防えん堤の基礎の根入れは，岩盤では 0.5 m 以上で行う。（H30 前）

□□【問14】　地すべり防止工の排水トンネル工は，地すべり規模が小さい場合に用いられる工法である。（H29 後）

□□【問15】　路床の安定処理は，原則として中央プラントで行う。（H30 前）

□□【問16】　路床の安定処理で粒状の生石灰を用いる場合は，混合が終了したのち仮転圧をして放置し，生石灰の消化を待ってから再び混合をする。（H28）

□□【問17】　下層路盤のセメント安定処理工の一層の仕上り厚さは，15〜30 cm とする。（H28）

□□【問18】　上層路盤の加熱アスファルト安定処理工の一層の仕上り厚さは，30 cm 以下とする。（H28）

□□【問19】　アスファルト舗装の転圧終了後の交通開放は，舗装表面の温度が一般に 70℃ 以下になってから行う。（H30 後）

□□【問20】　加熱アスファルト混合物は，基層面や古い舗装面上に舗装する場合に，既設舗装面との付着をよくするためプライムコートを散布する。（H29 前）

□□【問21】　普通コンクリート舗装の仕上げ施工の手順は，荒仕上げ→平坦仕上げ→粗面仕上げである。（H30 後）

□□【問22】　ヘアクラックは，路面が沈下し面状・亀甲状に生じる。（H30 後）

□□【問23】　ダムの堤体工には，コンクリートの打込み方法により，ブロック割りして施工するブロック工法とダムの堤体全面に水平に連続して打ち込む RCD 工法がある。（H28）

□□【問24】　中央コア型ロックフィルダムは，一般に堤体の中央部に透水性の高い材料を用い，

　　　　　上流および下流部にそれぞれ遮水性の高い材料を用いて盛り立てる。(H29後)

□□【問25】　重力式ダムは，ダム自身の重力により水圧などの外力に抵抗するダムである。(H30後)

□□【問26】　ベンチカット工法は，トンネル断面を上半分とした半分に分けて掘削する。(R1前)

□□【問27】　ロックボルトは，ベアリングプレートが吹付けコンクリート面に密着するようにナットなどで固定しなければならない。(H30前)

□□【問28】　覆工コンクリートの打込み時には，適切な打上り速度となるように，覆工の片側から一気に打ち込む。(H29後)

□□【問29】　海岸の消波工において，異形コンクリートブロックを層積みで施工する場合は，据付けに手間がかかり，海岸線の曲線部などの施工が難しい。(R1前)

□□【問30】　乱積みは，荒天時の高波を受けるたびに沈下し，徐々にブロックどうしのかみ合わせが悪くなり不安定になってくる。(R1後)

□□【問31】　ケーソン据付け直後は，ケーソンの内部が水張り状態で重量が大きく安定しているので，できるだけ遅く中詰めを行う。(H30前)

□□【問32】　非航式グラブ浚渫船の標準的な船団は，グラブ浚渫船と土運船で構成される。(H30後)

□□【問33】　防波堤の傾斜堤は，水深の深い大規模な防波堤に用いられる。(H29前)

□□【問34】　グラブ浚渫船は，ポンプ浚渫船に比べ，底面を平たんに仕上げるのが難しい。(R1前)

□□【問35】　ケーソンは，波の静かなときを選び，一般にケーソンにワイヤをかけて，引き船でえい航する。(R1後)

□□【問36】　カントは，車両が曲線部を通過するときに遠心力により外方に転倒することを防止するために外側のレールを高くすることである。(H29前)

□□【問37】　鉄道の路盤は，十分強固で適当な弾性を有し，排水を考慮する必要がある。(R1前)

□□【問38】　鉄道の営業線近接工事において，工事管理者は，工事管理者資格認定証を有する者でなければならない。(R1後)

□□【問39】　営業線近接工事において，工事用重機械を使用する場合は，列車の接近から通過するまで工事管理者の立合いのもと，慎重に作業をする。(H28)

□□【問40】　線閉責任者は，工事現場ごとに専任の者を常時配置しなければならない。(H30後)

□□【問41】　セグメントの外径は，シールドで掘削される掘削外径より大きくなる。(H29前)

□□【問42】　土圧シールド工法は，切羽の土圧と掘削した土砂が平衡を保ちながら掘進する。(H29後)

□□【問43】　泥土圧式シールド工法は，掘削した土砂に添加剤を注入し，泥土圧を切羽全体に作用させて平衡を保つ工法である。(H26)

□□【問44】　泥水式シールド工法は，大きい径の礫の排出に適している。(H29後)

□□【問45】　セグメントは，カッターヘッド駆動装置，排土装置やジャッキでの推進作業ができる。(H27)

□□【問46】　上水道管の布設作業は，原則として高所から低所に向けて行い，受口のある管は受口を低所に向けて配管する。(H30後)

□□【問47】　硬質塩化ビニル管は，質量が大きいため施工性が悪い。(H30前)

□□【問48】　管のすえつけは，施工前に管体検査を行い，亀裂その他の欠陥がないことを確認する。(H29後)

□□【問49】　下水管きょの管底接合は，管きょの内面の管底部の高さを一致させ接合する。(H30後)

□□【問50】　下水管きょの剛性管基礎工の施工において，非常に緩いシルトおよび有機質土の極軟弱土の地盤では，砕石基礎が用いられる。(H28)

第3章

第**3**章

共通工学

共通工学

令和4年度（後期）の出題状況

　出題数は4問あり，全てを解答しなければならない。各分野に配当されている出題数は例年と同様である。なお，下線部で示した箇所は，令和3年度（後期）の試験問題の内容と異なる出題事項である。

1．測量（1問）

　①トラバース測量が出題された。問題は，トラバース測量の観測結果から閉合比を計算するものである。

2．設計図書（2問）

　①設計図書，②道路橋の構造名称が出題された。①の問題は，設計図書の内容を問うものであり，②の問題は，橋長・桁長などの構造名称を問うものである。

3．建設機械（1問）

　①建設機械の用途が出題された。問題は，ドラグラインやクラムシェルなどの用途を問うものである。

1 節　測　　量	測量は，地上の点の位置関係を求め，これらを図示するなどの作業である。試験では，測量器械の器械誤差消去法，測量作業の留意点，水準測量の野帳計算などが出題されている。

1・1　測角・測距

頻出レベル
低 ■□□□□□ 高

学習のポイント

測量器械の種類，セオドライトの器械誤差とその消去法などを理解する。

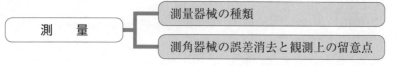

- ● 基礎知識をじっくり理解しよう ● - - - - - - - - - - - -

1・1・1　測量器械の種類

主な測量器械には，表3・1のように，角度，距離，高さ，座標，方向を測るものがある。

表3・1　主な測量器械

測量器械	器械の内容	測定結果
セオドライト	角度を測定する。電子式セオドライトが主流である。	水平角，鉛直角
トータルステーション	角度の測定とレーザーまたは赤外線による光波測距儀も備えている。距離と角度から自動的に座標を表示する。	水平角，鉛直角，斜距離，水平距離，鉛直距離，三次元座標値
レベル	高さを測定する。器械には，人の目で読むティルティングレベル・自動レベルと，バーコード標尺を用い，データを画像処理で電子的に読込む電子レベルがある。電子レベルは，精密な高低差の測定が可能である。	高低差，スタジアによる簡易距離
GNSS	2点間に設置したGPS受信機等で，4つ以上の専用衛星からの電波を同時受信して2点の位置を演算処理で求める。	2点間の三次元座標

1・1・2　測角器械の誤差消去と観測上の留意点

(1)　測角器械の器械誤差

①　鉛直軸誤差　　図3・1に示すように，セオドライトに取り付けられている気泡管軸と鉛直軸とが直交していないために生じる誤差である。鉛直軸の傾いている大きさγは，測定方向によって変わるため，鉛直軸誤差の大きさは一定ではない。このため，**鉛直軸誤差の完全消去はできない。**気泡管軸の調整で鉛直軸誤差は最小となる。

② 水平軸誤差　　水平軸が鉛直軸に対して直角ではな
く傾いているため，観測点の標高が等しければ誤差は
生じないが，標高が異なる 2 点間では水平軸上を回転
した望遠鏡の分だけ水平軸誤差となる。しかし，鉛直
軸誤差と異なるのは，正位と反位では水平軸の傾きは
逆となり，**正位・反位の観測値を平均することにより
水平軸誤差は消去**される。ただし，正反とも視準目標
は変えない。

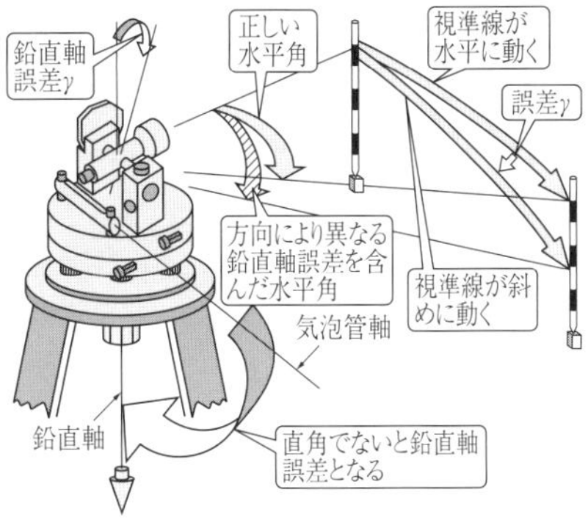

図 3・1　鉛直軸誤差

③ 視準軸誤差　　水平軸と視準軸が直交していないた
めに生じる誤差で，**正位・反位の観測値を平均することにより視準軸誤差は消去**される。

④ 外心軸誤差　　望遠鏡の回転軸と鉛直軸が一致していないためによる誤差で，**正位・反位の
観測値を平均することにより外心軸誤差は消去**される。

⑤ 鉛直目盛盤の指標誤差　　目盛板の 0 となる位置がずれているために生じる誤差で，**正位・
反位の観測値を平均することにより指標誤差は消去**される。

⑥ 目盛誤差　　セオドライトの全円目盛板の目盛が正しく刻まれていない場合に生じる誤差で，
目盛誤差の完全消去はできない。ただし**対回観測をすることで軽減できる。**対回観測の 0°，
90° から始める 2 対回，0°，60°，120° から始める 3 対回観測をするなど，全円目盛盤の広い
範囲を使うほど目盛誤差が小さくなる。

(2)　角観測上の留意点

角観測上の主な留意点は，表 3・2 のようである。

表 3・2　角観測上の留意点

項　　　目	留　　意　　点
望　遠　鏡	① 望遠鏡の焦点距離は，接眼鏡，対物鏡の順で行う。顔を動かしても像が動かなくなるまで調整する。 ② 視準距離が等しい地点に器械を据え付ける。また，対物鏡の合焦動作で視準線の変位を防止する。
締付ねじ	① 各微動ねじは，微動ねじを締め付ける方向で目標物に合わせる。ゆるむ方向ではバネがゆるみしっかり固定できない。 ② 作業終了後は微動範囲の中央で（目印あり）止めて，次の作業をしやすくする。また，移動で格納するときは，各締付ねじは軽く締め付けておく。
観　　　測	① 一日の観測時間は，水平角はかげろうの少ない朝夕に，鉛直角は空気の上下の温度が安定する正午前後がよい。

1・2　水準測量

> **学習のポイント**
>
> 水準測量の野帳計算，レベルの器械誤差とその消去法などを理解する。
>
> 水準測量 ─┬─ 直接水準測量
> 　　　　　└─ レベルの器械誤差と観測上の留意点

・・・・・・・・・・・・・・・・・・・・・・・・・・・・・・ 基礎知識をじっくり理解しよう ・・・・・・・・・・・・

1・2・1　直接水準測量

(1)　直接水準測量の方法

　直接水準測量は，図3・2に示すように，レベルの水平視準線を用いて，測点上に立てた標尺の読みの差から測点間の高低差を算出し，未知点の標高を求める方法である。標高は地盤高ともいう。観測は簡易水準測量を除き，往復観測とする。また，レベルと後視または前視の標尺との距離は等しくする。

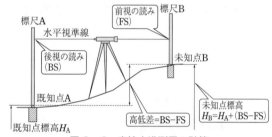

図3・2　直接水準測量の計算

(2)　野帳の計算

　観測野帳には基準点（BM）の設置などに用いられる昇降式野帳と，高精度を要求されないが，点数の多い場合用に，据付けの回数が少なくて済む器高式野帳がある。図3・3にその例を示す。

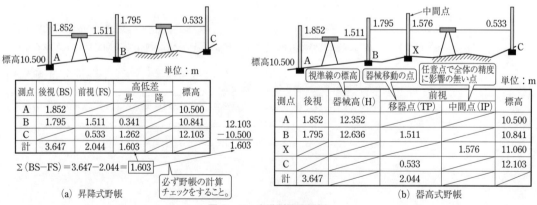

測点	後視(BS)	前視(FS)	高低差 昇	高低差 降	標高
A	1.852				10.500
B	1.795	1.511	0.341		10.841
C		0.533		1.262	12.103
計	3.647	2.044	1.603		

$\Sigma (BS-FS) = 3.647 - 2.044 = 1.603$

必ず野帳の計算チェックをすること。

12.103
－10.500
1.603

（a）昇降式野帳

測点	後視	器械高(H)	前視 移器点(TP)	前視 中間点(IP)	標高
A	1.852	12.352			10.500
B	1.795	12.636	1.511		10.841
X				1.576	11.060
C			0.533		12.103
計	3.647		2.044		

（b）器高式野帳

図3・3　水準測量野帳例

① **昇降式野帳**　　図3・5(a)において，**標高が既知の点A上に立てた標尺の読み（1.852）を後視（BS）欄に記入する。未知点B上の標尺の読み（1.511）を前視（FS）欄に記入する。**次にレベルを測点BC間に移動し，同様に読定して野帳に記入していく。

　各測定の読みより，後視－前視を計算し正なら昇の欄へ，負ならば降の欄へ記入する。既知A点の標高（10.500）にB点の昇（0.341）を加えて，B点の標高（10.841）を求める。同様に既知B点の標高（10.841）にC点の昇（1.262）を加えて，C点の標高（12.103）を求める。出発点Aと終点Cの標高差（12.103－10.500＝1.603），後視の合計－前視の合計（3.647－2.044＝1.603），昇の合計－降の合計（1.603－0.000＝1.603）が全て等しいことで検算する。

② **器高式野帳**　図3・5(b)において，AB間にレベルを据え付け，標高が既知の点A上に立てた標尺の読み（1.852）を後視欄に記入する。**未知点B上の標尺の読み（1.511）を前視欄の移器点欄に記入してBC間に器械を移動する。**標高が計算で既知となった点B上に立てた標尺の読み（1.795）を後視欄に記入する。次にC点の読み（0.533）を移器点に記入，最後に中間点であるX点の読み（1.567）を中間点欄に記入する。

　器械高は，視準線の標高のことで，既知点の標高に，立てた標尺の読みを加えて求める。測点Aを後視したときの器械高は，A点の標高＋A点の後視（10.500＋1.852＝12.352）となる。次にB点の標高は，今求めた器械高－B点の移器点（12.352－1.511＝10.841）で求まる。さらに，測点Bを後視したときの器械高は，B点の標高＋B点の後視（10.841＋1.795＝12.636）となる。この器械高－中間点Xの読み（12.636－1.576＝11.060）でX点の標高が求まる。C点の標高は同器械高－C点の移器点の読み（12.636－0.533＝12.103）で求まる。検算は，後視合計－移器点合計がAC間の標高の差と等しければよい。**中間点は検算できないので，**もともと高精度は要求されないが，間違いのないように作業する必要がある。**移器点も中間点も前視であり，後視－前視で高低差を求めることは昇降式と変わらない。**

(3)　測量図の例　（道路横断面図）

　横断面図は，各中心杭において，中心線に直角な断面を描いたもので，起点から終点方向を見た断面で表す。各横断面図に，次の事項を記入する。

　①測点番号（記号はSTA，またはNo.），②地盤高（G.H.），③計画高（F.H.またはP.H.），④切土面積（C.A.またはC），⑤盛土面積（B.A.またはB），⑥基準面（D.L.），⑦中心杭の位置

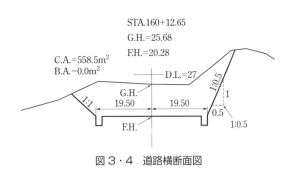

図3・4　道路横断面図

1・2・2　レベルの器械誤差と観測上の留意点

　表3・3にレベルの器械誤差の種類と消去法を示す。関連する図を参照して消去法と消去できない場合の区別をしておく。

　その他に，**標尺の目盛誤差があるが，完全消去は不可能**である。標尺検定を行い正しい物を使用する。**標尺の読定位置による誤差は，標尺の中程の目盛を利用する**ことが誤差を最小限に抑える方法である。かげろうが多く発生する場合には，視準間距離を短か目にする。**標尺やレベルは，沈下**

表3・3　レ　ベ　ル　の　誤　差

誤差名称	誤差の種類	誤　差　原　因	消　去　法	参照図番号
視準軸誤差	器械誤差	気泡管軸と視準軸が平行でないため，視準軸が水平ではなく，一定の角度で上向きまたは下向きに傾いている。望遠鏡と標尺間の距離に比例して誤差も大きくなる。	等視準距離観測で消去できる。	
球　差	自然誤差	地球の丸みによる誤差で，視準距離に比例して誤差が生じる。球差の補正値は＋として補正する。気差と球差合わせて両差という。	等視準距離観測で消去できる。	図3・5
気　差	自然誤差	地球の大気は標高が上がると薄くなる。光軸は大気濃度の濃い方に曲がる。気差の補正値は－として補正する。	等視準距離観測で消去できる。	図3・6
標尺の零点目盛誤差	器械誤差	標尺底面がすり減ると零点目盛誤差となる。2本の標尺を1組として，前視・後視に対して交互に立てることで，零点目盛誤差は消去される。往復観測では，さらに往路と復路との観測において標尺を交換し，測点数を偶数とする。	レベル据付け回数は偶数で観測する。	
標尺の傾斜誤差	器械誤差	標尺付属気泡管が調整不足で，標尺が傾斜しているため，常に長めに読み取ってしまう誤差である。標尺気泡管が不備ならば標尺を前後に動かし最小値を求める。	標尺を鉛直に立てることにより消去できる。	
鉛直軸誤差	器械誤差	鉛直軸誤差は，鉛直軸と視準軸が直交していないためで，特定方向のみに傾きがあるため，誤差の消去はできない。特定三脚にマークを付けておき，特定標尺方向に常に向けることで軽減することができる。	消去法なし，軽減はできる。気泡管軸の調整を完全に行う。	

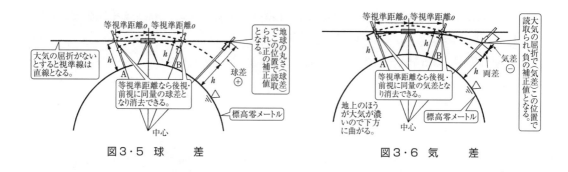

図3・5　球　差　　　　　　　　図3・6　気　差

しないように設置する。**標尺の温度補正**をしっかりする。温度測定は出発点，固定点，到着点で測定し平均する。**レベル標尺間は50 m 以下**とする。**整置や視差の調整**など，セオドライトと同様に行う。

1・3　トラバース測量

学習のポイント

　トラバース測量の観測結果をもとに，方位角，緯距・経距および閉合誤差・閉合比の計算を理解する。

---━━━━━━━━━━━━━━ 基礎知識をじっくり理解しよう ━━━━━━━━━━

1・3・1　トラバース測量

　トラバース測量は多角測量とも呼ばれ，既知点の位置情報に基づき，トータルステーション・セオドライト・GNSS 測量機などを用いて測点間の距離と角度を測定し，新点の平面的な位置を求める測量である。

　トラバース測量の路線形状には，閉合トラバースや結合トラバースなどがある。閉合トラバースは，図3・7のように，既知点から出発して元の既知点に戻る方式である。結合トラバースは，図3・6のように，既知点から出発して他の既知点に結合する方式である。

　△：既知点
　○：新点

図3・7　閉合トラバース　　　　　図3・8　結合トラバース

1・3・2　方位角の計算

　トラバース測量を行い，下表（次ページ）の観測結果を得た。このときの測線 BC・測線 CD・測線 DE・測線 EA の方位角は，次のように計算する。

測点	観	測	角
A	116°	55′	40″
B	100°	5′	32″
C	112°	34′	39″
D	108°	44′	23″
E	101°	39′	46″

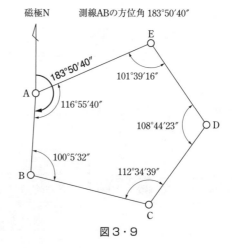

図3・9

測線 BC の方位角＝測線 AB の方位角＋測点 B の交角－180°

$$= 183° \ 50' \ 40'' + 100° \ 5' \ 32'' - 180° = 103° \ 56' \ 12''$$

測線 CD の方位角＝測線 BC の方位角＋測点 C の交角－180°

$$= 103° \ 56' \ 12'' + 112° \ 34' \ 39'' - 180° = 36° \ 30' \ 51''$$

測線 DE の方位角＝測線 CD の方位角＋測点 D の交角－180°

$$= 36° \ 30' \ 51'' + 108° \ 44' \ 23'' - 180° + 360° = 325° \ 15' \ 14''$$

測線 EA の方位角＝測線 DE の方位角＋測点 E の交角－180°

$$= 325° \ 15' \ 14'' + 101° \ 39' \ 46'' - 180° = 246° \ 55' \ 00''$$

測線 AB の方位角＝測線 EA の方位角＋測点 A の交角－180°

$$= 246° \ 55' \ 00'' + 116° \ 55' \ 40'' - 180° = 183° \ 50' \ 40''$$

1・3・3　緯距・経距，閉合誤差・閉合比の計算

(1)　緯距・経距の計算

　トラバース測量を行い，下表の観測結果を得た。このときの測線 AB・測線 BC・測線 CD・測線 DE・測線 EA の緯距・経距は，次のように計算する。

側線	距離 l (m)	方	位	角
AB	37.373	183°	50′	40″
BC	40.625	103°	56′	12″
CD	39.078	36°	30′	51″
DE	38.803	325°	15′	14″
EA	41.378	246°	55′	00″

測線 AB の緯距 $L = l \times \cos\alpha = 37.373 \times \cos(183° \ 50' \ 40'' - 180°) = -37.289 \ \mathrm{m}$

測線 AB の経距 $D = l \times \sin\alpha = 37.373 \times \sin(183° \ 50' \ 40'' - 180°) = -2.506 \ \mathrm{m}$

測線 BC の緯距 $L = l \times \cos\alpha = 40.625 \times \cos(180° - 103° \ 56' \ 12'') = -9.784 \ \mathrm{m}$

測線 BC の経距 $D = l \times \sin\alpha = 40.625 \times \sin(180° - 103°\ 56'\ 12") = +39.429$ m

測線 CD の緯距 $L = l \times \cos\alpha = 39.078 \times \cos(36°\ 30'\ 51") = +31.407$ m

測線 CD の経距 $D = l \times \sin\alpha = 39.078 \times \sin(36°\ 30'\ 51") = +23.252$ m

測線 DE の緯距 $L = l \times \cos\alpha = 38.803 \times \cos(360° - 325°\ 15'\ 14") = +31.884$ m

測線 DE の経距 $D = l \times \sin\alpha = 38.803 \times \sin(360° - 325°\ 15'\ 14") = -22.115$ m

測線 EA の緯距 $L = l \times \cos\alpha = 41.378 \times \cos(246°\ 55'\ 00" - 180°) = -16.223$ m

測線 EA の経距 $D = l \times \sin\alpha = 41.378 \times \sin(246°\ 55'\ 00" - 180°) = -38.065$ m

表3・4 方位角と方位の関係

方位角 α	方位の計算式 θ	緯距の符号	経距の符号
$\alpha\ (0° \sim 90°)$	$\theta = \alpha$	$(+)$	$(+)$
$\alpha\ (90° \sim 180°)$	$\theta = 180° - \alpha$	$(-)$	$(+)$
$\alpha\ (180° \sim 270°)$	$\theta = \alpha - 180°$	$(-)$	$(-)$
$\alpha\ (270° \sim 360°)$	$\theta = 360° - \alpha$	$(+)$	$(-)$

(2) 緯距・経距の計算

トラバース測量を行い，下表の観測結果を得た。このときの閉合誤差・閉合比は，次のように計算する。

側線	距離 l (m)	方位角			緯距 L (m)	経距 D (m)
AB	37.373	183°	50′	40″	-37.289	-2.506
BC	40.625	103°	56′	12″	-9.784	39.429
CD	39.078	36°	30′	51″	31.407	23.252
DE	38.803	325°	15′	14″	31.884	-22.115
EA	41.378	246°	55′	00″	-16.223	-38.065
計	197.257				-0.005	-0.005

閉合誤差 $E = \sqrt{E_L{}^2 + E_D{}^2} = \sqrt{(-0.005)^2 + (-0.005)^2} = 0.007$ m

閉合比 $R = \dfrac{E}{\Sigma l} = \dfrac{0.007}{197.257} = \dfrac{1}{28179} \fallingdotseq \dfrac{1}{28100}$

なお，閉合比の分母数値は，過大評価を避けるため，有効数字4桁目を切り捨て，3桁に丸めることが多い。

2節 設計図書

設計図書は，図面および仕様書から構成され，発注者の要求を表示したものである。試験では，公共工事標準請負契約約款に定められている規定，設計図書の読み方などが出題されている。

2・1 公共工事標準請負契約約款

頻出レベル
低■■■■■■■高

学習のポイント

契約に必要な法的拘束力がある設計図書の種類の概要を知り，約款の規定，公共工事入札の適正化などを理解する。

公共工事標準請負契約約款 ─┬─ 設計図書の分類
　　　　　　　　　　　　　　└─ 公共工事標準請負契約約款の規定

- ◀ 基礎知識をじっくり理解しよう ▶ - - - - - - - - - - - - -

2・1・1 設計図書の分類

公共工事標準請負契約約款は，法的に拘束力のある設計図書の一つであり，発注者と受注者（請負者）が対等の立場で契約を履行することを目標として**発注者**と**受注者**の権利と義務を定めたものである。

(1) 法的拘束力を有する書類（発注者が示す設計図書は，②，③，④，⑤である。）

① **契約書**　工期，請負代金，目的構造物の3つの事項が記載されている。

② **仕様書**　仕様書には，一般的な部分の仕上げの材質や形状寸法などを示した標準仕様書と，標準仕様書になじまない特定部の仕上げの使用を示した特記仕様書がある。**工事は，特記仕様書が優先する。**数量内訳書も仕様書に含む。

③ **図面**　図面は，一定の技術指針に基づいて図示されたもので，概略設計図も含む。施工図や原寸図などの，製作施工に関するものは設計図に含まない。

④ **現場説明書**　契約書や仕様書では表現できない現場の説明を書面にまとめたものである。

⑤ **現場説明に対する質問回答書**　現場説明書の詳細が不明確な部分を**受注者が発注者に対して行った質問に書面で回答したものである。**

(2) 法的拘束力を有しない書類

請負代金内訳書や実施工程表等はいずれも発注者に提出して承認を受けなければならないが，法的な拘束力は発生しない。法的に拘束力を受けない書類には，次のものがある。

(a) 請負代金内訳書　　(b) 実施工程表・工事打合せ書　　(c) 施工図・原寸図

(d) 施工計画書　　(e) 安全管理計画書・建設機械使用実績報告書　　(f) 実行予算書

2・1・2　公共工事標準請負契約約款の規定

(1)　施工管理の規定

① **監督員**　　発注者は監督員を置き，受注者への指示，立会い，検査などの監督員権限を受注者に通知する。受注者は，請求，通知，報告，承諾について，監督員を通じて書面にて実施する。

② **現場代理人と主任技術者等との兼務**　　受注者は，現場代理人，主任技術者，監理技術者などを置き，その氏名を発注者に通知する。現場代理人と主任技術者（監理技術者），専門技術者とは兼任することができる。主任技術者は工事の施工上の管理を行う。

③ **現場代理人の権限**　　現場代理人は，工事現場の運営，取締を行うほか，**請負代金の変更，請求および受領ならびに契約解除に係るものを除き**，この契約に関する受注者の一切の権限を行使することができる。

④ **現場代理人の常駐義務の緩和**　　現場代理人の工事現場における運営などに支障がなく，発注者との連絡体制が確保されている場合には，発注者の判断により現場代理人の常駐を要しないこととすることができる。

⑤ **施工方法などの決定**　　受注者は，仮設，施工方法など，工事目的物を完成するために必要な一切の手段について，契約書および設計図書に定めがある場合を除いて，自らの責任で実施することができる。

⑥ **受注者の報告**　　受注者は，設計図書の定めにより，契約の履行計画および履行状況を発注者に報告しなければならない。

⑦ **工事材料の品質**　　工事材料は設計図書に定める品質とするが，設計図書に定められていない場合，**工事材料はJIS等の定めている中等の品質とする**。受注者は，工事現場内に搬入した工事材料を監督員の承諾を受けないで工事現場外に搬出してはならない。

⑧ **材料検査**　　工事材料は現場で監督員の検査を受けて使用する。一度検査で合格になったものは現場外へ搬出してはならない。しかし，不合格品は早急に現場外に搬出する。工事の完成，設計図書の変更等によって，不要となった支給材料または貸与品は発注者に返還する。検査に直接要する費用は，受注者が負担する。

⑨ **破壊検査の費用負担**　　監督員の検査要求に従わないで施工した場合や監督員が必要と認めたときは，受注者の費用で，最小限破壊して検査をすることができる。

⑩ **不的確な施工**　　設計図書に対して，不的確な構造物について，監督員の改造請求があった場合，発注者は損害金を徴収して工期を延長できる。

⑪ **一括下請けの禁止**　　**受注者は，あらかじめ発注者の書面による承諾のない限り，請け負った工事を一括して下請けさせてはならない。**

⑫ **特許権**　　特許権は，発注者が指定した場合は発注者の責任において，受注者が自ら使用する場合は受注者の責任において使用する。**発注者，請負者共に知らずに第三者の特許を無断で使用したときは，発注者の責任となる。**

共通工学

設計図書

⑬　**設計図書の不適合**　　受注者は，工事の施工部分が設計図書に適合しない場合，監督員がその改造を請求したときは，その請求に従わなければならない。

(2)　契約変更の規定

①　**設計図書と現場の不一致**　　設計図書と現場が不一致の場合，設計図書の表示が明確でない場合，設計図書に誤謬または脱漏がある場合，**受注者は発注者，監督員に書面により通知**し，その確認の請求をする。発注者は受注者の立会の上調査し，必要なら発注者の費用負担で設計図書を変更する。

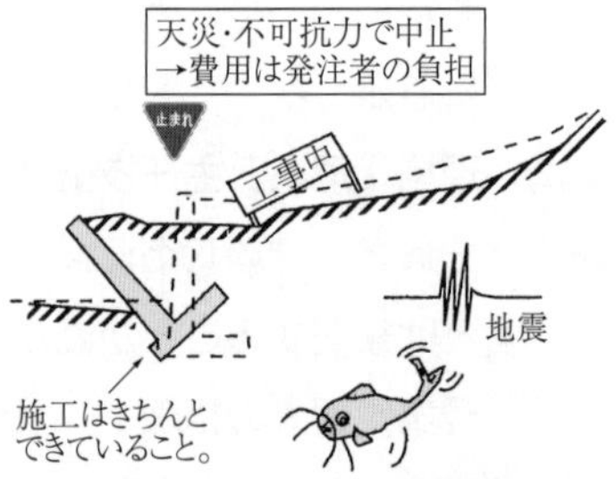

図3・10　工事中止の費用負担

②　**請負代金の変更**　　物価の変動に伴う請負代金の変更は，発注者と受注者とが協議して決定する。ただし，一定期間内に調整できないときには，発注者が決定して受注者に通知する。

③　**天災・不可抗力による損害**　　天災・不可抗力により工事を中止する場合には，その費用は発注者が負担する。天候不良や関連工事の調整など受注者の責に帰せない工事延長が生じた場合でも，受注者は工期の延長を発注者に無償で請求できる。

④　**発注者による工期短縮**　　発注者は，特別な理由で工期を短縮する必要があるときは，工期の短縮変更を受注者に請求することができる。

⑤　**工期の変更**　　工期の変更は発注者と受注者が協議して定める。ただし，協議が整わない場合は，発注者が定め，受注者に通知する。

⑥　**設計図書の変更**　　発注者は，必要があると認められるときは，設計図書の変更内容を受注者に通知して設計図書を変更することができる。

(3)　損害の規定

①　**臨機の措置**　　災害防止のため受注者が行う緊急を要する措置で，通常の管理に必要な経費の範囲を超える場合には，発注者の負担とする。

②　**一般的損害**　　一般的な損害が生じたときには，受注者が負担をする。ただし，支給材料の欠陥や指定工法に誤りなどがある場合等，発注者の責に期するときには，発注者の負担とする。

③　**通常避けることのできない損害**　　工事に伴う通常避けることが困難な騒音・振動，電波障害，地盤沈下，井戸水の涸渇などの損害は，発注者の負担とする。

④　**天災・不可抗力による損害負担**　　暴風・洪水・地震などによる工事目的物，仮設物，搬入材料，器具，後片づけなどの損害の合計額のうち，請負代金の1/100を超える部分の全てについて発注者が負担する。

⑤　**瑕疵（かし）担保**　　設計通り工事をしても，構造的に思わぬひび割れなどが発生する場合がある。こうした工事での欠陥を「瑕疵」という。**受注者は木造で1年，鉄筋コンクリートで2年間，「瑕疵」について補修する義務がある。**これを「瑕疵担保」という。「瑕疵」が故意による場合や請負人があらかじめ承知していた場合には，10年まで延長となる。

⑥　**設計図書に定められていない保険**　　受注者は工事材料などについて，設計図書に定められていない保険を付した場合は，遅滞なくその旨発注者に通知しなければならない。

(4) 請負代金の支払い規定

① **完成検査**　工事目標の完成検査は，受注者が工事完了を発注者に通知したとき，通知を受けた日から **14 日以内に行い**，結果を通知しなければならない。

② **請負代金の請求**　完成検査に合格後，受注者は請負代金を請求でき，**発注者は請求を受けてから 40 日以内に支払いをする。**

③ **部分使用**　発注者の都合で，工事目的物の全部または一部を完成前に使用することができる。発注者は使用に係る部分について，善良に管理する義務があり，使用により損害を及ぼしたときには，受注者に賠償しなければならない。

④ **前払金**　受注者は，保証事業会社と保証契約を締結して，発注者に請負い代金の前払いを請求できる。発注者は請求を受けた日から 14 日以内に前払金を支払う。ただし，前払金の使途制限があり，受領した前払金の使途は，工事を行うのに直接必要な経費に限定される。

(5) 公共工事の入札および契約の適正化の促進に関する法律

この法律は，国，特殊法人等および地方公共団体が行う公共工事の入札・契約の適正化を促進し，公共工事に対する国民の信頼の確保と建設業の健全な発達を図ることを目的とする。

① **適正化の基本事項**

公共工事の入札・契約の適正化は，次の事項を基本として図られなければならない。

(a) **入札・契約の過程，内容の透明性の確保**　　(b) **入札・契約参加者の公正な競争の促進**

(c) **不正行為の排除の徹底**　　　　　　　　　　　(d) **公共工事の適正な施工の確保**

② **すべての発注者に対する義務づけ措置**

(a) **毎年度の発注見通しの公表**　発注者は，毎年度，発注見通し（発注工事名，入札時期等）を公表しなければならない。

(b) **入札・契約に係る情報の公表**　発注者は，入札・契約の過程（入札参加者の資格，入札者・入札金額，落札者・落札金額等）および契約の内容（契約の相手方，契約金額等）を公表しなければならない。

(c) **不正行為等に対する措置**　発注者は，談合があると疑うに足りる事実を認めた場合には，公正取引委員会に通知しなければならない。発注者は，一括下請負等があると疑うに足りる事実を認めた場合には，建設業許可行政庁等に通知しなければならない。

(d) **施工体制の適正化**　**一括下請負（丸投げ）は全面的に禁止する。**受注者は，発注者に施工体制台帳を提出し，発注者は施工体制の状況を点検しなければならない。

2・2　設計図書の読み方

学習のポイント

　設計図に表記されている材料記号と寸法表示の仕方を理解する。特に，基礎の種類やコンクリートなどの形状表示記号が重要である。

```
設計図書の読み方 ─┬─ 設計図の記号
                 └─ 形状表示の記号
```

────────────◀ 基礎知識をじっくり理解しよう ▶────────────

2・2・1　設計図の記号

設計図に表記されている鋼材の種類と寸法表示を表3・5に示す。

表3・5　鋼材の種類と寸法表示

鋼材の種類		断 面 図	表 示 方 法	表 示 例	意 味
棒鋼	普通丸鋼		φA-L	25-φ22-2,300	長さ2,300 mm，直径22 mmの普通丸鋼25本
	異形棒鋼		DA-L	25-D22-2,300	長さ2,300 mm，直径22 mmの異形棒鋼25本
形鋼	等辺山形鋼		∟A×B×t-L	3-L90×90×10-2,000	短辺長辺がともに90 mm，厚さ10 mm，長さ2,000 mmの等辺山形鋼3本
	不等辺不等厚山形鋼		∟A×B×t₁×t₂-L	3-L90×120×10×16-2,000	短辺90 mm，厚さ10 mm，長辺120 mm，厚さ16 mm，長さ2,000 mmの不等辺不等厚山形鋼3本
	溝形鋼		⊏H×B×t₁×t₂-L	3-⊏200×80×7.5×11-3,000	長さ3,000 mm，高さ200 mm，幅80 mm，ウエブ厚7.5 mm，フランジ厚11 mmの溝形鋼3本
	H形鋼		HH×B×t₁×t₂-L	3-H500×200×10×16-3,000	長さ3,000 mm，高さ500 mm，幅200 mm，ウエブ厚10 mm，フランジ厚16 mmのH形鋼3本
	I形鋼		IH×B×t-L	3-I500×200×10-2,000	長さ2,000 mm，高さ500 mm，幅200 mm，ウエブ厚10 mmのI形鋼3本
	角鋼		□A-L	3-□50-2,000	長さ2,000 mm，一辺50 mmの角鋼3本
	平鋼		▭B×A-L / ℙ.B×A-L	3-▭500×20-2,000 / 3-ℙ.500×20-2,000	長さ2,000 mm，幅500 mm，厚さ20 mmの平鋼3本
鋼板	鋼板		ℙ.B×A-L	3-ℙ.500×20-2,000	長さ2,000 mm，幅500 mm，厚さ20 mmの鋼板3枚
鋼管	鋼管		φAt-L	φ600×9-8,000	長さ8,000 mm，外形600 mm，厚さ9 mmの鋼管

2・2・2　形状表示の記号

形状表示の記号には，材料記号，境界記号，盛土・切土記号，溶接記号などがある。

① **材料記号**　材料記号を図3・11に示す。

木　　　　鋼　　　玉石・割ぐり石　　　石　　　コンクリート

図3・11　材　料　記　号

② **境界の表示**　地盤などの境界の表示を図3・12に示す。

地盤　　　　　　岩盤　　　　　　水面

図3・12　境界の表示

③ **切土・盛土の記号**　切土・盛土の記号を図3・13に示す。

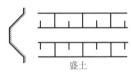

盛土　　　　　　切土

図3・13　切土・盛土の記号

④ **溶接の記号**　溶接記号の表現方法を図3・14に示す。溶接には，主としてすみ肉溶接と開先溶接がある。

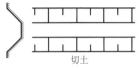

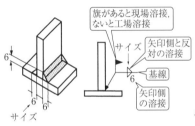 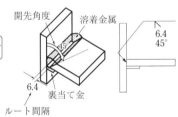 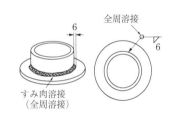

図3・14　溶　接　記　号

  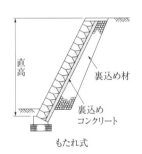 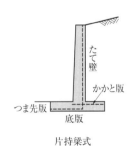

重力式　　　　控え壁式　　　　　もたれ式　　　　片持梁式

図3・15　コンクリート擁壁の種類（点線：引張側の主鉄筋）

⑤ **コンクリート擁壁の種類**　コンクリート擁壁の種類を図3・15に示す。

⑥ **道路橋の構造名称**　道路橋の構造名称を図3・16に示す。

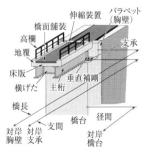

図3・16　道路橋単純ばりの構造

<table>
<tr><td rowspan="4">**3節　建設機械**</td><td>建設工事に使用される機械類の総称である。建設機械の原動機には，内燃機関（エンジン）と電動機（モータ）がある。試験では，建設機械の走行装置などが出題されている。建設機械の分類については，第5章2節に掲載している。</td></tr>
</table>

3・1　建設機械

頻出レベル
低■■■■■■高

学習のポイント

建設機械を動かしている内燃機関の特性と走行装置・ポンプの特徴を理解する。

・・・・・・・・・・・・・・・・・・・・・・・・・・・・ 基礎知識をじっくり理解しよう ・・・・・・・・・・・

3・1・1　内燃機関

(1)　ガソリン機関とディーゼル機関

　ガソリン機関とディーゼル機関の比較を表3・6に示す。ディーゼル機関**のほうが圧縮比が大きい分，強固に造られており高価である。**しかし，熱効率は高く経済的である。大型・中型の建設機械にディーゼル機関が，**小型の建設機械に**ガソリン機関**が用いられる。**ディーゼル機関は圧縮による自己着火であり，**ガソリンより揮発性が低い軽油を使用している**ため火災の危険性も低い。

表3・6　ディーゼル機関とガソリン機関の性能の比較

原動機の種類 項　目	ディーゼル機関	ガソリン機関
使　用　燃　料	軽　油	ガソリン
点　火　方　式	圧縮による自己着火	電気火花着火
圧　縮　比	1：15〜20	1：5〜10
熱　効　率	30〜40％	25〜30％
燃　料　消　費　率	220〜300 g/kW・h	270〜380 g/kW・h
馬力当たりの機関重量	大きい	小さい
馬力当たりの価格	高　い	安　い
運　転　経　費	安　い	高　い
火災に対する危険度	少ない	多　い
故　障	少ない	多　い

（2）　4サイクル機関と2サイクル機関の比較

　4サイクル機関と2サイクル機関の比較を表3・7に示す。4サイクル機関**は，熱効率が高く燃料消費量が低く**，シリンダーの寿命が長い。また，騒音も低く排気ガスの汚れも少なく，高速機関性能も高い。2サイクル機関と比較すると，同一出力を出すためには，大きなシリンダー容積が必要であり，重量が大きく，構造も複雑となる。

表3・7　4サイクル機関と2サイクル機関の比較

原動機の種類＼項目	4サイクル機関	2サイクル機関
熱　効　率	高　い	低　い
燃　料　消　費　量	少ない	多　い
同容積シリンダの出力	小さい	大きい
構　　造	複雑	簡単
シリンダの寿命	長　い	短　い
重量（出力当たり）	重　い	軽　い
騒　音	低　い	高　い
高速機関性能	高　い	低　い

3・1・2　走行装置・ポンプ

（1）　走行装置

　クローラ式とホイール式の比較を表3・8に示す。走行装置の**クローラ式（履帯式）は，軟弱地盤に適し，けん引力は大きい。しかし，ホイール式と比較すると，機動性は低く作業速度や作業距離は小さい。**

（2）　ポンプ

　工事用機械に用いられるポンプの種類は表3・9に示す通りである。

表3・8　クローラ式とホイール式の比較

走行装置＼項目	クローラ式	ホイール式
軟弱地盤での作業	適する	不適
不整地での作業	易	難
け　ん　引　力	大きい	小さい
登　坂　力	大きい	小さい
足まわりの保守	難	易
作　業　距　離	短距離	長距離
作　業　速　度	比較的低速	比較的高速
機　動　性	小	大

表3・9　ポンプの種類

分類	構造	種類	用途
ターボポンプ	ケーシング内で羽根車を回転させ，液体に圧力を与える。	遠心ポンプ　斜流ポンプ　軸流ポンプ	水中ポンプ（深井戸），上下水道用揚水ポンプ，工場用排水ポンプなど。
容積ポンプ	ピストン・プランジャーなどの往復運動や，ロータ，歯車の回転により液体に圧力を与える。	往復ポンプ　回転ポンプ	粘性のある油・塗料などの圧送用ポンプ，乳剤散布用ポンプ，コンクリートポンプなど。

第3章 章末問題

次の各問について，正しい場合は○印を，誤りの場合は×印をつけよ。（解答・解説は p.326）

□□【問1】 レベルと後視または前視標尺との距離は等しくする。(H27)

□□【問2】 水準測量において，固定点間の測点数は奇数とする。(H27)

□□【問3】 簡易水準測量を除き，往復観測とする。(H27)

□□【問4】 標尺は，2本1組とし，往路と復路との観測において標尺を交換する。(H27)

□□【問5】 測点 No.1 から測点 No.5 の水準測量を行い，下表の結果を得た。測点 No.5 の地盤高さは，8.0 m である。(H29後)

| 測点 | 距離 | 後視 | 前視 | 高低差 | | 地盤高さ |
No.	(m)	(m)	(m)	昇（＋）	降（－）	(m)
1	20	0.8				10.0
2	30	1.2	2.0			
3	20	1.6	1.7			
4	30	1.6	1.4			
5			1.6			

□□【問6】 受注者は，工事現場内に搬入した工事材料を監督員の承諾を受けないで工事現場外に搬出することができる。(H30前)

□□【問7】 設計図書とは，図面，仕様書，現場説明書および現場説明に対する質問回答書をいう。(H28)

□□【問8】 発注者は，工事の完成検査において，工事目的物を最小限度破壊して検査することができ，その検査または復旧に直接要する費用は発注者の負担とする。(H27)

□□【問9】 工事材料の品質については，設計図書に定めるところによるが，設計図書にその品質が明示されていない場合にあっては，中等の品質を有するものとする。(H26)

□□【問10】 現場代理人，主任技術者（監理技術者）および専門技術者は，これを兼ねることができる。(H27)

□□【問11】 受注者は，一般に工事の全部若しくはその主たる部分を一括して第三者に請け負わせることができる。(R1前)

□□【問12】 クラムシェルは，水中掘削など広い場所での浅い掘削に使用される。(H30後)

□□【問13】 ローディングショベルは，掘削力が強く，機械の位置よりも低い場所の掘削に適する。(H30前)

□□【問14】 スクレープドーザは掘削，運搬，敷均しを行う機械で，狭い場所で用いられる。(H29後)

□□【問15】 タイヤローラは，接地圧の調整や自重を加減することができ，路盤などの締固めに利用される。(H30後)

□□【問16】 トラクタショベルは，土の運搬積込みに使用される。(H30後)

□□【問17】 ダンプトラックの性能表示は，車両重量（t）である。(H29前)

□□【問18】 ロードローラの性能表示は，質量（t）である。(H29前)

□□【問19】 ブルドーザは，作業装置として土工板を取り付けた機械で，土砂の掘削・運搬（押土），積込みなどに用いられる。(R1前)

□□【問20】 スクレープドーザは，ブルドーザとスクレーパの両方の機能を備え，狭い場所や軟弱地盤での施工に使用される。(R1後)

第4章 土木法規

土木法規

令和4年度（後期）の出題状況

　出題数は11問あり，そのうちから6問を選択して解答しなければならない。各分野に配当されている出題数は例年と同様である。なお，下線部で示した箇所は，令和3年度（後期）の試験問題の内容と異なる出題事項である。

1．労働関係〔労働基準法・労働安全衛生法〕（3問）

　①労働時間・休憩時間・休日，②災害補償，③作業主任者の選任が出題された。②の問題は，労働基準法に規定されている使用者が過失について行政官庁へ届出た場合の障害補償などを問うものである。

2．国土交通省関係〔建設業法・道路関係法・河川法・建築基準法〕（4問）

　①専任の主任技術者，②車両の最高限度，③河川管理施設，④建築基準法に関する用語の定義が出題された。①の問題は，建設業法上，公共性のある施設に関する工事の専任の主任技術者の配置などを問うものであり，②の問題は，道路法令上，車両の長さの最高限度などを問うものであり，③の問題は，河川法上，河川に含まれない施設などを問うものである。

3．火薬・環境・港湾関係〔火薬類取締法・騒音振動規制法・港則法〕（4問）

　①火薬類の取扱い，②騒音規制法上の特定建設作業，③振動規制法上の特定建設作業，④船舶の航路及び航法が出題された。②の問題は，騒音規制法上，特定建設作業の対象とならない作業を問うものであり，③の問題は，振動規制法上，特定建設作業の対象となる建設機械を問うものであり，④の問題は，港則法上，特定港を通過するときの汽艇等以外の船舶の航法などを問うものである。

1節　労働基準法

労働者が人たるに値する生活を営むために必要な最低限の労働条件の基準を定めたものである。試験では，労働契約，労働・休憩時間，女性・年少者の就業制限，寄宿舎などが出題されている。

1・1　労働契約

頻出レベル

低 ■□□□□□ 高

学習のポイント

使用者と労働者のそれぞれの立場について，労働条件と解雇に関する基礎的な事項を理解する。

```
労働契約 ┬ 労働条件
         └ 解　雇
```

◆━━━━━━━━━━━━━━━━━ 基礎知識をじっくり理解しよう ━━━━━━━━◆

1・1・1　労働条件

(1)　労働条件の原則

労働基準法第1条では，「労働条件は，労働者が人たるに値する生活を営むための必要を充たすべきものでなければならない。そして，この法律で定める労働条件の基準は最低のものであるから，使用者は労働条件を低下してはならないことはもとより，その向上を図るように努めなければならない。」と規定されている。労働条件の原則の基本的事項は，次のとおりである。

① **均等待遇**　使用者は，労働者の国籍，信条または社会的身分を理由とし，賃金，労働時間等の労働条件について，差別的取扱いをしてはならない。

② **男女同一賃金の原則**　使用者は，労働者が女性であることを理由に，賃金について，男性と差別的取扱いをしてはならない。

③ **強制労働の禁止**　使用者は，**暴行，脅迫，監禁，その他精神または身体の自由を不当に拘束する手段**によって，労働者の意思に反して労働を強制してはならない。

④ **中間搾取の排除**　何人も，法律に基づいて許される場合の外，業として他人の就業に介入して利益を得てはならない。

⑤ **公民権行使の保障**　使用者は，労働者が労働時間中に，選挙権，その他公民としての権利を行使し，または公の職務を執行するために必要な時間を請求した場合は，拒んではならない。ただし，権利の行使または公の職務の執行に妨げがない限り，請求された時刻を変更することができる。

(2)　労働条件の明示と解除

法第15条では，「使用者は，労働契約の締結に際し，**労働者に対して賃金，労働時間，その他の**

労働条件を明示しなければならない。」と規定している。ただし，使用者が，書面の交付で明示すべき事項は，次のとおりである。なお，明示された労働条件が事実と相違する場合，労働者は即時に労働契約を解除することができる。

① 労働契約の期間に関する事項　　　　② 就業場所および従事すべき業務に関する事項

③ **始業および終業の時刻，休憩時間，休日，休暇**ならびに労働者を2組以上に分けて就業させる場合における就業時転換に関する事項

④ **賃金の決定，計算および支払方法，賃金の締切および支払い時期ならびに昇給に関する事項**

⑤ 退職に関する事項（昇給に関する事項を除く）

1・1・2　解　　雇

(1)　解雇の予告

法第20条では，「使用者は労働者を解雇しようとする場合，少なくとも **30日前に予告**しなければならない。また，使用者が30日前に解雇の予告を労働者にしない場合，**30日分以上の平均賃金（予告手当）を支払わなければならない**。」と規定されている。ただし，労働者の責に帰すべき事由に基づき解雇する場合等で，労働基準監督署長の認定を受ければ，予告手当の支払いの必要はない。また，次の労働者にも支払いの必要はない。

① 日々雇い入れられる者（1か月を超えない場合）　② 2か月以内の短期契約で使用される者

③ 4か月以内の季節的業務に使用される者

④ 試用期間中に使用される者（14日を超えない場合）

(2)　解雇制限

法第19条では，「使用者は労働者が業務上負傷し，または疾病にかかり療養のために休業する期間および，その後30日間ならびに産前産後の女性が法の規定によって休業する期間および，その後30日間は解雇してはならない。」と規定されている。ただし，次の場合などは，この限りでない。

① 天災事変，その他やむを得ない事由のために事業の継続が不可能になった場合，または労働者の事情に基づいて解雇する場合

② **療養開始後3年経過し打ち切り補償を支払う場合**

1・2 賃金・労働時間

学習のポイント

賃金の支払方法や労働時間・休憩時間等に関する労働条件を理解する。

賃金・労働時間 ── 賃　金
　　　　　　　　└── 労働時間・休憩時間・時間外の労働

◀ 基礎知識をじっくり理解しよう ▶

1・2・1 賃　金

(1) 賃金の支払

賃金は，賃金，給料，手当，賞与，その他名称の如何を問わず，**労働の対償として使用者が労働者に支払うすべてのもの**である。法第24条では，次に示す賃金の支払5原則が規定されている。

① **通貨で支払う。** ② **労働者に直接支払う。** ③ **全額を支払う。**

④ **毎月1回以上支払う。** ⑤ **一定の期日を定めて支払う。**

ただし，賃金の支払いについて労働者の同意を得た場合は，労働者が指定する銀行，その他の金融機関に賃金を振り込むことができる。

平均賃金とは，これを算定すべき事柄の発生した日以前3ヶ月間にその労働者に対して支払われた賃金の総額を，その期間の総日数で除した金額をいう。ただし，臨時に支払われた賃金，3か月を超えるごとに支払われる賃金は除く。

(2) 休業手当

使用者の責任による休業の場合，使用者は，休業期間中労働者に，その平均賃金の60%以上の手当を支払わなければならない。

(3) 賠償予定および前借金相殺の禁止

使用者は，労働契約の不履行について違約金を定め，または損害賠償額を予定する契約をしてはならない。また，使用者は，**前借金，その他労働することを条件とする前貸しの債権と賃金を相殺してはならない。**

(4) 非常時払い

使用者は，労働者が出産，疾病，災害，結婚，死亡，1週間以上の帰郷等の非常の場合の費用にするための賃金を請求した場合は，支払期日前であっても，既往の労働に対する賃金を支払わなければならない。

1・2・2　労働時間・休憩時間・時間外の労働

(1)　労働時間・休憩時間

　労働時間は，原則として休憩時間を除き，**1日について8時間，1週間について40時間**と規定されている。労働時間が6時間を超える場合は，少なくとも**45分**，8時間を超える場合は，少なくとも1時間の休憩時間を労働時間の途中に一斉に与えなければならない。また，使用者は，原則として休憩時間を一斉に与え，休憩時間を自由に利用させなければならない。ただし，労働者の過半数を代表する者との書面による協定があるときは，この限りではない。坑内労働においては，労働者が坑口に入った時刻から坑口を出た時刻までの時間を，休憩時間を含め労働時間とみなす。

(2)　休　　　日

　使用者は，労働者に対して，毎週少なくとも1回の休日を与えなければならない。ただし，**4週間の間に4日以上**の休日を与える使用者については適用しない。

(3)　時間外および休日の労働

　使用者は，労働者の過半数を代表する者との書面による協定をし，これを行政官庁に届出た場合は，労働時間，休日に関する規定に係わらず，その協定で定めるところによって労働時間を延長し，または休日に労働させることができる。延長して労働させることができる時間は，1ヶ月につき45時間未満，1年につき360時間未満でなければならない。ただし，健康上特に有害な業務の時間外労働は，1日について2時間までと規定されている。また，有害な業務は，次のとおり定められている。

① 著しく暑熱な場所または著しく寒冷な場所における業務
② ラジウム放射線，エックス線等，有害放射線にさらされる業務
③ 土石等のじんあいまたは粉末が著しく飛散する場所における業務
④ 異常気圧下における業務
⑤ さく岩機・びょう打ち機等の使用によって身体に著しく振動を与える業務
⑥ 重量物の取扱い等重激なる業務
⑦ 強烈な騒音を発する場所における業務
⑧ 有害物の粉じん，蒸気またはガスの発散する場所における業務

　使用者は，時間外または休日に労働させた場合においては，通常の労働時間または労働日の賃金の計算額の2割5分以上5割以下の範囲で割増賃金を支払わなければならない。

　使用者は，災害その他避けることのできない事由によって，臨時の必要がある場合においては，**必要限度の労働時間を延長させることができる。**

(4)　年次有給休暇

　年次有給休暇は，雇入れの日から起算して**6か月間継続勤務し，全労働日の8割以上出勤した労働者に対して**，10日の有給休暇を与えなければならない。

1・3 就業制限・労働環境

学習のポイント

　年少者および女性の労働者に対する就業制限の内容などを理解する。また，就業規則および寄宿舎規則を作成するのに必要な記載事項や手続き方法などを理解する。

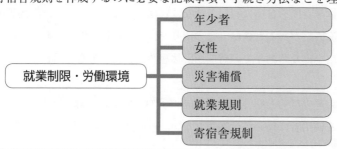

- 基礎知識をじっくり理解しよう - - - - - - - - - -

1・3・1 年 少 者

(1) 年 少 者

　法第56条では，「使用者は，児童が満15歳に達した日以後の最初の3月31日が終了するまで，使用してはならない。」と規定されている。**満18歳に満たない者を**年少者といい，年少者には健全育成の観点から，深夜業や危険業務などについて制限が定められている。使用者は，満18歳に満たさない者について，その年齢を証明する戸籍証明書を事業場に備え付けなければならない。

　満18歳に満たない者が解雇の日から14日以内に帰郷する場合は，使用者は，必要な旅費を負担しなければならない。

(2) 未成年者の労働契約

① **親権者または後見人は，未成年者に代わって労働契約を締結してはならない。**

② 親権者もしくは後見人または行政官庁は，労働契約が未成年に不利であると認める場合には，その契約を解除することができる。

③ 未成年者は，独立して賃金を請求することができ，親権者または後見人は，未成年者の賃金を代わって受け取ってはならない。

(3) 年少者の就業制限の業務の範囲

① 労働時間，時間外および休日労働，特例による休憩等の規定は，満18歳に満たない者に適用されない。

② 満18歳に満たない者の深夜業（午後10時から午前5時までの労働）は禁止されているが，**交替制によって満16歳以上の男性を労働させることができる。**

③ **満18歳に満たない者を坑内で労働させてはならない。**

④ 満18歳に満たない者に，運転中の機械の危険な部分の掃除，注油，検査もしくは修繕をさ

せてはならない。

⑤　年少者または女性には，表4・1に示す重量以上の重量物を取り扱う業務に就かせてはならない。

⑥　年少者は，1週間のうち，1日の労働時間が4時間以内に短縮する場合は，他の日に10時間まで延長することができる。

⑦　毒劇物薬の取扱い，じんあいや粉末を飛散する場所での就業は禁止である。

表4・1　年少者重量物取扱い業務

年　齢	性別	重量（単位　キログラム）	
		断続作業の場合	継続作業の場合
満16歳未満	女	12以上	8以上
	男	15以上	10以上
満16歳以上 満18歳未満	女	25以上	15以上
	男	30以上	20以上
満18歳以上	女	30以上	20以上

⑧　年少者の危険作業の就業制限は，表4・2に示すとおりである。

表4・2　年少者の就業制限業務（抜粋）

就　業　禁　止　の　業　務
1.　クレーン・デリックまたは揚貨装置の運転の業務
2.　積載能力2t以上の人荷共用または荷物用のエレベータおよび高さ15m以上のコンクリート用エレベータの運転の業務
3.　動力による軌条運輸機関，乗合自動車，積載能力2t以上の貨物自動車の運転業務
4.　巻上機，運搬機，索道の運転業務
5.　クレーン・デリックまたは揚貨装置の玉掛けの業務（補助作業は除く）
6.　動力による土木建築用機械の運転業務
7.　軌道内であって，ずい道内，見透し距離400m以下，車両の通行頻繁の各場所における単独業務
8.　土砂崩壊のおそれのある場所，または深さ5m以上の地穴における業務
9.　高さ5m以上で墜落のおそれのある場所の業務
10.　足場の組立，解体，変更の業務（地上または床上の補助作業は除く）
11.　火薬，爆薬，火工品を取り扱う業務で，爆発のおそれのあるもの
12.　土石等のじんあいまたは粉末が著しく飛散する場所での業務
13.　異常気圧下における業務
14.　さく岩機，びょう打ち機等の使用によって身体に著しい振動を受ける業務
15.　強烈な騒音を発する場所の業務
16.　軌道車両の入替え，連結，解放の業務
17.　胸高直径35cm以上の立木の伐採の業務

1・3・2　女　　性

妊産婦や満18歳以上の女性などには，母体の保護の観点から就業場所や業務などについて，制限が定められている。

①　妊娠中の女性および坑内で行われる業務に従事しない旨を使用者に申し出た産後1年を経過しない女性を，坑内で行われるすべての業務に就かせてはならない。

②　満18歳以上の女性を坑内で行われる人力による掘削の業務に就かせてはならない。

③　妊産婦（妊娠中の女性および産後1年を経過しない女性）等の就業制限は，表4・3に示すとおりである。

④　使用者は，6週間以内に出産する予定の女性，産後8週間を経過しない女性を就業させてはならない。

表4・3　妊産婦等の就業制限の業務の範囲

女 性 労 働 基 準 規 則（抜すい）	就業制限の内容		
	妊娠中	産後1年以内	その他の女性
1.　重量物取扱い業務に掲げる重量以上の重量物を取り扱う業務	×	×	×
2.　鉛，水銀，クロム，砒素，黄りん，弗素，塩素，シアン化水素，アニリンその他これに準ずる有害物のガス，蒸気または粉じんを発散する場所における業務	×	×	×
3.　さく岩機，びょう打ち機等身体に著しい振動を与える機械器具を用いて行う業務	×	×	○
4.　ボイラーの取扱い，溶接の業務	×	△	○
5.　つり上げ荷重が5t以上のクレーン，デリックの業務	×	△	○
6.　運転中の原動機，動力伝導装置の掃除，給油，検査，修理の業務	×	△	○
7.　クレーン，デリックの玉掛けの業務（2人以上の者によって行う玉掛けの業務における補助作業の業務を除く。）	×	△	○
8.　動力により駆動される土木建築用機械または船舶荷扱用機械の運転の業務	×	△	○
9.　足場の組立，解体または変更の業務（地上または床上における補助作業の業務を除く。）	×	△	○
10.　胸高直径が35cm以上の立木の伐採の業務	×	△	○
11.　著しく暑熱，寒冷な場所における業務	×	△	○
12.　異常気圧下における業務	×	△	○
13.　土砂が崩壊するおそれのある場所または深さが5m以上の地穴における業務	×	○	○
14.　高さが5m以上の場所で，墜落により労働者が危害を受けるおそれのあるところにおける業務	×	○	○

×…妊産婦またはその他の女性に就かせてはならない業務
△…産後1年を経過しない女性が従事しない旨の申し出があった場合は従事させてはならない業務
○…妊娠中以外で満18歳以上の女性に就かせてもさしつかえない業務

1・3・3　災害補償

　労働者が業務上の事由により，負傷，疾病，死亡した場合には，使用者は補償しなければならない。業務上の負傷，疾病又は死亡の認定等に関して異議のある者は，行政官庁に対して審査又は事件の仲裁を申し立てることができる。補償の種類には，次のようなものがある。

①　**療養補償**　　労働者が業務上負傷し，または疾病にかかった場合には，使用者は，その費用で必要な療養を行い，またはその費用を負担しなければならない。

②　**休業補償**　　労働者が療養のため，労働することができないために賃金を受けない場合には，使用者は，**労働者の療養中平均賃金の60%の休業補償**を行わなければならない。

③　**障害補償**　　労働者が業務上負傷し，または疾病にかかり，治った場合にその身体に障害が存するときは，使用者は，その障害の程度に応じて，平均賃金に別に定める日数を乗じた金額を補償しなければならない。

④　**休業補償および障害補償の例外**　　労働者が重大な過失によって業務上負傷し，または疾病にかかり，使用者がその過失について行政官庁の認定を受けた場合には，休業補償または障害補償を行わなくてもよい。

⑤　**遺族補償**　　労働者が業務上死亡した場合には，使用者は，遺族に対して，平均賃金の

1,000 日分の遺族補償を行わなければならない。

⑥　**葬祭料**　　労働者が業務上死亡した場合においては，使用者は，葬祭を行う者に対して，平均賃金の 60 日分の葬祭料を支払わなければならない。

⑦　**打切補償**　　療養補償を受ける労働者が，**療養開始後 3 年経過しても直らない場合には**，使用者は，平均賃金の 1,200 日分の打切補償を行い，その後は補償を行わなくてもよい。

⑧　**補償を受ける権利**　　補償を受ける権利は，労働者の退職によって変更されることはない。

1・3・4　就業規則

(1)　作成および届出の義務

常時 10 人以上の労働者を使用する使用者は，次の事項について就業規則を作成し，**労働基準監督署長に届け出なければならない**。また変更した場合にも，同様に届け出なければならない。

①　始業および終業の時刻，休憩時間，休日，休暇ならびに労働者を 2 組以上に分けて交替に就業させる場合には就業時転換に関する事項

②　賃金（臨時の賃金等を除く。）の決定，計算および支払の方法，賃金の締切および支払の時期ならびに昇給に関する事項

③　退職に関する事項（解雇の事由を含む。）

(2)　作成の手続

使用者は，就業規則の作成または変更について，当該事業場に労働者の過半数で組織する労働組合がある場合にはその労働組合，労働者の過半数で，組織する労働組合がない場合には労働者の過半数を代表する者の意見を聴かなければならない。

1・3・5　寄宿舎規則

(1)　寄宿舎生活の秩序

事業所の附属寄宿舎に労働者を寄宿させる使用者は，次の事項について寄宿舎規則を作成し，労働基準監督署長に届け出なければならない。また変更した場合にも，同様に届け出なければならない。寄宿舎の規格・施設を図 4・1 に示す。

①　起床，就寝，外出および外泊に関する事項　　　②　行事に関する事項

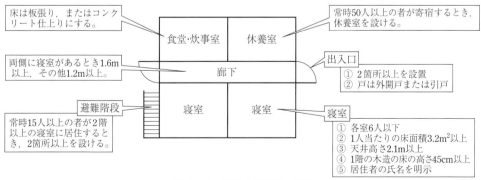

図 4・1　寄宿舎の規格・施設

③　食事に関する事項　　　　　　　　④　安全および衛生に関する事項

⑤　建設物および設備の管理に関する事項

　ただし，使用者は，寄宿舎規則の作成または変更には，**寄宿舎に寄宿する労働者の過半数を代表する者**の同意を得なければならない。

(2)　法令等の周知義務

　使用者は，寄宿舎に関する規定および寄宿舎規則を，**寄宿舎の見やすい場所に掲示し，または備え付け，寄宿舎に寄宿する労働者に周知**させなければならない。

(3)　警報および消火設備

　使用者は，火災，その他非常の場合に，非常ベル，サイレン等の警報設備や消火器，その他の消火設備を設けなければならない。

(4)　避難等の訓練

　使用者は，火災，その他非常の場合に備えるため，寄宿舎に寄宿する者に対し，**寄宿舎の使用を開始した後遅滞なく1回，およびその後6か月以内ごとに1回**，避難および消火訓練を行わなければならない。

2節　労働安全衛生法

労働災害の防止のための危害防止基準，責任体制，自主的活動の促進の措置を定めたものである。試験では，主に安全衛生管理体制に関する規定が出題されている。

2・1　安全衛生管理体制

頻出レベル
低 ■■■■■■ 高

> 学習のポイント
>
> 安全衛生管理組織と各管理者の業務，作業主任者を選任すべき作業，届出が必要な工事の種類，車両建設機械に係わる危険防止対策を理解する。
>
> 安全衛生管理体制 ─┬─ 安全衛生管理体制
> 　　　　　　　　　├─ 届出の必要な工事
> 　　　　　　　　　└─ 車両系建設機械に係わる危険防止対策

- 基礎知識をじっくり理解しよう - - - - - - - - - - - - -

2・1・1　安全衛生管理体制

(1)　安全衛生管理組織

　労働安全衛生法では，責任体制を明確するために，安全衛生管理組織の設置が義務づけられている。ここでは，単一企業の同一事業場で常時 100 人以上の労働者を雇用している場合と，複数企業で元請・下請の労働者数が 50 人以上（ずい道，一定の橋梁，圧気工事では 30 人以上）の場合の 2 つの事業所（現場）の安全衛生管理組織を取り上げる。なお，図 4・2(a)に示す各管理者は，選任すべき事由が発生した日から，**14 日以内に選出し，遅滞なく労働基準監督署長に報告しなければ**ならない。

①　**総括安全衛生管理者**　事業者は図の 4・2(a)の事業所において選任し，この者に，安全管理者，衛生管理者または，救護に関する技術的事項を管理する産業医等を指揮させる。

②　**安全管理者**　事業者は，法令で定める有資格者のうちから専属できる者を安全管理者として選任し，安全に関する技術的事項を管理させる。また，安全管理者は巡視を行い，危険防止の措置を講じる権限が与えられる。

③　**衛生管理者**　事業者は，法令で定める有資格者のうちから専属できる者を衛生管理者として選任し，衛生に関する技術的事項を管理させる。また，衛生管理者は週 1 回巡視を行い，有害な状態の防止の措置を講じる権限が与えられる。

④　**産業医**　事業者は，法令で定める有資格者のうちから産業医を選任し，月 1 回作業場を巡視し，労働者の健康管理をさせる。

土木法規

労働安全衛生法

⑤　**安全委員会・衛生委員会**　　2つの委員会を設け，月1回以上委員会を開催する。安全委員会は，労働災害の原因および再発防止を検討する。衛生委員会は，労働者の健康増進について検討し，記録は3か年保存する。また，両委員会を1つの会議として行ってもよい。

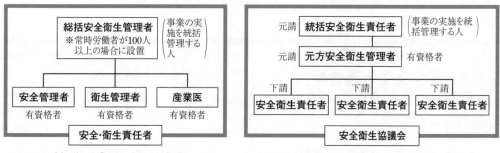

(a)　単一企業の100人以上の組織　　　　　　　　　　(b)　元請・下請が混在する50人以上の組織

図4・2

(2)　作業主任者の選任・資格

事業者は，労働災害を防止するための管理を必要とする一定の作業について，都道府県労働局長の免許を受けた者または技能講習を修了した者のうちから，当該作業区分に応じて作業主任者を選任しなければならない。

表4・4　作業主任者一覧表

1	高圧室内作業主任者（免許）	圧気工法で行われる高圧室内作業
2	ガス溶接作業主任者（免許）	アセチレン溶接装置またはガス集合溶接装置を用いて行う金属の溶接，溶断または加熱の作業
3	コンクリート破砕器作業主任者（講習）	コンクリート破砕器を用いて行う破砕の作業
4	地山の掘削作業主任者（講習）	掘削面の高さが2m以上となる掘削（ずい道およびたて坑以外の坑の掘削を除く）の作業
5	土止め支保工作業主任者（講習）	土止め支保工の切ばりまたは腹起しの取付けまたは取外しの作業
6	ずい道等の掘削等作業主任者（講習）	ずい道等の掘削の作業またはこれに伴うずり積み，ずい道支保工の組立て，ロックボルトの取付けもしくはコンクリート等の吹付けの作業
7	ずい道等の覆工作業主任者（講習）	ずい道等の覆工の作業
8	型枠支保工組立て等作業主任者（講習）	型枠支保工（支柱，はり，つなぎ，筋かい等の部材により構成され，建設物におけるスラブ，けた等のコンクリートの打設に用いる型枠を支持する仮設の設備をいう）の組立て，解体または変更の作業
9	足場の組立て等作業主任者（講習）	つり足場，張出し足場または高さが5m以上の構造の足場の組立て，解体または変更の作業
10	鋼橋架設等作業主任者（講習）	橋梁の上部構造であって，金属製の部材により構成されるもの（その高さが5m以上であるものまたは当該上部構造のうち橋梁の支間が30m以上である部分に限る）の架設，解体または変更の作業
11	コンクリート造の工作物の解体等作業主任者（講習）	コンクリート造りの工作物（その高さが5m以上であるものに限る）の解体または破壊の作業
12	コンクリート橋架設等作業主任者（講習）	橋梁の上部構造であって，コンクリート造りのもの（その高さが5m以上であるものまたは当該上部構造のうち橋梁の支間が30m以上である部分に限る）の架設または変更の作業
13	酸素欠乏危険作業主任者（講習）	酸素欠乏危険場所における作業

（免許）：免許を受けた者　　（講習）：技能講習の修了者

特に，表 4・4 の 4，5，8 の作業主任者の職務は，下記のとおりである。

① **作業の方法を決定し，作業を直接指揮すること。**

② 材料の欠点の有無ならびに器具および工具を点検し，不良品を取り除くこと。

③ 安全帯および保護帽の使用状況を監視すること。

(3)　安全衛生教育

事業者が，労働者に対して行わなければならない安全衛生教育は，以下のとおりである。

① 労働者を雇い入れたとき。

② 危険または有害な業務で法令に定めるものに労働者をつかせるとき。

③ 労働者の作業内容を変更したとき。

(4)　特別教育を必要とする業務

事業者が，労働者に対して行わなければならない特別教育の業務は，以下のとおりである。

① アーク溶接機を用いて行う金属の溶接，溶断等の業務

② 高圧（直流にあっては 750 ボルトを，交流にあっては 600 ボルトを超え，7000 ボルト以下である電圧をいう）もしくは特別高圧（7000 ボルトを超える電圧をいう）の充電電路もしくは当該充電電路の支持物の敷設，点検，修理もしくは操作の業務

③ 最大荷重 1 トン未満のフォークリフトの運転の業務

④ 最大荷重 1 トン未満のショベルローダーまたはフォークローダーの運転の業務

⑤ 最大積載量が 1 トン未満の不整地運搬車の運転の業務

⑥ 作業床の高さが 10 メートル未満の高所作業車の運転の業務

⑦ つり上げ荷重が 5 トン未満のクレーンの運転の業務

⑧ つり上げ荷重が 1 トン未満の移動式クレーンの運転の業務

⑨ 建設用リフトの運転の業務

⑩ つり上げ荷重が 1 トン未満のクレーン，移動式クレーンまたはデリックの玉掛けの業務

⑪ ゴンドラの操作の業務

⑫ 高圧室内作業に係る業務

⑬ ボーリングマシンの運転の業務

2・1・2　届出の必要な工事

事業者は，下記の建設工事を実施しようとする場合，工事着工 14 日前までに労働基準監督署長に届け出なければならない。

① 高さ 31 m を超える建築物または工作物（橋梁を除く）の建設，改造，解体または破壊（以下「建設等」という）の仕事

② **最大支間 50 m 以上の橋梁の建設等の仕事**

③ 最大支間 30 m 以上 50 m 未満の橋梁の上部構造の建設等の仕事

④ ずい道等の建設等の仕事（ずい道等の内部に労働者が立ち入らないものを除く）

⑤ 掘削の高さまたは深さが 10 m 以上である地山の掘削の作業（掘削機械を用いる作業で，

掘削面の下方に労働者が立ち入らないものを除く）を行う仕事

⑥　圧気工法による作業を行う仕事

2・1・3　車両系建設機械に係わる危険防止対策

①　機械には，前照灯を備える。ただし，必要な照度が保持されている場所においては，この限りでない。また，岩石の落下等により，労働者に危険が生じるおそれのある場所で機械を使用するときは，**堅固なヘッドガードを備える。**

②　機械の転倒・転落による労働者の危険を防止するため，路肩の崩壊，地盤の不同沈下を防止する。また，必要な幅員を保持し，誘導員を配置する。

③　運転中の機械に接触することにより，危険が生ずるおそれのある箇所には，労働者を立ち入らせてはならない。ただし，誘導者に誘導させるときは，この限りでない。

④　誘導者を置くときは，一定の合図を定め，誘導者に当該合図を行わせる。

⑤　**運転者が運転位置から離れるときは，バケット，ジッパー等を地上におろした後，原動機を止め，走行ブレーキをかけるなど逸走防止措置をとる。**

⑥　**機械の移送の際，積卸しは，平たんで堅固な場所で行う。** 道板を使用するときは，十分な長さ・幅および強度を有し，適当な勾配で取り付ける。また，盛土・架設台等を使用するときも同様に行う。

⑦　乗車席以外の箇所に労働者を乗せてはならない。

⑧　機械を，パワーショベルによる荷の吊上げ，クラムシェルによる労働者の昇降等，当該機械の主たる用途以外の用途に使用してはならない。ただし，作業の性質上やむを得ないときは，危険を十分に防止するための措置（具体的な措置が示されている）を講じる。

⑨　機械（最高速度が毎時10 km以下のものを除く）を用いて作業を行うときは，あらかじめ，当該作業に係る場所の地形・地質の状態等に応じた機械の適正な制限速度を定めて作業を行う。

⑩　機械の転落，地形の崩壊等を防止するため，あらかじめ作業場所について，地形・地質の状態を調査，記録しておく。また，機械の運転経路および作業方法は，調査により知り得たところに適応した作業計画を定めて作業を行う。

⑪　**機械は1年以内ごとに1回，定期に，法で定めた事項について自主検査を行う。** ただし，使用期間が1年未満のものは，この限りでない。

⑫　明り掘削作業を行う場合において，掘削機械，積込機械および運搬機械の使用によるガス導管，地中電線路，その他地下にある工作物の損壊により労働者に危険を及ぼすおそれのあるときは，これらの機械を使用してはならない。

⑬　明り掘削作業を行う場合において，運搬機械等が，労働者の作業場所に後進して接近するとき，または転落するおそれのあるときは，**誘導者を配置し，その者にこれらの機械を誘導させなければならない。**

⑭　移動式クレーン，ショベルローダー等を一般道で走行させる運転には，自動車運転免許証が必要である。

3節　建設業法

建設工事の適正な施工を確保して発注者を保護するとともに，建設業の健全な発展を促進して公共の福祉の増進に寄与することを目的として定めたものである。試験では，主に主任技術者・監理技術者に関する規定が出題されている。

3・1　建設業法

頻出レベル
低■■■■■■高

学習のポイント

建設業の許可者，一般建設業および特定建設業の許可基準，主任技術者・監理技術者の配置を必要とする工事などを理解する。

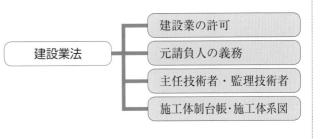

建設業法
- 建設業の許可
- 元請負人の義務
- 主任技術者・監理技術者
- 施工体制台帳・施工体系図

■-----------■ 基礎知識をじっくり理解しよう ■-----------■

3・1・1　建設業の許可

(1)　建設業の許可者

建設業とは，元請，下請その他いかなる名義をもってするかを問わず，建設工事の完成を請け負う営業をいう。

建設業の許可者は，表4・5に示すように，建設業者の営業所の置き方によって国土交通大臣と都道府県知事に区分されている。

表4・5　建設業の許可

建設業の許可者	許可を受ける業者の内容
国土交通大臣	2つ以上の都道府県に営業所を設置して営業する業者の場合
都道府県知事	1つの都道府県に営業所を設置して営業する業者の場合

ただし，次のような軽微な建設工事のみを請け負って営業する場合は，許可を必要としない。

① 工事1件の請負代金が1500万円未満の建築一式工事

② 延べ面積が150 m² 未満の木造住宅工事

③ **工事1件の請負代金が500万円未満の建築一式工事以外の建設工事**

(2)　建設業の許可の種類

建設業の許可は，表4・6に示すように，工事の受注・施工体制の違いによって区分されている。

なお，許可を受けた建設業者は，その店舗および建設工事の現場ごとに，公衆の見やすい場所に，国土交通省令で定められた事項を記載した標識を掲げなければならない。記載事項には，① 特定

表4・6　建設業の許可

許可の種類	許 可 の 内 容
一般建設業の許可	下請業者，または発注者から直接建設工事を請け負い，4000万円（建築一式工事は6000万円）未満を下請契約して工事を施工しようとする業者が受ける許可
特定建設業の許可	発注者から直接建設工事を請け負い，4000万円（建築一式工事は6000万円）以上を下請契約して工事を施工しようとする業者が受ける許可

建設業または建設業の別，② 許可年月日，許可番号および許可を受けた建設業，③ 商号または名称，④ 代表者の氏名，⑤ 主任技術者または監理技術者の氏名等がある。

(3)　建設業の種類

建設業の種類には，土木工事業，建築工事業，大工工事業，左官工事業，とび・土工事業など29業種がある。このうち，次の7業種を指定建設業という。

① 　土木工事業　　　② 　建築工事業　　　③ 　電気工事業　　　④ 　管工事業　　　⑤ 　鋼構造物工事業　　　⑥ 　舗装工事業　　　⑦ 　造園工事業

建設業の許可は，**一般建設業の許可または特定建設業の許可を問わず，29の建設業の業種ごとに受ける必要がある**。また，許可の有効期限は5年であり，5年ごとにその更新を受けなければならない。その際，許可の更新を受けようとする者は，有効期限満了の日の30日前までに許可申請書を提出しなければならない。

(4)　建設業の許可基準

建設業の許可を受けようとする者は，① 経営業務の管理責任者の設置，② 営業所ごとに置く専任の技術者の設置，③ 誠実性，④ 財産的基礎，の4つの許可基準を満たしていなければならない。建設工事を請け負った建設業者は，原則としてその工事を一括して他人に請け負わせてはならない。

(5)　建設工事の見積り・請負契約

建設業者は，請負契約を締結する場合，工種ごとの材料量・労務量等の内訳や工事の工程ごとの作業およびその準備に必要な日数を明らかにし，見積りを行うよう努めなければならない。建設工事の請負契約が成立した場合は，必ず書面をもって請負契約書を作成する。

3・1・2　元請負人の義務

建設業法では，建設工事の下請負人の経済的地位を確立し，下請負人の体質を改善するため，元請負人に対して一定の義務が課されている。

(1)　下請負人の意見の聴取

元請負人は，その請け負った建設工事を施工するために必要な工程の細目，作業方法を定めようとするときは，あらかじめ，下請負人の意見を聞かなければならない。

(2)　下請代金の支払

元請負人が請負代金の支払を注文者から受けたときは，その支払対象となった建設工事を施工した下請負人に対して，その施工部分に相当する下請代金を，**支払を受けた日から1カ月以内**のできるだけ短い期間に支払わなければならない。

(3) 前 払 金

　元請負人が前払金の支払を注文者から受けたときは，下請負人に対して，資材の購入，労働者の募集，その他建設工事の着手に必要な費用を前払金として支払うよう配慮しなければならない。

(4) 特定建設業者の下請代金の支払

　特定建設業者が注文者となった下請契約において，完成物件の引渡し申し出があったときは，その日から **50 日以内の日を下請代金の支払期日とする。**

(5) 検査および引渡し

　元請負人が下請負人から完成通知を受けたときは，**通知を受けた日から 20 日以内**のできるだけ短い期間に，完成検査を完了しなければならない。また，**完成検査後，下請負人が申し出たときは直ちに，建設工事の目的物の引渡しを受けなければならない。**

(6) 下請負人に対する特定建設業者の指導等

　特定建設業者は，下請負人が法令に違反しないように指導し，これに応じない下請負人がいるときは，建設業を許可した国土交通大臣または都道府県知事に，その旨を通報しなければならない。

3・1・3 主任技術者・監理技術者

　建設業法では，建設業者が施工技術の確保に努めるため，建設工事の現場において，主任技術者・監理技術者の設置が義務付けられている。

(1) 主任技術者・監理技術者の設置

① 　建設業者は，建設工事の技術上の管理をつかさどる者として，表4・7(a)に示すような一定の実務の経験を有する主任技術者を設置しなければならない。この規定は，元請，下請にかかわらず適用される。

② 　発注者から直接建設工事を請け負った特定建設業者は，当該建設工事に係わる**下請契約の請負代金の額の総額が 4000 万円（建築一式工事は 6000 万円）以上となる場合**，表4・7(b)，(c)に示すような一定の指導的な実務の経験を有する監理技術者を設置しなければならない。

表4・7　現場に設置する技術者の区分

技術者の区分	資　　　　格
(a) 主任技術者	① 許可を受けようとする建設業の工事に関する指定学科を修め，大学または高専を卒業し3年以上，高校については卒業後5年以上の実務経験を有する者 ② 許可を受けようとする建設業の工事に10年以上の実務経験を有する者 ③ 国家試験等に合格した者で国土交通大臣が①または②と同等以上の能力があると認定したもの
(b) 指定建設業以外の監理技術者	① 国家試験等で国土交通大臣が定めたものに合格した者または免許を受けた者 ② 主任技術者となれる資格を有する者（上記，①，②および③に該当する者）で，4500万円以上の発注者から直接請け負った工事に関し，2年以上直接指導監督した実務経験を有する者 ③ 国土交通大臣が①または②と同等以上の能力があると認定したもの
(c) 指定建設業の監理技術者	① 一級土木施工管理技士，一級建設機械施工技士等 ② 技術士のうち国土交通大臣の定めた部門に合格した者 ③ 国土交通大臣が①〜②と同等以上の能力があると認定したもの

③　監理技術者は，発注者の求めに応じ，監理技術者資格者証と監理技術者講習修了証を提示しなければならない。また，監理技術者資格者証の有効期間は5年であり，5年ごとにその更新を受けなければならない。

④　**現場代理人は，一般的な公共工事では主任技術者・監理技術者を兼ねることができる。**

(2)　公共性のある工作物または多数の者が利用する施設に関する重要な建設工事に係わる技術者

①　建設業者は，**政令で定められているもの（国，地方公共団体が発注する工事および学校，ホテル，マンション，事務所等の民間発注の建設工事を含む）で，元請，下請にかかわらず工事1件の請負代金の額が3500万円（建築一式工事は7000万円）以上となる場合**，工事現場ごとに専任の主任技術者または監理技術者を置かなければならない。

②　公共工事の監理技術者は，監理技術者資格者証を交付され，かつ，監理技術者講習を修了した者から選任しなければならない。

(3)　主任技術者および監理技術者の職務

主任技術者および監理技術者の職務は，施工計画の作成，工程管理，品質管理，その他の技術上の管理，工事の施工に従事する者の技術上の指導監督である。

3・1・4　施工体制台帳・施工体系図

①　発注者から直接工事を請け負った建設業者は，公共工事においては下請契約の金額にかかわらず，民間工事において，下請負契約の総額が4000万円（建築一式工事は6000万円）以上のものについては，施工体制台帳の作成を行わなければならない。

②　施工体制台帳は，当該工事の施工に当たる全ての下請負人の名称，下請負人に係る建設工事の内容および工期などを記載したもので，現場ごとに備え置くとともに，発注者にその写しを提出しなければならない。

③　元請である特定建設業者は，各下請負人の施工分担関係で表示した施工体系図を作成し，これを工事現場の見やすい場所に掲げなければならない。

4節 道路関係法

道路関係法は，道路法および道路交通法から成り立ち，道路占有の許可，車両制限令等に関する規定を定めたものである。試験では，主に車両制限令による車両幅等の制限数値等が出題されている。

4・1 道路関係法

頻出レベル
低 ■■■■■■ 高

学習のポイント

道路管理者の区分，道路占用の許可，工事実施の方法，車両制限令，道路使用の許可などを理解する。

━━━━━━━━━━━━━━━━━━━━ 基礎知識をじっくり理解しよう ━━━━━━━━━━━

4・1・1 道 路 法

(1) 道路の定義

道路とは一般交通用の道で，高速自動車国道，一般国道，都道府県道および市町村道の4種類を指し，トンネル・橋・渡船施設・道路用エレベータ等，道路と一体となった施設または工作物および道路の付属物をいう。

道路の付属物とは，道路の構造の保全，安全かつ円滑な道路の交通の確保，その他道路の管理に必要な施設（道路情報管理施設）または工作物（道路上の柵，道路標識など）をいう。ただし，信号機は道路の付属物には含まれず，道路交通法に基づき，都道府県公安委員会が設置する。

道路の構造に関する技術的基準は，道路構造令で定められている。

(2) 道路管理者

規制数量以上の重量の運搬，道路の工事，道路の占用などを実施する場合は，あらかじめ道路の管理者の許可を必要とし，道路管理者は次のように区分されている。道路管理者は，道路台帳を作成して保管しなければならない。

① 指定区間内の国道は，国土交通大臣が道路管理者である。

② 指定区間外の国道は，都道府県知事または指定市の市長が道路管理者である。

③ 都道府県道は，都道府県知事または指定市の市長が道路管理者である。

④ 市町村道は，市町村長が道路管理者である。

(3) 道路占有の許可

① **道路占用の許可**　道路の地上または地下に一定の工作物，物件または施設を設け，継続し

土木法規

道路関係法

て道路を使用しようとすることを道路の占用という。道路を占用するときは，道路管理者の許可を受けなければならない。占用物件には次に掲げるものがある。ただし，道路の付属物は道路占用の許可を必要としない。

(a)　電柱，電線，変圧塔，郵便差出箱，公衆電話所，広告塔等

(b)　水管，下水道管，ガス管等　　　(c)　鉄道，軌道等　　　(d)　歩廊，雪よけ等

(e)　地下街，地下室，通路，浄化槽等　　　(f)　露店，商品置場等

(g)　道路の構造または交通に支障を及ぼすおそれのある看板，標識，工事用板囲・足場等の工事用施設，土石等工事用材料などの工作物，物件または施設

(h)　津波からの一時的な避難場所としての機能を有する施設

② **道路占用の申請**　　道路占用の許可を受けようとする者は，以下の事項を記載した申請書を道路管理者に提出しなければならない。

(a)　道路占用の目的，期間，場所　　　(b)　工作物，物件または施設の構造

(c)　工事実施の方法　　　　　　　(d)　工事の時期　　　(e)　道路の復旧方法

　なお，道路を占用する場合は，道路管理者による道路占用許可のほかに，道路交通法の規定に基づき，所轄警察署長の許可を受けなければならない。

③ **工事実施の方法**　　道路の占用の許可を得て道路に工作物等の設置のための工事等を行う場合は，次の事項を遵守しなければならない。

(a)　占用物件の保持に支障を及ぼさないために必要な措置を講ずること。

(b)　道路を掘削する場合は，溝掘り，つぼ掘りまたは推進工法等の方法によるものとし，えぐり掘りは行わないこと。

(c)　路面の排水を妨げないようにすること。

(d)　原則として，道路の一方の側は，常に通行することができるようにすること。

(e)　工事現場には，さくまたは覆いの設置，夜間における赤色灯または黄色灯の点灯，その他道路の交通の危険防止のために必要な措置を講ずること。

(f)　道路に水道管，下水道管またはガス管を埋設する場合（道路を横断して埋設する場合は除く）は，歩道の地下に埋設すること。

(g)　水道管またはガス管の本線を埋設する場合は，その頂部の路面との距離は 1.2 m（工事実施上やむを得ない場合は 0.6 m）を超えていること。

(h)　下水道管の本線を埋設する場合は，その頂部と路面との距離は，当該下水道管を設ける道路の舗装厚さに 0.3 m を加えた値（当該値が 1 m に満たない場合は 1 m 以下としない）。

(4)　車両通行の許可

　車両制限令で定める最高制限値を超える車両は，道路を通行させてはならない。ただし，道路管理者は車両の構造または積載物が特殊であるためやむを得ない場合は，通行経路，通行時間等について道路の構造を保全し，または交通の危険を防止するため，必要な条件を付けて，通行を許可することができる。重量，幅，長さ等の最高限度を超える車両を通行させる場合，2 以上の道路管理者の道路を通行するときは，いずれか 1 つの道路管理者の許可を受ければよい（すべての道路が市

町村道であるときは除く)。

(5)　車両制限令

　車両制限令は，道路の構造を保全し，交通の危険を防止するため，道路との関係において必要とされる車両についての制限である。

　車両の幅，重量，高さ，長さ等の制限は，次に掲げるとおりである。

① 幅は2.5m以下

② 高速自動車国道または道路管理者が指定した道路を通行する車両の重量は25t以下，その他の道路を通行する車両の重量は20t以下

③ 軸重は10t以下

④ 輪荷重は5t以下

⑤ 道路管理者が指定した道路を通行する車両の高さは4.1m以下，その他の道路を通行する車両の高さは3.8m以下

⑥ 長さは12m以下

⑦ 最小回転半径は車両の最外側のわだちについて12m以下

図4・3　一般道路を通行する車両の車両制限

　また，カタピラを有する自動車が舗装道を通行できるのは，下記の場合のみである。

① カタピラの構造が路面を損傷するおそれのないものである場合

② 道路の除雪のために使用される場合

③ カタピラが路面を損傷しないように，道路に必要な措置がとられている場合

4・1・2　道路交通法

(1)　公安委員会の交通規制

　都道府県公安委員会は，信号機または道路標識を設置し，および管理して，交通の規制をすることができる。

(2)　乗車または積載の制限等

① 車両（軽車両を除く）の運転者は，政令で定められた乗車人員を超えて乗車させる場合，または，積載重量を超えて積載して車両を運転する場合は，出発地の警察署長の許可が必要である。

② 乗車人員（運転者を含む）および積載物の重量は，自動車検査証，保安基準適合標章，軽自動車届出済証等に記載された乗車定員および最大積載重量を超えてはならない。

③ 積載物の長さ，幅または高さは，次に掲げる長さ，幅，高さを超えてはならない。

　(a) 長さは，自動車の長さにその長さの10分の1の長さを加えたもの

　(b) 幅は，自動車の幅

　(c) 高さは，3.8mからその自動車の積載する場所の高さを減じたもの

④　車両の運転手が乗車人員，積載重量，積載物の長さ，幅または高さなどの制限を超えて運転
しようとするときには，出発地の警察署長の許可の交付が必要である。運転中は当該許可証を
携帯しなければならない。

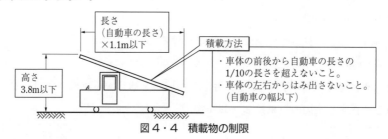

図4・4　積載物の制限

(3)　自動車のけん引制限

①　自動車の運転者は，けん引装置を有する車両以外の車両でけん引してはならない。

②　小型特殊自動車および大型自動二輪車，普通自動二輪車については1台，その他の自動車で
は2台までけん引することができる。

③　けん引する自動車の先端から，けん引される自動車の後端までの長さは25 m以下とする。

(4)　道路使用の許可

次のいずれかに該当する者は，所轄警察署の許可を受けなければならない。同一の公安委員の管
理に属する2以上の警察署長の管轄にわたるときは，そのいずれかの所轄警察署長の許可でよい。

①　道路において工事もしくは作業をしようとする者。または，工事もしくは作業の請負人。

②　道路に石碑，銅像，広告版，アーチ，その他これらに類する工作物を設けようとする者。

5節 河 川 法

洪水・高潮等による災害の防止，河川の適正な利用，流水の正常な機能維持，河川環境の整備と保全を，総合的に管理することを目的として定めたものである。試験では，主に河川の区分，河川管理者の許可に関する規定が出題されている。

5・1 河 川 法

頻出レベル
低 ■■■■■■ 高

学習のポイント

河川の区分と河川管理者の関係，河川区域と河川保全区域の違い，河川区域内における土地の占用の許可，土石等の採取の許可などを理解する。

‥‥‥‥‥‥‥‥‥‥‥‥‥‥‥‥‥‥‥‥‥‥‥‥‥ 基礎知識をじっくり理解しよう ‥‥‥‥‥‥‥‥‥‥

土木法規

河川法

5・1・1 河川の区分と河川管理施設

(1) 一 級 河 川

一級河川は，国土保全上または国民経済上，特に重要な河川で国土交通大臣が指定したものをいい，管理は国土交通大臣が行う。ただし，国土交通大臣が指定する区間は，都道府県知事または政令指定都市の長に管理を委託することができる。

(2) 二級河川・準用河川

二級河川は，一級河川以外の水系で，公共の利害に重要な関係がある河川で都道府県知事が指定したものをいい，管理は都道府県知事が行う。ただし，河川が2つ以上の都府県にまたがる場合は，協議して1つの都府県知事が管理することができる。なお，政令指定都市の長に管理を委託できる。

準用河川は，一級河川，二級河川以外の河川で市町村長が指定したものをいい，管理は市町村長が行う。また，河川法の一部が準用される。

(3) 河川管理施設

河川管理施設は，河川管理者が公共の利益のため，河川工事に設置された施設で，堤防，護岸，ダム，堰，水門などをいう。

5・1・2 河川区域

(1) 河 川 区 域

河川区域は，次に掲げる区域から構成される。

①　河川の流水が継続して存在する土地および地形，草木の生茂の状況より流水が継続して存在する土地に類する状況を呈している土地（1号地）

②　河川管理施設の敷地である土地の区域（2号地）

③　堤外の土地の区域のうち，①の区域と一体として管理を行うものとして河川管理者が指定した区域（3号地）

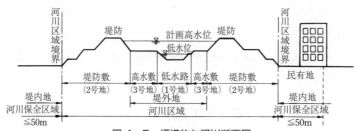

図4・5　標準的な河川断面図

(2)　河川保全区域

　河川保全区域は，河岸または堤防等の河川管理施設を保全するため，河川管理上，支障を及ぼすおそれのある行為を規制するために指定された区域をいう。**河川保全区域の指定は，河川区域の境界から50 m 以内**とされている。河川保全区域内における規制は次のとおりである。

①　河川管理者の許可を必要とする行為

　(a)　土地の掘削，盛土または切土，その他土地の形状を変更する行為

　(b)　工作物の新築または改築（コンクリート造，石造，レンガ造等の堅固なもの，および貯水池，水槽，井戸，水路等，水が浸透するおそれのあるもの）

②　河川管理者の許可を必要としない行為

　(a)　**耕うん**

　(b)　**地表から高さ3 m 以内の盛土（20 m 以上堤防に沿う盛土を除く）**

　(c)　**地表から深さ1 m 以内の掘削または切土**

　(d)　①に掲げる以外の工作物の新築または改築

　(e)　河川管理者が保全上の影響が少ないと認めて指定した行為

　　　ただし，(b)から(e)までの行為で，**河川管理施設の敷地から5 m 以内の土地におけるものは河川管理者の許可を必要とする。**

5・1・3　河川管理者の許可

(1)　流水の占用の許可

　河川の流水を占用しようとする者は，国土交通省令の定めるところにより，河川管理者の許可を受けなければならない。流水の占用とは，河川の流水を排他独占的に継続して使用することをいう。

(2)　土地の占用の許可

　河川区域内の土地（民有地は除く）を占用しようとする者は，河川管理者の許可を受けなければならない。また，**上空に電線を架線する場合，あるいは地下にサイホン等を埋設する場合でも許可が必要である。**

（3） 土石等の採取の許可

河川区域内の土地（民有地は除く）において土石（砂を含む）を採取しようとする者は，河川管理者の許可を受けなければならない。河川区域内の土地において土石以外の河川の産出物（竹木・あし・かや・埋もれ木・笹など）を採取しようとする者も同様である。また，河川工事に必要な土砂を他の河川から採取する場合，または掘削によって発生した土砂を他の工事に使用する場合も許可が必要である。

（4） 工作物の新築等の許可

河川区域内の土地において工作物を新築し，改築し，または除却しようとする者は，河川管理者の許可を受けなければならない。河川の河口付近の海面において河川の流水を貯留し，または停滞させるための工作物を新築し，改築し，または除却しようとする者も同様である。さらに，地表面だけでなく，上空や地下に設ける電線やサイホン等の工作物も許可を受けなければならない。

河川区域内の民有地においても，許可が必要である。また，必ずしも河川区域内に設ける必要のない現場事務所，資材倉庫，作業員の駐車場などは，河川工事であっても許可を受ける必要がある。また，架設道路，架設桟橋等の工作物を設ける場合も同様である。特例として，河川工事をするための資機材運搬施設，河川区域内に設けざるを得ない足場，板がこい，標識等の工作物は，河川工事と一体をなすものとして，許可は不要である。

（5） 土地の掘削等の許可

河川区域内の土地において土地の掘削，盛土，切土，その他土地の形状を変更する行為，または竹木の栽植，伐採をしようとする者は，河川管理者の許可を受けなければならない。ただし，政令で定める軽易な行為（耕耘など）については，この限りでない。また，河川区域内の土地において取水口または排水口の付近に積もった土砂等を排除するときは，許可は不要である。

土木法規

河川法

6節　建築基準法

建築物の敷地，構造，設備および用途に関する最低の基準を定めたものである。試験では，主に用語の定義，仮設建築物の制限緩和が出題されている。

6・1　建築基準法

学習のポイント

建築基準法に関わる用語の定義，単体規定，集団規定，仮設建築物に対する制限緩和の措置などを理解する。

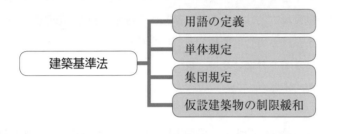

・・・・・・・・・・・・・・・・・・・・・・・・・・・・▶ 基礎知識をじっくり理解しよう ◀・・・・・・・・・・・・・

6・1・1　用語の定義

(1) 建築物

建築物は，土地に定着する工作物のうち，屋根および柱もしくは壁を有するもの，**これに附属する門もしくは塀，観覧のための工作物または地下もしくは高架の工作物内に設ける事務所，店舗，興行場，倉庫，その他これらに類する施設**（鉄道および軌道の線路敷地内の運転保安に関する施設，プラットホームの上家，貯蔵槽，その他これらに類する施設を除く）をいい，建築設備も含む。

(2) 特殊建築物

特殊建築物は，**学校，体育館，病院，劇場，観覧場，展示場，百貨店，市場，公衆浴場，旅館，共同住宅，寄宿舎，工場，倉庫，自動車車庫，危険物の貯蔵場，汚物処理場等の建築物**をいう。

(3) 建築設備

建築設備は，建築物に設ける電気，ガス，給水，排水，換気，暖房，冷房，消火，排煙もしくは汚物処理の設備または煙突，昇降機もしくは避雷針をいう。

(4) 居　　室

居室は，居住，執務，作業，集会，娯楽，その他これらに類する目的のために継続的に使用する部室をいう。

(5)　主要構造部

　主要構造部は，壁，柱，床，梁，屋根または階段をいう。ただし，建築物の構造上重要でない間仕切壁，間柱，最下階の床，ひさし，その他これらに類する建築物の部分を除く。

(6)　特定行政庁

　特定行政庁は，原則として，建築主事を置く市町村の区域については当該市町村の長をいい，その他の市町村の区域については都道府県知事をいう。

(7)　建　　　築

　建築物を新築し，増築し，改築し，又は移転することをいう。

(8)　建　築　主

　建築物に関する工事の請負契約の注文者，又は請負契約によらないで自らその工事をする者をいう。

6・1・2　単体規定

　単体規定は，全国の建築物に適用され，建築物および敷地の安全性，防火および避難，衛生等に関する基準を定めたものである。

(1)　敷地の衛生および安全

　①　建築物の敷地は，隣接する道路より高くしなければならない。ただし，排水等の対策がとられている場合には，建築物の敷地は，隣接する道路より低くてもよい。

　②　「湿潤な土地」，「出水の可能性の高い土地」，「ゴミ等で埋め立てられた土地」に建築物を建築する場合は，地盤改良等の衛生上，安全上の必要な対策をとらなければならない。

　③　建築物の敷地には，雨水や汚水を排水・処理するための下水管やますを設置しなければならない。

　④　がけ崩れ等による被害のおそれのある場合には，擁壁等の設置をして，安全対策をとらなければならない。

(2)　構　造　耐　力

　建築物は，自重，積載荷重，積雪，風圧，土圧，水圧，地震等の振動・衝撃に対して安全な構造としなければならない。特に，大規模建築物の設計図書の作成にあたっては，構造計算によって，その構造が安全であることを確認しなければならない。

(3)　大規模建築物の主要構造

　大規模建築物（延べ面積 3,000 m² 以上の建築物もしくは，高さが 13 m または軒高の高さが 9 m を超える建築物）の主要構造は木造としてはならない。

(4)　居室の採光および換気

　住宅，学校，病院，寄宿舎等の居室には，採光および換気のための一定面積の窓を設置しなければならない。

(5)　地階における住宅等の居室

　住宅の居室，学校の教室，病院の病室または寄宿舎の寝室で地階に設けるものは，壁や床の防湿

対策等について衛生上必要な技術基準に適合するものとしなければならない。

(6)　電 気 設 備

建築物の電気設備は，法令等に定める安全・防火に関する工法によって設けなければならない。

(7)　避 雷 設 備

高さ 20 m を超える建築物には，有効に避雷設備を設けなければならない。ただし，周囲の状況によって安全上支障のない場合は，この限りでない。

6・1・3　集 団 規 定

集団規定は，都市計画法に定める都市計画区域内および準都市計画区域内の建築物または建築物の敷地に適用され，市街地における建築のルールを定めたものである。

(1)　敷地と道路の関係

建築物の敷地は，**道路に 2 m 以上接しなければならない。**この場合，道路とは**幅員 4 m 以上**の道路をいう。

(2)　道路内の建築制限

建築物または敷地を造成するための擁壁は，道路内または道路に突き出して建築し，築造してはならない。

表４・８　用途別地域の一覧

地域	番号	用途地域	内　容　（④以降は建築してはならない建築物を示す）
住居系地域	①	第一種低層住居専用地域	低層とは高さの低い 1〜2 階の建築物で，住宅の良好な環境を守るため低層住宅以外には，小規模店舗や事務所兼住宅，小中高までの学校は建てられ，専門学校や大学，マンションなどは建てられない地域。
	②	第二種低層住居専用地域	第一種より規制がゆるやかで，①の他，150 m^2 以内に一定の店舗および飲食店が建築可能。
	③	第一種中高層住居専用地域	中層は 3〜5 階の建築物，高層は 5〜6 階以上でエレベータが必要な建築物で，良好な環境を守るため，①，②の地域で建てられる建築物の他，共同住宅，大学等，病院，500 m^2 以内の一定の店舗および飲食店，300 m^2 以内の車庫（2 階以下）。
	④	第二種中高層住居専用地域	⑤〜⑩の地域で不可の建築物の他，ボーリング場，ホテル，パチンコ屋，カラオケボックス，劇場などは不可の地域。
	⑤	第一種住居地域	住居の環境を守るため，⑥〜⑩の地域で不可の建築物の他，パチンコ屋，カラオケボックス，劇場などは不可の地域。ただし，50 m^2 以下の工場は建築可能である。
	⑥	第二種住居地域	⑤以外に，少量の危険物の貯蔵所も建築可能な地域。
	⑦	準住居地域	住居が中心であるが，沿道上の商店街や自動車関連施設（50 m^2 以下の整備工場は可）などと調和のとれた住居の環境を守るため，⑧〜⑩の地域で不可の建築物の他，劇場や映画館で客席の面積 200 m^2 以上のものやキャバレー，料理店などは不可。
商業系地域	⑧	近隣商業地域	住宅地に隣接し，駅周辺の商店街などの商業施設で，⑨〜⑩の地域で不可の建築物の他，住宅地に近いので当然キャバレーなどは不可であるが，印刷所は可能。
	⑨	商業地域	銀行，劇場，飲食店，デパート，事務所など商業関連施設は大部分建築可であるが，大規模な工場などは不可。
工業系地域	⑩	準工業地域	著しく公害発生のおそれのある大規模な工場以外のその他の用途も含めて，大部分の建築物が可能。
	⑪	工業地域	工業施設を優先させる地域で，住宅や店舗は可能であるが，学校，病院，ホテル，キャバレー，劇場は不可。
	⑫	工業専用地域	工業の用途にだけある地域で，どんな工場でも建築可能であるが，住宅，店舗，学校，病院，ホテル，劇場は不可で，工場群のある町といえる（用途地域のうち，住宅および共同住宅の建築が不可なのはこの地域だけである）。

(3) 建築物の形態の制限

① 容積率　**建築物の延べ面積の敷地面積**（同一敷地内に 2 以上の建築物がある場合は，その建築面積の合計）に対する割合をいう。

② 建ぺい率　建築物の**建築面積の敷地面積**（同一敷地内に 2 以上の建築物がある場合は，その建築面積の合計）**に対する割合**をいう。

なお，敷地面積は，敷地の水平投影面積により求める。

(4) 用 途 地 域

表 4・8 のように，用途別地域には 12 地域があり，地域ごとに建築物の種類や高さなどを制限している。

6・1・4　仮設建築物等の制限緩和

非常災害が発生した場合，緊急に設置する仮設建築物，または建設工事現場に設ける現場事務所，材料置場等については，建築基準法の適用除外，または緩和措置が講じられている。

(1) 建築基準法が適用されない主な規定

① 建築確認申請

② 建築工事完了届・検査および建築物の着工・除去届の提出

③ 敷地の衛生・安全に関する規定

④ 防火地域および準防火地域以外の市街地で指定する区域内にある建築物の屋根を防火構造とする規定

⑤ 敷地と道路の接道義務

⑥ 容積率・建ぺい率の規定

⑦ 第 1 種・第 2 種の低層住居専用地域内の建築物の敷地面積および高さに関する規定

(2) 建築基準法が適用される主な規定

① 建築士による建築物の設計および工事監理者の決定

② 建築物は自重，積載荷重等に対して，安全な構造とする。

③ 居室等の採光および換気のための窓の設置

④ 電気設備の安全および防火

⑤ **防火地域内および準防火地域内に延べ面積が 50 m^2 を超える建築物を設置する場合の屋根は，不燃材料で造るか，またはふかなければならない。**

土木法規

建築基準法

7節　火薬類取締法

火薬類の製造，販売，貯蔵，運搬，消費，その他の取扱の規制を定めたものである。試験では，主に用語の定義，火薬類の取扱いに関する規定が出題されている。

7・1　火薬類取締法

頻出レベル
低■■■■■■高

学習のポイント

火薬類取締法に関わる用語の定義，火薬類の貯蔵・運搬・消費等の規定を理解する。

火薬類 ─┬─ 用語の定義
　　　　├─ 火薬類の貯蔵と取扱い
　　　　└─ 火薬類の取扱いの許可と届出

▪▪▪▪▪▪▪▪▪▪▪▪▪▪▪▪▪▪▪◀ 基礎知識をじっくり理解しよう ▶▪▪▪▪▪▪▪▪▪▪

7・1・1　用語の定義

火薬類とは，次にあげる火薬，爆薬および火工品をいう。

(1)　火　　薬

① 黒色火薬，その他硝酸塩を主とする火薬

② 無煙火薬，その他硝酸エステルを主とする火薬

(2)　爆　　薬

① 雷こう，アジ化鉛，その他の起爆薬

② 硝安爆薬，塩素酸カリ爆薬，カーリット，その他硝酸塩，塩素酸塩または過塩素酸塩を主とする爆薬

③ ニトログリセリン，ニトログリコールおよび爆発の用途に供せられるその他の硝酸エステルを主とする爆薬

④ ダイナマイト，その他の硝酸エステルを主とする爆薬など

(3)　火　工　品

① **工業雷管，電気雷管，銃用雷管および信号雷管**

② 実包および空砲

③ 信管および火管

④ **導爆線，導火線および電気導火線**

⑤ 信号焔管および信号火せん

7・1・2　火薬類の貯蔵と取扱い

(1)　火薬類の貯蔵上の取扱い

搬出入装置を使用しない二級火薬庫では，次のことを守らなければならない。

① 火薬庫内には，火薬類以外の物を貯蔵しない。火薬と導火管付き雷管を同一の火薬庫に貯蔵しない。また，火薬庫に入る場合は，携帯電灯以外の灯火を持ち込まず，安全な履物を使用する。

② 火薬庫内では換気に注意し，できるだけ温度の変化を少なくし，最高最低寒暖計を備える。

③ 火薬類の収納した容器包装は，**火薬庫の内壁から 30 cm 以上を隔て，枕木を置いて平積みとし，かつ，その高さは 1.8 m 以下とする。**

④ 火薬庫から火薬類を出すときは，古いものを先に出す。

⑤ 火薬庫の境界内には，爆発，発火，燃焼しやすいものを堆積しない。

(2)　火薬類の取扱い

① **18 歳未満の者は，火薬類の取扱いをしてはならない。**

② 火薬類を収納する容器は，**木その他電気不導体で作った丈夫な構造のものとし，内面には鉄類を表さない。**また，火薬類を存置し，または運搬するときは，火薬，爆薬と火工品とは，それぞれ異なった容器に収納する。

③ 火薬類を運搬するときは，衝撃等に対して安全な措置を講ずること。また，工業雷管，電気雷管または雷管を取り付けた薬包を坑内または隔離した場所に運搬するときは，背負袋，背負箱等を使用する。

④ 電気雷管を運搬するときは，脚線は裸出しないような容器に収納し，乾電池その他電路の裸出している電気器具を携行しない。

⑤ 凍結したダイナマイト等は，摂氏 50℃ 以下の温湯を外槽に使用した融解器により，または摂氏 30℃ 以下に保った室内に置くことにより融解する。また，固化したダイナマイト等は，もみほぐして使用しなければならない。

⑥ 火薬類を取扱う場所の付近では，喫煙し，または火気を使用しない。

⑦ 工業雷管に電気導火線または導火線を取り付けるときは，口締器を使用する。

⑧ 火薬を取り扱う者は，火薬類，譲渡許可証，または運搬証明書を**喪失または盗取された場合**は遅滞なくその旨を警察官または海上保安官に届け出なければならない。

(3)　火薬類取扱所における技術上の基準

火薬類取扱所は，火薬類の管理および発破の準備をする場所である。

① 火薬類取扱所の建物の屋根の外面は，金属板，スレート板，かわら，その他の不燃性物質を使用し，建物の内面は，板張りとし，床面にはできるだけ鉄類を表さない。

② 火薬類取扱所の建物の入口の扉は，火薬類を存置するときに見張人を常時配置する場合を除き，その外面に厚さ 2 mm 以上の鉄板を張ったものとし，盗難防止の措置をとる。

③ 火薬類取扱所において存置することのできる火薬類の数量は，1 日の消費見込量以下とする。

④ 火薬類取扱所を設けた部屋の外面には，「火薬」，「立入禁止」，「火気厳禁」等と書いた警戒札を掲示する。

土木法規

火薬類取締法

⑤　火薬類取扱所には，火薬類取扱いに必要な器具以外の物を置いてはならない。

(4)　火工所における技術上の基準

①　火工所は，薬包に工業雷管，電気雷管もしくは導火管付き雷管を取り付ける場所，またはこれらを取り付けた薬包を取扱う作業をする場所である。火工所以外の場所において，薬包に雷管を取り付ける作業を行わない。

②　火薬類が1日の消費見込量以下で，火薬類取扱所の設置が免除されている場合は，火工所において，火薬類の管理および発破の準備を行うことができる。

③　火工所に火薬類を存置するときは，見張人を常時配置しなければならない。

(5)　火薬類の取扱いに関するその他の規定

①　1日に消費場所に持ち込むことのできる火薬類の数量は，**1日の消費見込量以下とする。**また，発破に際しては，見張人を配置し，関係者以外の立入を禁止し，発破技士免許を受けた者，火薬類取扱保安責任者免状を有する者等に作業を行わせなければならない。

②　火薬類の装てんが終了し，火薬類が残った場合，または使用に適しない火薬類は，その旨を明記したうえ，火薬類取扱所か火工所に返送すること。

③　装てんする場合には，発火性・引火性のないこめ物を使用し，かつ，摩擦，静電気等に対して，安全な木製，竹製等のこめ棒を使用すること。

④　装てんされた火薬類が電気雷管によって点火した後，爆発しないときは，発破母線を点火器から取外し，その端を短絡させておき，かつ，再点火ができないように措置し，その後5分以上経過した後でなければ，装てん箇所に接近してはならない。

⑤　電気発破において，発破母線を敷設する場合，電線路その他の充電部または帯電するおそれが多いものから隔離する。

7・1・3　火薬類の取扱いの許可と届出

①　火薬庫を設置し，移転しまたはその構造，設備を変更しようとする者は，火薬庫を設置しようとする場所，または火薬庫の所在地を管轄する都道府県知事の許可を受けなければならない。

②　火薬類を運搬しようとする者は，出発地を管轄する都道府県公安委員会に届け出なければならない。また，届出を証明する文書の交付を受ける。

③　火薬類を爆発または燃焼させようとする者は，消費地を管轄する都道府県知事の許可を受けなければならない。ただし，非常災害時の緊急の措置のために消費する場合は，この限りでない。

④　火薬類を廃棄しようとする者は，**廃棄地を管轄する都道府県知事の許可を受けなければならない。**また，火薬庫の所有（占有）者または一定以上の火薬類を消費する者は，**火薬類取扱保安責任者および火薬類取扱副保安責任者を選任し，都道府県知事に届け出なければならない。**

⑤　火薬類取扱従事者は腕章を付ける等，他の作業者と識別できる措置を講じなければならない。

8節 騒音・振動規制法

事業活動並びに建設工事に伴って発生する騒音・振動についての規制を定めたものである。試験では，主に特定建設作業の種類，騒音・振動の規定基準値などが出題されている。

8・1 騒音・振動規制法

頻出レベル　低■■■■■■高

学習のポイント

騒音・振動規制法に該当する特定建設作業の種類，騒音・振動の規制基準値，特定建設作業の届出などを理解する。

騒音・振動規制法 ─┬─ 都道府県知事による地域の指定
　　　　　　　　　├─ 騒音・振動の規制基準
　　　　　　　　　└─ 特定建設作業の届出

━━━ 基礎知識をじっくり理解しよう ━━━

8・1・1 都道府県知事による地域の指定

(1) 地域の指定

都道府県知事（市の区域内の地域については市長）は，住居が集合している地域，病院または学校の周辺の地域，その他の騒音・振動を防止することにより**住民の生活環境を保全する必要があると認める地域**を，特定工場等において発生する騒音・振動および特定建設作業に伴って発生する騒音・振動について規制する地域として指定しなければならない。

(2) 指定区域の区分

都道府県知事または市長が騒音・振動の規制のために指定した地域は，次の第1号区域と第2号区域に区分される。

① 第1号区域

　(a) 良好な住居の環境を保全するため，特に静穏の保持を必要とする区域

　(b) 住居の用に供されているため，静穏の保持を必要とする区域

　(c) 住居の用に合わせて商業，工業等の用に供されている区域であって，相当数の住居が集合しているため，騒音・振動の発生を防止する必要がある区域

　(d) 学校，保育所，病院および診療所（ただし，患者の収容設備を有するもの），図書館ならびに特別養護老人ホームの敷地の周囲おおむね80 mの区域

② 第2号区域　指定区域のうちで上記以外の区域

土木法規

騒音・振動規制法

8・1・2 騒音・振動の規制基準

(1) 騒音の規制に関する基準

騒音の規制基準は，表4・9に掲げたとおりである。特定建設作業とは，建設工事として行われる作業のうち，著しい騒音を発生する作業のことであって，表4・10に該当する8種類の作業である。ただし，当該作業がその作業を開始した日に終わるものを除く。

表4・9 特定建設作業騒音の規制基準

特定建設作業の種類（使用する作業）	種類に対応する規制基準					適 用 除 外
	騒音の大きさ	夜間または深夜作業の禁止時間帯	1日の作業時間の制限	作業期間の制限	作業禁止日	
1. くい打機（もんけんを除く），くい抜機，くい打くい抜機（圧入式を除く），くい打機をアースオーガーと併用する作業を除く	敷地の境界線において85デシベルを超えてはならない	1号区域は午後7時から翌日の午前7時まで 2号区域では午後10時から翌日午前6時まで	1号区域は1日につき10時間を超えてはならない 2号区域では1日につき14時間を超えてはならない	同一場所においては連続6日を超えてはならない	日曜日またはその他の休日	くい打機をアースオーガと併用する作業
2. びょう打機						
3. さく岩機						1日50m以上にわたり移動する作業
4. 空気圧縮機（電動機以外の原動機使用のものであって，定格出力15kW以上のもの）						さく岩機の動力として使用する作業
5. コンクリートプラント（混練容量0.45 m³以上のもの），アスファルトプラント（混練重量200 kg以上のもの）						モルタル製造用コンクリートプラントを設けて行う作業
6. バックホウ（原動機の定格出力80 kW以上のもの）						一定の限度を超える大きさの騒音を発生しないものとして環境大臣が指定するもの
7. トラクターショベル（原動機の定格出力70 kW以上のもの）						
8. ブルドーザー（原動機の定格出力40 kW以上のもの）						

(2) 振動の規制に関する基準

振動の規制基準は，表4・10に掲げたとおりである。特定建設作業とは，建設工事として行われる作業のうち，著しい振動を発生する作業のことであって，表4・10に該当する4種類の作業である。ただし，当該作業がその作業を開始した日に終わるものを除く。

(3) 改善勧告・改善命令および防止策

市町村長は，指定地域内において，特定建設作業に伴って発生する騒音・振動が適合しないことにより周辺の生活環境が著しく損なわれるときは，当該建設工事を施工する者に対し，**騒音・振動防止の方法の改善勧告または改善命令を出すことができる**。騒音・振動の防止策は，発生する騒

表 4・10　特定建設作業振動の規制基準

特定建設作業の種類	規　制　基　準					適　用　除　外
	振動の大きさ	夜間作業の禁止時間帯	1日の作業時間の制限	作業期間の制限	作業禁止日	
1.　くい打機（もんけんおよび圧入式を除く），くい抜機（油圧式を除く），くい打くい抜機（圧入式を除く）	敷地の境界線において75デシベルを超えてはならない	1号区域は午後7時から翌日の午前7時まで	1号区域は1日につき10時間を超えてはならない	同一場所においては連続して6日を超えてはならない	日曜日またはその他の休日	
2.　鋼　　　球		2号区域は午後10時から翌日の午前6時まで	2号区域は1日につき14時間を超えてはならない			
3.　舗装版破砕機						1日50m以上にわたり移動する作業
4.　ブレーカー（手持ち式を除く）						1日50m以上にわたり移動する作業

音・振動の測定値を下げることや発生期間の短縮を検討することである。

8・1・3　特定建設作業の届出

　指定地域内において特定建設作業を伴う建設工事を施工する者は，作業開始日の7日前までに，次の事項を**市町村長に届け出なければならない**。ただし，災害，その他非常の事態の発生により特定建設作業を緊急に行う必要がある場合，施工者は速やかに必要事項を市町村長に届け出なければならない。

① 施工者の氏名・名称・住所，法人の場合は代表者の氏名
② 建設工事の目的とする施設または工作物の種類
③ 特定建設作業の場所，実施期間，開始および終了時刻
④ 特定建設作業に種類，使用される建設機械の名称，形式および仕様
⑤ 騒音または振動の防止方法
⑥ 特定建設作業の場所付近の見取図，建設工事の工事工程表

9節　港則法

港内における船舶交通の安全および港内の整頓を図ることを目的として定めたものである。試験では，主に航路，航法，工事等の許可等に関わる規定が出題されている。

9・1　港則法

頻出レベル
低■■■■■■高

学習のポイント

航路，航法，危険物の運搬に関わる規定，信号・灯火等の制限，工事等の許可を理解する。

```
              ┌─ 入出港と停泊
港則法 ──────┼─ 航路と航法
              └─ 工事等の許可とその他の制限
```

----------------◀ 基礎知識をじっくり理解しよう ▶----------------

9・1・1　入出港と停泊

(1)　入出港の届出

　船舶は，特定港（政令で定める喫水の深い船舶が出入りできる港など）に入港したときまたは特定港を出港しようとするときは，国土交通省令の定めるところにより，港長に届け出なければならない。ただし，**総トン数20トン未満の日本船舶は，港長に届出をすることを要しない。**

(2)　びょう地

　特定港内に停泊する船舶は，国土交通省令の定めるところにより，各々そのトン数または積載物の種類に従い，当該特定港内の一定の区域内に停泊しなければならない。

(3)　修繕およびけい船

　特定港内においては，**汽艇等（汽艇（総トン数20トン未満の汽船），はしけ，端舟，その他，ろ・かいをもって運転し，または主としてろ・かいをもって運転する船舶）以外**の船舶を修繕し，またはけい船しようとする者は，その旨を港長に届け出なければならない。

(4)　けい留等の制限

　汽艇等およびいかだは，港内においては，みだりにこれをけい船浮標もしくは他の船舶にけい留し，または他の船舶の交通の妨げとなる場所に停泊させ，もしくは停留させてはならない。

9・1・2　航路と航法

(1)　航　　路

　① 汽艇等以外の船舶は，特定港に出入し，または特定港を通過する場合は，国土交通省令で定

める航路によらなければならない。

　　ただし，海難を避けようとする場合，やむを得ない事由のある場合は，この限りでない。

② 船舶は，航路内においては，次の場合を除いては，投びょうし，またはえい航している船舶を放してはならない。

(a) **海難を避けようとするとき**

(b) **運転の自由を失ったとき**

(c) **人命または急迫した危険のある船舶の救助に従事するとき**

(d) 港長の許可を受けて工事または作業に従事するとき

(2)　航　　法

① 航路外から航路に入り，または航路から航路外に出ようとする船舶は，航路を航行する他の船舶の進路を避けなければならない。

② 船舶は，**航路内においては，並列して航行してはならない。**

③ 船舶は，航路内において，他の船舶と行き会うときは，右側を航行しなければならない。

④ 船舶は，航路内においては，他の船舶を追い越してはならない。

⑤ 汽船が港の防波堤の入口または入口付近で他の汽船と出会うおそれのあるときは，入港する汽船は，防波堤の外で出港する汽船の進路を避けなければならない。

⑥ 船舶は，港内および港の境界付近においては，他の船舶に危険を及ぼさないような速力で航行しなければならない。

⑦ 船舶は，港内においては，防波堤，ふとう，その他の工作物の突端または停泊船舶を右げんに見て航行するときは，できるだけこれに近寄り，左げんに見て航行するときは，できるだけこれに遠ざかって航行しなければならない。

⑧ 汽艇等は，港内においては，汽艇等以外の船舶の進路を避けなければならない。

⑨ 小型船（総トン数が 500 トンを超えない範囲において，国土交通省令で定めるトン数以下である船舶であって，汽艇等以外のもの）は，船舶交通が著しく混雑する特定港内においては，小型船および汽艇等以外の船舶の進路を避けなければならない。

(3)　危険物の運搬

① 爆発物，その他の危険物（当該船舶の使用に供するものを除く）を積載した船舶は，特定港に入港しようとするときは，港の境界外で港長の指揮を受けなければならない。

② 船舶は，特定港において危険物の積込，積替または荷卸をするには，港長の許可を受けなければならない。

③ 船舶は，特定港内または特定港の境界付近において危険物を運搬しようとするときは，港長の許可を受けなければならない。

(4)　え　い　航

　船舶が，特定港において他の船舶をえい航するときは，引船の船首から被えい航船舶の後端までの長さが 200 m を超えてはならない。

(5)　水路の保全

　何人も，港内または港の境界外 10,000 m 以内の水面においては，みだりに，バラスト，廃油，石炭がら，ごみ，その他これに類する廃物を捨ててはならない。

(6)　信号・灯火等の制限

①　船舶は，港内においては，みだりに汽笛またはサイレンを吹き鳴らしてはならない。

②　特定港内において使用すべき私設信号を定めようとする者は，港長の許可を受けなければならない。

③　何人も，港内または港の境界付近における船舶交通の妨げとなるような，強力な灯火をみだりに使用してはならない。

9・1・3　工事等の許可とその他の制限

(1)　工事等の許可

①　**特定港内または特定港の境界付近で工事または作業をしようとする者は，港長の許可を受けなければならない。**

②　特定港内において竹木材を船舶から水上に卸そうとする者および特定港内においていかだをけい留し，または運行しようとする者は，港長の許可を受けなければならない。

(2)　船舶交通の制限等

①　特定港内の国土交通省令の定める水路を航行する船舶は，港長が信号所において，交通整理のため行う信号に従わなければならない。

②　港長は，船舶交通の安全のため必要があると認めたときは，特定港内において航路または区域を指定して船舶の交通を制限し，または禁止することができる。

土木法規

第4章　章末問題

次の各問について，正しい場合は○印を，誤りの場合は×印をつけよ。（解答・解説は p.327）

□□【問1】　使用者は，労働者が出産，疾病，災害などの場合の費用に充てるために請求する場合においては，支払期日前であっても，既往の労働に対する賃金を支払わなければならない。（H27）

□□【問2】　賃金は原則として通貨で，直接労働者にその全額を支払わなければならない。（H28）

□□【問3】　使用者は，原則として労働者に休憩時間を除き1週間について 60 時間を超えて労働させてはならない。（H29 前）

□□【問4】　使用者は，満 16 歳に達した者を，著しくじんあい若しくは粉末を飛散する場所における業務に就かせることができる。（H30 後）

□□【問5】　使用者は，原則として労働時間が8時間を超える場合においては少くとも 45 分の休憩時間を労働時間の途中に与えなければならない。（R1 前）

□□【問6】　アーク溶接機を用いて行う金属の溶接，溶断等の業務は，労働者に対して特別の教育を行わなければならない。（R1 前）

□□【問7】　つり上げ荷重5t以上の移動式クレーンの運転作業は，作業主任者を選任しなければならない。（R1 後）

□□【問8】　掘削の深さが8mである地山の掘削の作業を行う仕事は，労働基準監督署長に工事開始の 14 日前までに計画の届出が必要である。（H27）

□□【問9】　建設業者は，施工技術の確保に努めなければならない。（H30 後）

□□【問10】　軽微な建設工事のみを請け負うことを営業とする者を除き，建設業を営もうとする者は，すべて国土交通大臣の許可を受けなければならない。（R1 前）

□□【問11】　元請負人は，請け負った建設工事を施工するために必要な工程の細目，作業方法を定めようとするときは，あらかじめ下請負人の意見を聞かなくてもよい。（H28）

□□【問12】　主任技術者は，当該建設工事の下請契約書の作成を行わなければならない。（H29 前）

□□【問13】　道路案内標識などの道路情報管理施設は，道路附属物に該当しない。（R1 後）

□□【問14】　車両の幅は，車両制限令上，2.5 m 以下である。（H30 前）

□□【問15】　道路の構造に関する技術的基準は，道路構造令で定められている。（R1 後）

□□【問16】　洪水防御を目的とするダムは，河川管理施設には該当しない。（H30 前）

□□【問17】　河川区域内に設置されている下水処理場の排水口付近に積もった土砂の排除は，河川管理者の許可を必要としない。（H30 後）

□□【問18】　容積率は，敷地面積の建築物の延べ面積に対する割合をいう。（H27）

□□【問19】　建築物の主要構造部は，壁，柱，床，はり，屋根または階段をいう。（H30 後）

□□【問20】　固化したダイナマイト等は，もみほぐしてはならない。（R1 後）

□□【問21】　火工所以外の場所において，薬包に雷管を取り付ける作業を行わない。（R1 前）

□□【問22】　騒音規制法上，バックホゥを使用する作業は，建設機械の規格や作業の状況などにかかわらず指定地域内において特定建設作業の対象とならない。（H30 前）

□□【問23】　振動規制法上，特定建設作業の実施に関する届出先は，都道府県知事である。（R1 後）

□□【問24】　船舶は，防波堤，埠頭，または停泊船などを左げん（左側）に見て航行するときは，できるだけこれに近寄り航行しなければならない。（H30 後）

□□【問25】　船舶は，特定港に入港したときは，港長の許可を受けなければならない。（H30 前）

第5章 施工管理法

令和 4 年度（後期）の出題状況

　出題数は 15 問あり，全てを解答しなければならない。各分野に配当されている出題数は例年と同様である。なお，下線部で示した箇所は，令和 3 年度（後期）の試験問題の内容と異なる出題事項である。

1．施工計画（1問）

　①仮設工事の内容が出題された。①の問題は，任意仮設と指定仮設，直接仮設工事と間接仮設工事などを問うものである。

2．建設機械（2問）

　①建設機械の走行に必要なコーン指数，②建設機械の作業内容が出題された。①の問題は，ダンプトラック・普通ブルドーザ・超湿地ブルドーザのコーン指数を問うものであり，②の問題は，建設機械の作業効率・作業能力を問うものである。

3．工程管理（2問）

　①工程表の種類と特徴，②ネットワーク式工程表が出題された。①の問題は，バーチャート・出来高累計曲線・グラフ式工程表などの特徴を問うものであり，②の問題は，クリティカルパスの経路，工程全体の工期などを問うものである。

4．安全管理（4問）

　①作業床の端・開口部における墜落・落下防止対策，②地山の掘削作業の安全対策，③車両系建設機械の安全対策，④コンクリート造工作物の解体又は破壊の作業の安全対策が出題された。①の問題は，足場の作業床の手すり，要求性能墜落制止用器具の使用などを問うものである。

5．品質管理（4問）

　①品質管理の用語，②レディーミクストコンクリートの受入れ検査，③$\bar{x}-R$ 管理図，④盛土の締固め管理が出題された。①の問題は，ロット・サンプル（資料）などの用語を問うものであり，③の問題は，$\bar{x}$ 管理図，R 管理図，管理限界線などを問うものである。

6．環境保全対策（2問）

　①建設工事における騒音・振動対策，②建設工事に係る資材の再資源化等に関する法律（建設リサイクル法）に定められている特定建設資材が出題された。①の問題は，車輪式（ホイール式）と履帯式（クローラ式）の騒音振動レベルなどを問うものである。

施工管理法

1節　施工計画

施工計画は，設計図書の設計図や仕様書などに基づき，目的構造物を完成させるために，よりよい施工方法や手順などを計画することである。試験では，施工計画立案時の留意点，施工管理の手順，事前調査項目などが出題されている。

1・1　施工計画の立案

頻出レベル
低■■■■■■■高

学習のポイント

施工計画の立案手順，事前調査項目の内容などを理解する。また，仮設備計画では，指定仮設と任意仮設の相違点を理解する。

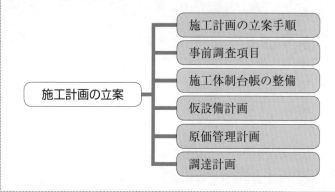

施工計画の立案
- 施工計画の立案手順
- 事前調査項目
- 施工体制台帳の整備
- 仮設備計画
- 原価管理計画
- 調達計画

- - - - - - - - - - - - - - - ◀ 基礎知識をじっくり理解しよう ▶ - - - - - - - - - - -

1・1・1　施工計画の立案手順

（1）　施工計画の立案手順

施工計画の立案手順は，図5・1のとおりで，実際には試行錯誤を繰り返しながら立案される。

①事前調査	②施工技術計画	③仮設備計画	④調達計画	⑤管理計画
契約条件および現場条件の調査	作業計画 工程計画	仮設備の設計と配置計画	労務計画 機械計画 資材計画 輸送計画	実行予算 安全衛生計画 品質管理計画 工程管理計画 環境保全計画

図5・1　施工計画の立案手順

品質管理計画は，品質が設計図書に基づく規格内に収まるよう計画することである。また，環境保全計画は，環境が法規に基づく規制基準に適合するよう計画することである。

（2）　立案時の留意点

施工計画の立案にあたって，留意すべき基本的事項は以下のとおりである。

① 施工計画の立案に際しては，従来の経験や実績のみで満足せず，常に改良を試み，**新しい方法や技術に積極的に取り組む心構えをもって施工計画を立案**する。

② **過去の実績や経験，新しい理論や新工法を総合的に検討**して，現場に最も合致した施工計画を大局的に判断する。

③ 施工計画の検討は，現場代理人，主任技術者のみによることなく，**できるだけ企業内の関係組織を活用して，全社的な高度の技術レベルで検討**することが望ましい。また，必要な場合は，他の研究機関，専門業者などにも相談して技術指導を受けることが大切である。

④ **発注者から示された工程は必ずしも最適工期になるとは限らないので，施工者は自らの技術と経験を最大限に活かし，経済性や安全性，品質の確保を考慮して工程を検討**する。

⑤ 施工計画は，1つの計画のみでなくいくつかの代案を作り，経済性・施工性・安全性の長所および短所を比較検討して，最も適した計画を採用する。

⑥ 施工計画の策定にあたっては，発注者と協議することも大切である。

⑦ 工程計画および工事費見積りの基礎には，平均施工速度（機械の調整，日常整備，燃料補給などのように作業上避けられない正常損失時間と，機械の故障，施工段取り待ち，材料待ち，悪天候などの偶発的な障害による偶発損失時間を考慮した施工速度）を用いる。

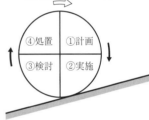

図5・2　施工管理のサイクル

（3）　施工管理の進め方

施工管理は，工程管理・品質管理・安全管理・環境保全管理などの管理項目から構成される。

施工管理の進め方は，図5・2のように，計画，実施，検討，処置の4つの段階をサイクル的に繰り返し実行する。

（4）　施工技術計画

作業計画および工程計画の検討にあたって，留意すべき点は以下のとおりである。

① 施工順序と施工方法の検討にあたっては，特に**全体工費に及ぼす影響が大きい工種を重点的に優先して検討**を行う。

② 現場状況や部分工事など工事上の制約を考慮して，機械，資材，労働力などの工事の円滑な転用を図る。

③ 作業量の過度な大小は，原価管理に重大な影響を及ぼすので，**全体のバランスを考え，できるだけ作業量を平均化**する。

④ 工事の効率を上げるためには，繰り返し作業によって習熟を図る。

施工計画の策定は，建設機械を合理的に選定するために，次の3条件を具体的に検討する。

① **工事条件と機種，容量の適合性**　　土質条件および工事量などの工事条件に適した機種・容量について検討し，機種を絞り，その数種の機種について経済性と合理的組合せを検討する。

② **機械の経済性**　　建設機械が経済的であるか否かの基準は，機械の施工速度と工事規模，機械使用損料，機械運転損料などの条件を考慮して検討する。

③ **機械の組合せ**　　建設機械の合理的組合せを計画するためには，**組合せ作業のうち主作業を**

明確に選定し，主作業を中心に各分割工程の施工速度を検討することが大切である。

組合せ機械による流れ作業の各分割工程の作業時間は，できるだけ一定化し，その場合の施工効率は単独作業の場合より低下し，最大施工速度（通常の好条件の下で建設機械から一般に期待しうる1時間当たりの最大施工量）は各分割工程のうち最小の施工速度によって決まる。通常，作業の主体となる主機械の能力に合わせて，従機械は若干，作業能力を上回らせ，全体的に作業能力のバランスがとれるように計画する。

1・1・2　事前調査項目

施工計画を作成するための事前調査には，契約した契約書および設計図書を事前調査する契約条件の調査と，現場において地形の測量などを行う現場条件の調査がある。

契約条件の調査項目を表5・1に，現場条件の調査項目を表5・2に示す。

表5・1　契約条件の調査

①	事業損失，不可抗力による損害に対する取扱い方法
②	工事中止に基づく損害に対する取扱い方法
③	資材，労務費の変動に基づく変更の取扱い方法
④	かし担保の範囲等
⑤	工事代金の支払い条件
⑥	数量の増減による変更の取扱い方法
⑦	図面と現場との相違点および数量の違算の有無
⑧	図面，仕様書，施工管理基準などによる規格値や基準値

表5・2　現場条件の調査

①	地形・地質・土質・地下水などの自然条件
②	施工に関係ある水文気象のデータ
③	施工法，仮設規模，施工機械の選択方法
④	動力源，工事用水の入手方法
⑤	資機材の供給源と価格および輸送経路
⑥	労務の供給，労務環境，賃金の状況
⑦	工事によって支障を生じる問題点
⑧	用地買収の進行状況
⑨	附帯工事，別途関連工事，隣接工事の状況
⑩	騒音・振動などに関する環境保全基準，各種指導要綱の内容
⑪	文化財および地下埋設物などの有無
⑫	建設副産物の処理方法・処理条件など

1・1・3　施工体制台帳の整備

元請事業者は，下請・孫請の体制を明確にするため，次のように施工体制台帳の整備が義務づけられている。

① 下請負代金の総額が4000万円以上となる特定建設業者は，施工体制台帳および施工体系図（施工体制台帳をもとに作成した要約版）を作成する。施工体制台帳には，下請負人の商号または名称，工事の内容および工期，技術者の氏名などを記載しなければならない。なお，公共工事については，発注者から直接工事を請負った建設業者は，下請金額にかかわらず，施工体制台帳および施工体系図を作成しなければならない。

② 施工体制台帳は，工事現場に備えるとともに，その写しを発注者に提出しなければならない。

③ 施工体系図は，二次下請以降を含む工事に関わるすべての業者名，工事内容，工期等の表示とともに，各下請負人の分担関係が明らかになるように樹状図により作成し，工事現場の見やすいところに掲示しなければならない。下請負人等に変更が生じたときは，速やかに変更して

表示しなければならない。

④ 下請負人は，再下請負通知書に記載されている事項に変更があったときは，遅滞なく，変更年月日を付記して元請事業者に通知しなければならない。

⑤ 発注者から工事現場の施工体制が施工体制台帳の記載に合致しているかどうかの点検を求められたときは，これを受けることを拒んではならない。

1・1・4 仮設備計画

仮設備は，工事の目的とする構造物ではなく，工事施工のために必要な工事用施設であり，**工事完了後は，原則として撤去されるもの**である。

工事において，土留め，締切，築堤，迂回路等で，特に大規模で重要な仮設備については，本工事と同様に取り扱われ，設計数量，設計図面，施工法，配置などが発注者から指定される場合がある。このような仮設備を指定仮設といい，**契約変更の対象**となる。

これに対し，一般に契約上一式計上され，特に条件明示がなされず，施工業者の自主性と企業の努力にゆだねられている仮設備を任意仮設といい，契約変更の対象とはならない。

(1) 仮設備計画の留意点

① 仮設備計画には，仮設備の設置，維持ならびに撤去，後片付けまでを含む。

② **仮設備は，必要最小限のものとし，余裕をもたないものとする。**

③ 仮設備は，使用目的，使用期間などに応じて，その構造を設計計算し，労働安全衛生規則などの基準に合致するように計画しなければならない。

④ 仮設備の配置計画にあたっては，地形，その他の現場諸条件を勘案し，作業の能率化を図らなければならない。

⑤ 仮設に使用する材料は，一般の市販品を使用し，可能な限り規格を統一し，他工事にも転用できるような計画にする。

⑥ 任意仮設は，施工者独自の技術と工夫や改善の余地が多いので，より合理的な計画を立てることが重要である。

(2) 仮設備の種類

仮設備には，工事に直接関係する直接仮設（取付け道路・プラント・電力・給水・材料置場・安全施設・支保工足場など）と，工事に直接関係しない間接仮設（現場事務所・宿舎・倉庫など）がある。

1・1・5 原価管理計画

原価管理とは，施工計画に基づいて実行予算をつくり，**実行予算と実際に発生した実施原価の差異を分析・検討し，実行予算を確保するために原価を引下げる処置を講じる**ことである。

(1) 原価管理の資料

原価管理の資料は，設計図書と工事現場との不一致などにより生じる工事の中止や変更，物価や労賃の変動などにより生じる損害を最小限に抑制することに役立つ。また，経営管理者に原価管理

施工管理法

施工計画

に関する資料を提出することにより，経営効率の増進の基礎とすることができる。

原価管理に必要な資料には，次のものがある。

① 請求伝票（発生日，発生原価の管理）　　② 日報・月報

③ 就労状況表・機械稼働状況表　　④ 工種別，要素別の原価管理表

(2) 発生原価の圧縮

工事着手前の実行予算を基準として，実施原価をできる限り低く抑える努力をする。発生原価を圧縮する基本な考え方は次のとおりである。

① **原価比率の高いものを優先項目とし，そのうち原価の低減の容易なものから順に合理化を図る。**

② 損失費目を洗い出し，その項目を重点的に改善する。

③ 実行予算より実施原価が超過する傾向にあるものは，購入単価，運搬費用など，原因となりうる要素を調査し，改善する。

(3) 工程・原価・品質の相互関係

工程・原価・品質の一般的な相互関係は図5・3に示したとおりである。

① 一般に工程の施工速度を速めると，単位時間当たりの施工量が増えて原価は安くなるが，さらに工程を速めると，原価は高くなる。

② 一般に品質をよくすれば，原価は高くなる。

③ 一般に品質のよいものを施工しようとすると工程は遅くなる。

図5・3　工程・原価・品質の相互関係

1・1・6　調達計画

調達計画は，**労務計画・資材計画・機械計画**などが主な**内容**である。

① 労務計画　　作業工程に基づき，各作業に必要な人員を計画する。

② 資材計画　　工事に必要な資材の注文・調達・保管を計画する。

③ 機械計画　　工事に最も適した機械の種別・大きさ・台数・期間を計画する。

2節　建設機械

代表的な建設機械には，ショベル系掘削機，ブルドーザ，締固め機械などがある。これらの建設機械の特徴は，土木一般の土工の分野で学習しているので，ここでは建設機械の選定基準および規格について学習する。

2・1　建設機械の分類

頻出レベル
低 ■■■■■□ 高

学習のポイント

各種建設機械のコーン指数値，規格の表示方法，運搬機械と適応距離の関係を理解する。

建設機械の分類 ─┬─ 建設機械の選定基準
　　　　　　　　 └─ 建設機械の規格と作業能力の計算

━━━━━━━━━━━━ 基礎知識をじっくり理解しよう ━━━━━━━━━━━

2・1・1　建設機械の選定基準

（1）　コーン指数

コーン指数は，コーンペネトロメータで測定される原地盤の貫入抵抗を表すもので，**コーン指数の大きいほど走行性はよいが，軟弱地盤では悪くなる**。建設機械のコーン指数を表5・3に示す。

（2）　運搬機械と適応距離の関係

標準的な運搬機械と適応距離の関係を表5・4に示す。

表5・3　建設機械の走行に必要なコーン指数

建設機械の種類	コーン指数値 q_c （kN/m²）
超湿地ブルドーザ	200 以上
普通湿地ブルドーザ	300 以上
スクレープドーザ	600 以上
普通ブルドーザ（15 t 級）	500 以上
普通ブルドーザ（21 t 級）	700 以上
被けん引式スクレーパ（小型）	700 以上
自走式スクレーパ（小型）	1000 以上
ダンプトラック	1200 以上

表5・4　標準的な運搬機械と適応距離の関係

運搬機械の種類	運搬距離
ブルドーザ	60 m 以下
スクレープドーザ	40～250 m
被けん引式スクレーパ	60～400 m
自走式スクレーパ	200～1,200 m
ショベル系掘削機 〕 トラクタショベル 〕 ＋ダンプトラック	100 m 以上

施工管理法

建設機械

(3)　建設機械の特徴

ショベル系・トラクター系・締固め建設機械，荷役機械の特徴を表5・5〜表5・8に示す。

表5・5　ショベル系建設機械の特徴

機 械 名 称	機 種 の 特 徴
バックホゥ	かたい地盤の掘削ができ，機械の位置よりも低い場所の掘削に適している。
パワーショベル （ローディングショベル）	機械の位置よりも高い場所の掘削に適している。バックホゥに比べ掘削力が劣る。
クラムシェル	シールド工事の立坑掘削など，狭い場所での深い掘削に適している。
ドラグライン	機械の位置より低い場所の掘削に適し，水路の掘削やしゅんせつに用いられる。

表5・6　トラクター系建設機械の特徴

機 械 名 称	機 種 の 特 徴
ブルドーザ	土砂の掘削，押土および短距離の運搬作業のほか，除雪にも使用される。
モーターグレーダ	敷均しおよび整地作業，砂利道の補修に用いられ，路面の精密仕上げに適している。
スクレーパ	土砂の掘削，積込み，運搬および敷均しまでを一連作業として行うことができる。
スクレープドーザ	土砂の掘削と運搬の機能を兼ね備えており，狭い場所や軟弱地盤での施工に使用される。
トラクターショベル	土砂の積込み，運搬および集積に使用される。
不整地運搬車	車輪式と履帯式があり，軟弱地や整地されていない場所に使用される。

表5・7　締固め建設機械の特徴

機 械 名 称	機 種 の 特 徴
ロードローラ	鉄輪ローラとも呼ばれ，アスファルト混合物・路盤の締固め，路床の仕上げ転圧に使用される。鉄輪の配置により，前後輪それぞれ1輪のものをタンデムローラ，前後輪のどちらかが2輪のものをマカダムローラという。マカダムローラは，破砕作業に最適であり，砕石や砂利道などの一次転圧，仕上げ転圧に用いられる。
タイヤローラ	接地圧の調節や自重を加減することができ，アスファルト混合物・路盤・路床の締固めに使用される。
振動ローラ	鉄輪を振動させながら回転して締め固める機械で，砂や砂利などの締固めに使用される。両輪振動のタンデム型，前輪が振動輪で後輪がゴムタイヤのコンバイン型が多く使用されている。
ランマ	振動や打撃を与えて，路肩や狭い場所などの締固めに使用される。

表5・8　荷役機械の特徴

機 械 名 称	機 種 の 特 徴
トラッククレーン	走行とクレーン操作を別な運転席で行い，機動性に富み，機種も豊富で必要に応じた吊上げ能力のものが選択できる。
ラフテレーンクレーン	走行とクレーン操作を同じ運転席で行い，狭い場所での機動性にも優れている。
クローラクレーン	走行装置に履帯を用いた移動式クレーンで，通常，荷を吊った状態での移動も可能である。
トレーラー	鋼材や建設機械等の質量の大きな荷物を運ぶのに使用される。

施工管理法

2・1・2　建設機械の規格と作業能力の計算

(1)　建設機械の規格

各種建設機械の規格の表示は，表5・9のとおりである。

表5・9　各種建設機械の規格

	建 設 機 械	表 示 方 法		建 設 機 械	表 示 方 法
1	パワーショベル	機械式は，m^3 （平積みバケット容量） 油圧式は，m^3 （山積みバケット容量）	9	スクレープドーザ	t（質量）
			10	モーターグレーダ	m（ブレード長さ）
			11	クレーン	t（吊上荷重）
			12	ローラ（振動ローラ）	t（質量）
2	バックホゥ	機械式は，m^3 （平積みバケット容量） 油圧式は，m^3 （山積みバケット容量）	13	スタビライザ	m（混合幅）と mm（混合深さ）
			14	ディーゼルハンマ	t（ラム重量）
3	ドラグライン	m^3（バケット容量）	15	バイブロハンマ	kW（動力）
4	クラムシェル	m^3（バケット容量）	16	空気圧縮機	m^3/min（吐出量）
5	トラクタショベル	m^3（山積みバケット容量）	17	コンクリートプラント	m^3/h（混練能力）
6	ブルドーザ	t（質量）	18	ミキサ	m^3/h（混練能力）
7	スクレーパ	m^3（ボウル容量）	19	フィニッシャ	m（舗装幅）
8	ダンプトラック	t（積載質量）	20	ポンプ	m^3/h（揚水能力）

(2)　作業効率

ブルドーザの作業効率は，土質条件で変わり，砂が0.40～0.70，岩塊・玉石が0.20～0.35である。ダンプトラックの作業効率は，運搬路の沿道条件・路面状態・昼夜の別などで変わるが，一般に0.9程度である。

(3)　土工機械の作業能力の計算例

0.5 m^{3}級のバックホゥを用いて地山を掘削する場合，1時間当たりの作業量 Q（地山土量）を次式により求めよ。ただし，土量変化率 $L=1.20$，$C=0.90$，バケット係数 $K=0.6$，作業効率 $E=0.5$，サイクルタイム $C_m=30$ sec，$f=1/L$ とする。

$$Q = \frac{q_0 \times K \times f \times E}{C_m} \times 3600 = \frac{0.5 \times 0.6 \times (1/1.20) \times 0.5}{30} \times 3600 = 15 \ (\text{m}^3/\text{h})$$

なお，作業効率に影響を与える要因は，気温や降雨等の気象条件，地形や作業場の広さ，土質の種類や状態，作業員の技量などである。

施工管理法

建設機械

3節　工程管理

工程管理は，工事着手から完成までの各工程の単なる日程管理だけでなく，施工状況をあらゆる角度から評価・検討し，機械設備，労働力，資材などを最も効果的に活用することである。試験では，工程管理の留意点，各種工程表の特徴などが出題されている。

3・1　工程管理の計画

> 学習のポイント
>
> 　工程管理の留意点，工程と原価の関係，工事総原価と施工出来高の関係などを理解する。
>
> 工程管理の計画 ─┬─ 工程管理の手順
> 　　　　　　　　　├─ 施工速度
> 　　　　　　　　　└─ 工程計画の作成

----------------------------- 基礎知識をじっくり理解しよう -----------

3・1・1　工程管理の手順

(1)　工程管理の手順

　工程管理の手順は，工程計画→実施→検討→処置のサイクルを繰り返して実施する。

(2)　工程管理の留意点

① 工程計画は，品質および工期の契約条件を満足し，最も効率的かつ経済的な施工を計画する。

② 実施工程の進捗は，計画された予定工程よりもやや上回る進捗で管理することが望ましい。

③ **工程の進捗状況を全作業員に周知させて，全作業員に作業能率を高めるように努力させる。**

④ **実施工程に遅れが生じたときには，労務・機械・資材を含めて総合的に検討**する。また，原因がわかったときは，速やかにその原因を除去する。

⑤ 実施工程を評価・分析し，その結果を計画工程の修正に合理的に反映させる。

⑥ 施工途中は常に工事の進捗状況を把握し，予定と実績の比較を行う。

3・1・2　施工速度

(1)　工程と原価の関係

　工程と原価の関係は，**工程を遅くすると原価は一般に高くなる。**また，**工程を極端に早めて突貫工事を行うと，逆に原価は高くなる。**突貫工事で原価が急増する原因として，比例的でない賃金の支給，資材反復使用の減少，高価な資材の購入，機械設備の拡大などがあげられる。

(2)　工事総原価と施工出来高の関係

　工事総原価は，図5・4のように，施工出来高に関係なく一定の固定原価（建設機械の使用損料や監督職員給料など）と，施工出来高の増加に応じて増大する変動原価（材料費・労務費・機械運転経費など）である。

　図5・4の損益分岐点Pよりも施工出来高が下がると利益はなく損失となり，上がると利益になる。工事の経営が常に採算のとれるように，施工出来高を上げるときの施工速度を採算速度という。工程管理は，常に採算速度以上の工程を管理することが大切である。

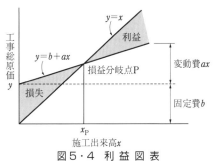

図5・4　利　益　図　表

3・1・3　工程計画の作成

(1)　作　成　手　順

① 　工種分類に基づき，基本管理項目の部分工事について施工手順を決める。

② 　各工種別工事項目の適切な施工期間を決める。

③ 　全工事が工期内に完了するように，工種別工程の相互調整を行う。

④ 　全工期を通じて，労務・資材・機械の必要数を均し，過度の集中や待ち時間が発生しないように工程を調整する。

⑤ 　以上の結果をもとに，工程表を作成する。

(2)　日程の組み方

　日程の組み方には，施工順序に従って，仮設など最初の工程の着手日を決め，次にその工程に要する日数を求める順行法と，工事の完成日である竣工期日を決め，その竣工期日から逆に工程をたどり，着手日を求める逆算法がある。

施工管理法

工程管理

3・2　各種工程表の特徴

頻出レベル
低 ■ ■ ■ □ □ □ 高

学習のポイント

各種工程表の名称とその特徴，工程表の比較などを理解する。

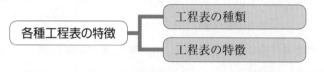

- - - - - - - - - - - - - - - - - - - ◀ 基礎知識をじっくり理解しよう ▶ - - - - - - - - - - - -

3・2・1　工程表の分類

　工程表は，工事の施工順序と所要日数をわかりやすく図表化したもので，図5・5のように，各作業を管理する工程表と，工事全体を管理する工程表に分類することができる。

```
                                    ┌ 横線式工程表
                ┌ 各作業を管理する工程表 ┼ グラフ式工程表
                │                   └ ネットワーク式工程表
        工程表 ─┤
                │                   ┌ 出来高累計曲線
                └ 工事全体を管理する工程表┤
                                    └ 工程管理曲線
```

図5・5　工程表の分類

3・2・2　工程表の特徴

(1)　各作業を管理する工程表

　① **横線式工程表**　縦軸に工種をとり，横軸に完成率または工期をとって，棒状に工事の進捗状況を表したものであり，ガントチャートとバーチャートがある。

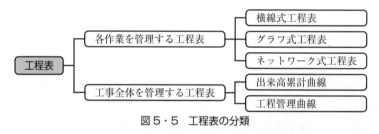

図5・6　ガントチャート

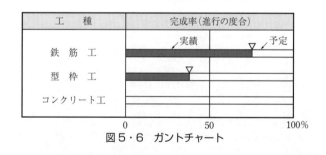

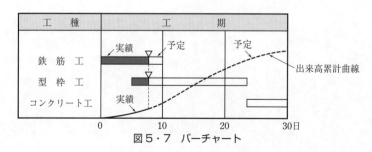

図5・7　バーチャート

　ガントチャートは，図5・6のように，**縦軸に工種（部分工事または部分作業）を列記し，横軸に各工種の完成率を表したもの**である。各工種の進行度合は明瞭であるが，各工種に必要な日数はわからず，工期に影響を与える工種がどれであるかも不明である。

　バーチャートは，図5・7のように，**ガントチャートの横軸の完成率を工期に置き換えて表したもの**である。各作業の工期は明確であるが，作業の相互関係が漠然とし，工期に影響する作業は不明である。

　バーチャートの作成手順は，図5・8のとおりである。

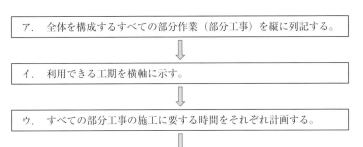

図5・8　バーチャートの作成手順

② **グラフ式工程表**　図5・9のように，**縦軸に工事の完成率をとり，横軸に工期をとって，工種ごとの工程を斜線で表したもの**である。出来高の進捗状況は明確であるが，作業の相互関係や重点管理作業が不明である。

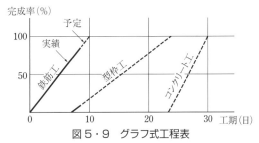

図5・9　グラフ式工程表

③ **ネットワーク式工程表**　図5・10のように，**各作業の施工順序，因果関係，施工時間などを明確**にして，工事の流れを丸印（○）と，矢線（→）の結びつきで表したものである。工程の作成には熟練を要するが，電子計算機による処理ができ，急激な変化への対応ができ，作業の相互関係や重点管理作業が明確である。

図5・10　ネットワーク式工程表

④ **斜線式工程表**　縦軸に工事日数をとり，横軸に施工場所をとって，バーチャートに施工場所の要素を組合わせて表にしたものである。工種が比較的少ない工事に適している。

施工管理法

工程管理

（2）　工事全体を管理する工程表

① **出来高累計曲線**　　図5・11のように，縦軸に工事開始から管理日までの出来高累計をとり，横軸に工期をとって，出来高の進捗状況を表したものである。工程全体の進捗状況は明確であるが，各作業の工程を管理できないため，各作業の進捗を管理するバーチャートの工程表と組み合わせて工程を管理する。

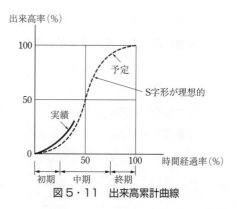

図5・11　出来高累計曲線

　理想的な予定工程曲線は，工事の初期から中期に向かって増加し，中期から終期に向かって減少していく，S字形の曲線となる。この曲線をSカーブと呼んでいる。

② **工程管理曲線（バナナ曲線）**　　図5・12のように，縦軸に累計出来高を，横軸に工期をとったグラフに，予定する出来高累計曲線の上限と下限の工程をプロットしたものである。工程の初期と

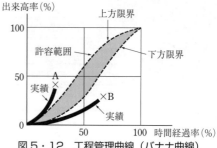

図5・12　工程管理曲線（バナナ曲線）

終期は，出来高累計曲線の幅が小さく，全体としてバナナの形になるため，バナナ曲線と呼んでいる。

　工事の進捗に合わせて実際の出来高をプロットしていくことにより，その進捗状況を評価できる。例えば，**工程がA点にある場合は，進捗が速すぎ不経済**であり，無駄をなくすために施工速度をゆるめ，工程をバナナ曲線の内に入るようにする。また，**工程がB点にある場合は，進捗が遅すぎる**ので，突貫工事により工程をバナナ曲線の内に入れなければならない。

（3）　工程表の比較

　各種の工程表の長所および短所は，表5・10，5・11のようになる。また，各種の工程表を比較すると，表5・12のようになる。

表5・10　工程表の長所および短所（1）

		長　　所	短　　所
横線式工程表	ガントチャート	・進捗状況明確である。 ・表の作成が容易である。	・工期が不明である。 ・重点管理作業が不明である。 ・作業の相互関係が不明である。
	バーチャート	・工期が明確である。 ・表の作成が容易である。 ・所要日数が明確である。	・重点管理作業が不明である。 ・作業の相互関係がわかりにくい。
グラフ式工程表		・工期が明確である。 ・表の作成が容易である。 ・所要日数が明確である。	・重点管理作業が不明である。 ・作業の相互関係がわかりにくい。

表5・11　工程表の長所および短所（2）

		長　　所	短　　所
ネットワーク式工程表		・工期が明確である。 ・重点管理作業が明確である。 ・作業の相互関係が明確である。 ・複雑な工事も管理できる。	・一目では全体の出来高が不明である。
曲線式工程表	出来高累計曲線	・出来高専用に管理できる。 ・工程速度の良否の判断ができる	・出来高の良否以外は不明である。
	工程管理曲線 （バナナ曲線）	・管理の限界が明確である。 ・出来高専用に管理できる。	・出来高の管理以外は不明である。

表5・12　工程表の比較

表　　示	横線式工程表		ネットワーク式工程表	曲線式工程表
	ガントチャート	バーチャート		
作業の手順	不　明	漠　然	判　明	不　明
作業に必要な日数	不　明	判　明	判　明	不　明
作業進行の度合	判　明	漠　然	判　明	判　明
工期に影響する作業	不　明	不　明	判　明	不　明
図表の作成	容　易	容　易	複　雑	やや難しい
短期・単純工事の管理	向	向	不　向	向

施工管理法

工程管理

3・3　ネットワーク手法

頻出レベル
低 ■■■■■■ 高

学習のポイント

　ネットワーク式工程表の基本ルールを理解し，作業日数の計算およびクリティカルパスの計算ができるようにする。

------------------------ 基礎知識をじっくり理解しよう ------------

3・3・1　ネットワーク式工程表の表示方法

　ネットワーク式工程表の基本的なルールは，○印（イベント）と矢線（アロー）の結びつきで表現し，作業名を矢線の上に，作業日数（デュレーション）を矢線の下に記入する。

　図5・13に示された工程は，まずAの作業が始まり，この作業が終了するとB，Cの作業を同時に始めることができる。作業Dは，B，Cが完了して始めるということを意味するものである。

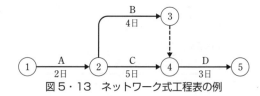

図5・13　ネットワーク式工程表の例

　③〜④間の破線の矢線はダミーといい，**所要時間ゼロの擬似作業であり，作業相互間の関係を表示**するために使われる。

（1）　イベント（結合点）の表示

① イベントは○印で示し，○の中に0または正整数を書き込み，これをイベント番号という。

② イベント番号は，同じ番号があってはならない。

③ イベント番号は，矢線の方向に従って，大きくなるようにつける。

④ 同一イベントから始まって，**同一イベントに終わる作業は，2つ以上あってはならない。**

（2）　アクティビティ（作業）の表示

① アクティビティは，矢線（アロー）で示し，左から右に記入して進行を表現する。

② **矢線の長さは，作業にかかる時間とは無関係である。**

③ **矢線の始まりが作業開始，矢側が作業完了を示す。**

④ 同一イベントから始まって，同一イベントに終わる作業は，2つ以上あってはならない。この場合には図5・14のように，ダミーを用いて分離して表示する。

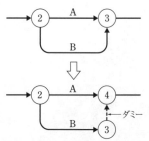

図5・14　ダミーによる分離例

3・3・2　ネットワークの計算

（1）　最早開始時刻の計算

最早開始時刻は，ある一つの作業に先行作業が終了次第，最も早く工事に着手できる時刻をいう。

最早開始時刻の計算は，**出発イベント時刻を0とし，イベント番号順に所要時間を合計して，最終イベントの最早開始時刻が工事の工期となる。イベントに複数の先行作業が入っている場合は，数値の最も大きいものをとる。**

最早開始時刻の計算例を図5・15に示す。ただし，本書では最早開始時刻をイベントの右肩に□数字で表記する。

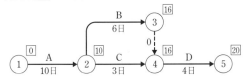

計算例①　最早開始時刻を計算する。

①：開始点であるので⓪日。
②：先行作業がAだけであるので⑩日。
③：先行作業AとBの所要日数の和＝10＋6＝⑯日
④：③からの経路は，所要日数0のダミーであるので，16日。
　　②からの経路は，先行作業AとCの和
　　　　　　＝10＋3＝13日
　　　　16日と13日の最大値をとって，⑯日となる。
⑤：④の最早開始時刻と作業Dの所要日数の和
　　　　　　＝16＋4＝⑳日

図5・15　最早開始時刻の計算例

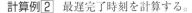
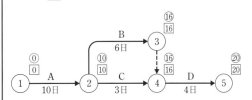

計算例②　最遅完了時刻を計算する。

⑤：⑤の最早開始時刻より⑳日とし，イベントを逆に計算していく。
④：⑤の最遅時刻と継続作業Dの所要日数の差
　　　　　　　＝⑳－4＝⑯日。
③：継続作業がダミーであるので，
　　　　　　　　　⑯－0＝⑯日
②：作業Bを通る経路では，⑯－6＝10日
　　作業Cを通る経路では，⑯－3＝13日
　　10日と13日の最小値をとって，⑩日となる。
①：②の最遅時刻と作業Aの所要日数の差
　　　　　　　＝10－10＝⓪日

図5・16　最遅完了時刻の計算例

（2）　最遅完了時刻の計算

最遅完了時刻は，各イベントにおいて，完了する作業が全体の予定工期を遅らせないように終わらせておかなければならない時刻をいう。

最遅完了時刻の計算は，**最終イベント時刻，すなわち工事全体の終了時刻を起点として前に戻りながら，それぞれの作業時間を引き算していく。イベントに複数の作業が出ている場合は，数値の最も小さいものをとる。**

最遅完了時刻の計算例を図5・16に示す。ただし，本書では最遅完了時刻をイベントの右肩に○数字で表記する。

（3）　余裕時間（フロート）の計算

ネットワークにおける各作業には，余裕時間（フロート）のあるものと，全く余裕時間のないものがある。作業の余裕時間には，遅れても他の作業に全く関係しない自由余裕時間（フリーフロー

施工管理法

工程管理

ト：FF）と，その次に行う作業に受け渡すことのできる干渉余裕時間（インターフェアリングフロート：IF）がある。

　FF と IF の和を全余裕時間（トータルフロート：TF）といい，FF，IF，TF の間には次の関係が成り立つ。

　　　TF＝FF＋IF　または　IF＝TF－FF

　最早開始時刻と最遅完了時刻が求められたのち，TF，FF，IF の計算例を図5・17 に示す。このように，余裕日数の計算は，任意の作業について単独に行うことができる。

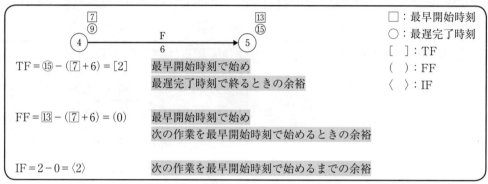

図5・17　作業 F の TF，FF，IF の計算例

(4)　クリティカルパスの計算

　作業の中には，フリーフロートもインターフェアリングフロートもなく，トータルフロート TF ＝0 の場合がある。**TF＝0 の作業を連ねた経路をクリティカルパス**という。クリティカルパス上のアクティビティが遅延すると全体工程に影響を及ぼすため，クリティカルパス上のイベントを重点管理する必要がある。

　クリティカルパスの性質は，次のとおりである。

① 　クリティカルパスの通算日数が工期を決定する。

② 　**クリティカルパスは，必ずしも1本ではない。**

③ 　クリティカルパス上の作業のフロートは，0 である。

④ 　クリティカルパス上以外の作業でも，フロートを消化してしまうとクリティカルパスとなる。

⑤ 　**クリティカルパスでなくとも，フロートの小さい経路は，クリティカルパスと同様に重点管理する必要がある。**

　クリティカルパスの計算例を図5・18 に示す。

　イベント⓪から④までのパスは，2つだけである。

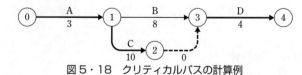

図5・18　クリティカルパスの計算例

パス1　⓪ $\xrightarrow[3]{A}$ ① $\xrightarrow[8]{B}$ ③ $\xrightarrow[4]{D}$ ④ ←所要日数 $3 + 8 + 4 = 15$ 日

パス2　⓪ $\xrightarrow[3]{A}$ ① $\xrightarrow[10]{C}$ ② $\dashrightarrow_{0}$ ③ $\xrightarrow[4]{D}$ ④ 所要日数 $3 + 10 + 4 = 17$ 日
（最長所要日数）

　クリティカルパス（最長経路）は，パス2で17日となる。

ここでクリティカルパス上の作業 A，C，D は**重点管理作業**という。

4節　安全管理

安全管理は，労働災害を未然に防ぐために危険性を除去できる方法を立案計画し，円滑に実施することである。試験では，作業主任者の選任，土止め支保工，明り掘削などが出題されている。

4・1　現場の安全管理

頻出レベル

低 ■■■□□□□ 高

学習のポイント

　建設業における死亡災害者数の主な原因，労働災害の発生率を調べる指標，作業主任者の選任を必要とする作業などを理解する。

現場の安全管理 ─┬─ 建設業の労働災害
　　　　　　　　　└─ 労働安全衛生

━━━━━━━━━━━━━◀ 基礎知識をじっくり理解しよう ▶━━━━━━━━━

4・1・1　建設業の労働災害

（1）　労働災害の発生状況

　建設業における死亡災害者数は，近年減少傾向にあるものの，いずれも毎年 300 名以上が死亡しており，全産業の 30%〜40% となっている。その主な原因には，図 5・19 に示すように，**墜落・転落による災害**（46%），**交通事故（道路）による災害**（13%），**崩壊・倒壊による災害**（9%），このほかに激突された災害，はさまれ・巻き込まれによる災害等がある。

（2）　労働災害の発生率の表し方

　厚生労働省では，労働災害の発生率を調べる指標として，度数率と強度率を用いている。

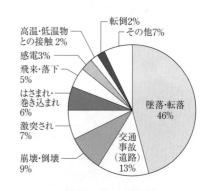

図5・19　建設業における死亡災害の発生状況
（平成 28 年度）

　① **度数率**　　度数率は，災害発生の頻度を示す指標で，**100 万労働延べ時間当たりの労働災害の死傷者数**で表す。

$$度数率 = \frac{労働災害による死傷者数}{労働延べ時間} \times 1\,000\,000$$

　② **強度率**　　強度率は，死傷者の労働損失を示す指標で，**1000 労働延べ時間当たりの労働損失日数**で表す。

$$強度率 = \frac{労働損失日数}{労働延べ時間} \times 1\,000$$

なお，損失日数は表5・13のように定められている。ただし，死亡および永久全労働不能（身体障害1〜3級）の場合は，休業日数に関係なく1件につき7500日とする。

表5・13　損　失　日　数

身体障害等級	4	5	6	7	8	9	10	11	12	13	14
損　失　日　数	5500	4000	3000	2200	1500	1000	600	400	200	100	50

③　**年千人率**　　年千人率は，慣用的に用いられるもので，労働者1000人当たりの1年間に発生した死傷者数で表す。

$$年千人率 = \frac{労働災害による年間死傷者数}{在籍労働者数} \times 1\,000$$

4・1・2　労働安全衛生

(1)　安全衛生管理体制

事業者は，政令で定める労働者数に応じて安全管理体制組織の確立および総括安全衛生管理者等の選任が義務づけられている。

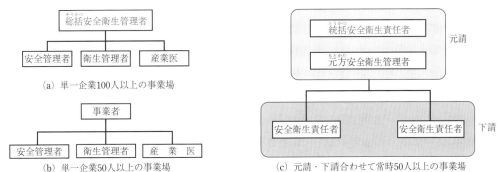

図5・20　安全衛生管理体制

(2)　作業主任者の選任

地山の掘削作業・土止め支保工作業・ずい道等の掘削等作業・型枠支保工の組立等作業などを行う場合には，事業者は，労働災害を防止するため，作業の区分に応じて免許を受けた者または技能講習を修了したものを作業主任者として選任し，作業の指揮を行わせなければならない。

作業主任者のおもな職務は，次のようである。

①　**作業の方法を決定し，作業を直接指揮すること。**

②　材料の欠点の有無ならびに器具および工具を点検し，不良品を取り除くこと。

③　**作業中，要求性能墜落制止用器具および保護帽の使用状況を監視すること。**なお，保護帽は，一度でも大きな衝撃を受けたら，外観に異常が見られなくても使用しない。また，要求性能墜落制止用器具は，できるだけ腰骨の近くで装着し，フックはできるだけ高い位置に取り付ける。

④　保護帽は，見やすい箇所に製造者名・製造年月日等が表示されているものを使用し，改造・加工したり，部品を取り除いてはならない。

(3)　安全衛生教育

事業者は，労働者の知識・技能の欠陥によって生じる労働災害を防止するため，次のような場合には，労働者に対して安全衛生教育を実施することが義務づけられている。

①　労働者を雇い入れたとき（新規雇用時教育）

②　作業内容を変更したとき（新規雇用時教育の準用）

③　**厚生労働省令で定める危険または有害な業務につかせるとき**

④　新たに職務に就くことになった職長（職長教育）

(4)　安全衛生活動の用語

①　**4S運動**　　安全確保の基本となる整理，整頓，清潔，清掃のことである。

②　**指差し呼称**　　作業者の錯覚，誤判断などを防止し，作業の安全性を高めるものである。

③　**ヒヤリ・ハット報告制度**　　作業中に事故に至らなかったが，危険を感じてヒヤリ・ハットした体験を取り上げ，その原因を取り除くものである。

④　**KYT**　　危険予知トレーニングの略で，職場の小単位の組織で話し合い，考え合って，作業の安全重点実施項目を理解するものである。

(5)　特定元方事業者の講ずべき措置

特定元方事業者（発注者から仕事を元請する事業者（元方事業者）のうち，特定業種である建設業，造船業に属する事業者）はその労働者および関係請負人の労働者の作業が同一の場合において行われることによって生じる労働災害を防止するため，次の措置を講じなければならない。

①　協議組織の設置および運営　　　　　②　作業間の連絡および調整

③　作業場所の巡視（毎作業日に1回以上）

④　関係請負人が行う労働者の安全・衛生教育に対する指導および援助

⑤　工程に関する計画及び機械・設備等の配置計画と関係請負人の指導

施工管理法

4・2　足場・型枠支保工の安全対策

学習のポイント

　足場および型枠支保工の組立・解体の留意点等を理解し，各種の足場および型枠支保工の組立等作業に関する規定を正確に覚える。

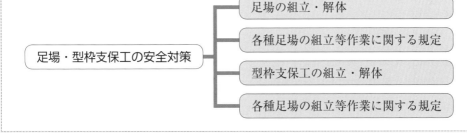

足場・型枠支保工の安全対策
- 足場の組立・解体
- 各種足場の組立等作業に関する規定
- 型枠支保工の組立・解体
- 各種足場の組立等作業に関する規定

●━━━━━━━━━━━━━━━ 基礎知識をじっくり理解しよう ●━━━━━━━━━

4・2・1　足場の組立・解体

（1）　足場の分類

　足場は，使用する材料によって木製足場と鋼製足場に分類され，構造上からは，図5・21 に示すように，支柱足場，吊り足場，特殊足場に分類される。

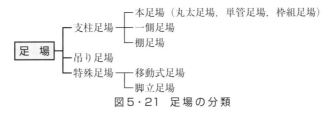

足　場
- 支柱足場 ─ 本足場（丸太足場，単管足場，枠組足場）
　　　　　├ 一側足場
　　　　　└ 棚足場
- 吊り足場
- 特殊足場 ─ 移動式足場
　　　　　└ 脚立足場

図5・21　足場の分類

（2）　足場の組立・解体の留意点

　足場を組立・解体するとき，作業上の留意点は，次のとおりである。

①　作業内容および手順を全作業員に周知させる。

②　作業区域内には，関係作業員以外の立入りを禁止する。

③　事業者は，強風，大雨等の悪天候によって，作業に危険が予想されるときは，作業を中止する。

④　事業者は，材料，工具などを上げるまたはおろすときは，吊り綱または吊り袋を使用させる。

⑤　高さが2m 以上の作業床の端，開口部等には，囲い，手すり等を設ける。作業床を設けることが困難な場合は，防網を張り要求性能墜落制止用器具を使用させて作業する。

⑥　**3m 以上の高所から物を投下するときは，投下設備を設け，監視人を置くなどをして，労働者の危険を防止する。**

（3）　足場の点検

　次の事項に該当するとき，**事業者は作業開始前に足場を点検して，異常の有無を調べる。**

施工管理法

安全管理

① 強風，大雨，大雪などの悪天候後の場合

② 中震以上の地震があった場合

③ 足場の組立，一部解体，もしくは変更をした場合

④ 吊り足場における作業を行う場合

(4) 手すり先行工法

手すり先行工法は，足場からの墜落災害を防止するための有効な対策の一つで，足場の組立時には，**作業床の最上層にあたる部分に手すりを先行して設置し**，かつ，**解体時には最上層の作業床を取り外すまで手すりを残す工法**である。

手すり先行工法に関するガイドラインでは，**「手すり先送り方式」**，**「手すり据置き方式」**，**「手すり先行専用足場方式」**の3種類が規定されており，そのいずれかの方式を採用しなければならない。また，ガイドラインは，軒の高さが10m未満の木造家屋等低層住宅建築工事を除く，足場の設置を必要とする工事に適用される。

4・2・2　各種足場の組立等作業に関する規定

(1) 本 足 場

本足場は，図5・22のように，**丸太または鋼管を使用し，構造物の外壁面にそって2列の建地（たてじ）を立て，布および腕木（うでき）で緊結した足場**である。鋼管による本足場を鋼管足場または単管足場という。単管足場の組立等の作業に関する規定は，次のとおりである。

① 作業床の**幅は40cm以上，すき間は3cm以下，床材と建地とのすき間は12cm未満**とする。

② 建地間隔は，**桁行方向1.85m以下，はり間方向1.5m以下**とする。

③ 地上第一の布の高さは，2m以下とする。

④ 建地の高さが31mを超えるときは，**最上部から測って31mより下の部分を2本組の建地**

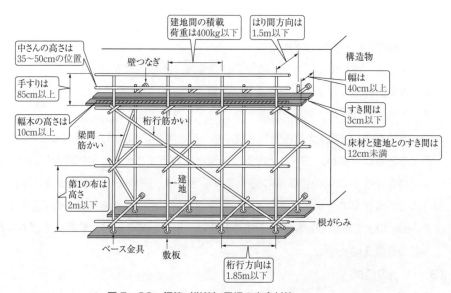

図5・22　鋼管（単管）足場の安全対策

として，緊結金具で固定する。ただし，建地の下端に作用する設計荷重が最大使用荷重を超えないときは，その限りではない。

⑤ 建地の張り間方向での積載荷重は，**1スパン当たり400 kg以下**とする。

⑥ 壁つなぎ間隔は，**垂直方向5 m以下，水平方向5.5 m以下**とする。

⑦ 筋かいは，足場の側面に角度45度程度で交差するように2方向に取り付ける。

⑧ 床材は転位し，または脱落しないように2つ以上の支持物に取り付ける。

⑨ 建地の脚部には，滑動または沈下防止のため，ベース金具を敷板の中央に配置し，さらに根がらみを設ける。

⑩ 足場の作業床より上の物体の落下を防ぐため，幅木を設置する。

⑪ 足場の作業床の手すりには，中さんを設置する。

(2) 枠組足場

枠組足場は，図5・23のように，工場で一定に加工した枠を積み重ねる足場である。枠組足場の組立等の作業に関する規定は次のとおりである。

① **最上層および5層以内**ごとに水平材を設ける。

② 高さが20 mを超えるときは，主枠の高さを2 m以下，主枠間隔を1.85 m以下とする。

③ 壁つなぎ間隔は，**垂直方向9 m以下，水平方向8 m以下**とする。

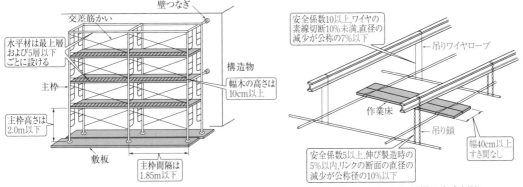

図5・23　枠組足場の安全対策　　　　　　図5・24　吊り足場の安全対策

(3) 吊り足場

吊り足場は，図5・24のように，構造物から吊り下げた足場であり，主としてスラブの型枠組み，ボルトの施工，塗装などの作業に使用される。

吊り足場の組立て等の作業に関する規定は次のとおりである。

① **吊り足場上での脚立，はしごなどの使用は禁止**されている。

② **作業床は，幅40 cm以上で，すき間があってはならない。**

③ 使用する吊りワイヤは，ワイヤの安全係数10以上，ワイヤの素線切断10％未満，直径の減少が公称径の7％以下，キンク（曲がって折目のあるもの）や腐食のないワイヤでなければならない。

④ 使用する吊り鎖は，鎖の安全係数5以上，伸びが製造時の長さの5％以内，リンクの断面の直径の減少が公称径の10％以下，亀裂のない鎖でなければならない。

（4）　登りさん橋

　登りさん橋は，図5・25のように，足場と一体となって設置するもので，人の昇降，荷物の運搬などに使用される。登りさん橋の組立等作業に関する規定は次のとおりである。

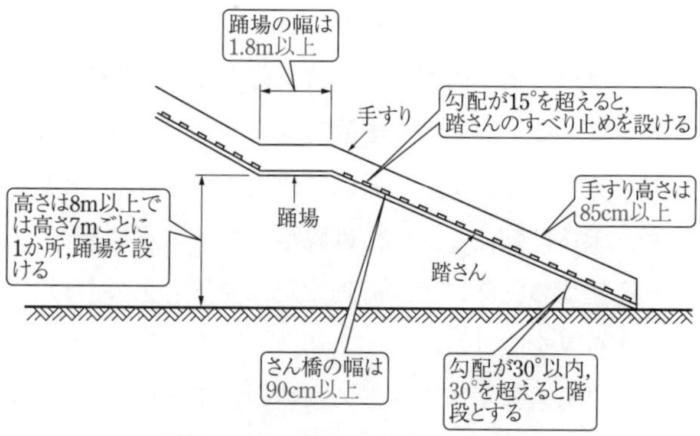

図5・25　登りさん橋の安全対策

　①　高さが8m以上の登りさん橋のときは，**高さ7m以内に踊場を設け，踊場の幅を1.8m以上**とする。

　②　登りさん橋の勾配は**30度以下**とし，**15度を超えるときは，踏さんをつける**。

　③　手すりの高さは85cm以上とする。　　④　さん橋の幅は90cm以上とする。

（5）　はしご道

　はしご道は，はしご状の通行設備で，工事現場において簡易な昇降用として用いる。はしご道に関する規定は，次のとおりである。

　①　現場内の高さまたは深さが1.5mを超える作業箇所の昇降には，はしご道・移動はしご等を設置する。　②　はしごの幅は，30cm以上とする。

　③　移動はしごの踏さんは，25cm以上35cm以下の等間隔とする。

　④　はしご道の上端は，床から60cm以上突き出す。

（6）　架設通路（さん橋）

　架設通路は，通路のうち両端が支点で支持され，架け渡されているもので，さん橋ともいう。架設通路に関する規定は，次の通りである。

　①　高さおよび長さがそれぞれ10m以上で，組立から解体までの期間が60日以上となる架設通路は，設置計画を工事の開始日の30日前までに，労働基準監督署長に届け出ること。

　②　機械相互の間またはこれと他の設備の間は80cm以上とする。

（7）　墜落を防止する安全ネット

　①　安全ネットの材料は合成繊維とし，網目の大きさは辺の長さが10cm以下とする。

　②　安全ネットは，紫外線・油・有毒ガス等のない乾燥した場所に保管する。

　③　安全ネットは，人体またはこれと同等以上の重さによる衝撃を受けたものを使用しない。

（8）　墜落・落下防止の措置

　①　作業床の端，開口部には，必要な強度の囲い，手すり，覆いを設置する。

　②　囲い等の設置が困難な場合は，安全ネットを設置し，要求性能墜落制止用器具を使用させる。

4・2・3　型枠支保工の組立・解体

（1）　型枠支保工の分類

　型枠支保工は，コンクリート打設に使用する型枠を支持するため，支柱，梁，筋かい等の部材に

よって構成される仮設の設備で，図5・26
に示すように分類される。

型枠支保工
┬ 鋼管（単管）支柱による型枠支保工
├ パイプサポート支柱による型枠支保工
├ 鋼管枠支柱による型枠支保工
└ その他の支柱による型枠支保工

図5・26　型枠支保工の分類

(2) 計　　画

① 事業者は組立図を作成する。

② 鋼材の許容応力度は，鋼材の降伏強さの2/3以下とする。

③ 支柱が組み合わされた構造の設計荷重は，支柱製造者が指定する使用最大荷重以下とする。

(3) 型枠支保工の組立・解体の留意点

型枠支保工を組立・解体するとき，作業上の留意点は，次のとおりである。

① **作業主任者は，組立図に基づき組立て，解体する。**

② 作業区域内には，関係作業員以外の立入りを禁止する。

③ 事業者は，強風，大雨等の悪天候によって，作業に危険が予想されるときは，作業を中止する。

④ 材料，工具などを上げまたはおろすときは，吊り綱または吊り袋を使用させる。

(4) コンクリート打設を行う場合の点検

① コンクリート**打設前**に，型枠支保工を点検し，異常を認めたときは補修を行う。

② コンクリート打設作業中，型枠支保工に異常が認められた際は，作業を中止し，措置を講じる。

4・2・4　各種型枠支保工の組立等作業に関する規定

(1) 鋼管（単管）支柱による型枠支保工

鋼管（単管）支柱による型枠支保工の組立等の作業に関する規定は，次のとおりである。

① **高さ2m以内ごとに2方向に水平つなぎ**を設ける。

② 単管の接続部は，ボルト，クランプなどの専用金具を用いて緊結する。

③ 支柱の継手は，**突合せか差込みとする。**

④ 梁または大引きを上端に載せるときは，支柱の上端に鋼製の端板を取り付け，これを梁または大引きに固定する。

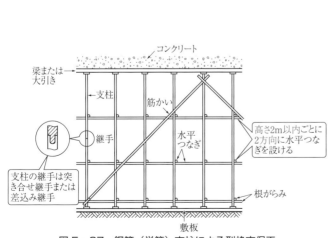

図5・27　鋼管（単管）支柱による型枠支保工

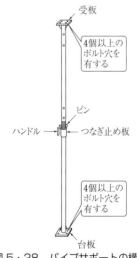

図5・28　パイプサポートの構造

施工管理法

安全管理

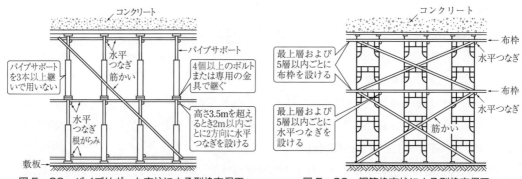

図5・29　パイプサポート支柱による型枠支保工　　　図5・30　鋼管枠支柱による型枠支保工

(2)　パイプサポート支柱による型枠支保工

パイプサポート支柱による型枠支保工は，図5・29に示すようなパイプサポートを用いたものである。パイプサポート支柱による型枠支保工の組立等作業に関する規定は，次のとおりである。

① パイプサポートを**3本以上継いでは用いない**。

② パイプサポートを継いで用いるときは，**4個以上**のボルトまたは専用の金具を用いる。

③ 高さが3.5mを超えるときは，2m以内ごとに2方向に水平つなぎを設ける。また，水平つなぎの変形を防ぐために斜材を設ける。

④ 部材の交差部は，ボルト，クランプなどの専用金具を用いて緊結する。

(3)　鋼管枠支柱による型枠支保工

鋼管枠支柱による型枠支保工は，図5・30に示すように，工場で一定に加工した枠を積み重ねてつくるもので，高架橋など高さのある型枠支保工に用いられる。鋼管枠支柱による型枠支保工の組立等の作業に関する規定は，次のとおりである。

① 水平つなぎは，**最上層および5層以内**ごとに，5枠以内で2方向に設ける。

② 布枠（ぬのわく）は，**最上層および5層以内**ごとに設ける。

③ 交差筋かいは，型枠支保工の側面に設ける。

④ 梁または大引きを上端に載せるときは，支柱の上端に鋼製の端板を取り付け，これを梁または大引きに固定する。

(4)　木材を支柱として用いるときの型枠支保工

木材を支柱として用いるときの型枠支保工に関する規定は，次のとおりである。

① 水平つなぎは，高さ2m以内ごとに2方向に設ける。

② 木材を継いで用いるときは，2個以上の添え物を用いて継ぐ。

③ 梁または大引きを上端に載せるときは，支柱の上端に添え物を取り付け，これを梁または大引きに固定する。

4・3　土留め支保工の安全対策

頻出レベル
低 ■■■■■□ 高

学習のポイント

　地山を手掘り作業で掘削する場合の掘削面の高さと勾配の関係，土留め支保工の取付け・取外し時の留意点などを理解する。

- ◀ 基礎知識をじっくり理解しよう ▶ - - - - - - - - - - - - -

4・3・1　明り掘削作業

　明り掘削作業は，**明り作業の中で土砂や岩石を掘り起こす作業**で，切土部の掘削，土取場における掘削，構造物基礎の掘削などがある。掘削面の高さが 2 m 以上となる地山の掘削の作業では，地山の掘削作業主任者を選任し，作業主任者が直接指揮する。

（1）　事 前 調 査

　地山の崩壊により労働者に危険を及ぼすおそれがあるときは，あらかじめ，作業箇所の地山について，下記の事項を調査し，掘削の時期，順序を決定しなければならない。

①　地質および地層の状態

②　亀裂，含水，湧水，凍結，ガスなどの有無

③　**埋設物の確認**

（2）　掘削面の高さと勾配

　手掘り掘削の場合，地山の地質により，掘削面の高さと勾配が表 5・10 のように決められている。なお，すかし掘り（下部掘削面が上部掘削面より内側に深く先行して掘り進むこと）は禁止されている。

（3）　明り掘削作業時の留意点

　明り掘削作業時の留意点は，次のとおりである。

①　掘削作業を行うときは，あらかじめ，運搬機械，掘削機械および積込み機械の運行経路，荷卸し場所への出入りの方法を定め，**労働者に周知する。**

②　運搬機械等が労働者の作業箇所に後進して接近するとき，または転落するおそれのあるときは，**誘導者を配置し，運搬機械等を誘導させなければならない。**

③　予定しない埋設物が現れたときは，**直ちに作業を中止して埋設物の管理者に通報し，その立会いを求めて処理する。**

施工管理法

安全管理

④　掘削機械等の使用により，ガス管，地中電話線路等の破損による危険のおそれがあるときは，掘削機械等を使用してはならない。ガス導管が掘削途中に発見された場合には，事業者がガス導管を防護する作業を指揮する者を指名し，その者の直接指揮のもとにガス導管周辺の掘削作業を行わせなければならない。

表5・14　掘削制限

地　　　山	掘削面の高さ	勾　　配	備　　　考
岩盤または硬い粘土からなる地山	5 m 未満	90°以下	
	5 m 以上	75°以下	
その他の地山	2 m 未満	90°以下	
	2〜5 m 未満	75°以下	
	5 m 以上	60°以下	
砂からなる地山	5 m 未満または 35°以下		
発破などにより崩壊しやすい状態の地山	2 m 未満または 45°以下		

備考欄：2m以上／掘削面の高さ／勾配／掘削面とは 2 m 以上の水平段に区切られるそれぞれの掘削面をいう。

⑤　工事のために一般の交通を迂回させる場合は，工事個所の所轄警察署長の許可に基づき，規制標識を設置する。

⑥　明り掘削の作業を行う場所は，作業を安全に行うために必要な照度を保持しなければならない。

(4)　明り掘削作業の点検

明り掘削作業を行うときは，点検者を指名して，次の時期に浮石および地山の亀裂の有無などを点検しければならない。

①　**その日の作業開始前**

②　大雨および大雪など地山が軟弱化するおそれがある事態が生じたあと

③　中震以上の地震のあと

④　発破を行ったあと

4・3・2　土留め支保工

一般にその箇所の土質に見合った勾配で掘削できる場合を除いて，**掘削の深さが 2 m 以上となるときは，土留め支保工を設けなければならない。**なお，**市街地や掘削幅の狭い所では，掘削の深さが 1.5 m を超える場合**において土留め支保工を設けなければならない。

(1)　土留め支保工の各部名称

土留め支保工の代表的な工法である，親杭横矢板工法および鋼矢板工法の各部名称を図5・31に示す。

①　**矢板**　杭として，互いにかみ合わせて地盤に何枚か連続して打ち込んで壁を作り，**土圧や水圧を支える**ものである。

②　**切梁**（きりばり）　腹起しを介して，**土圧等の力を支持する水平材**である。圧縮材として設計される。

③　**腹起し**（はらおこ）　土留め支保工の**土留め壁（矢板）を支持する部材**である。

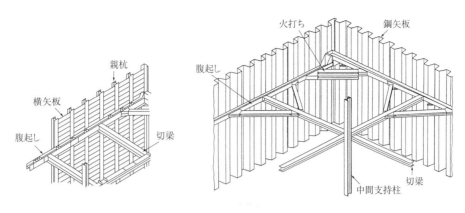

（a）親杭横矢板工法　　　　　　　　　　（b）鋼矢板工法

図5・31　土留め支保工の各部名称

④　**火打ち**　　土留め壁の隅部の変形防止や切梁の水平間隔を長くするため，腹起しの補強のために設ける部材である。

⑤　**中間支持柱**　　土留め支保工の切梁の座屈防止，安全な強度の確保のためと，切梁相互の緊結固定のために用いる。

（2）　土留め支保工の取付け・取外し時の留意点

土留め支保工を取付け・取外しするとき，作業上の留意点は，次のとおりである。

①　土留め支保工の組立は，あらかじめ組立図を作成し，その組立図に基づいて組立て，取外す。

②　土留め支保工の切ばりまたは腹おこしの取付け・取外しの作業では，土留め支保工作業主任者（土止め支保工と記述するのは，労働安全衛生法による場合のみで，それ以外は土留め支保工と記述する）を選任し，**作業主任者が直接指揮**する。

③　火打ちを除いた圧縮材の継手は，**突合せ継手**とする。

④　切梁または火打ちの接続部分および切梁と切梁の交差部分は，当て板をあててボルト締め，または溶接などで堅固にする。

⑤　中間支持柱を備えた土留め支保工の場合は，切梁を中間支持柱に確実に取り付ける。

⑥　切梁および腹起しは，脱落を防止するため，矢板または杭等に確実に取り付ける。

⑦　切梁と土留め壁の空間には，**モルタルまたはコンクリートを充てんし，くさびを打って密着**する。

⑧　掘削した開口部には，防護網の準備ができるまで転落しないように移動さくを連続して設置する。

（3）　土留め支保工の点検

土留め支保工を取付け・取外しするときは，点検者を指名して，次の時期に部材の損傷・変形・変位および脱落の有無などを点検しければならない。

①　設置後7日を超えない期間ごと

②　中震以上の地震のあと

③　大雨等により地山が急激に軟弱化するおそれのある事態が生じたあと

施工管理法

安全管理

4・3・3　ずい道等の建設作業

ずい道および立て坑以外の坑の建設作業における主な安全対策は，次のとおりである。

① 　ずい道の掘削作業を行うときは，あらかじめ調査した地質および地層の状態に基づき掘削の方法，支保工の施工方法および覆工の施工方法等を定めた施工計画書に従って，作業を行わなければならない。

② 　ずい道の掘削，ずり積込み，支保工の組立等の作業においては，ずい道等の掘削作業主任者を，ずい道の覆工作業においては，ずい道等の覆工作業主任者を選任する。

③ 高さ5m以上のコンクリート造の工作物の解体または破壊の作業においては，コンクリート造の工作物の解体等作業主任者を選任する。

④ 　掘削作業を行うときは，**毎日，掘削箇所およびその周辺の地山について，地質・地層の状態，含水および湧水等の状態を観察**し，その結果を記録しておく。

⑤ 　可燃性ガスの発生のおそれがあるときは，毎日，作業を開始する前，中震（震度4）以上の地震の後に，可燃性ガスの濃度を測定し，その結果を記録しておく。

⑥ 　ずい道の掘削に伴う落盤，肌落ちにより労働者に危険を及ぼすおそれのあるときは，**ずい道支保工を設け，ロックボルトを施す等の措置**をしなければならない。

4・4　建設機械作業時の安全対策

学習のポイント

　車両系建設機械，移動式クレーン，杭打ち機（杭抜き機）を使用して作業するとき，安全管理上の規定を理解する。

建設機械作業時の安全対策 ─┬─ 車両系建設機械
　　　　　　　　　　　　　　├─ 移動式クレーン
　　　　　　　　　　　　　　└─ 杭打ち機（杭抜き機）

━━━━━━━━━━━━━━━━ 基礎知識をじっくり理解しよう ━━━━━━━━━

4・4・1　車両系建設機械

　車両系建設機械は，動力を用いて不特定の場所に走行できる建設機械で，ブルドーザ，パワーショベル，ローラなどがある。車両系建設機械を使用するときは，安全管理上，次の規定がある。

(1)　構　　造

① 前照灯を備える。

② 堅固なヘッドガード（頭上防護用覆い）を備える。

(2)　制限速度

　最高速度が 10 km/h を超えて車両系建設機械を用いて作業を行うときは，あらかじめ，地形・地質に応じた適正な制限速度を定める。

(3)　車両系建設機械の運転・操作

① 運転者が運転位置を離れるときは，**原動機をとめ**，バケット等の作業装置を地上におろし，**かつ走行ブレーキをかける。**

② **乗車席以外に労働者を乗せない。**また，車両系建設機械は主たる用途以外の用途に使用しない。

③ 誘導員を置く場合には，一定の合図を定め，誘導員に合図を行わせる。

④ 車両系建設機械の構造上の定められた安定度，最大使用荷重等を遵守する。

⑤ 路肩，傾斜地等で車両系建設機械を使用し，転倒または転落の危険が生じるおそれのあるときは，**誘導員を配置して，車両系建設機械を誘導**させる。または転倒時保護構造を有し，かつシートベルトを備えた機能を使用する。

⑥ 地山を足もとまで機械掘削する場合，バックホウ等のクローラ（履帯）の側面は，機械の転倒を防止するため，掘削面と直角となるように配置する。

⑦ 車両系建設機械に接触することにより，労働者に危険が生じるおそれのある箇所には，原則として労働者を立ち入れさせてはならない。

⑧　アタッチメントの装着や取外しを行う場合には，作業指揮者を定め，その者に安全支柱，安全ブロック等の使用状況を監視させる。

(4)　車両系建設機械の移送

①　積み卸しは，平坦な堅固な場所で行う。

②　道板を使用するときは，十分な長さ，幅および強度を有する**道板を用い，適当な勾配で確実に取り付ける。**

③　盛土や仮設台等を使用するときは，十分な幅，強度および適当な勾配を確保する。

(5)　検　　査

車両系建設機械の検査は，表5・15のように，検査項目および検査頻度が定められている。なお，**検査済みの車両系建設機械には検査標章を貼り付けておく。**また，車両系建設機械の修理，または点検等を行うときは，作業を指揮する者を定め，その者に作業手順を決定させ，作業を指揮させる。

表5・15　車両系建設機械の検査

頻　　度	検　査　項　目
作業開始前 （始業，日常点検）	ブレーキおよびクラッチの機能
1月以内ごとに1回 （月例点検）	ブレーキ，クラッチ，操縦装置および作業装置の異常の有無，ワイヤロープおよびチェーンの損傷の有無，バケット・ジッパなどの損傷の有無
1年以内ごとに1回 （年次点検，特定自主検査）	原動機，動力伝達装置，走行装置，操縦装置，ブレーキ，作業装置，油圧装置，電気系統，車体関係
自主検査の記録	3年間保存

4・4・2　移動式クレーン

(1)　運転資格

移動式クレーンの運転は，吊上げ荷重が5t以上の場合で移動式クレーン運転士免許取得者，5t未満1t以上の場合で小型移動式クレーン運転技能講習の修了者または移動式クレーン運転士免許取得者，1t未満で特別教育の修了者等でなければならない。

(2)　移動式クレーンの作業時の留意点

移動式クレーンを使用して荷の吊り上げ等を行うとき，作業上の留意点は次のとおりである。

①　定格荷重を表示し，これを超えて荷重をかけてはならない。**定格荷重は，ブームの傾斜角や長さに応じて，そのクレーンが吊上げることができる最大の荷重から吊り具重量を控除した荷重**である。定格総荷重は，ブームの傾斜角や長さに応じて，そのクレーンが吊上げることができる最大の荷重で，吊り具重量も含んだ荷重である。

②　クレーンで労働者を運搬し，または労働者を吊り上げて作業をさせてはならない。ただし，作業の性質上やむを得ない場合は，**クレーンの吊り具に専用の搭乗設備を設けて労働者を乗せることができる。**

③　転倒防止のために鉄板を敷き，アウトリガーを最大限に張り出して固定する。

④　オペレータは，**荷を吊り上げたままで運転席を離れない。**

⑤　強風のため危険が予想されるときは，作業を中止する。

⑥　玉掛け用ワイヤロープは，**ワイヤの安全係数 6 以上，ワイヤの素線切断 10% 未満，直径の減少が公称径の 7% 以下，**キンク（曲がって折目のあるもの）や腐食のないワイヤでなければならない。

⑦　移動式クレーンのジブの組立，または解体の作業を行うときは，作業を指揮する者を選任し，その者の指揮の下で作業を実施させなければならない。

⑧　事業者は，クレーンの運転者及び玉掛け者が定格荷重を常時知ることができるよう，表示等の措置を講じなければならない。

⑨　事業者は，原則として合図を行う者を指名しなければならない。

(3)　検　　査

移動式クレーンの検査は，表5・16 のように，検査項目および検査頻度が定められている。なお，**検査済みの建設機械には検査標章を貼り付けておく。**

表5・16　移動式クレーンの検査

頻　　　度	検　査　項　目
作業開始前 （始業前点検）	巻過防止装置，警報装置，ブレーキ，クラッチおよびコントローラの機能
1 月以内ごとに 1 回 （月例点検）	巻過防止装置，安全装置，ブレーキおよびクラッチ，警報装置の異常の有無，ワイヤロープおよび吊りチェーンの損傷の有無，フック等の吊り具の損傷の有無
1 年以内ごとに 1 回 （年次点検，自主検査）	荷重試験
自主検査の記録	3 年間保存

4・4・3　杭打ち機（杭抜き機）

図5・32 のような杭打ち機（杭抜き機）を使用するときには，安全管理上，次の規定がある。

①　軟弱な地盤に機械を据え付ける場合は，脚部または架台の沈下を防止するため，敷板・敷角を使用する。さらに，滑動のおそれのある場合は，杭やくさびで固定する。

②　バラストウエイトを用いて安定させるときは，バラストウエイトの移動を防止するため，これを架台に確実に取り付ける。

③　巻上げ用ワイヤを最大に引き出した場合でも，巻上げ装置の巻胴には，**最低でも 2 巻分を残すようにする。**

④　杭の取り込みの際は，横引きしないようにする。

⑤　巻上げ用ワイヤロープは，**ワイヤの安全係数 6 以上，ワイヤの素線切断 10% 未満，直径の減少が公称径の 7% 以下，**キンク（曲がって折目のあるもの）や腐食のないワイヤでなければならない。

⑥　ワイヤロープがはねる等の危険を防止するため，運転中の巻上げ用ワイヤロープの屈曲部の内側に労働者を立ち入らせてはならない。

⑦　巻上げ装置に荷重を掛けたままで巻上げ装置を停止しておくときは，歯止め装置により歯止

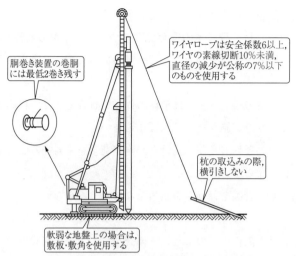

胴巻き装置の巻胴には最低2巻き残す

ワイヤロープは安全係数6以上，ワイヤの素線切断10%未満，直径の減少が公称の7%以下のものを使用する

杭の取込みの際，横引きしない

軟弱な地盤上の場合は，敷板・敷角を使用する

図5・32　杭打ち機（杭抜き機）の安全対策

めを行い，止め金付きブレーキを用いて制動しておく等確実に停止しておかなければならない。

⑧　**運転者は，巻上げ装置に荷重を掛けたままで運転位置を離れてはならない。**

施工管理法

4・5　各作業の安全対策

学習のポイント

圧気工事で備えるべき設備，建設工事公衆公害防止対策で定められている作業場および交通対策などを理解しておく。

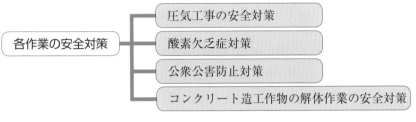

- - - - - - - - - - - - - ◀ 基礎知識をじっくり理解しよう ▶ - - - - - - - - - -

4・5・1　圧気工事の安全対策

圧気工事は，高気圧が作用する密室内作業での工事で，**切羽崩壊，墳発，異常沈下，酸素欠乏，有毒ガス中毒，高気圧障害等の圧気工事特有の災害**が生じるおそれの高い工事である。

(1) 設　　備

圧気工事で備えるべき設備は，次のとおりである。

① 専用の排気管および送気管を設け，**送気管には逆止弁を取り付ける。**

② 気こう室（高圧室内作業者が作業室に出入りするとき，加圧または減圧を受ける室）は，作業員1人について，**床面積 0.3 m² 以上，気積 0.6 m³ 以上を確保**する。

③ **0.1 MPa 以上の圧気工事**では，作業員の救急処置を行うホスピタルロック（再圧室）を用意し，常時利用できる状態にしておく。

④ 作業室の気積は，作業員1人について，**4 m³ 以上を確保**する。

(2) 業務の管理

圧気下における業務の管理は，次のとおりである。

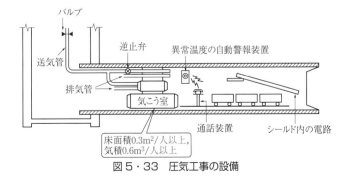

図5・33　圧気工事の設備

施工管理法

安全管理

① 作業員は6ヵ月以内ごとに特別健康診断を受ける。

② 気こう室での加圧および減圧の速さは，**毎分0.08MPa**とする。

③ 大気圧を超える気圧の作業室やシャフトの内部で行う作業には，高圧室内作業主任者の免許を有する者のうちから作業室ごとに作業主任者を選任する。

④ 圧気下では酸素が濃縮されて火災が生じやすいので，次の点に配慮しなければならい。

・電灯はガード付のものを用いる。

・電路の開閉器は，火花を発散しないものとする。

・暖房は可燃物の点火源とならないものを用いる。

・気圧0.1MPa以上の作業では，救護に関する技術者を選任する。

・**高圧室内に，マッチ，ライター等，発火のおそれのあるものを持ち込んではならない。**

4・5・2　酸素欠乏症対策

(1)　酸素欠乏危険場所

　通常生活している市街地等の空気中の酸素濃度は約21%であるが，空気中の酸素濃度が**18%未満**になった状態を酸素欠乏という。特に次の場所は，酸素欠乏症（酸素欠乏の空気を吸うことにより生じる症状）の発生の危険性が高く，工事の計画にあたっては事前の調査と対策が必要となる。

① 上層に不透水層がある砂礫層のうち，含水もしくは湧水がないか少ない場所

② 第一鉄塩類（第一鉄イオン，酸化第一鉄，水酸化第二鉄）または第一マンガン塩類（第一マンガンイオン，酸化第一マンガン）を含有している地層

③ メタン，エタンまたはブタンを含有している地層

④ 炭酸水を湧出している地層

⑤ 腐泥層

(2)　酸素欠乏防止対策

① 酸素欠乏危険場所において作業を行うときは，作業開始前に空気中の酸素濃度を測定し，空気中の酸素濃度を18%以上に保つように換気する。

② 空気呼吸器等を備え，**停電時は直ちに退避**する。

③ **酸欠のおそれのある作業には，第一種酸素欠乏作業主任者**を，**酸欠・硫化水素発生のおそれのある作業には，第二種酸素欠乏作業主任者**を選任する。

④ 危険地層に接していない場合でも，作業場所から半径1km以内で圧気工法による工事が行われているときは，酸素の補給路を確立して施工する。

4・5・3　公衆災害防止対策

　施工者が市街地で工事を施工する場合，守るべき最小限の技術的事項が建設工事公衆災害防止対策要綱（土木工事編）に定められている。

　規制の対象には，作業場（材料を集積し，または機械類を置くなど，工事のために使用する区域），交通対策，埋設物，土留め工などがある。

(1)　作　業　場

① 固定さくの高さは **1.2 m 以上**とする。

② 移動さくは，高さ 0.8 m〜1.0 m，長さ 1.0 m〜1.5 m とする。

③ さくは，**黄色と黒色を交互に斜縞**に彩色し，彩色する各縞の幅は 10 cm〜15 cm，**水平との角度は 45°** を標準とする。

④ 歩行者および自転車が移動さくに沿って通行する部分の移動さくの設置にあたっては，移動さくの間隔をあけないようにし，または移動さくの間に安全ロープ等を張ってすき間のないように措置する。

⑤ さくの**設置は交通流の上流から下流に向けて，撤去は交通流の下流から上流に向けて行う。**

⑥ 作業の出入口には原則として引戸式の扉を設け，作業に必要のないときは閉鎖しておく。開放中は見張員を配置する。

⑦ 車両の作業場の出入りは，**交通流の背面**からとする。

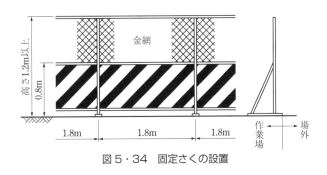

図 5・34　固定さくの設置

(2)　交 通 対 策

① 工事箇所の確認として，保安灯，道路標識，標示版，回転灯を設置する。

② 保安灯は高さ 1 m 程度のもので，**夜間 150 m 前方から視認できる光度**を有するものを設置する。

③ 交通量の特に多い道路上で工事を行う場合には，工事を予告する道路標識，掲示板を工事箇所の**前方 50 m〜500 m の間の路側**または**中央帯のうち視認しやすい箇所**に設置する。

④ 段差が生じたときは，5% 以内の勾配ですりつける。

⑤ 歩行者の仮設道路は 0.75 m の幅を確保する。特に，歩行者の多い箇所は 1.5 m の幅とする。

(3)　埋　設　物

① 起業者は埋設物の調査にあたり，各種埋設物の管理者に対して立会いを求める。

② 埋設物の確認は **2 m 程度**まで試掘し，それと合わせて探針する。埋設物の存在が確認されたときは，布掘りまたはつぼ掘りを行って埋設物を露出させる。

(4)　熱中症の予防対策

① あらかじめ熱中症の予防方法などの労働衛生教育を作業者に実施する。

② 気温条件，作業内容，作業者の健康状態等を考慮して作業休止時間や休憩時間を確保する。

③ 作業場所に飲料水を備え付ける等，水分や塩分が補給できるようにする。

施工管理法

安全管理

④　作業者の健康状態は，作業者の自己申告のほかに，健康診断結果，現場代理人の巡視等により把握する。

(5)　保護具の点検

建設工事において，労働災害防止のために着用する要求性能墜落制止用器具，保護帽の点検項目および使用上の留意点は，表5・17の通りである。ゴンドラの作業床における作業では，要求性能墜落制止用器具その他の命綱を使用しなければならない。

表5・17　保護具の点検項目および使用上の留意点

要求性能墜落制止用器具	(1)　点検項目：①ベルトの摩耗・擦り切れ・切傷・焼損・溶融，②ロープの切傷・摩耗・キンク・焼損・溶融・変形，③金具類の変形・摩滅・傷・さび (2)　使用上の留意点：①ベルトは腰骨の上で締める。②フックは腰より高い位置に取り付ける。③ロープは鋭い角に触れないようにする。
保護帽	(1)　点検項目：①帽体の欠損・亀裂・衝撃の跡，②着装体・あごひもの損傷・縫い目のほつれ，③衝撃吸収ライナーの変形・傷・割れ (2)　使用上の留意点：①労検ラベルが貼付されていない保護帽は使用しない。②一度でも大きな衝撃を受けたものは，外観に損傷が無くても使用しない。③あごひもは必ず正しく締める。

4・5・4　コンクリート造の工作物の解体作業

高さ5m以上のコンクリート造の工作物の解体作業における主な安全対策は，次のとおりである。

①　工作物の倒壊，物体の飛来または落下等による労働者への危険を防止するため，あらかじめ工作物の形状等を調査し，作業計画を定め，これにより作業を行わなければならない。

②　作業計画には，**作業方法および順序，使用機械の種類および能力等**を記載しなければならない。

③　強風・大雨・大雪等の悪天候によって，作業の実施について**危険が予想されるとき**は，**作業を中止**する。

④　物体の飛来等により労働者に**危険が生じる恐れのある箇所**では，解体用機械の運転者以外の**労働者を立ち入らせない**。

⑤　外壁・柱等の引倒し等の作業を行うときは，**引倒し等について一定の合図を定め**，関係労働者に周知しなければならない。

⑥　器具や工具等を上げ，または下ろすときは，つり綱やつり袋等を労働者に使用させる。

⑦　作業主任者を選任するときは，コンクリート造の工作物の解体等作業主任者技能講習を修了した者から選任する。

5節 品質管理

品質管理は，発注者が満足する品質の構造物を造ることができるように施工者が品質目標を定め，これを合理的・経済的に施工し，引渡すことである。試験では，品質管理の手順，ISO 規格，工程能力図，管理図などが出題されている。

5・1 品質管理の基本・ISO 規格

頻出レベル
低 ■■■■■□ 高

学習のポイント

品質管理の手順，品質特性の選び方，品質特性と試験方法の関係などを理解する。また，ISO 9000 ファミリーと ISO 14000 シリーズの規定内容，相違点などを理解する。

```
品質管理の基本・ISO 規格 ── 品質管理の手順
                      ── 品質特性の選定
                      ── ISO 規格の種類
```

-------------------------------- 基礎知識をじっくり理解しよう --------------

5・1・1 品質管理の手順

(1) 品質管理の基本的な考え方

品質管理は，日本工業規格 JIS Z 8101 によれば，**買手の要求（規格）に合った品質の製品を経済的に作り出すためのすべての手段の体系**をいう。また，近代的な品質管理は，統計的な手段を採用しているので，特に統計的品質管理と呼んでいる。

土木工事の品質管理は，設計・仕様書に示された規格を十分満足するような土木構造物を最も経済的につくるための，工事のすべての段階における管理体系である。さらに加えて構造物の欠点を未然に防ぎ，工事に対する信頼性を増し，新しい問題点や改善の方法を見出すことである。

(2) 品質管理の手順

品質管理の進め方は，計画→実施→検討→処置の繰り返しで，具体的には，図5・35に示す手順で行う。

① **品質特性の選定**　品質特性は，**最終品質に影響を及ぼすと考えられるもののうち，できる**だけ工程の初期で測定でき，すぐ結果が得られるものが望ましい。

② **品質標準の設定**　品質標準は，**設計・仕様書に定められた施工管理の目安を設定するもの**で，実施可能な値でなければならない。一般的には平均値とバラツキの幅で設定する。

③ **作業標準の決定**　品質標準を満足する構造物を施工するため，**作業ごとに使用材料，作業手順，作業方法等を決定**する。

施工管理法

品質管理

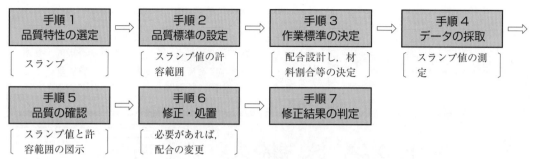

図5・35　品質管理の手順

※〔　〕内は，コンクリート構造物を品質管理した場合の該当項目の一例である。

④　データの採取　　作業標準に従って施工し，一定の期間においてデータをとる。**データの採取は，無作為でなければならない。**

⑤　品質の確認　　各データが十分ゆとりをもって品質規格を満足しているかをヒストグラム等により確かめたのち，**管理図をつくり，工程が安定しているかを確かめる。**

⑥　修正・処置　　工程に異常が生じた場合は，原因を追究し，再発しないよう作業方法を見直すなどの処置を施す。異常がない場合は，その状態を維持する。

⑦　修正結果の判定　　修正・処置が正しかったかどうか，再びデータを採取し，処置の当否を判定する。結果が正しくなければ，①～③を再検討して修正する。その後，修正した作業標準に基づいて，再び④～⑦の手順に従って品質の向上をめざして管理を進める。

5・1・2　品質特性の選定

(1)　品質特性の選び方

品質を管理するためには，初めに目的構造物に要求されている品質・規格を正しく把握することである。次に，それらの品質・規格を満足させるためには，何を品質管理の対象項目（品質特性）とするかを決定することである。

一般に，品質特性を決める場合には，次の点に留意する。

①　工程（作業）の状態を総合的に表すものであること。

②　品質に重要な影響を及ぼすものであること。

③　代用特性（真の品質特性と密接な関係があり，その代わりとなり得る品質特性）または，工程要因を品質特性とする場合は，真の特性との関係が明らかなものであること。

④　**測定しやすい特性**であること。

⑤　工程に対して処置のとりやすい特性であること。

⑥　結果が早期に得られるものであること。

(2)　品質特性の種類

土工，路盤工，コンクリート工，アスファルト舗装工における品質特性の例を表5・18～表5・21に示す。

表5・18　土工の品質特性の例

区　分	品　質　特　性	試　験　方　法
材　料	最大乾燥密度・最適含水比 粒　度 自然含水比 液性限界 塑性限界 透水係数 圧密係数	締固め試験 粒度試験 含水比試験 液性限界試験 塑性限界試験 透水試験 圧密試験
施　工	施工含水比 締固め度 CBR たわみ量 支持力値 貫入指数	含水比試験 現場密度の測定 現場 CBR 試験 たわみ量測定 平板載荷試験 各種貫入試験

表5・19　路盤工の品質特性の例

区　分	品　質　特　性	試　験　方　法
材　料	粒　度 含水比 塑性指数 最大乾燥密度・最適含水比 CBR	ふるい分け試験 含水比試験 液性限界・塑性限界試験 締固め試験 CBR 試験
施　工	締固め度 支持力	現場密度の測定 平板載荷試験, CBR 試験

表5・20　コンクリート工の品質特性の例

区　分	品　質　特　性	試　験　方　法
骨　材	密度および吸水率 粒度（細骨材，粗骨材） 単位容積質量 すりへり減量（粗骨材） 表面水量（細骨材） 安定性	密度および吸水率試験 ふるい分け試験 単位容積質量試験 すりへり試験 表面水率試験 安定性試験
コンクリート	単位容積質量 混合割合 スランプ 空気量 圧縮強度 曲げ強度	単位容積質量試験 洗い分析試験 スランプ試験 空気量試験 圧縮強度試験 曲げ強度試験

表5・21　アスファルト舗装工の品質特性の例

区　分	品　質　特　性	試　験　方　法
材　料	骨材の比重および吸水率 粒　度 単位容積質量 すりへり減量 軟石量 針入度 伸　度	比重および吸水率試験 ふるい分け試験 単位容積質量試験 すりへり試験 軟石量試験 針入度試験 伸度試験
プラント	混合温度 アスファルト量・合成粒度	温度測定 アスファルト抽出試験
舗装現場	敷均し温度 安定度 厚　さ 平坦性 混合割合 密度（締固め度）	温度測定 マーシャル安定度試験 コア採取による測定 平坦性試験 コア採取による混合割合試験 密度試験

表5・18～5・21 では品質特性と試験方法の関係を把握するとともに，例えば，路盤工の材料または施工，アスファルト舗装工の材料または舗設現場における試験には，どのようなものが該当しているのかを把握することも大切である。

5・1・3　ISO 規格の種類

　ISO 規格は，国際標準化機構（International Organization for Standardization）が定めている国際規格のことである。現在，建設業が取り組んでいる ISO 規格には，**品質マネジメントシステムに関して定めた ISO 9000 ファミリー**と，**環境マネジメントシステムに関して定めた ISO 14000 シリーズ**の 2 種類がある。

施工管理法

品質管理

ISO 規格の認証は，組織（受注者）が国際的にも国内的にも顧客（発注者）の要求事項や社会的要求事項，組織の要求事項に適合し得る能力があることを**審査機関が証明する**ことである。

(1)　ISO 9000 ファミリー

ISO 9000 ファミリーは，顧客の信頼と満足を得ることを目標に，品質方針や品質目標を設定し，これらの目標を達成するための組織的な活動のための仕組みであり，**組織の構造，責任区分，業務手順，工程，経営資源などについて指針および要求事項**を規定している。

また，ISO 9000 ファミリーは，製品そのものを対象とするのではなく，**製品やサービスを作り出すプロセスに関する規格**で，業種および形態，規模ならびに提供する製品を問わず，あらゆる組織に適用することができる。

ISO 9000 ファミリーには，主に次のものが規定されている。

① ISO 9000　品質マネジメントシステムの基本的な考え方と関連する用語の定義
② ISO 9001　品質マネジメントシステムの要求事項を定め，ユーザーに信頼感を与え，顧客満足の向上を目指す体制を作るための指針
③ ISO 9004　組織のパフォーマンスの改善ならびに顧客，その他の利害関係者の満足の指針
④ ISO 19011　品質・環境マネジメントの監査の指針

(2)　ISO 14000 シリーズ

ISO 14000 シリーズは，環境保全のための規制値や基準値を定めるものではなく，**組織が自主的に環境方針を定め，それを実行していくためのマネジメントシステムおよびシステムを支援するさまざまな手法**を規定している。

ISO 14000 シリーズには，主に次のものがある。

① ISO 14001　環境負荷を低減させる観点から活動を管理するための環境マネジメントシステムの構築に必要な要求事項および利用の手引き
② ISO 14004　環境マネジメントシステムの原則，システムおよび支援技法の一般指針
③ ISO 14010　環境監査と関連用語の定義および環境監査の一般原則
④ ISO 14012　環境監査指針のうち環境監査員のための資格基準
⑤ ISO 14031　環境パフォーマンス評価の指針

ISO 9000 ファミリーと ISO 14000 シリーズの主な相違点等を表5・22 に示す。

表5・22　ISO 9000 ファミリーと ISO 14000 シリーズの比較

		ISO 9000 ファミリー	ISO 14000 シリーズ
相違点	目　的	顧客の満足を高める	環境負荷の低減を図る
	対　象	顧客のみ	消費者，株主，地域住民，利害関係者など，社会のすべての人
	要求要素の力点	実施（D）と点検・是正（C）	計画（P）
共通点	・計画（P）→実施（D）→点検・是正（C）→見直し（A）のサイクルを基準としている。 ・手順化，文書化，記録化を必要とする。 ・トップマネジメント（経営者）の責任および役割の明確化が求められる。 ・規格の認証取得は，審査機関が証明する。		

5・2　ヒストグラム・工程能力図・管理図

学習のポイント

　ヒストグラム・工程能力図・管理図について，それぞれの特徴とグラフの読み方を理解する。
また，品質検査の種類と方法を理解する。

```
ヒストグラム・工程能力図・管理図 ─┬─ ヒストグラム
                                 ├─ 工程能力図
                                 ├─ 管理図
                                 └─ 品質検査
```

━━━━━━━━━━━━━━━━━━━━ 基礎知識をじっくり理解しよう ━━━━━━━━━━

5・2・1　ヒストグラム

(1)　ヒストグラムの概要

　ヒストグラムは，図5・36のように，横軸に品質
特性値を，縦軸に度数をとり，統計的な考え方を用
いて表した柱状図をいう。ヒストグラムは，**工程の
状態を把握することができるが，個々のデータの時
間的変化や変動の様子はわからない。**

　ヒストグラムからわかることは，次の5点である。

① 　分布の形状　　　　② 　分布の中心

③ 　分布の広がり

④ 　飛び離れたデータの有無

⑤ 　規格値との関係

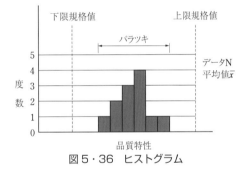

図5・36　ヒストグラム

(2)　ヒストグラムの作り方

ここでは，コンクリートの圧縮強度の測定結果をもとに，ヒストグラムを作成する。

① 　**データの収集**　　　表5・23のように，データ3個を1つのクラス（群）にまとめて，全部
　で30個のデータを記入する。

表5・23　コンクリート圧縮強度　　　　　　　　　　　(N/mm²)

No.	1	2	3	4	5	6	7	8	9	10
x_1	32.5	33.9	30.1	37.2	35.3	37.0	31.9	34.5	32.6	28.3
x_2	30.9	34.2	32.8	36.1	36.2	36.0	32.2	34.4	31.9	28.8
x_3	31.4	34.3	33.5	37.6	35.5	34.2	33.2	33.6	33.2	29.2

② 　全データの中から最大値 X_{max}，最小値 X_{min} を求める。

表5・24　各群の最大値・最小値

列	1	2	3	4	5	6	7	8	9	10
x_{max}	32.5	34.3	33.5	37.6	36.2	37.0	33.2	34.5	33.2	29.2
x_{min}	30.9	33.9	30.1	36.1	35.3	34.2	31.9	33.6	31.9	28.3

表5・24から最大値$X_{max}=37.6$，最小値$X_{min}=28.3$となる。

③　全データのばらつく上限と下限の範囲Rを求める。

$$R=X_{max}-X_{min}=37.6-28.3=9.3$$

④　クラス分けのクラス幅Cを求める。データ数は異なるが，Rの10等分の値を1クラスとして，それに最も近い適当な値をとる。

$$R\div10=9.3\div10=0.93$$

これにより，$C=0.9$を用いる。

⑤　最大値X_{max}，最小値X_{min}を含むようにクラス数を決め，クラス幅$C=0.9$とする各クラスにデータを割り振る。この場合クラスの境としては，測定値の末位の半単位で区切るとよい。各クラスの代表値は，境界の値の中央値をとる。表5・25のように，データを各クラスに割り振った結果を度数分布という。

⑥　ヒストグラムを作成する。

図5・37のように，横軸に品質特性値（圧縮強度），縦軸に度数をとる。

⑦　規格が決まっている場合には，ヒストグラムに規格値（上限値，下限値）を記入する。

表5・25　度数分布表

No	クラス	代表値	データの割振り	度数
1	28.25～29.15	28.7	//	2
2	29.15～30.05	29.6	/	1
3	30.05～30.95	30.5	/	1
4	30.95～31.85	31.4	//	2
5	31.85～32.75	32.3	////	5
6	32.75～33.65	33.2	////	4
7	33.65～34.55	34.1	/////	6
8	34.55～35.45	35.0	//	2
9	35.45～36.35	35.9	////	4
10	36.35～37.25	36.8	//	2
11	37.25～38.15	37.7	/	1

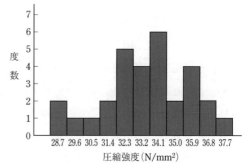

図5・37　ヒストグラムの作成

（3）　ヒストグラムの読み方

ヒストグラムの理想は，図5・38のように，規格値の中心値とデータの平均値とが重なり，度数分布がつりがね状の形となり，**規格値との間にゆとりがあるのがよい**。

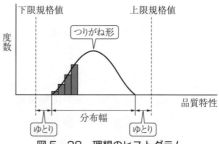

図5・38　理想のヒストグラム

実際には，さまざまな要因によっていろいろな形状のものが生まれる。

一般に，ヒストグラムは，その形状によって次のことがいえる。

①　図5・39の(a)，(b)は，上限または下限が規格値などでおさえられた場合で，特定の値以下または以上の値をとることが許されない場合に現れる。

②　図(c)は，**平均値の異なる2つの分布が混在し，1つの製品の製作に2つの異なる工程を用**

(a)　右にゆがんだもの

(b)　左にゆがんだもの

(c)　二山のもの

(d)　端の切れたもの

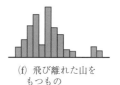
(e)　端の区間が異常に
　　　高いもの

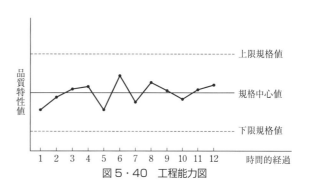
(f)　飛び離れた山を
　　　もつもの

図 5・39　ヒストグラムの見方

いた場合に現れやすい。

③　図(d)は，規格値以下のものを工程の途中で全数取り除いた場合に現れる。

④　図(e)は，規格値以下のものを手直ししたり，データを偽って報告した場合に現れる。

⑤　図(f)は，測定に誤りがあったり，工程に異常があった場合に現れる。

⑥　ばらつきの状態が安定の状態にあるとき，測定値の分布は正規分布になる。

5・2・2　工程能力図

(1)　工程能力図の概要

　工程能力図は，図 5・40 のように，横軸に時間を，縦軸に品質特性値をとり，製品の規格値の中央値と上下限の規格値を記入して，時間的な品質変動の関係を表した図をいう。工程能力図は，得られたデータが規格値を満足しているかどうかを判断することはできるが，統計的な考え方を用いていないため，品質を作り出す工程に異常があるかどうかは判断できない。

図 5・40　工程能力図

(2)　工程能力図の読み方

　一般に，工程能力図は規格はずれの率，点の並び方によって次のことがいえる。

①　図 5・41(a)は，バラツキの程度が少なく，平均は規格値のほぼ中央にあって，規格はずれのない状態である。

②　図 5・41(b)は，機械の調整，材料を変更した場合に現れやすい。

③　図 5・41(c)は，機械の精度が悪くなった場合に現れる。

④　図 5・41(d)は，作業標準の問題，計器の精度が悪くなった場合に現れる。

⑤　図 5・41(e)は，気温等の影響を受けた場合などに現れる。

施工管理法

品質管理

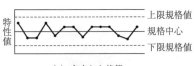

(a) 安定した状態

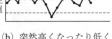

(b) 突然高くなったり低く
なったりする状態

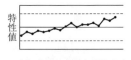

(c) 次第に上昇(下降)する
ような状態

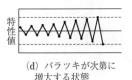

(d) バラツキが次第に
増大する状態

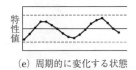

(e) 周期的に変化する状態

図5・41　工程能力図の読み方

5・2・3 管　理　図

(1) 管理図の目的

　管理図は，図5・42のように，これまでの測定で得られたデータを統計的に処理して，管理限界線を求め，これを基準にその後の測定における平均値や範囲（最大値と最小値の差）を表した図をいう。この管理限界線は，品質のバラツキが通常起こり得る程度のもの（偶然原因によるもの）か，それ以上の見逃せないバラツキのもの（異常原因によるもの）であるかを判断する基準となる線である。

　管理図は，**品質を作り出す工程が安定しているかどうかを判断することはできるが，データが規格値を満足しているかどうかを判断することはできない**。個々のデータが規格値を満足しているかどうかを判断する場合には，ヒストグラムや工程能力図を用いる。

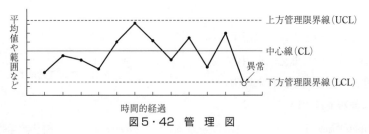

時間的経過
図5・42　管　理　図

(2) 管理図の種類

　建設工事で取り扱っているデータには，連続的な値と不連続（離散的）な値がある。連続的な値とは，例えば，**舗装の厚さ・強度・重量などのようなもの**をいい，これを計量値という。これに対して離散的な値とは，例えば，**鉄筋100本のうち不良品が5本あるとか，現場で1か月の事故が1回，2回というように測定されるもの**で，5.5本とか，1.8回とかの値を取り得ないものをいい，これを計数値という。計量値と計数値では，統計的な性質も異なっており，用いる管理図も変わってくる。

　主な管理図の種類には，次のものがある。

① 計量値の管理図

・$\bar{X}-R$ 管理図　**群分けしたデータの平均値 $\bar{X}$ とそのバラツキの範囲 R の変化により**工程を管理する。

・$X-R$ 管理図　**データ X とそのバラツキの範囲 R の変化により**工程を管理する。

・$X-R_s-R_m$ 管理図　データ X，隣り合った2つのデータの差の絶対値 R_s，試験誤差 R_m（データの最大値と最小値の差）により工程を管理する。

② 計数値の管理図

・P 管理図，P_n 管理図　例えば，製品やサンプル何個のうち不良品が何個あるかというようなことを問題にするときに用いる。**サンプル中にある不良品の数を不良率 P で表したときは P 管理図を用い，不良個数 P_n で表したときは P_n 管理図を用いる。**

・C 管理図，U 管理図　例えば，ある1つの製品の中に欠点が何箇所あるかというようなことを問題にするときに用いる。サンプルの大きさが一定のときは C 管理図を用い，サンプルの大きさが一定でないときは U 管理図を用いる。

(3)　管理図の読み方

　管理図は，工程に異常がないかどうかを判断するものである。管理図において，**すべてのデータが管理限界線内にあっても，次の状態のときは異常な工程とみなし，原因を調査して処置を講じなければならない。**

① 点が中心線の片側に連続して現れる場合　中心線の片側に連続して点が並ぶことを連という。連の数によって，注意・原因調査・改善処置をとる。

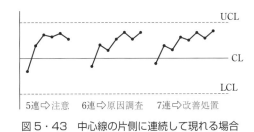

図5・43　中心線の片側に連続して現れる場合

② 点が中心線の片側に多く現れる場合　中心線の片側に**連続 11 点中 10 点，14 点中 12 点，17 点中 14 点が並ぶ場合**には，工程に異常が起こっている可能性があるので，原因を調査しなければならない。

③ 点が上昇または下降の状態を示す場合　**連続して 7 点以上の点が上昇または下降した場合**には，原因を調査しなければならない。

④ 周期的な変動を示す場合　周期的な変動には，波状的周期変動と段階的周期変動があり，この場合には原因を調査しなければならない。

⑤ 点が中心線に接近して現れる場合　点の大部分が中心線に接近し，**管理限界の 1/2 の幅の内側に現れた場合**には，原因を調査して処置をとらなければならない。

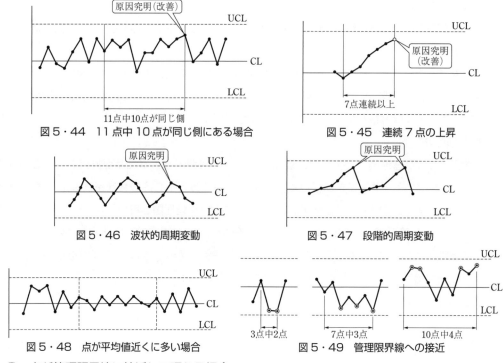

図5・44　11点中10点が同じ側にある場合　　　図5・45　連続7点の上昇

図5・46　波状的周期変動　　　　　　　図5・47　段階的周期変動

図5・48　点が平均値近くに多い場合　　　図5・49　管理限界線への接近

⑥　点が管理限界線に接近して現れる場合

　　・連続3点中2点

　　・連続7点中3点

　　・連続10点中4点

が管理限界線に接近して現れる場合には，工程に何かの異常が起こっていると判断し，原因を調査して処置をとらなければならない。

⑦　点が管理限界線に接近してほとんど現れない場合　　連続30点中1点も管理限界線近くに現れない場合には，工程に何かの異常が起こっていると判断し，原因を調査して処置をとらなければならない。

5・2・4　品質検査

　品質検査は，施工された品質の状況を点検し，品質の合否を判定することである。品質検査の方法には，全数検査と抜取検査がある。

(1)　全数検査

　全数検査は，**製品1個1個を全部調べ，良品と不良品を選別する検査**である。全数検査は，品質の観点からは最も望ましい方法であるが，多数の検査を行うことは不可能かあるいは不経済である。

(2)　抜取検査

　抜取検査は，品質を検査しようとする**製品の1集団**（ロット：等しい条件下で生産される品物の集まり）**からランダム**（無作為）**に抜き取った少数のサンプル**（対象の母集団からその特性を調べるため一部取り出したもの）**を調べて**，その結果をロットに対する判定基準と比較して，ロットの

合否を判定する検査である。ロットからサンプルを抜き取る回数によって，1回抜取検査・2回抜取検査・多数回抜取検査などがある。

① 　1回抜取検査　　ロットからサンプルをただ1回抜き取り，その試験結果で合否を判定する方法である。

② 　2回抜取検査　　**1回目で合格，不合格の判定ができないロットに対し，2回目の抜取検査を行い，1回目の結果との累積成績によって合否を判定する方法**である。

③ 　多数回抜取検査　　2回抜取検査をさらに広げ，ある一定の回数まで検査を行って判定する方法である。

5・3　工種別の品質管理

頻出レベル
低 ■■■■■■ 高

学習のポイント

アスファルト舗装の品質管理の留意点，レディーミクストコンクリートの受入検査の判定方法などを理解する。なお，盛土の品質管理について，「1・3・3　盛土の締固め管理」を参照する。

工種別の品質管理 ─┬─ アスファルト舗装の品質管理
　　　　　　　　　└─ レディーミクストコンクリートの受入れ検査

━━━━━━━━━━━━━━━━━◆ 基礎知識をじっくり理解しよう ◆━━━━━━━━━━

5・3・1　アスファルト舗装の品質管理

(1)　品質管理の留意点

舗装工事の品質管理の実施にあたっては，次の点に留意する。

① 　各工程においては，各項目に関する品質確認の試験頻度を増し，その時点の作業員や施工機械などの組合せによる作業能力を速やかに把握しておく。

② 　作業の進行に伴い，管理の限界を十分に満足できることがわかれば，それ以降の**品質確認の試験頻度を減らしてもよい**。

③ 　舗装路盤の基準高測定値などの管理結果が管理の限界値をはずれた場合，あるいは一方に片寄っているなどの結果が生じたら，**直ちに試験頻度を増して異常の有無を確かめる**。

④ 　アスファルトプラントにおいて，混合物の製造管理が印字記録による場合，管理の限界値をはずれるものが5%以上の確率で現れるようになったときには，**直ちに運転を中止し，その原因を究明**する。

⑤ 　作業中に作業員や施工機械などの組合せ変更が生じた場合は，一般に**品質確認の試験頻度を増し，新たな組合せによる品質の確認を行う**。

⑥ 　品質管理の合理化を図るためには，密度や含水比などの非破壊で測定する機器，および作業

施工管理法

品質管理

と同時に管理できる敷均しや締固め機械などを活用することが望ましい。

⑦　**試験試料の採取位置は，原則として無作為とする。**

(2) 基準試験

舗装に用いる路床・路盤，表層・基層の材料は，所定の品質を有するものでなければならない。このため，工事開始前あるいは材料や配合を変更する前に，次に示す規格試験を行い，品質が規格に適合していることを確認する。

表5・26　路盤材料，加熱アスファルト混合物の基準試験項目の例

工　種	材　料　名	規　格　試　験　項　目
構築路床	切土，盛土，置換土	締固め試験，ＣＢＲ試験
	安定処理（セメント，石灰）	ＣＢＲ試験
下層路盤	粒状材料 （クラッシャーラン，クラッシャーラン鉄鋼スラグ，砂利，砂）	粒度試験，修正ＣＢＲ試験，ＰＩ（塑性指数）試験
	安定処理（セメント，石灰）	一軸圧縮試験
上層路盤	粒状材料 （粒度調整砕石，粒度調整鉄鋼スラグ，水硬性粒度調整鉄鋼スラグ）	粒度試験，修正ＣＢＲ試験，ＰＩ（塑性指数）試験，一軸圧縮試験，単位容積質量試験
	安定処理（セメント，石灰）	一軸圧縮試験
表層・基層	砕石	粒度試験，すり減り減量試験
	加熱アスファルト混合物	マーシャル安定度試験

①　**ＣＢＲ試験**　　構築路床における路床の強さを判定するために行う試験である。

②　**すり減り減量試験**　　表層・基層における砕石のすり減り抵抗を調べるために行う試験である。

③　**ＰＩ（塑性指数）試験**　　塑性指数は、粒状材料（クラッシャーラン・砂利・砂・粒度調整砕石）の塑性の度合いを示すもので，下層・上層路盤における粒状材料の安定度を確認するために行う試験である。

④　**マーシャル安定度試験**　　表層・基層における加熱アスファルト混合物の配合を決定するために行う試験である。

5・3・2　レディーミクストコンクリートの受入検査

レディーミクストコンクリートの受入検査は，現場に荷卸しされたコンクリートの強度，スランプ値，空気量，塩化物含有量について行い，その結果によって合否を判定する。

(1) 強　　度

材齢28日のコンクリート強度は，次の2つの条件を満足しなければならない。

①　3回のうち，どの回の試験結果も，購入者が指定した呼び強度の強度値の85%以上でなければならない。

②　3 回の試験結果の平均値は，購入者が指定した呼び強度の強度値以上でなければならない。

(2) スランプ値

スランプの許容差は，表 5・27 のように，購入者が指定したスランプ値により異なる。

(3) 空 気 量

空気量の許容差は，表 5・28 のように，**コンクリートの種類に係らず，±1.5%** である。

表 5・27　スランプの許容差　（単位　cm）

スランプ	スランプの許容差
2.5	±1
5 以上 8 未満	±1.5
8 以上 18 未満	±2.5
21	±1.5

注　呼び強度 27 以上で，高性能 AE 減水剤を使用する場合は，
　　±2 とする。

表 5・28　空気量の許容差　（単位　%）

コンクリートの種類	空気量	空気量の許容差
普通コンクリート	4.5	±1.5
軽量コンクリート	5.0	
舗装コンクリート	4.5	
高強度コンクリート	4.5	

(4) 塩化物含有量

コンクリートに含まれる塩化物量は，基本的に荷卸し地点で塩化物イオンとして $0.3\,kg/m^3$ 以下でなければならない。塩化物含有量の検査は，工場出荷時でも荷卸し地点で所定の条件を満足するので，**工場出荷時にも行うことができる。**

6節　環境保全対策

環境保全対策は，建設現場における公害防止対策，建設副産物対策など，環境への負荷を少なくすることである。試験では，主に騒音・振動の防止対策，建設リサイクル法，廃棄物処理法などが出題されている。

6・1　公害防止対策

頻出レベル
低■■■■■■高

学習のポイント

環境基本法で規定する公害の種類，建設工事における環境問題事項を把握し，これらの公害を低減する方法を理解する。環境アセスメントの定義についても触れておくこと。

公害防止対策 ─┬─ 公害と環境保全計画
　　　　　　　└─ 公害防止対策

◀━━━━━━━━━━━━━━ 基礎知識をじっくり理解しよう ▶━━━━━━━

6・1・1　公害と環境保全計画

(1)　環境基本法で規定する公害

公害は，環境基本法第2条に「事業活動や人の活動に伴って広範囲に生じ，人の健康または生活環境に関わる被害が生じるもの」と定義され，**大気汚染，水質汚濁，土壌汚染，騒音・振動，地盤沈下，悪臭の7種類**が掲げられる。環境基本法で規定する公害と，それを防止するための法律との関係は次のとおりである。

表5・29　公害とそれを防止する法律の関係

公害の種類	防止するための法律
① 大気汚染	大気汚染防止法
② 水質汚濁	水質汚濁防止法
③ 土壌汚染	土壌汚染対策法
④ 騒　音	騒音規制法
⑤ 振　動	振動規制法
⑥ 地盤沈下	建築物用地下水の採取の規制に関する法律
⑦ 悪　臭	悪臭防止法

(2)　環境保全計画

建設工事に伴った環境保全計画を立案する上で，配慮すべき環境問題は次の事項である。

① 自然環境の保全（植生の保護，生物の保護，土砂崩壊の防止等）

② 公害などの防止（騒音・振動，ばい煙，粉じん，水質汚濁の防止等）

③ 現場作業環境の保全（排気ガス，騒音・振動，ばい煙，粉じんなどの防止対策）

④　近隣環境の保全（工事用車両による沿道障害の防止対策，掘削等による近隣建物などへの影響，耕地の踏み荒し，日照，土砂および排水の流出，地下水の水質，井戸枯れ，電波障害等）

工事の実施にあたっては，現場およびその周辺の状況を事前に調査し，公害防止関係法令を遵守しつつ環境問題の発生を最小限に抑えるよう環境保全計画を立案するとともに，地域住民に対する工事説明会を開催して理解を得なければならない。また，土壌汚染対策法では，一定の要件に該当する土地所有者に，土壌の汚染状況の調査と都道府県知事等への報告を義務付けている。

6・1・2　公害防止対策

(1)　現場の騒音・振動防止対策

具体的な現場での対処は次のとおりである。

①　**夜間の暗騒音（日常生活している生活音）は極端に小さいので，**大きな騒音・振動となる。したがって，**極力夜間工事が少なくなるように施工計画を立てる。**

②　音や振動の発生するものは，発生源の対策として居住地より遠ざけて設置する。**騒音や振動の性質としては，発生源から離れるほど減衰し，周波数が高いほど減衰量が大きい。**

③　杭打ち作業では，杭の種類や土質等によって騒音・振動が大きく変わるので，伝搬経路の対策として低騒音・低振動工法などの施工機械の選択が必要である。

④　図5・50に示すように，騒音では防音シートや防音壁，振動では防振溝や防振幕を用いて騒音・振動を軽減する。また，施工順の工夫により，でき上がったコンクリート構造物などが間にあれば，これにより遮音効果も期待できる。

⑤　規制値は，現場敷地境界線上で，**騒音85 dB以下，振動75 dB以下**とする。

⑥　急を要する災害時の工事現場では，工事の届出はできるだけ早期に届け出ればよく，7日前でなくてよいこととなっている。

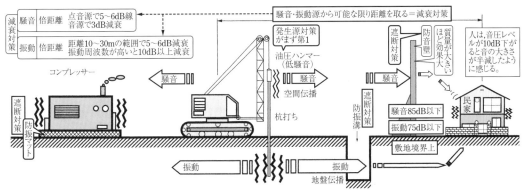

図5・50　騒音・振動環境保全対策例

(2)　杭工事の騒音・振動防止対策

①　埋込み杭工法を用いた騒音・振動防止対策

　(a)　中掘工法は，図5・51(a)に示すように，バケットやスパイラルオーガを既製杭の内径に挿入し，掘削しながら杭を杭自重等により埋め込むものである。杭先端は，ディーゼルハン

マで支持層に打ち込むか，砂礫地盤にはセメントミルクを注入し固める。ハンマの打ち込み以外は低公害といえる。

⒝ プレボーリング工法は，図5・51⒝に示すように，あらかじめアースオーガで穴をあけて既製杭を埋め込む工法である。埋込みの最後に，**ハンマで打ち込む場合は，騒音規制法上，特定建設作業から除外されているが，振動規制法上は除外されていない。**したがって，この工法では，工事に先立ち，**7日前までに市町村長への届出**を行う必要がある。

⒞ ジェット工法は，図5・51⒞に示すように，既製杭の先端から高圧力水を用いて地盤をゆるめて杭の自重と重りで埋め込む。根固めは通常水締め効果により行う。

以上の工法は，砂地盤に既製杭などを埋め込む工法で，打込み杭工法と比べ，低公害工法ともいわれている。

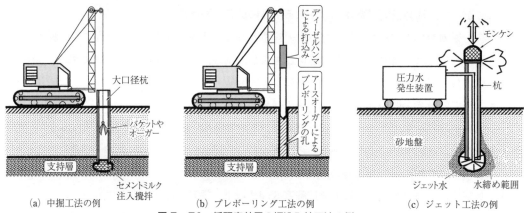

(a) 中掘工法の例　　(b) プレボーリング工法の例　　(c) ジェット工法の例

図5・51　低騒音効果の埋込み杭工法の例

② **打込み杭工法の騒音・振動防止対策**　既製杭の打込み工法は，ドロップハンマ工法，ディーゼルハンマ工法，バイブロハンマ工法，油圧ハンマ工法などがある。特に，騒音・振動の発生が顕著である。このため，図5・52⒜に示すように，ディーゼルハンマに全体カバーを取付けることで，約30 dBほどの低減ができる。

また，図5・52⒝に示すように，油圧ハンマ工法は，ディーゼルハンマ工法と同様の効果を有するが，油圧を用いているため騒音・振動が比較的少ない。

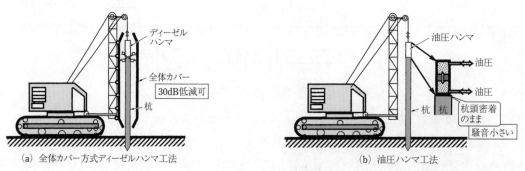

(a) 全体カバー方式ディーゼルハンマ工法　　(b) 油圧ハンマ工法

図5・52　打込み杭の騒音対策例

（3）　その他の施工機械の騒音・振動防止対策

① 　ボルトの締付けは，インパクトレンチを用いるより油圧レンチを用いることで騒音は低減するが，作業能率は低くなる。

② 　ポンプ類は，往復式より回転式のほうが振動・騒音が小さく，低公害形である。

③ 　**建設機械は，大型より小型，老朽化したものより新しいものを使用し，エンジンの回転は低回転数ほど振動・騒音が小さく低公害である。**

④ 　履帯式（クローラ式）の土工機械は，走行速度が大きくなると騒音・振動が大きくなるので，低速走行で運転する。また，履帯の摩擦音の発生を防止するため，履帯の張りの調整に注意する。

⑤ 　大型ブレーカー・圧砕機には，空気圧式と油圧式の形式の機械があり，空気圧式は油圧式に比べて騒音が大きい。

⑥ 　作業待ち時には，建設機械などのエンジンをできる限り止めるなどして，騒音・振動を発生させない。また，後進時の高速走行は避ける。

⑦ 　建設機械は，整備不良による騒音・振動が発生しないように点検，整備を行う。

⑧ 　アスファルトフィニッシャには，バイブレータ方式とタンパ方式があり，タンパ方式はバイブレータ方式に比べて騒音が大きい。

⑨ 　ブルドーザの騒音・振動の発生状況は，前進押土より後進のほうが，車速が速くなる分大きい傾向にある。

⑩ 　コンクリートの打込み時には，トラックミキサの不必要な空ぶかしをしないように留意する。

⑪ 　掘削・積込み・締固め作業は，低騒音型建設機械の使用を原則とする。

⑫ 　舗装版の取壊し作業では，原則として小型ブレーカを使用する。

⑬ 　車輪式（ホイール式）の建設機械は，履帯式（クローラ式）の建設機械に比べて一般に騒音レベルが小さい。

⑭ 　掘削土をバックホウ等でダンプトラックに積み込む場合は，落下高をできるだけ低くして，掘削土の放出を静かにスムーズに行う。

（4）　土工作業における生活環境の保全対策

① 　土砂流出による水質汚濁防止には，盛土法面の安定勾配を確保し，土砂止めなどを設置する。

② 　盛土箇所の塵あい防止には，盛土表面への散水，乳剤散布，種子吹付けなどを実施する。

③ 　土運搬による土砂の飛散防止には，過積載の防止，荷台へのシート掛けを行い，現場内に洗車設備を設置する。また，運搬経路は騒音の影響も考慮して選定する。

6・1・3　環境影響評価法

　環境影響評価法は，環境アセスメントの手続きについて定めた法律で，土木工事など特定の目的のために行われる一連の土地の形状変更ならびに工作物の新設及び増改築工事など事業の実施について，環境に及ぼす影響の調査，予測，評価を行うと共に，その事業に関する環境の保全のための措置を検討し，この措置の環境に及ぼす影響を総合的に評価することで，事業者が工事の前に環境影響評価を行うものである。

6・2　建設副産物の対策

学習のポイント

　　建設副産物の対策に関連する法律には，「資源の有効な利用の促進に関する法律（資源有効利用促進法）」，「建設リサイクル法」，「国等による環境物品等の調達の推進に関する法律（グリーン購入法）」，「廃棄物の処理及び清掃に関する法律（廃棄物処理法）」がある。それぞれの法律の目的と用語の定義などを理解する。

建設副産物の対策 ─┬─ 資源有効利用促進法
　　　　　　　　　　├─ 建設リサイクル法
　　　　　　　　　　└─ 廃棄物処理法・グリーン購入法

------------------------ 基礎知識をじっくり理解しよう ------------------

6・2・1　資源有効利用促進法

(1) 目　　　的

　　この法律は，資源の有効な利用の確保を図るとともに，廃棄物の発生の抑制と環境の保全に資するため，使用済物および副産物の発生ならびに再生資源および再生部品の利用の促進に関する所要の措置を講じ，国民経済の健全な発展に寄与するために定められたものである。

(2) 建設工事における副産物

　　建設工事に伴い，副次的に得られる土砂，コンクリート塊，アスファルトコンクリート塊，木材，

表 5・30　土砂の主な利用用途

区　　　　　分		利　用　用　途
第 1 種	砂，礫，およびこれに準ずるものをいう。	工作物の埋戻し材料 土木構造物の裏込め材料 道路盛土材料 宅地造成用材料
第 2 種	砂質土，礫質土，およびこれに準ずるものをいう。	土木構造物の裏込め材料 道路盛土材料 河川築堤材料 宅地造成用材料
第 3 種	通常の施工性が確保される粘性土，およびこれに準ずるものをいう。	土木構造物の裏込め材料 道路路体用盛土材料 河川築堤材料 宅地造成用材料 水面埋立用材料
第 4 種	粘性土，およびこれに準ずるもの（第 3 種建設発生土を除く）をいう。	水面埋立用材料

注）　第 4 種はコーン指数 200 kN/m² 以上の土砂をいい，これ未満は泥土と区分している。

表 5・31　コンクリート塊，アスファルト塊の主な利用用途

	No.	有 効 利 用 資 源	主 な 利 用 用 途
コンクリート塊	1	再生クラッシャラン	道路舗装およびその他舗装の下層路盤材料 土木構造物の裏込め材料および基礎材 建設物の基礎材
	2	再生コンクリート砂	工作物の埋戻し材料および基礎材
	3	再生粒度調整砕石	その他舗装の上層路盤材料
	4	再生セメント安定処理路盤材料	道路舗装およびその他舗装の路盤材料
	5	再生石灰安定処理路盤材料	道路舗装およびその他舗装の路盤材料
アスファルトコンクリート塊	1	再生クラッシャラン	道路舗装およびその他舗装の下層路盤材料 土木構造物の裏込め材料および基礎材 建設物の基礎材
	2	再生粒度調整砕石	その他舗装の上層路盤材料
	3	再生セメント安定処理路盤材料	道路舗装およびその他舗装の路盤材料
	4	再生石灰安定処理路盤材料	道路舗装およびその他舗装の路盤材料
	5	再生加熱アスファルト安定処理混合物	道路舗装およびその他舗装の上層路盤材料
	6	表層・基層用再生加熱アスファルト混合物	道路舗装およびその他舗装の基層用材料および表層用材料

注)　この表において「その他の舗装」とは，駐車場の舗装および建築物などの敷地内の舗装をいう。

建設汚泥などの建設副産物のうち，再生資源の有効な利用を図る上で，特に必要なものを指定副産物という。指定副産物には，**土砂（建設発生土），コンクリート塊，アスファルト・コンクリート塊，木材（建設発生木材）**が定められている。

(3)　指定副産物の利用用途

　土砂，コンクリート塊，アスファルト・コンクリート塊の利用用途を表 5・30 および表 5・31 に示す。

6・2・2　建設リサイクル法

(1)　目　　的

　この法律は，特定の建設資材について，その分別解体等および再資源化等を促進するための措置を講ずるとともに，解体工事業者について登録制度を実施することなどにより，再生資源の十分な利用および廃棄物の減量を通じて，資源の有効な利用の確保および廃棄物の適正な処理を図り，生活環境の保全および国民経済の健全な発展に寄与するために定められたものである。

(2)　分別解体等および再資源化等の実施

①　分別解体等に伴い廃棄物となった場合に，再資源化等をしなければならない特定建設資材として定められている建設資材は，**コンクリート，コンクリートおよび鉄から成る建設資材，木材，アスファルト・コンクリートの 4 品目**である。

②　分別解体等は，特定建設資材廃棄物をその種類ごとに工事現場で分別するため，定められた基準に従って計画的に行わなければならない。

③　分別解体等および再資源化等が義務づけられている対象建設工事は，特定建設資材を用いた，表 5・32 に示す 4 つの工事である。ただし，**廃木材は工事現場から最も近い再資源化施設まで**

表5・32　特定建設資材を用いた届出工事の種類と規模

工　事　の　種　類	規　模　の　基　準
建築物の解体	80 m^2 以上（床面積）
建築物の新築・増築	500 m^2 以上（床面積）
建築物の修繕・模様替（リフォーム等）	1 億円以上（費用）
その他の工作物に関する工事（土木工事等）	500 万円以上（費用）

の距離が 50 km を超える場合など，経済性等の制約が大きい場合には，再資源化に代えて**縮減（焼却）**を行うこともできる。

④　対象建設工事の元請業者は，発注者に対し，解体する建設物等の構造，使用する特定建設資材の種類，工事着手の時期および工程の概要，分別解体等の計画などについて，**書面を交付して説明しなければならない。**

⑤　元請業者は，特定建設資材廃棄物の再資源化等が完了したときは，発注者に対し，再資源化等を完了した年月日，再資源化等をした施設の名称・所在地，再資源化等に要した費用について，**書面で報告するとともに，再資源化等の実施状況に関する記録を作成し，保存しなければならない。**

6・2・3　廃棄物処理法・グリーン購入法

(1)　廃棄物の分類と最終処分場

　廃棄物処理法は，廃棄物の排出を抑制し，廃棄物の適正な分別，保管，収集，運搬，再生，処分等の処理をし，並びに生活環境を清潔にすることにより，生活環境の保全および公衆衛生の向上を図るために定められたものである。産業廃棄物の排出事業者（建設工事においては元請業者）は，その廃棄物を適正に処理しなければならない。また，事業者が産業廃棄物の処理を委託する場合，産業廃棄物の発生から最終処分が終了するまでの処理が適正に行われるために必要な措置を講じなければならない。

①　**建設廃棄物の分類**　建設廃棄物は，現場事務所から排出される生ごみ，新聞，雑誌などの一般廃棄物と，直接工事から排出される廃プラスチック類，ゴムくず，金属くず，ガラスくず，コンクリートくず，陶磁品くず，汚泥，工作物の新築・改築・除去に伴って生じたコンクリートの破片，アスファルト・コンクリート破片，れんが破片，木くず，紙くず，繊維くずなどの産業廃棄物に分類している。さらに，一般廃棄物または産業廃棄物のうち，爆発性，毒性，感染性，その他の人の健康または生活環境に関わる被害を生じるおそれがある性状を有するものを，特別管理一般廃棄物または特別管理産業廃棄物として分類している。廃油，廃 PCB および PCB 汚染物，廃石綿等は，特別管理産業廃棄物に指定されている。

②　**産業廃棄物の処分場**　処分場の種類には，有害な廃棄物を処分する遮断型処分場，公共の水域および地下水を汚染するおそれのある廃棄物を処分する管理型処分場，公共の水域および地下水を汚染するおそれのない廃棄物を処分する安定型処分場がある。

(2)　産業廃棄物管理票（マニフェスト）

　産業廃棄物管理票は，A票（排出事業者が運搬業者に引渡した原本），B2票（収集運搬業者が中間処理業者に引渡した控え），C2票（中間処理業者が最終処分業者に引渡した控え），D票（中間処理業者が焼却などの処理完了の控え），E票（中間処理灰などを埋め立て等の最終処分完了の控え）の7枚構成になっている。取扱いは以下のように取り決められている。

① 　排出事業者（建設工事においては元請負者）は，産業廃棄物の収集・運搬または処分を受託した者に対して，当該産業廃棄物の種類および数量，受託した者の氏名，その他政令で定める事項を記載した産業廃棄物管理票（マニフェスト）を，**産業廃棄物の量とは無関係に，交付し**なければならない。

② 　排出事業者は，B2票以下の産業廃棄物管理票の写しを，運搬・処分・最終処分で所在地などを記入して送付を待つ。事業者は戻ってきた各控えとA票を比較し運搬処分を確認する。

③ 　排出事業者は，**当該管理票に関する都道府県知事への報告を年1回提出する。**所定期限内に**写しが戻ってこない場合には都道府県知事へ文書で報告**する。

④ 　排出事業者は，**産業廃棄物管理票の写しを5年間保管**する。

⑤ 　産業廃棄物の収集運搬は，産業廃棄物が飛散および流出しないようにしなければならない。

(3)　グリーン購入法

　この法律は，国，独立行政法人等および地方公共団体による環境物品等の調達の推進，環境物品等に関する情報の提供，その他の環境物品等への需要の転換を促進するために必要な事項を定めることにより，**環境への負荷の少ない持続的発展が可能な社会の構築**を図り，現在および将来の国民の健康で文化的な生活の確保に寄与することを目的としたものである。

施工管理法

環境保全対策

第5章　章末問題

次の各問について，正しい場合は〇印を，誤りの場合は×印をつけよ。（解答・解説は p. 327）

□□【問1】　現場の自然条件の把握のため，地質調査，地下埋設物などの調査を行う。（R1前）

□□【問2】　調達計画は，労務計画，資材計画，安全衛生計画が主な内容である。（R1後）

□□【問3】　工事内容の把握のため，設計図面および仕様書の内容などの調査を行う。（H30前）

□□【問4】　指定仮設は，発注者が設計図書でその構造や仕様を指定する。（H30後）

□□【問5】　現場事務所は，間接仮設工事に該当する。（H29前）

□□【問6】　指定仮設は，構造の変更が必要な場合は発注者の承諾を得る。（H28）

□□【問7】　施工計画書の作成は，仕様書の内容と直接関係ないが，施工条件を理解することが重要である。（H27）

□□【問8】　施工体制台帳の作成を義務づけられた元請負人は，その写しを下請負人に提出しなければならない。（H30前）

□□【問9】　施工体系図は，変更があった場合には，工事完成検査までに変更を行わなければならない。（R1後）

□□【問10】　ブルドーザの作業効率は，砂の方が岩塊・玉石より小さい。（H27）

□□【問11】　トラフィカビリティーとは，建設機械が土の上を走行する良否の程度をいう。（H27）

□□【問12】　建設機械の作業効率は，現場の地形，土質，工事規模などの現場条件により変化する。（R1後）

□□【問13】　トラフィカビリティーは，一般にN値で判断される。（R1後）

□□【問14】　ダンプトラックの作業効率は，運搬路の沿道条件，路面状態，昼夜の別で変わる。（H29前）

□□【問15】　建設機械の作業能力は，単独の機械又は組み合わされた機械の時間当たりの平均作業量で表される。（R1後）

□□【問16】　リッパビリティーとは，ブルドーザに装着されたリッパによって作業できる程度をいう。（R1後）

□□【問17】　組み合わせた一連の作業の作業能力は，組み合わせた建設機械の中で最大の作業能力の建設機械によって決定される。（H26）

□□【問18】　工程表は，施工途中において常に工事の進捗状況が把握できれば，予定と実績の比較ができなくてもよい。（R1後）

□□【問19】　バーチャートは，工事内容を系統だて作業相互の関連の手順や日数を表した図表である。（H30前）

□□【問20】　工程管理曲線（バナナ曲線）は，縦軸に時間経過比率をとり，横軸に出来高比率をとる。（H30後）

□□【問21】　工程管理では，実施工程が計画工程よりも下回るように管理する。（H29前）

□□【問22】　工程管理曲線（バナナ曲線）において，上方許容限界を超えたときは，工程が遅れている。（H27）

□□【問23】　計画工程と実施工程の間に生じた差を修正する場合は，労務・機械・資材および作業日数など，あらゆる方面から検討する。（H29前）

□□【問24】　出来高累形曲線は，一般的にS字型となる。（H27）

□□【問25】　ネットワーク式工程表において，擬似作業（ダミー）は破線で表し，所要時間をもつ場合もある。（H26）

□□【問26】　グラフ式工程表は，各工事の工程を斜線で表した図表である。（H30前）

☐☐【問 27】 安全ネットは，人体またはこれと同等以上の重さを有する落下物による衝撃を受けたものを使用しない。(R1 前)

☐☐【問 28】 高さ 2 m 以上の足場（つり足場を除く）において，足場の床材間の隙間は，5 cm 以下とする。(R1 前)

☐☐【問 29】 車両系建設機械の運転の際に誘導者を配置するときは，その誘導者に合図方法を定めさせ，運転者に従わせる。(R1 前)

☐☐【問 30】 作業床の手すりの高さは，85 cm 以上とする。(R1 後)

☐☐【問 31】 高さ 5 m 以上のコンクリート造の工作物の解体作業計画には，作業の方法および順序，使用する機械等の種類および能力等が記載されていなければならない。(R1 後)

☐☐【問 32】 型わく支保工の支柱の継手は，突合せ継手または差込み継手としなければならない。(H30 後)

☐☐【問 33】 高さ 2 m 以上の足場は，床材が転位し脱落しないよう 2 つ以上の支持物に取り付ける。(H29 前)

☐☐【問 34】 移動式クレーン運転者や玉掛け者が，つり荷の重心を常時知ることができるよう，表示しなければならない。(R1 後)

☐☐【問 35】 一次下請け，二次下請けなどの関係請負人ごとに，協議組織を設置させる。(H30 前)

☐☐【問 36】 最もよく締まる含水比は，最大乾燥密度が得られる含水比で施工含水比である。(R1 後)

☐☐【問 37】 締固めの品質規定方式は，盛土の締固め度などを規定する方法である。(R1 前)

☐☐【問 38】 ヒストグラムは，時系列データの変化時の分布状況を知るために用いられる。(H29 前)

☐☐【問 39】 レディーミクストコンクリートの圧縮強度試験は，一般に材齢 28 日で行う。(H27)

☐☐【問 40】 締固めの工法規定方式は，使用する締固め機械の機種や締固め回数などを規定する方法である。(H30 前)

☐☐【問 41】 フレッシュコンクリートの空気量は，プルーフローリング試験によって求める。(H29 前)

☐☐【問 42】 アスファルト舗装の厚さは，コア採取による測定で求める。(H27)

☐☐【問 43】 x－R 管理図には，管理線として中心線および上方管理限界（UCL）・下方管理限界（LCL）を記入する。(H30 後)

☐☐【問 44】 工作物の新築に伴って生ずる段ボールなどの紙くずは，一般廃棄物である。(H28)

☐☐【問 45】 振動規制法上の特定建設作業においては，住民の生活環境を保全する必要があると認められる地域の指定は，市町村長が行う。(R1 後)

☐☐【問 46】 土運搬による土砂飛散防止については，過積載防止，荷台のシート掛けの励行，現場から公道に出る位置に洗車設備の設置を行う。(H28)

☐☐【問 47】 掘削土をバックホゥなどでトラックなどに積み込む場合，落下高を高くしてスムースに行う。(H30 後)

☐☐【問 48】 車輪式（ホイール式）の建設機械は，移動時の騒音・振動が大きいので，履帯式（クローラ式）の建設機械を用いる。(H29 前)

☐☐【問 49】 ブルドーザを用いて掘削押土を行う場合，無理な負荷をかけないようにし，後進時の高速走行を避けなければならない。(H30 後)

☐☐【問 50】 土砂は，建設リサイクル法に定められている特定建設資材に該当する。(R1 前)

令和4年度（後期）の出題状況

1．経験記述（1問）

　経験記述は，経験した土木工事の工事内容等を記述し，さらに，その工事で実施した「現場で工夫した品質管理」または「現場で工夫した工程管理」の技術的課題，技術的課題を解決するために検討した項目と検討理由および検討内容，技術的課題に対して現場で実施した対応処置とその評価を記述するものである。出題の形式は例年と同様であり，必ず解答しなければならない。

2．各種の学科記述（8問）

　出題数は8問あり，このうち4問は必須問題で，土工・コンクリート工，施工管理・工程管理に関する問題で全てを解答しなければならない。このうち2問は土工およびコンクリート工に関する問題で，いずれかを選択して解答しなければならない。残り2問は安全管理および環境保全対策に関する問題で，いずれかを選択して解答しなければならない。なお，下線部で示した箇所は，令和3年度の試験問題の内容と異なる出題事項である。

(1)　土工に関する問題（1問必須）

　①盛土材料として望ましい条件が出題された。問題は，1章土木一般・1節土工に記述してある内容の知識を問うものである。

(2)　コンクリート工に関する問題（1問必須）

　①コンクリートの養生及び方法が出題された。問題は，1章土木一般・2節コンクリート工に記述してある内容の知識を問うものである。

(3)　施工計画に関する問題（1問必須）

　①事前調査の実施内容が出題された。問題は，5章施工管理法・1節施工計画に記述してある内容の知識を問うものである。

(4)　工程管理に関する問題（1問必須）

　①工程表の特徴が出題された。問題は，5章施工管理法・3節工程管理に記述してある内容の知識を問うものである。

(5)　土工およびコンクリート工に関する問題（2問のうち1問を選択）

　①土の原位置試験とその結果の利用，②レディーミクストコンクリートの受入れ検査が出題された。各問題は，1章土木一般・1節土工，5章施工管理法・5節品質管理に記述してある内容の知識を問うものである。

(6)　安全管理および環境保全対策に関する問題（2問のうち1問を選択）

　①高さ2m以上の高所作業を行う場合において事業者が実施すべき墜落等による危険の防止対策，②ブルドーザ又はバックホゥを用いて行う建設工事における具体的な騒音防止対策が出題された。各問題は，5章施工管理法・4節安全管理，6節環境保全対策に記述してある内容の知識を問うものである。

第二次検定

第二次検定は，論文形式で解答する経験記述と，施工上の留意点や対策などを記述形式で解答する学科記述で構成されている。

6・1 経 験 記 述

頻出レベル

低 ■■■■■■ 高

【学習のポイント】

経験記述は，施工管理で培った経験や知識を活かし，記述に求められている事項を適確に表現できる能力を身に付けることが大切である。また，出題の形式は例年同じようなパターンであるので，あらかじめ準備しておく。

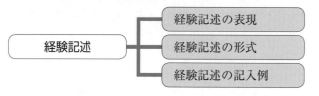

―――――――――――――― 基礎知識をじっくり理解しよう ――――――――

6・1・1 経験記述の表現

経験記述は，文章を簡潔かつ明瞭にするため，以下の点に留意して表現する。

① 記述する**工事名・発注者名・工期・主たる工種および施工量等は覚えておく。**

② 専門用語を用い，誤字，脱字，あて字のないようにする。

③ 記述後は必ず読み返して，内容は必ず全部通して一貫性をもたせる。

④ 現場の事例がわかるようにするために数値を使うときは，**できるだけ具体的数値を使用**する。

6・1・2 経験記述の形式

経験記述の形式と各項目の留意点は，次のとおりである。

【問題】 あなたが経験した土木工事のうちから一つの工事を選び，次の〔設問 1〕，〔設問 2〕に答えなさい。

〔設問 1〕

（1） 工 事 名

工事名は地先名，路線名，河川名などを用いて具体的に記入する。また，**対象工事は，必ず土木工事でなければならない。**植樹工事，建築工事，管工事などは土木工事と見なされない。

× 国道 1 号線道路舗装工事　⟹　○ 国道 1 号線川崎地区道路舗装工事
× 花園川河川改修工事　⟹　○ 花園川南大田地区河川改修工事

(2)　工事の内容

①　発注者

・工事全体の元請業者の場合は，工事の最初の注文者名（役所名など）を記入する。

・**下請業者の場合は，自社が請け負った工事を注文した建設業者名を記入する。**

× 東京都下水道局長　下水太郎　⟹　○ 東京都下水道局

②　工事場所

工事場所は，都道府県・市・郡・町・村名・番地まで記入する。

× 神奈川県横浜市南区　⟹　○ 神奈川県横浜市南区大浜町 3 丁目

③　工　期

工期は，契約書の期日をそのまま転記する。工事の完了していないものを記入すると大減点となる。工事の完了とは，発注者の竣工検査に合格した時点をさす。

× R4. 6. 1〜R4. 3. 10　⟹　○ 令和 4 年 6 月 1 日〜令和 5 年 3 月 10 日

④　主な工種

多数の工種のうち，主な工種のみを記入する。また，ここで示された工種については，本文中で必ず触れなければならない。**工種の個数は，2〜3 個程度**とする。

× 掘削工事，管敷設工事　⟹　○ 掘削工，管敷設工

⑤　施工量

施工量の項目名，数値，単位を示す。

× 掘削工　300 m^3　⟹　○ 掘削土量　300 m^3
× アスファルト舗装工　60 m^3　⟹　○ アスファルト混合物使用量　60 m^3

(3)　あなたの立場

一般に「現場監督」，「現場主任」，「工事主任」，「主任技術者」，「現場代理人」，「発注者側監督員」，「現場監督補佐」などを記入する。会社の役職，設計者，作業主任者，作業員などは記入しない。また，**「督」の字の誤字のないようにする。**

× 現場監督　⟹　○ 現場監督

〔設問2〕

あなたが選択した項目の□の中に○印を記入してください。

□品質管理　　□工程管理　　□安全管理　　□施工計画　　□環境対策

　出題項目は，年度により異なって指定される。

（1）　特に留意した技術的課題

　記述の構成は，「工事の概要」，「課題が生じた現場や施工の状況」，「留意した技術的課題（解決すべき技術的課題）」の3つであり，わかりやすくまとめる。行数は7行で指定される。

3行	「工事の概要」を示す。
3行	「課題が生じた現場や施工の状況」を示す。
1行	「留意した技術的課題」を示す。

（7行）

（2）　技術的課題解決のために検討した項目と検討理由および検討内容

　技術的課題を改善するために検討した項目と検討理由および検討内容（検討の過程，検討結果についても触れる）を具体的に記述する。行数は年度により異なり，9～11行で指定されることが多い。本書では，最大の11行で示してある。

2行	「技術的課題に対する検討の前文」を示す。
9行	「検討項目と検討理由および検討内容」を示す。 ①　使用材料について，②　使用機械について，③　使用工法について 以上の項目から2つ選んで記述する。

（11行）

(3)　現場で実施した対応処置とその評価

　技術的課題を改善するために検討した内容を踏まえ，実施した対応処置（工法，機械，材料，管理方法など）とその評価を技術的かつ具体的に記述する。行数は年度により異なり，9～10行で指定されることが多い。本書では，最大の10行で示してある。また，対応処置で取り上げる代表的な項目を表6・1に示す。

	1行	「検討結果の前文」を示す。
	3行	「実施した対応処置」を示す。
10行	4行	「技術的課題の解決」を示す。
	2行	「評価」を示す。

表6・1　対応処置で取り上げる代表的な項目例

		(1)　使用材料・設備	(2)　使用機械	(3)　施工方法
①	工程管理	① 材料・設備・手配の管理 ② 工場製品の利用で短縮 ③ 使用材料の変更で短縮	① 機械の大型化で短縮 ② 使用台数の増加で短縮 ③ 機械の適正化（組合せ）	① 施工箇所の複数化 ② 班の増加や並行作業 ③ 時間外労働の増加 ④ 工法の改良
②	品質管理	① 材料の良否の管理 ② 材料の温度管理 ③ 材料の受入れ検査	① 機械と材料との適合化 ② 機械能力の適正化 ③ 機械と施工法との適合化	① 敷均し厚・仕上厚の適正化 ② 締固め・養生の管理 ③ 締固め・密度・強度の管理 ④ 出来形管理
③	安全管理	① 仮設備の設置・点検 ② 仮設材料の安全性の点検	① 使用機械の転倒防止 ② 機械との接触防止 ③ 機械の安全点検	① 控えの設置 ② 立入禁止措置 ③ 安全管理体制の適正化 ④ 危険物取扱いの教育
④	施工計画	① 仮設備計画 ② 工程計画 ③ 品質計画 ④ 安全計画	① 組立機械 ② 使用機械	① 工程短縮 ② 品質確保 ③ 安全確保
⑤	環境対策	① 使用設備 ② 使用材料	① 低公害使用機械	① 分別・解体 ② 騒音・振動防止 ③ 周辺地域保全

6・1・3 経験記述の記入例

管理別経験記述の記入例を示すと，以下のとおりである。

(1) 文例1 品質管理

> 【問題1】 あなたが経験した土木工事の現場において，工夫した品質管理に関して，次の〔設問1〕，〔設問2〕に答えなさい。

〔設問1〕 あなたが経験した土木工事に関し，次の事項について解答欄に明確に記述しなさい。

(1) 工 事 名

解答例

工 事 名	県道○○号線拡幅工事

(2) 工事の内容

解答例

①	発 注 者 名	G県G土木事務所
②	工 事 場 所	G県G市H地先～K地先
③	工 期	令和4年9月2日～令和5年2月28日
④	主 な 工 種	路床工，アスファルト舗装工，排水工
⑤	施 工 量	路床盛土量350 m³ アスファルト舗装面積210 m² 路盤築造面積210 m² 側溝設置（300×300）延長58 m 集水桝設置（900×900）1基

(3) 工事現場における施工管理上のあなたの立場

解答例

立 場	工事主任

〔設問2〕 上記工事で実施した「現場で工夫した品質管理」に関し，次の事項について解答欄に具体的に記述しなさい。

解答例

(1) 特に留意した**技術的課題** （7行）

　　本工事は，県道○○号線○○片側の水田を用地買収して，交差点付近を3m拡幅し，右折レーンを設置するものである。

　　拡幅のための盛土箇所を事前に，スウェーデン式サウンディング試験で調査した結果，表層から2mまでが軟弱層で，2m以深は砂礫層であった。また，30mの区間は雨水が溜まっていた。

　　路床のCBRは3%以上と規定されており，この値を確保するため，盛土箇所の地盤も同等以上の地耐力にすることが課題となった。

(2) 技術的課題を解決するために**検討した項目と検討理由及び検討内容**　（9行）

　　盛土箇所の地盤の地耐力確保のため，以下の検討を行った。

① 2mの軟弱地盤層について，掘削により置換を行う場合，隣接水田部の地盤沈下のおそれがあったので，地盤改良の採用と改良方法及び地盤改良中に，周辺水田へ改良材が飛散すると農作物への影響があることから，改良材の種類を検討した。

② 表層から30cmが特に高含水であったので，重機作業ができるよう，表面の含水比低下のための排水処理方法を検討した。

③ 水溜まり箇所を含め全体に雑草が生えており，地盤改良中に混入すると腐食による沈下の原因となるため，その処理を検討した。

(3) 上記検討の結果，**現場で実施した対応処置とその評価**　（9行）

① 地盤改良は，拡幅内に収まる0.7m³バックホウによる原位置混合の安定処理工法を採用した。改良材は，事前試験に基づき，防塵型セメント系改良材を120kg/m³混合した。

② 混合前に買収用地と水田との境界部及び拡幅部の中央付近に素掘り側溝(300×300)を掘り，表面排水と含水比の低下を行った。

③ 水溜まり部を含め，雑草が生えているところは，草の根の深さまで表土20cmをすき取り廃棄処分した。

　　以上の結果，盛土を行う地盤の支持力を路床と同等のCBR3%以上とし，地耐力を確保した。

(2)　文例2　安全管理

【問題1】 あなたが経験した土木工事の現場において，工夫した安全管理に関して，次の〔設問1〕，〔設問2〕に答えなさい。

〔設問1〕　あなたが経験した土木工事に関し，次の事項について解答欄に明確に記述しなさい。

(1)　工　事　名

解答例

工　事　名	R地区市道○○号線無電柱化工事

(2)　工事の内容

解答例

①	発注者名	S市建設課
②	工事場所	K県S市H町1丁目〜2丁目地内
③	工　　期	令和4年6月10日〜令和4年9月25日
④	主な工種	土工，電線共同溝設置工，舗装工
⑤	施　工　量	管路掘削土量360 m^3， 管路埋設（内径φ150 mm1条，φ75 mm4条）延長200 m， 人孔新設8基，　仮舗装面積270 m^2

(3)　工事現場における施工管理上のあなたの立場

解答例

立　　場	工事主任

〔設問2〕　上記工事で実施した **「現場で工夫した安全管理」** に関し，次の事項について解答欄に具体的に記述しなさい。

　　　ただし，交通誘導員の配置のみに関する記述は除く。

[解答例]

(1) 特に留意した**技術的課題** （7行）

　　本工事は，S市商店街の電柱をなくし，電線を地中に埋設する無電柱化工事である。

　　当初の計画では，商店街の中の幅員5mの道路に，幅1.2mの掘削を行い，通行止めを行って電線を埋設する予定であった。

　　地元説明会を開催したところ，住民や商店街から歩道のない道路なので，歩行者が通行できるようにして欲しいとの要望があり，施工中の歩行者の安全な通行の確保が課題となった。

(2) 技術的課題を解決するために**検討した項目と検討理由及び検討内容**　（9行）

　① 歩行者，自転車の安全な通行及び商店や飲食店の出入り箇所を確保するための施工方法と施工時間について，商店街，発注者，警察との協議を検討した。

　② 工事中は，車両の通行が困難な2.5m以下の幅員となるため，通行止めと迂回路の設置について，商店街や運転手へ周知させる方法を検討した。

　③ 埋戻し部の沈下で，歩道に段差や凹凸が生じ，歩行者や自転車の事故が起きないよう，埋設管回りや軽量鋼矢板引抜き時の埋戻し方法を検討した。

(3) 上記検討の結果，**現場で実施した対応処置とその評価**　（9行）

　① 施工区画を10mと5mを基準に割付け図を作成し，作業箇所はH＝1.2mのフェンスで囲い，歩行者通路はカラーコーンで区別した。作業は原則昼間とし，夜間は覆工版を設置して通行可能とした。

　② 車両通行止めは，迂回路手前に迂回の案内看板と工事説明看板を設置し，迂回路の出入口に交通誘導警備員を配置し誘導させた。

　③ 管路の埋戻しは山砂を使用し，管上30cmで水締めを行い，舗装下1mで鋼矢板引抜き時にも水締めを行って空隙の充填をした。以上の処置により，歩行者の通行を行いながら，無事故で工事を完成した。

第二次検定

経験記述

(3)　文例3　工程管理

> 【問題1】　あなたが経験した土木工事の現場において，工夫した工程管理に関して，次の〔設問1〕，〔設問2〕に答えなさい。

〔設問1〕　あなたが経験した土木工事に関し，次の事項について解答欄に明確に記述しなさい。

(1)　工　事　名

解答例

工　事　名	市道○○号線○○橋梁取付道路整備工事

(2)　工事の内容

解答例

①	発 注 者 名	A市都市整備部建設課
②	工 事 場 所	N県A市S字K地内
③	工　　　　期	令和4年7月10日～令和4年12月25日
④	主 な 工 種	盛土工，舗装工，排水工
⑤	施　工　量	路体盛土量6,300 m³　路床盛土量2,100 m³　法面整形面積2,710 m² アスファルト舗装面積2,160 m²　路盤築造面積2,160 m² 排水側溝設置　延長380 m

(3)　工事現場における施工管理上のあなたの立場

解答例

立　　場	工事主任

〔設問2〕　上記工事で実施した「現場で工夫した工程管理」に関し，次の事項について解答欄に具体的に記述しなさい。

[解答例]

(1) 特に留意した**技術的課題**　（7行）

　　本工事は，市道○○号線の○○橋梁の架け換えに伴う橋梁両側の
取付け道路を整備するものである。

　　工事は，先行する橋梁工事の遅れにより，20日間遅れの着工と
なった。工事箇所は積雪地域のため，降雪で舗装工事が困難となる
おそれがあり，橋梁の開通が1月15日と決められている中，降
雪前に舗装を完了させて工期内に竣工させる必要があった。

　　そのため，工期を20日間短縮することが課題となった。

(2) 技術的課題を解決するために**検討した項目と検討理由及び検討内容**　（9行）

　①　工事個所が架け換え橋梁を挟んで両側の2カ所であることか
　　ら，工期が短縮のための，両側で同時施工が可能な工種を検討
　　した。
　②　盛土施工において，大型ダンプトラックを効率よく運行させ，
　　1日の運搬土量を増加させるための仮設道路の整備を検討した。
　③　舗装工事は表層と基層があり，当初の計画ではアスファルト
　　フィニッシャなどの舗装機械を1セットで施工する予定であっ
　　た。しかし，降雪前のギリギリの工程となるおそれがあり，工
　　期短縮のため，舗装機械の台数増加を検討した。

(3) 上記検討の結果，**現場で実施した対応処置とその評価**　（9行）

　①　排水工と歩車道境界ブロックを，橋の両側道路を同時に，また，
　　道路の左右同時に行うことで，工期を12日間短縮した。
　②　現場内の土砂運搬用仮設道路の中間に敷き鉄板で，5m×
　　15mの待機及びすれ違い箇所を設け，待機時間を減らすなどで
　　運搬回数を1台平均0.5回増やし，盛土工期を5日間短縮した。
　③　舗装工は，アスファルトフィニッシャを2台使用して，連続
　　施工することで，3日間の工期短縮を行った。
　　上記の対応・処置の結果，20日間の工期短縮ができ，降雪前に
舗装工事が完成し，工期内に竣工した。

第二次検定

経験記述

（4）　文例4　環境保全

【問題1】　あなたが経験した土木工事の現場において，工夫した環境保全に関して，次の
〔設問1〕，〔設問2〕に答えなさい。

〔設問1〕　あなたが経験した土木工事に関し，次の事項について解答欄に明確に記述しなさい。

⑴　工　事　名

解答例

工　事　名	Ｋモールショッピングセンター用地造成工事

⑵　工事の内容

解答例

①	発 注 者 名	株式会社AA不動産
②	工 事 場 所	Ｍ県Ｍ市Ｋ町123番地
③	工　　　期	令和4年4月20日～令和4年12月20日
④	主 な 工 種	整地工，排水工，道路工
⑤	施　工　量	整地面積 25,000 m² 　汚水排水管理設　φ250 mm，延長 450 m 用地内区画道路幅員 8.0 m，延長 250 m

⑶　工事現場における施工管理上のあなたの立場

解答例

立　　場	工事主任

〔設問2〕　上記工事で実施した「現場で工夫した環境保全」に関し，次の事項について解答欄に具
体的に記述しなさい。

[解答例]

(1) 特に留意した**技術的課題**　（7行）

　　本工事は，○○地区の工場跡地に新設されるショッピングセンター建築のための用地造成である。

　　現場の工場跡地の周囲は古くからの住宅地で，工場の解体工事中に，粉じんに対する苦情が多くあったとのことで，発注者から，粉じんの発生を防止することを強く求められた。

　　現場の土はシルト混じり砂質土で，強風時や工事車両の通行時にも粉じんが発生することから，工事中の粉じん対策が課題となった。

(2) 技術的課題を解決するために検討した項目と**検討理由及び検討内容**　（9行）

　　①　整地の際に発生する残土は，再利用等のため場内に仮置きするが，強風時に粉じんが風下の住宅に飛散するため，仮置き箇所と仮置き時の飛散防止対策を検討した。

　　②　現場が広く，裸地が多く存在するため，強風時に整地箇所全体から発生する砂塵を防止する方法を検討した。

　　③　作業時に，強風となった場合に，作業中止の判断をするための風速等の測定方法を検討した。

　　④　工事車両のタイヤに付着した土砂が周辺道路に引き出され，粉じんの原因とならないよう防止方法を検討した。

(3) 上記検討の結果，**現場で実施した対応処置とその評価**　（9行）

　　①　残土は場内の中央付近に仮置き場所を設け，使用しないときは防塵ネットで全体を覆い，粉じんが発生するのを防止した。

　　②　散水車に防塵処理剤を混ぜ，造成現場全体を巡回散水させて地面が乾かないようにし，砂塵が発生しないように管理した。

　　③　強風による作業中止を判断するため，現場事務所の屋根に風速計を設置し，パソコンでデータをとり，管理した。

　　④　現場ゲート前に洗車場を設置し，退場する車両のタイヤと車体を高圧洗浄機で清掃し，土砂が場外へ引き出されないようにした。

　　以上の措置を行った結果，造成中の苦情もなく工事を完了した。

6・2　各種の学科記述

頻出レベル
低 ■■■■■■■ 高

学習のポイント

　施工上の留意点や対策などについては，なぜその点に留意するのか，またなぜそのような対策を講じるのか，という原因や根拠についても併せて理解する。

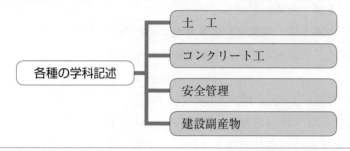

- 基礎知識をじっくり理解しよう - - - - - - - - - - - -

6・2・1　土　　工

（1）　土量計算

　9,000 m³（地山土量）の切土の施工において，そのうち 3,250 m³（ほぐし土量）を盛土に流用し，残りを処分地に搬出する場合，

　　①　搬出土量（ほぐし土量）

　　②　盛土量（締固め土量）

　　③　盛土に流用する時に使うダンプトラックの延べ運搬台数

をそれぞれ求めなさい。ただし，計算条件は，地山の土質は固結した礫質土で土量変化率は，$L=1.25$，$C=1.20$ とし，ダンプトラックの積込み土量 5 m³（ほぐし土量）とする。

解　答

①　搬出土量（ほぐし土量）は，切土 9,000 m³ をほぐし土量に換算したものから，流用土 3,250 m³（ほぐし土量）を差し引いた土量である。

　　搬出土量 $=9{,}000 \text{ m}^3 \times 1.25 - 3{,}250 = \textbf{8{,}000 m}^3$

②　盛土量（締固め土量）は，流用土 3,250 m³（ほぐし土量）を盛土量に換算した土量である。

　　盛土量 $=3{,}250 \text{ m}^3 \times 1.20 \div 1.25 = \textbf{3{,}120 m}^3$

③　盛土に流用するときに使うダンプトラックの延べ運搬台数は，流用土 3,250 m³（ほぐし土量）をダンプトラックの積込み土量 5 m³（ほぐし土量）で割ったものである。

　　$3{,}250 \text{ m}^3 \div 5 = \textbf{650 台}$

第二次検定

---

(2) 盛土材料の性質

　一般的な**盛土材料として要求される性質を三つ簡潔**に記述しなさい。

解 答

① 施工機械のトラフィカビリティが確保できること。

② 締固が容易で，締固め後のせん断強さが大きいこと。

③ 圧縮性が小さく，不等沈下を発生させないこと。

---

(3) 土の締固めの留意点

　盛土工事における**土の締固め**にあたっての**留意点を三つ簡潔**に記述しなさい。

解 答

① 盛土材料に応じた締固め機械を選定し，十分に締め固めること。

② 盛土材料は，最適含水比に近づけて締め固めること。

③ 敷均し厚さは，仕上り厚さを 30 cm 以下にすること。

---

(4) 原位置試験の方法

　あなたが現場で次のような(イ)〜(ホ)の対応が必要になったときの原位置試験の方法を下記からそれぞれ一つずつ選定しなさい。

現　場　の　対　応	
建設機械のトラフィカビリティを判定する。	(イ)
地盤の中の伝わる地震波の速度からその性状を推定する。	(ロ)
土の硬軟，締まりぐあいなどを判定するための静的貫入抵抗を求める。	(ハ)
現場における路床あるいは路盤の支持力の大きさを直接測定する。	(ニ)
盛土の締固め度を判定する。	(ホ)

［試験の方法］　弾性波探査　　　　　　地盤の平板載荷試験　　　　電気探査

　　　　　　　揚水試験　　　　　　　原位置ベーンせん断試験　　現場密度試験

　　　　　　　孔内水平載荷試験　　　ポータブルコーン貫入試験　現場 CBR 試験

　　　　　　　スウェーデン式サウンディング試験

解 答

(イ)　ポータブルコーン貫入試験　　　　(ロ)　弾性波探査

(ハ)　スウェーデン式サウンディング試験　　(ニ)　現場 CBR 試験

(ホ)　現場密度試験

第二次検定

各種の学科記述

(5) 法面保護工の目的・特徴

法面保護工のうち，次に示す工種の目的・特徴を簡潔に記述しなさい。

① 筋芝工　　　　　② 蛇かご工

③ プレキャスト枠工

解答

① 筋芝工は，風化の遅い粘性土盛土の法面に野芝を水平の筋状に30cm間隔で埋込み，盛土法面の浸食を防止するために用いられる。

② 蛇かご工は，湧水の多い法面に鉄線で編んだ蛇かご工を設置し，土砂の流出を防止するために用いられる。

③ プレキャスト枠工は，法面にコンクリートブロック枠工を設置し，風化・浸食を防止するために用いられる。

6・2・2 コンクリート工

(1) 鉄筋の組立て・継手

鉄筋コンクリート構造物工事における鉄筋の組立て作業を行う場合，**鉄筋の組立てまたは継手施工に関する留意点を三つ簡潔に記述しなさい。**

解答

① 鉄筋のかぶりを正しく保つため，スペーサを適切に配置する。

② 鉄筋の交差の要所は，鉄筋相互の位置を固定するため，直径0.8mm以上の焼なまし鉄線で緊結する。

③ 応力の大きい部分には，鉄筋の継手をできるだけ設けない。

(2) 型枠・支保工

「コンクリート標準仕様書」に定められている**型枠および支保工の施工に関する次の文章の**◻︎◻︎の中の(イ)〜(ホ)に当てはまる適切な語句を，下記の語句から選びなさい。

1) 型枠を締め付けるには，◻(イ)◻または◻(ロ)◻を用いることを標準とする。

2) せき板内面には，◻(ハ)◻を塗布しなければならない。

3) コンクリートを打込む前および◻(ニ)◻に，型枠の寸法および不具合の有無を管理しなければならない。

4) 支保工は，十分な強度と◻(ホ)◻をもつよう施工しなければならない。

[語句]

安定性　自重　鉄線　セメントペースト　打込み後　ボルト

はく離剤　クリープ　棒鋼　流動性　内部振動機　打込み中

解　答

（イ）ボルト　　（ロ）棒鋼　　（ハ）はく離剤　　（ニ）打込み中　　（ホ）安定性

（3）　コンクリートの打込み・締固め

　「コンクリート標準仕様書」に定められているコンクリートの打込み・締固めに関する次の文章の□□□の中の（イ）～（ホ）に当てはまる適切な数値を，下記の数値から選びなさい。

1）　コンクリート打込みの1層の高さは，使用する内部振動機の性能などを考慮して，（イ）～□ cm以下を標準とする。

2）　壁または柱のような高さの大きいコンクリートを連続して打込む場合の打上り速度は，一般の場合30分につき（ロ）～□ m程度を標準とする。

3）　振動締固めにあたっては，内部振動機を下層のコンクリートの中に（ハ）cm程度挿入する。

4）　内部振動機の挿入間隔は，一般に（ニ）cm以下とする。

5）　内部振動機の1ヶ所当たりの振動時間は，（ホ）～□ 秒とする。

　［語句］

　　　1～1.5　　　2～2.5　　　5～15　　　20～30

　　　10　　　20　　　40～50　　　50～60　　　50　　　60

解　答

（イ）40～50　　（ロ）1～1.5　　（ハ）10　　（ニ）50　　（ホ）5～15

（4）　コンクリートの養生

　「コンクリート標準仕様書（施工編）」に定められているコンクリートの養生に関する留意点を三つ簡潔に記述しなさい。

解　答

①　所要の強度に達するまで養生マットに散水等を行い，湿潤状態を保つ。

②　打込み後の一定期間を硬化に必要な温度および湿度に保ち，有害な影響を受けないようにする。

③　せき板が乾燥するおそれのあるときは，散水し湿潤状態にする。

（5） レディーミクストコンクリートの受入検査

下記はあなたが呼び強度 18 N/mm^2 のレディーミクストコンクリート（JIS A 5308）の受入検査を実施した場合の試験結果である。

1)，2) の文章の　　　　　の中の(イ)，(ロ)に当てはまる**適切な数値**を，下記の数値から選びなさい。また，3) の　　　　　の(ハ)～(ホ)には**判定条件に基づき合格か不合格**のいずれかを記入しなさい。

1) 塩化物含有量は，原則として，荷卸し地点で塩化物イオン（Cl$^-$）量として　(イ)　kg/m^3 以下でなければならない。

2) 普通コンクリートの空気量の許容差は，荷卸し地点で± 　(ロ)　 ％ である。

［数値］ 0.20， 0.30， 0.40， 1.0， 1.5， 2.0

3) コンクリートの強度試験の結果表

	3個の供試体の圧縮強度の平均値 （N/mm^2）			判 定
	1回目	2回目	3回目	
試験結果 1	17.0	19.0	18.0	(ハ)
試験結果 2	16.0	18.0	17.0	(ニ)
試験結果 3	25.0	18.0	15.0	(ホ)

解 答

(イ) 0.30　　(ロ) 1.5　　(ハ) 合格　　(ニ) 不合格　　(ホ) 不合格

コンクリートの強度試験は，

① 1回の試験結果は，購入者が指定した呼び強度の強度値の 85％ でなければならない。設問では呼び強度が 18 N/mm^2 となっているので，18×0.85＝15.3 N/mm^2 以上となる。よって，試験結果3には 15.0 があり，(ホ)は不合格となる。

② 3個の試験結果の平均は，購入者が指定した呼び強度の強度値以上でなければならない。試験結果1，2および3のそれぞれの平均値は，18.0，17.0，19.3 となる。よって，試験結果2の(ニ)が不合格となる。

6・2・3 安全管理

（1） 足場の組立て

　足場の組立て等の作業に関する次の文章の　　　　の中の(イ)～(ホ)に当てはまる**適切な語句**を，下記の語句から選びなさい。

　1)　強風，大雨，大雪等の悪天候のため，作業の実施についての危険が予想されるときは，　(イ)　すること。

　2)　組立て，解体又は変更の作業を行う区域内には，関係労働者以外の労働者の　(ロ)　すること。

　3)　足場材の緊結，取りはずし，受渡し等の作業にあたっては，幅 20 cm 以上の足場板を設け，労働者に　(ハ)　を使用される等，労働者の　(ニ)　による危険を防止するための措置を講ずること。

　4)　材料，器具，工具等の上げ，またはおろすときは，　(ホ)　等を労働者に使用させること。

　[語句]　保護帽，　安全帯，　崩落，　作業を制限，
　　　　　バックホウ・ショベルドーザー，　見張り員を付けて作業，
　　　　　つり綱・つり袋，　飛来落下，　脚立・梯子，　注意して作業，
　　　　　墜落，　立入りを禁止，　救命胴衣，　作業を中止，　監視を強化

解　答

　(イ)　作業を中止　　(ロ)　立入りを禁止　　(ハ)　安全帯　　(ニ)　墜落　　(ホ)　つり綱・つり袋

（2）　土止め支保工

　土止め支保工の切梁，腹起しおよび火打ちの取付けにあたっての危険防止のための留意点を三つ簡潔に記述しなさい。

解　答

　①　切梁および腹起しは，脱落を防止するため，矢板，杭等に確実に取り付ける。

　②　火打ちを除く圧縮材の継手は，突合せ継手とする。

　③　中間支持柱を備えた土止め支保工のときは，切梁を当該中間支持柱に確実に取り付ける。

6・2・4　建設副産物・環境保全

（1）　特定建設資材

　建設工事に係る資材の再資源化等に関する法律（建設リサイクル法）に定められている**特定建設資材の４資材のうち，2つ**を記述しなさい。

解 答

① コンクリート

② アスファルト・コンクリート

③ コンクリート及び鉄から成る建設資材

④ 木材

上記の4つの建設資材のうち，2つを記述する。

---

(2) 産業廃棄物管理票（マニフェスト）

下図は，産業廃棄物管理票（マニフェスト）の流れを示したものである。また，①～⑤は各流れにおけるマニフェストの取扱いを説明したものである。次の文章の 　　　 の中の(イ)～(ホ)に当てはまる適切な数値を，下記の数値から選びなさい。

収集運搬業者1社で中間処理業者に委託する場合の例

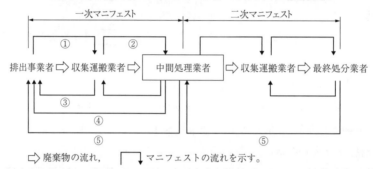

⇨ 廃棄物の流れ， 　　　↓ マニフェストの流れを示す。

① 排出事業者は，運搬車両ごとに，廃棄物の種類ごとに，全てのマニフェスト（A，B1，B2，C1，C2，D，E票）に必要事項を記入し，廃棄物とともに収集運搬業者に (イ) する。

② 収集運搬業者は，B1，B2，C1，C2，D，E票を廃棄物とともに処理施設に持参し，(ロ) 終了日を記入して処理業者に渡す。

③ 収集運搬業者は，B1票を自ら保管し，運搬終了後10日以内にB2票を (ハ) 事業者に返送する。

④ 中間処理業者は，D票を (ニ) 終了後10日以内に排出事業者に返送する。

⑤ 中間処理業者は，委託したすべての廃棄物の最終処分が終了した報告を受けたときは，E票の最終処分の場所の所在地及び名称，(ホ) 処分の終了日を記入し，10日以内に排出事業者に返送する。

［語句］ 委託， 中間， 交付， 廃棄， 最終，
運搬， 処分， 収集， 搬入， 排出

解 答

(イ) 交付　　(ロ) 運搬　　(ハ) 排出　　(ニ) 処分　　(ホ) 最終

2級土木施工管理技術検定
後期試験問題

第一次検定試験問題

〔選択〕（問題1〜問題11までの11問題のうちから9問題を選択し解答してください。）

問題1

土工の作業に使用する建設機械に関する次の記述のうち，**適当なもの**はどれか。

(1) バックホゥは，主に機械の位置よりも高い場所の掘削に用いられる。

(2) トラクタショベルは，主に狭い場所での深い掘削に用いられる。

(3) ブルドーザは，掘削・押土及び短距離の運搬作業に用いられる。

(4) スクレーパは，敷均し・締固め作業に用いられる。

問題2

土質試験における「試験名」とその「試験結果の利用」に関する次の組合せのうち，**適当でないもの**はどれか。

［試験名］	［試験結果の利用］
(1) 砂置換法による土の密度試験 …………	地盤改良工法の設計
(2) ポータブルコーン貫入試験 …………	建設機械の走行性の判定
(3) 土の一軸圧縮試験 …………………	原地盤の支持力の推定
(4) コンシステンシー試験 ………………	盛土材料の適否の判断

問題3

盛土の施工に関する次の記述のうち，**適当でないもの**はどれか。

(1) 盛土の基礎地盤は，あらかじめ盛土完成後に不同沈下等を生じるおそれがないか検討する。

(2) 敷均し厚さは，盛土材料，施工法及び要求される締固め度等の条件に左右される。

(3) 土の締固めでは，同じ土を同じ方法で締め固めても得られる土の密度は含水比により異なる。

(4) 盛土工における構造物縁部の締固めは，大型の締固め機械により入念に締め固める。

問題4

軟弱地盤における次の改良工法のうち，載荷工法に**該当するもの**はどれか。

(1) プレローディング工法

(2) ディープウェル工法

(3) サンドコンパクションパイル工法

(4) 深層混合処理工法

問題5

コンクリートに使用するセメントに関する次の記述のうち，**適当でないもの**はどれか。

(1) セメントは，高い酸性を持っている。

(2) セメントは，風化すると密度が小さくなる。

(3) 早強ポルトランドセメントは，プレストレストコンクリート工事に適している。

(4) 中庸熱ポルトランドセメントは，ダム工事等のマスコンクリートに適している。

問題6

コンクリートを棒状バイブレータで締め固める場合の留意点に関する次の記述のうち，適当でないものはどれか。

(1) 棒状バイブレータの挿入時間の目安は，一般には5～15秒程度である。

(2) 棒状バイブレータの挿入間隔は，一般に50cm以下にする。

(3) 棒状バイブレータは，コンクリートに穴が残らないようにすばやく引き抜く。

(4) 棒状バイブレータは，コンクリートを横移動させる目的では用いない。

問題7

フレッシュコンクリートに関する次の記述のうち，適当でないものはどれか。

(1) ブリーディングとは，練混ぜ水の一部が遊離してコンクリート表面に上昇する現象である。

(2) ワーカビリティーとは，運搬から仕上げまでの一連の作業のしやすさのことである。

(3) レイタンスとは，コンクリートの柔らかさの程度を示す指標である。

(4) コンシステンシーとは，変形又は流動に対する抵抗性である。

問題8

コンクリートの仕上げと養生に関する次の記述のうち，適当でないものはどれか。

(1) 密実な表面を必要とする場合は，作業が可能な範囲でできるだけ遅い時期に金ごてで仕上げる。

(2) 仕上げ後，コンクリートが固まり始める前に発生したひび割れは，タンピング等で修復する。

(3) 養生では，コンクリートを湿潤状態に保つことが重要である。

(4) 混合セメントの湿潤養生期間は，早強ポルトランドセメントよりも短くする。

問題9

既製杭工法の杭打ち機の特徴に関する次の記述のうち，適当でないものはどれか。

(1) ドロップハンマは，杭の重量以下のハンマを落下させて打ち込む。

(2) ディーゼルハンマは，打撃力が大きく，騒音・振動と油の飛散をともなう。

(3) バイブロハンマは，振動と振動機・杭の重量によって，杭を地盤に押し込む。

(4) 油圧ハンマは，ラムの落下高さを任意に調整でき，杭打ち時の騒音を小さくできる。

問題10

場所打ち杭工法の特徴に関する次の記述のうち，適当でないものはどれか。

(1) 施工時における騒音と振動は，打撃工法に比べて大きい。

(2) 大口径の杭を施工することにより，大きな支持力が得られる。

(3) 杭材料の運搬等の取扱いが容易である。

(4) 掘削土により，基礎地盤の確認ができる。

問題11

土留め工に関する次の記述のうち，**適当でないもの**はどれか。

(1) アンカー式土留め工法は，引張材を用いる工法である。

(2) 切梁式土留め工法には，中間杭や火打ち梁を用いるものがある。

(3) ボイリングとは，砂質地盤で地下水位以下を掘削した時に，砂が吹き上がる現象である。

(4) パイピングとは，砂質土の弱いところを通ってヒービングがパイプ状に生じる現象である。

〔選択〕（問題12～問題31までの20問題のうちから6問題を選択し解答してください。）

問題12

鋼材の特性，用途に関する次の記述のうち，**適当でないもの**はどれか。

(1) 低炭素鋼は，延性，展性に富み，橋梁等に広く用いられている。

(2) 鋼材の疲労が心配される場合には，耐候性鋼材等の防食性の高い鋼材を用いる。

(3) 鋼材は，応力度が弾性限度に達するまでは弾性を示すが，それを超えると塑性を示す。

(4) 継続的な荷重の作用による摩耗は，鋼材の耐久性を劣化させる原因になる。

問題13

鋼道路橋の架設工法に関する次の記述のうち，市街地や平坦地で桁下空間が使用できる現場において一般に用いられる工法として**適当なもの**はどれか。

(1) ケーブルクレーンによる直吊り工法

(2) 全面支柱式支保工架設工法

(3) 手延べ桁による押出し工法

(4) クレーン車によるベント式架設工法

問題14

コンクリートの劣化機構について説明した次の記述のうち，**適当でないもの**はどれか。

(1) 中性化は，コンクリートのアルカリ性が空気中の炭酸ガスの浸入等で失われていく現象である。

(2) 塩害は，硫酸や硫酸塩等の接触により，コンクリート硬化体が分解したり溶解する現象である。

(3) 疲労は，荷重が繰り返し作用することでコンクリート中にひび割れが発生し，やがて大きな損傷となる現象である。

(4) 凍害は，コンクリート中に含まれる水分が凍結し，氷の生成による膨張圧でコンクリートが破壊される現象である。

問題15

河川に関する次の記述のうち，**適当なもの**はどれか。

(1) 河川において，下流から上流を見て右側を右岸，左側を左岸という。

(2) 河川には，浅くて流れの速い淵と，深くて流れの緩やかな瀬と呼ばれる部分がある。

(3) 河川の流水がある側を堤外地，堤防で守られている側を堤内地という。

(4) 河川堤防の天端の高さは，計画高水位（H.W.L.）と同じ高さにすることを基本とする。

問題16

河川護岸に関する次の記述のうち，**適当でないもの**はどれか。

(1) 基礎工は，洗掘に対する保護や裏込め土砂の流出を防ぐために施工する。

(2) 法覆工は，堤防の法勾配が緩く流速が小さな場所では，間知ブロックで施工する。

(3) 根固工は，河床の洗掘を防ぎ，基礎工・法覆工を保護するものである。

(4) 低水護岸の天端保護工は，流水によって護岸の裏側から破壊しないように保護するものである。

問題17

砂防えん堤に関する次の記述のうち，**適当でないもの**はどれか。

(1) 前庭保護工は，堤体への土石流の直撃を防ぐために設けられる構造物である。

(2) 袖は，洪水を越流させないようにし，水通し側から両岸に向かって上り勾配とする。

(3) 側壁護岸は，越流部からの落下水が左右の法面を侵食することを防止するための構造物である。

(4) 水通しは，越流する流量に対して十分な大きさとし，一般にその断面は逆台形である。

問題18

地すべり防止工に関する次の記述のうち，**適当なもの**はどれか。

(1) 抑制工は，杭等の構造物により，地すべり運動の一部又は全部を停止させる工法である。

(2) 地すべり防止工では，一般的に抑止工，抑制工の順序で施工を行う。

(3) 抑止工は，地形等の自然条件を変化させ，地すべり運動を停止又は緩和させる工法である。

(4) 集水井工の排水は，原則として，排水ボーリングによって自然排水を行う。

問題19

道路のアスファルト舗装における路床の施工に関する次の記述のうち，**適当でないもの**はどれか。

(1) 盛土路床では，1層の敷均し厚さは仕上り厚で40 cm以下を目安とする。

(2) 安定処理工法は，現状路床土とセメントや石灰等の安定材を混合する工法である。

(3) 切土路床では，表面から30 cm程度以内にある木根や転石等を取り除いて仕上げる。

(4) 置き換え工法は，軟弱な現状路床土の一部又は全部を良質土で置き換える工法である。

問題20

道路のアスファルト舗装における締固めの施工に関する次の記述のうち，**適当でない**ものはどれか。

(1) 転圧温度が高過ぎると，ヘアクラックや変形等を起こすことがある。

(2) 二次転圧は，一般にロードローラで行うが，振動ローラを用いることもある。

(3) 仕上げ転圧は，不陸整正やローラマークの消去のために行う。

(4) 締固め作業は，継目転圧，初転圧，二次転圧及び仕上げ転圧の順序で行う。

問題21

道路のアスファルト舗装の補修工法に関する下記の説明文に該当するものは，次のうちどれか。

「局部的なくぼみ，ポットホール，段差等に舗装材料で応急的に充填する工法」

(1) オーバーレイ工法

(2) 打換え工法

(3) 切削工法

(4) パッチング工法

問題22

道路の普通コンクリート舗装における施工に関する次の記述のうち，適当なものはどれか。

(1) コンクリート版が温度変化に対応するように，車線に直交する横目地を設ける。

(2) コンクリートの打込みにあたって，フィニッシャーを用いて敷き均す。

(3) 敷き広げたコンクリートは，フロートで一様かつ十分に締め固める。

(4) 表面仕上げの終わった舗装版が所定の強度になるまで乾燥状態を保つ。

問題23

ダムの施工に関する次の記述のうち，適当でないものはどれか。

(1) 転流工は，ダム本体工事を確実に，また容易に施工するため，工事期間中の河川の流れを迂回させるものである。

(2) コンクリートダムのコンクリート打設に用いるRCD工法は，単位水量が少なく，超硬練りに配合されたコンクリートをタイヤローラで締め固める工法である。

(3) グラウチングは，ダムの基礎岩盤の弱部の補強を目的とした最も一般的な基礎処理工法である。

(4) ベンチカット工法は，ダム本体の基礎掘削に用いられ，せん孔機械で穴をあけて爆破し順次上方から下方に切り下げていく掘削工法である。

問題24

トンネルの山岳工法における掘削に関する次の記述のうち，適当でないものはどれか。

(1) 吹付けコンクリートは，吹付けノズルを吹付け面に対して直角に向けて行う。

(2) ロックボルトは，特別な場合を除き，トンネル横断方向に掘削面に対して斜めに設ける。

(3) 発破掘削は，地質が硬岩質の場合等に用いられる。

(4) 機械掘削は，全断面掘削方式と自由断面掘削方式に大別できる。

問題 25
　下図は傾斜型海岸堤防の構造を示したものである。図の(イ)～(ハ)の構造名称に関する次の組合せのうち，**適当なもの**はどれか。

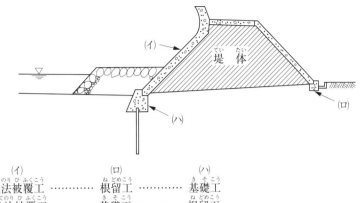

	(イ)	(ロ)	(ハ)
(1)	裏法被覆工 …………	根留工 …………	基礎工
(2)	表法被覆工 …………	基礎工 …………	根留工
(3)	表法被覆工 …………	根留工 …………	基礎工
(4)	裏法被覆工 …………	基礎工 …………	根留工

問題 26
　ケーソン式混成堤の施工に関する次の記述のうち，**適当でないもの**はどれか。
(1)　ケーソンは，えい航直後の据付けが困難な場合には，波浪のない安定した時期まで沈設して仮置きする。
(2)　ケーソンは，海面がつねにおだやかで，大型起重機船が使用できるなら，進水したケーソンを据付け場所までえい航して据え付けることができる。
(3)　ケーソンは，注水開始後，着底するまで中断することなく注水を連続して行い，速やかに据え付ける。
(4)　ケーソンの中詰め後は，波により中詰め材が洗い流されないように，ケーソンのふたとなるコンクリートを打設する。

問題 27
　「鉄道の用語」と「説明」に関する次の組合せのうち，**適当でないもの**はどれか。

[鉄道の用語]	[説明]
(1)　線路閉鎖工事 ………	線路内で，列車や車両の進入を中断して行う工事のこと
(2)　軌間 …………………	レールの車輪走行面より下方の所定距離以内における左右レール頭部間の最短距離のこと
(3)　緩和曲線 …………	鉄道車両の走行を円滑にするために直線と円曲線，又は二つの曲線の間に設けられる特殊な線形のこと
(4)　路盤 ………………	自然地盤や盛土で構築され，路床を支持する部分のこと

令和4年度問題

問題28

鉄道の営業線近接工事に関する次の記述のうち，適当でないものはどれか。

(1) 保安管理者は，工事指揮者と相談し，事故防止責任者を指導し，列車の安全運行を確保する。

(2) 重機械の運転者は，重機械安全運転の講習会修了証の写しを添えて，監督員等の承認を得る。

(3) 複線以上の路線での積みおろしの場合は，列車見張員を配置し，車両限界をおかさないように材料を置かなければならない。

(4) 列車見張員は，信号炎管・合図灯・呼笛・時計・時刻表・緊急連絡表を携帯しなければならない。

問題29

シールド工法に関する次の記述のうち，適当でないものはどれか。

(1) シールド工法は，開削工法が困難な都市の下水道工事や地下鉄工事をはじめ，海底道路トンネルや地下河川の工事等で用いられる。

(2) シールド工法に使用される機械は，フード部，ガーダー部，テール部からなる。

(3) 泥水式シールド工法では，ずりがベルトコンベアによる輸送となるため，坑内の作業環境は悪くなる。

(4) 土圧式シールド工法は，一般に粘性土地盤に適している。

問題30

上水道の管布設工に関する次の記述のうち，適当でないものはどれか。

(1) 管の布設は，原則として低所から高所に向けて行う。

(2) ダクタイル鋳鉄管の据付けでは，管体の管径，年号の記号を上に向けて据え付ける。

(3) 一日の布設作業完了後は，管内に土砂，汚水等が流入しないよう木蓋等で管端部をふさぐ。

(4) 鋳鉄管の切断は，直管及び異形管ともに切断機で行うことを標準とする。

問題31

下水道管渠の接合方式に関する次の記述のうち，適当でないものはどれか。

(1) 水面接合は，管渠の中心を接合部で一致させる方式である。

(2) 管頂接合は，流水は円滑であるが，下流ほど深い掘削が必要となる。

(3) 管底接合は，接合部の上流側の水位が高くなり，圧力管となるおそれがある。

(4) 段差接合は，マンホールの間隔等を考慮しながら，階段状に接続する方式である。

〔選択〕（問題 32〜問題 42 までの 11 問題のうちから 6 問題を選択し解答してください。）

問題 32

労働時間，休憩，休日，年次有給休暇に関する次の記述のうち，労働基準法上，誤っているものはどれか。

(1)　使用者は，労働者に対して，労働時間が 8 時間を超える場合には少なくとも 1 時間の休憩時間を労働時間の途中に与えなければならない。

(2)　使用者は，労働者に対して，原則として毎週少なくとも 1 回の休日を与えなければならない。

(3)　使用者は，労働組合との協定により，労働時間を延長して労働させる場合でも，延長して労働させた時間は 1 箇月に 150 時間未満でなければならない。

(4)　使用者は，雇入れの日から 6 箇月間継続勤務し全労働日の 8 割以上出勤した労働者には，10 日の有給休暇を与えなければならない。

問題 33

災害補償に関する次の記述のうち，労働基準法上，誤っているものはどれか。

(1)　労働者が業務上負傷し，又は疾病にかかった場合においては，使用者は，その費用で必要な療養を行い，又は必要な療養の費用を負担しなければならない。

(2)　労働者が重大な過失によって業務上負傷し，かつ使用者がその過失について行政官庁へ届出た場合には，使用者は障害補償を行わなくてもよい。

(3)　労働者が業務上負傷した場合，その補償を受ける権利は，労働者の退職によって変更されることはない。

(4)　業務上の負傷，疾病又は死亡の認定等に関して異議のある者は，行政官庁に対して，審査又は事件の仲裁を申し立てることができる。

問題 34

作業主任者の選任を必要としない作業は，労働安全衛生法上，次のうちどれか。

(1)　土止め支保工の切りばり又は腹起こしの取付け又は取り外しの作業

(2)　掘削面の高さが 2 m 以上となる地山の掘削の作業

(3)　道路のアスファルト舗装の転圧の作業

(4)　高さが 5 m 以上のコンクリート造の工作物の解体又は破壊の作業

問題 35

建設業法に関する次の記述のうち，誤っているものはどれか。

(1)　建設業とは，元請，下請その他いかなる名義をもってするかを問わず，建設工事の完成を請け負う営業をいう。

(2)　建設業者は，当該工事現場の施工の技術上の管理をつかさどる主任技術者を置かなければならない。

(3)　建設工事の施工に従事する者は，主任技術者がその職務として行う指導に従わなければならない。

(4)　公共性のある施設に関する重要な工事である場合，請負代金の額にかかわらず，工事現場ごとに専任の主任技術者を置かなければならない。

問題 36

車両の最高限度に関する次の記述のうち，車両制限令上，誤っているものはどれか。

ただし，高速自動車国道を通行するセミトレーラ連結車又はフルトレーラ連結車，及び道路管理者が国際海上コンテナの運搬用のセミトレーラ連結車の通行に支障がないと認めて指定した道路を通行する車両を除くものとする。

(1) 車両の最小回転半径の最高限度は，車両の最外側のわだちについて 12 m である。

(2) 車両の長さの最高限度は，15 m である。

(3) 車両の軸重の最高限度は，10 t である。

(4) 車両の幅の最高限度は，2.5 m である。

問題 37

河川法に関する次の記述のうち，誤っているものはどれか。

(1) 1 級及び 2 級河川以外の準用河川の管理は，市町村長が行う。

(2) 河川法上の河川に含まれない施設は，ダム，堰，水門等である。

(3) 河川区域内の民有地での工事材料置場の設置は河川管理者の許可を必要とする。

(4) 河川管理施設保全のため指定した，河川区域に接する一定区域を河川保全区域という。

問題 38

建築基準法に関する次の記述のうち，誤っているものはどれか。

(1) 道路とは，原則として，幅員 4 m 以上のものをいう。

(2) 建築物の延べ面積の敷地面積に対する割合を容積率という。

(3) 建築物の敷地は，原則として道路に 1 m 以上接しなければならない。

(4) 建築物の建築面積の敷地面積に対する割合を建ぺい率という。

問題 39

火薬類の取扱いに関する次の記述のうち，火薬類取締法上，誤っているものはどれか。

(1) 火工所以外の場所において，薬包に雷管を取り付ける作業を行わない。

(2) 消費場所において火薬類を取り扱う場合，固化したダイナマイト等はもみほぐしてはならない。

(3) 火工所に火薬類を存置する場合には，見張人を常時配置する。

(4) 火薬類の取扱いには，盗難予防に留意する。

問題 40

騒音規制法上，建設機械の規格等にかかわらず，特定建設作業の対象とならない作業は，次のうちどれか。

ただし，当該作業がその作業を開始した日に終わるものを除く。

(1) ロードローラを使用する作業

(2) さく岩機を使用する作業

(3) バックホゥを使用する作業

(4) ブルドーザを使用する作業

問題41

振動規制法に定められている特定建設作業の対象となる建設機械は，次のうちどれか。
ただし，当該作業がその作業を開始した日に終わるものを除き，1日における当該作業に係る2地点間の最大移動距離が50mを超えない作業とする。

(1) ジャイアントブレーカ
(2) ブルドーザ
(3) 振動ローラ
(4) 路面切削機

問題42

船舶の航路及び航法に関する次の記述のうち，港則法上，誤っているものはどれか。
(1) 船舶は，航路内においては，他の船舶を追い越してはならない。
(2) 汽艇等以外の船舶は，特定港を通過するときには港長の定める航路を通らなければならない。
(3) 船舶は，航路内においては，原則としてえい航している船舶を放してはならない。
(4) 船舶は，航路内においては，並列して航行してはならない。

〔必須〕（問題43〜問題53までの11問題は，必須問題ですから全問題を解答してください。）

問題43

トラバース測量において下表の観測結果を得た。閉合誤差は0.007mである。
閉合比は次のうちどれか。
ただし，閉合比は有効数字4桁目を切り捨て，3桁に丸める。

側線	距離 I（m）	方位角			緯距 L（m）	経距 D（m）
AB	37.373	180°	50′	40″	− 37.289	− 2.506
BC	40.625	103°	56′	12″	− 9.785	39.429
CD	39.078	36°	30′	51″	31.407	23.252
DE	38.803	325°	15′	14″	31.884	− 22.115
EA	41.378	246°	54′	60″	− 16.223	− 38.065
計	197.257				− 0.005	− 0.005

閉合誤差＝0.007 m

(1) 1／26100
(2) 1／27200
(3) 1／28100
(4) 1／29200

問題44

公共工事で発注者が示す設計図書に該当しないものは，次のうちどれか。
(1) 現場説明書
(2) 特記仕様書
(3) 設計図面
(4) 見積書

問題 45
　下図は橋の一般的な構造を表したものであるが，(イ)〜(ニ)の橋の長さを表す名称に関する組合せとして，適当なものは次のうちどれか。

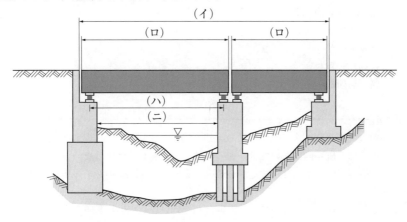

	(イ)	(ロ)	(ハ)	(ニ)
(1)	橋長	桁長	径間長	支間長
(2)	桁長	橋長	支間長	径間長
(3)	橋長	桁長	支間長	径間長
(4)	支間長	桁長	橋長	径間長

問題 46
　建設機械に関する次の記述のうち，適当でないものはどれか。
(1)　ランマは，振動や打撃を与えて，路肩や狭い場所等の締固めに使用される。
(2)　タイヤローラは，接地圧の調節や自重を加減することができ，路盤等の締固めに使用される。
(3)　ドラグラインは，機械の位置より高い場所の掘削に適し，水路の掘削等に使用される。
(4)　クラムシェルは，水中掘削等，狭い場所での深い掘削に使用される。

問題 47
　仮設工事に関する次の記述のうち，適当でないものはどれか。
(1)　直接仮設工事と間接仮設工事のうち，現場事務所や労務宿舎等の設備は，直接仮設工事である。
(2)　仮設備は，使用目的や期間に応じて構造計算を行い，労働安全衛生規則の基準に合致するかそれ以上の計画とする。
(3)　指定仮設と任意仮設のうち，任意仮設では施工者独自の技術と工夫や改善の余地が多いので，より合理的な計画を立てることが重要である。
(4)　材料は，一般の市販品を使用し，可能な限り規格を統一し，他工事にも転用できるような計画にする。

問題48

地山の掘削作業の安全確保に関する次の記述のうち，労働安全衛生法上，事業者が行うべき事項として**誤っているもの**はどれか。

(1) 掘削面の高さが規定の高さ以上の場合は，地山の掘削及び土止め支保工作業主任者技能講習を修了した者のうちから，地山の掘削作業主任者を選任する。

(2) 地山の崩壊等により労働者に危険を及ぼすおそれのあるときは，あらかじめ，土止め支保工を設け，防護網を張り，労働者の立入りを禁止する等の措置を講じる。

(3) 運搬機械等が労働者の作業箇所に後進して接近するときは，点検者を配置し，その者にこれらの機械を誘導させる。

(4) 明り掘削の作業を行う場所は，当該作業を安全に行うため必要な照度を保持しなければならない。

問題49

高さ5m以上のコンクリート造の工作物の解体作業にともなう危険を防止するために事業者が行うべき事項に関する次の記述のうち，労働安全衛生法上，**誤っているもの**はどれか。

(1) 外壁，柱等の引倒し等の作業を行うときは，引倒し等について一定の合図を定め，関係労働者に周知させなければならない。

(2) 物体の飛来等により労働者に危険が生ずるおそれのある箇所で解体用機械を用いて作業を行うときは，作業主任者以外の労働者を立ち入らせてはならない。

(3) 強風，大雨，大雪等の悪天候のため，作業の実施について危険が予想されるときは，当該作業を中止しなければならない。

(4) 作業計画には，作業の方法及び順序，使用する機械等の種類及び能力等が示されていなければならない。

問題50

品質管理に関する次の記述のうち，**適当でないもの**はどれか。

(1) ロットとは，様々な条件下で生産された品物の集まりである。

(2) サンプルをある特性について測定した値をデータ値（測定値）という。

(3) ばらつきの状態が安定の状態にあるとき，測定値の分布は正規分布になる。

(4) 対象の母集団からその特性を調べるため一部取り出したものをサンプル（試料）という。

問題51

呼び強度24，スランプ12cm，空気量5.0%と指定したJIS A 5308レディーミクストコンクリートの試験結果について，各項目の判定基準を**満足しないもの**は次のうちどれか。

(1) 1回の圧縮強度試験の結果は，21.0 N/mm^2 であった。

(2) 3回の圧縮強度試験結果の平均値は，24.0 N/mm^2 であった。

(3) スランプ試験の結果は，10.0 cm であった。

(4) 空気量試験の結果は，3.0% であった。

問題 52

建設工事における，騒音・振動対策に関する次の記述のうち，**適当なもの**はどれか。

(1) 舗装版の取壊し作業では，大型ブレーカの使用を原則とする。

(2) 掘削土をバックホゥ等でダンプトラックに積み込む場合，落下高を高くして掘削土の放出をスムーズに行う。

(3) 車輪式（ホイール式）の建設機械は，履帯式（クローラ式）の建設機械に比べて，一般に騒音振動レベルが小さい。

(4) 作業待ち時は，建設機械等のエンジンをアイドリング状態にしておく。

問題 53

「建設工事に係る資材の再資源化等に関する法律」（建設リサイクル法）に定められている特定建設資材に**該当するもの**は，次のうちどれか。

(1) 建設発生土

(2) 建設汚泥

(3) 廃プラスチック

(4) コンクリート及び鉄からなる建設資材

〔必須〕（問題54～問題61までの8問題は，施工管理法（基礎的な能力）の必須問題ですから全問題を解答してください。）

問題 54

建設機械の走行に必要なコーン指数の値に関する下記の文章中の の(イ)～(ニ)に当てはまる語句の組合せとして，**適当なもの**は次のうちどれか。

・ダンプトラックより普通ブルドーザ（15t級）の方がコーン指数は (イ) 。

・スクレープドーザより (ロ) の方がコーン指数は小さい。

・超湿地ブルドーザより自走式スクレーパ（小型）の方がコーン指数は (ハ) 。

・普通ブルドーザ（21t級）より (ニ) の方がコーン指数は大きい。

	(イ)	(ロ)	(ハ)	(ニ)
(1)	大きい	自走式スクレーパ（小型）	小さい	ダンプトラック
(2)	小さい	超湿地ブルドーザ	大きい	ダンプトラック
(3)	大きい	超湿地ブルドーザ	小さい	湿地ブルドーザ
(4)	小さい	自走式スクレーパ（小型）	大きい	湿地ブルドーザ

問題 55

建設機械の作業内容に関する下記の文章中の____の(イ)～(ニ)に当てはまる語句の組合せとして，**適当なもの**は次のうちどれか。

・ (イ) とは，建設機械の走行性をいい，一般にコーン指数で判断される。
・リッパビリティーとは， (ロ) に装着されたリッパによって作業できる程度をいう。
・建設機械の作業効率は，現場の地形， (ハ) ，工事規模等の各種条件によって変化する。
・建設機械の作業能力は，単独の機械又は組み合わされた機械の (ニ) の平均作業量で表される。

	(イ)	(ロ)	(ハ)	(ニ)
(1)	ワーカビリティー	大型ブルドーザ	作業員の人数	日当たり
(2)	トラフィカビリティー	大型バックホウ	土質	日当たり
(3)	ワーカビリティー	大型バックホウ	作業員の人数	時間当たり
(4)	トラフィカビリティー	大型ブルドーザ	土質	時間当たり

問題 56

工程表の種類と特徴に関する下記の文章中の____の(イ)～(ニ)に当てはまる語句の組合せとして，**適当なもの**は次のうちどれか。

・ (イ) は，各工事の必要日数を棒線で表した図表である。
・ (ロ) は，工事全体の出来高比率の累計を曲線で表した図表である。
・ (ハ) は，各工事の工程を斜線で表した図表である。
・ (ニ) は，工事内容を系統だてて作業相互の関連，順序や日数を表した図表である。

	(イ)	(ロ)	(ハ)	(ニ)
(1)	バーチャート	グラフ式工程表	出来高累計曲線	ネットワーク式工程表
(2)	ネットワーク式工程表	出来高累計曲線	バーチャート	グラフ式工程表
(3)	ネットワーク式工程表	グラフ式工程表	バーチャート	出来高累計曲線
(4)	バーチャート	出来高累計曲線	グラフ式工程表	ネットワーク式工程表

問題57

下図のネットワーク式工程表について記載している下記の文章 中の ☐ の(イ)〜(ニ)に当てはまる語句の組合せとして，**正しいもの**は次のうちどれか。

ただし，図中のイベント間の A〜G は作業内容，数字は作業日数を表す。

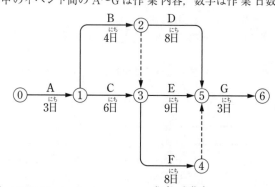

・ (イ) 及び (ロ) は，クリティカルパス上の作業である。
・作業 B が (ハ) 遅延しても，全体の工期に影響はない。
・この工程全体の工期は， (ニ) である。

	(イ)	(ロ)	(ハ)	(ニ)
(1)	作業 B	作業 D	3 日	20 日間
(2)	作業 C	作業 E	2 日	21 日間
(3)	作業 B	作業 D	3 日	21 日間
(4)	作業 C	作業 E	2 日	20 日間

問題58

作業床の端，開口部における，墜落・落下防止に関する下記の文章 中の ☐ の(イ)〜(ニ)に当てはまる語句の組合せとして，**適当なもの**は次のうちどれか。

・作業床の端，開口部には，必要な強度の囲い， (イ) ， (ロ) を設置する。
・囲い等の設置が困難な場合は，安全確保のため (ハ) を設置し， (ニ) を使用させる等の措置を講ずる。

	(イ)	(ロ)	(ハ)	(ニ)
(1)	手すり	覆い	安全ネット	要求性能墜落制止用器具
(2)	足場板	筋かい	作業台	昇降施設
(3)	手すり	覆い	安全ネット	昇降施設
(4)	足場板	筋かい	作業台	要求性能墜落制止用器具

問題 59

車両系建設機械の災害防止に関する下記の文章中の　　　　　の(イ)〜(ニ)に当てはまる語句の組合せとして，労働安全衛生規則上，正しいものは次のうちどれか。

・運転者は，運転位置を離れるときは，原動機を止め，　(イ)　走行ブレーキをかける。
・転倒や転落のおそれがある場所では，転倒時保護構造を有し，かつ，　(ロ)　を備えた機種の使用に努める。
・　(ハ)　以外の箇所に労働者を乗せてはならない。
・　(ニ)　にブレーキやクラッチの機能について点検する。

	(イ)	(ロ)	(ハ)	(ニ)
(1)	または	安全ブロック	助手席	作業の前日
(2)	または	シートベルト	乗車席	作業の前日
(3)	かつ	シートベルト	乗車席	その日の作業開始前
(4)	かつ	安全ブロック	助手席	その日の作業開始前

問題 60

品質管理に用いられる $\bar{x}-R$ 管理図に関する下記の文章中の　　　　　の(イ)〜(ニ)に当てはまる語句の組合せとして，適当なものは次のうちどれか。

・データには，連続量として測定される　(イ)　がある。
・$\bar{x}$ 管理図は，工程平均を各組ごとのデータの　(ロ)　によって管理する。
・R 管理図は，工程のばらつきを各組ごとのデータの　(ハ)　によって管理する。
・$\bar{x}-R$ 管理図の管理線として，　(ニ)　及び上方・下方管理限界がある。

	(イ)	(ロ)	(ハ)	(ニ)
(1)	計数値	平均値	最大・最小の差	バナナカーブ
(2)	計量値	平均値	最大・最小の差	中心線
(3)	計数値	最大・最小の差	平均値	中心線
(4)	計量値	最大・最小の差	平均値	バナナカーブ

問題 61

盛土の締固めにおける品質管理に関する下記の文章中の　　　　　の(イ)〜(ニ)に当てはまる語句の組合せとして，適当なものは次のうちどれか。

・盛土の締固めの品質管理の方式のうち　(イ)　規定方式は，盛土の締固め度等を規定するもので，　(ロ)　規定方式は，使用する締固め機械の機種や締固め回数等を規定する方法である。
・盛土の締固めの効果や性質は，土の種類や含水比，　(ハ)　方法によって変化する。
・盛土が最もよく締まる含水比は，最大乾燥密度が得られる含水比で　(ニ)　含水比である。

	(イ)	(ロ)	(ハ)	(ニ)
(1)	品質	工法	施工	最適
(2)	品質	工法	管理	最大
(3)	工法	品質	施工	最適
(4)	工法	品質	管理	最大

第二次検定試験問題

〔必須〕（問題1〜問題5は必須問題です。必ず解答してください。）

問題1で
① 設問1の解答が無記載又は記入漏れがある場合，
② 設問2の解答が無記載又は設問で求められている内容以外の記述の場合，
どちらの場合にも問題2以降は採点の対象となりません。

必須問題

> **問題1**
> 　あなたが経験した土木工事の現場において，工夫した品質管理又は工夫した工程管理のうちから1つ選び，次の〔設問1〕，〔設問2〕に答えなさい。
> 　〔注意〕　あなたが経験した工事でないことが判明した場合は失格となります。

〔設問1〕　あなたが経験した土木工事に関し，次の事項について解答欄に明確に記述しなさい。
　　　　〔注意〕「経験した土木工事」は，あなたが工事請負者の技術者の場合は，あなたの所属会社が受注した工事内容について記述してください。従って，あなたの所属会社が二次下請業者の場合は，発注者名は一次下請業者名となります。
　　　　　なお，あなたの所属が発注機関の場合の発注者名は，所属機関名となります。

(1) 工　事　名

(2) 工事の内容
　　① 発注者名
　　② 工事場所
　　③ 工　　期
　　④ 主な工種
　　⑤ 施　工　量

(3) 工事現場における施工管理上のあなたの立場

〔設問2〕　上記工事で実施した「現場で工夫した品質管理」又は「現場で工夫した工程管理」のいずれかを選び，次の事項について解答欄に具体的に記述しなさい。
　　　　　ただし，安全管理については，交通誘導員の配置に関する記述は除く。

(1) 特に留意した技術的課題
(2) 技術的課題を解決するために検討した項目と検討理由及び検討内容
(3) 上記検討の結果，現場で実施した対応処置とその評価

必須問題

問題2
　建設工事に用いる工程表に関する次の文章の　　　　の(イ)～(ホ)に当てはまる適切な語句を，下記の語句から選び解答欄に記入しなさい。

(1)　横線式工程表には，バーチャートとガントチャートがあり，バーチャートは縦軸に部分工事をとり，横軸に必要な　(イ)　を棒線で記入した図表で，各工事の工期がわかりやすい。ガントチャートは縦軸に部分工事をとり，横軸に各工事の　(ロ)　を棒線で記入した図表で，各工事の進捗状況がわかる。

(2)　ネットワーク式工程表は，工事内容を系統的に明確にし，作業相互の関連や順序，　(ハ)　を的確に判断でき，　(ニ)　工事と部分工事の関連が明確に表現できる。また，　(ホ)　を求めることにより重点管理作業や工事完成日の予測ができる。

［語句］

アクティビティ,	経済性,	機械,	人力,	施工時期,
クリティカルパス,	安全性,	全体,	費用,	掘削,
出来高比率,	降雨日,	休憩,	日数,	アロー

必須問題

問題3
　土木工事の施工計画を作成するにあたって実施する，事前の調査について，下記の項目①～③から2つ選び，その番号，実施内容について，解答欄の（例）を参考にして，解答欄に記述しなさい。
　ただし，解答欄の（例）と同一の内容は不可とする。

①　契約書類の確認
②　自然条件の調査
③　近隣環境の調査

必須問題

> **問題4**
> 　コンクリート養生の役割及び具体的な方法に関する次の文章の □□□ の(イ)〜(ホ)に当てはまる適切な語句を，下記の語句から選び解答欄に記入しなさい。

(1)　養生とは，仕上げを終えたコンクリートを十分に硬化させるために，適当な (イ) と湿度を与え，有害な (ロ) 等から保護する作業のことである。

(2)　養生では，散水，湛水， (ハ) で覆う等して，コンクリートを湿潤状態に保つことが重要である。

(3)　日平均気温が (ニ) ほど，湿潤養生に必要な期間は長くなる。

(4)　 (ホ) セメントを使用したコンクリートの湿潤養生期間は，普通ポルトランドセメントの場合よりも長くする必要がある。

[語句]

早強ポルトランド，	高い，	混合，	合成，	安全，
計画，	沸騰，	温度，	暑い，	低い，
湿布，	養分，	外力，	手順，	配合

必須問題

> **問題5**
> 　盛土の安定性や施工性を確保し，良好な品質を保持するため，**盛土材料として**望ましい条件を2つ解答欄に記述しなさい。

※問題6〜問題9までは選択問題（1），（2）です。
　問題6，問題7の選択問題（1）の2問題のうちから1問題を選択し解答してください。
なお，選択した問題は，解答用紙の選択欄に○印を必ず記入してください。

選択問題（1）

問題6
　土の原位置試験とその結果の利用に関する次の文章の　　　の(イ)〜(ホ)に当てはまる適切な語句を，下記の語句から選び解答欄に記入しなさい。

(1)　標準貫入試験は，原位置における地盤の硬軟，締まり具合又は土層の構成を判定するための　(イ)　を求めるために行い，土質柱状図や地質　(ロ)　を作成することにより，支持層の分布状況や各地層の連続性等を総合的に判断できる。

(2)　スウェーデン式サウンディング試験は，荷重による貫入と，回転による貫入を併用した原位置試験で，土の静的貫入抵抗を求め，土の硬軟又は締まり具合を判定するとともに，　(ハ)　の厚さや分布を把握するのに用いられる。

(3)　地盤の平板載荷試験は，原地盤に剛な載荷板を設置して垂直荷重を与え，この荷重の大きさと載荷板の　(ニ)　との関係から，　(ホ)　係数や極限支持力等の地盤の変形及び支持力特性を調べるための試験である。

［語句］

含水比，	盛土，	水温，	地盤反力，	管理図，
軟弱層，	N値，	P値，	断面図，	経路図，
降水量，	透水，	掘削，	圧密，	沈下量

選択問題（1）

問題7

レディーミクストコンクリート（JIS A 5308）の受入れ検査に関する次の文章の ◯◯◯ の(イ)～(ホ)に当てはまる適切な語句又は数値を，下記の語句又は数値から選び解答欄に記入しなさい。

(1) スランプの規定値が12 cm の場合，許容差は± ◯(イ)◯ cm である。

(2) 普通コンクリートの ◯(ロ)◯ は 4.5% であり，許容差は ±1.5% である。

(3) コンクリート中の ◯(ハ)◯ 含有量は 0.30 kg/m³ 以下と規定されている。

(4) 圧縮強度の1回の試験結果は，購入者が指定した ◯(ニ)◯ 強度の強度値の ◯(ホ)◯ %以上であり，3回の試験結果の平均値は，購入者が指定した ◯(ニ)◯ 強度の強度値以上である。

[語句又は数値]

単位水量,	空気量,	85,	塩化物,	75,
せん断,	95,	引張,	2.5,	不純物,
7.0,	呼び,	5.0,	骨材表面水率,	アルカリ

※問題8，問題9の選択問題（2）の2問題のうちから1問題を選択し解答してください。
　なお，選択した問題は，解答用紙の選択欄に◯印を必ず記入してください。

選択問題（2）

問題8

建設工事における高さ2 m 以上の高所作業を行う場合において，労働安全衛生法で定められている事業者が実施すべき**墜落等による危険の防止対策**を，2つ解答欄に記述しなさい。

選択問題（2）

問題9

ブルドーザ又はバックホゥを用いて行う建設工事における**具体的な騒音防止対策**を，2つ解答欄に記述しなさい。

令和４年度 ２級土木施工管理技術検定 試験問題 解答・解説

第一次検定試験

番号	解答	解　　　説
問題１	(3)	(1) バックホゥは，主に機械の位置よりも低い場所の掘削に用いられる。主に機械の位置よりも高い場所の掘削に用いられる機械は，ローディングショベルである。 (2) トラクタショベルは，主に積込み・運搬作業に用いられる。主に狭い場所での深い掘削に用いられる機械は，クラムシェルである。 (3) ブルドーザは，掘削・押土・短距離運搬作業に用いられる。よって，適当である。 (4) スクレーパは，掘削・積込み・中距離運搬・敷均し作業に用いられる。
問題２	(1)	砂置換法による土の密度試験は，土の締まり具合の判定，盛土の品質管理に利用される。
問題３	(4)	盛土工における構造物縁部の締固めは，ソイルコンパクタやランマなどの小型の締固め機械により入念に締め固める。
問題４	(1)	(1) プレローディング工法は，軟弱地盤にあらかじめ将来建設される構造物の荷重と同等以上の盛土を載荷し，基礎地盤の圧密強度を促進させる工法である。よって，該当する。 (2) ディープウェル工法（深井戸工法）は，井戸用鋼管を透水性のよい地盤に貫入し，鋼管内部に設置した水中ポンプで排水して地下水位を低下させる工法である。 (3) サンドコンパクションパイル工法は，軟弱地盤中に振動によって砂杭を打設し，地盤を締め固める工法である。 (4) 深層混合処理工法は，軟弱地盤の深層部に攪拌機を貫入し，セメントまたは石灰などの安定材と原地盤の土を混合して地盤を固結する工法である。
問題５	(1)	セメントは，高いアルカリ性を持っている。
問題６	(3)	棒状バイブレータはゆっくり引き抜き，コンクリートに穴が残らないようにしなければならない。
問題７	(3)	レイタンスとは，ブリーディングに伴い，コンクリート表面に浮かび上がって沈澱する物質である。コンクリートの柔らかさの程度を示す指標は，スランプである。
問題８	(4)	混合セメントの湿潤養生期間は，早強ポルトランドセメントよりも長くする。日平均気温15℃以上における標準の湿潤養生期間は，早強ポルトランドセメントが３日，混合セメントＢ種が７日である。
問題９	(1)	既製杭工法において，杭の打込みに使用するドロップハンマは，杭の重量以上あるいは杭１ｍあたりの重量の10倍以上のハンマを落下させて打ち込む。
問題10	(1)	場所打ち杭工法は，施工時の騒音と振動が，打撃工法に比べて小さい。

令和4年度問題

番号	解答	解　　　　　説
問題11	(4)	パイピングとは，砂質土の弱いところを通って，ボイリングがパイプ状に生じる現象である。
問題12	(2)	耐候性鋼材は，腐食速度を低下できる合金元素を添加した低合金鋼であり，鋼材の腐食が心配される場合に使用する。
問題13	(4)	(1) ケーブルクレーンによる直吊り工法は，鉄塔で支えられたケーブルクレーンで橋桁をつり込んで架設する工法で，桁下が流水部や谷での施工に適している。 (2) 全面支柱式支保工架設工法は，架設地点に支保工・型枠を組み立て，コンクリートを打ち込む工法で，桁下空間を一部確保する必要がある場合に用いる工法である。 (3) 手延べ桁による押出し工法は，橋台の後方に設けた製作ヤードで，製作した桁を順次前方に押出しながら架設する工法で，桁下の空間が利用できない場合に用いる工法である。 (4) クレーン車によるベント式架設工法は，市街地や平坦地で桁下空間が使用できる場所に用いる工法である。よって，適当である。
問題14	(2)	塩害は，コンクリート中の鋼材が塩化物イオンと反応し鋼材の腐食・体積膨張によりコンクリートにひび割れや剥離などを起こす現象である。
問題15	(3)	(1) 河川において，上流から下流を見て右側を右岸，左側を左岸という。 (2) 河川では，浅くて流れの速い場所を瀬，深くて流れの緩やかな場所を淵と呼ぶ。 (3) 河川の流水がある側を堤外地，堤防で守られている側を堤内地という。よって，適当である。 (4) 河川堤防の天端の高さは，計画高水位（H. W. L.）に，余裕高および余盛りを加えた高さである。
問題16	(2)	河川護岸の法覆工において，堤防の法勾配が緩く流速が小さな場所では平板ブロック，堤防の法勾配が急な場所では間知ブロックを用いる。
問題17	(1)	前庭保護工は，洗堀によるダム本体の破壊を防ぐために，ダムの前庭部に設けられる構造物である。
問題18	(4)	(1) 抑制工は，地形等の自然条件を変化させ，地すべり運動を停止又は緩和させる工法である。 (2) 地すべり防止工では，抑制工，抑止工の順に行い，抑止工だけの施工は避けるのが一般的である。 (3) 抑止工は，杭等の構造物により，地すべり運動の一部又は全部を停止させる工法である。 (4) 集水井工の排水は，排水ボーリングによって自然排水を行うことを原則とする。よって，適当である。
問題19	(1)	アスファルト舗装における盛土路床の施工では，1層の敷均し厚さは，仕上り厚で20 cm以下を目安とする。
問題20	(2)	アスファルト舗装における二次転圧の施工では，一般に8～20 tのタイヤローラで行うが，6～10 tの振動ローラを用いることもある。

番号	解答	解　　　説
問題21	(4)	(1) オーバーレイ工法は，既設舗装面上にタックコートを行い，その上に厚さ3cm以上の加熱アスファルト混合物を重ねる工法である。 (2) 打換え工法は，不良な舗装の全部を取り除き，新しい舗装を行う工法である。 (3) 切削工法は，路面の凸部等を切削除去し，不陸や段差を解消する工法である。 (4) パッチング工法は，局部的なくぼみ，ポットホール，段差等に舗装材料で応急的に充填する工法である。よって，該当する。
問題22	(1)	(1) 普通コンクリート舗装では，コンクリート版が温度変化に対応するように，車線に直交する横目地，車線方向の縦目地を設ける。よって，適当である。 (2) コンクリートの打込みにあたって，スプレッダーを用いて敷き均す。 (3) 敷き広げたコンクリートは，コンクリートフィニッシャーあるいは平板振動機を用いて，一様かつ十分に締め固める。 (4) 表面仕上げの終わった舗装版は，乾燥から保護し，所定の強度になるまでは湿潤状態を保つようにする。
問題23	(2)	RCD工法は，単位水量が少なく，超硬練りに配合されたコンクリートを振動ローラで締め固める工法である。
問題24	(2)	山岳工法におけるロックボルトは，通常，トンネル横断方向に対して放射状に設け，かつ，トンネルの掘削面に対して直角に設ける。
問題25	(3)	(イ)は表法被覆工，(ロ)は根留工，(ハ)は基礎工である。よって，(3)が適当である。
問題26	(3)	ケーソンの据付けは，ケーソンが基礎マウンド上に達する直前で注水を中止し，最終的なケーソンの据付位置の調整を行ったうえで，一気に注水してケーソンを着底させる。
問題27	(4)	路盤にはコンクリート路盤・アスファルト路盤・砕石路盤があり，軌道構造物を支持する部分のことである。
問題28	(3)	複線以上の路線での積みおろしの場合は，列車見張員を配置し，建築限界をおかさないように材料を置かなければならない。
問題29	(3)	泥水式シールド工法は，カッターで切削された土砂を泥水とともに坑外まで排泥管で流体輸送する工法で，坑内の作業環境は良くなる。
問題30	(4)	鋳鉄管の切断は，切断機で行うことを標準とする。ただし，異形管は切断してはならない。
問題31	(1)	水面接合は，管渠の水面の高さを接合部で一致させる方式である。
問題32	(3)	使用者は，労働組合との協定により，労働時間を延長して労働させる場合でも，延長して労働させることができる時間は1箇月について45時間未満，1年について360時間未満でなければならない。
問題33	(2)	労働者が重大な過失によって業務上負傷し，かつ使用者がその過失について行政官庁の認定を受けた場合には，使用者は障害補償または休業補償を行わなくてもよい。

令和4年度問題

番号	解答	解　　　　　説
問題 34	(3)	道路のアスファルト舗装の転圧の作業は，作業主任者の選任を必要としない。
問題 35	(4)	公共性のある施設に関する重要な工事である場合，請負代金の額が3,500万円（建築一式工事の場合は7,000万円）以上である場合は，工事現場ごとに専任の主任技術者または監理技術者を置かなければならない。
問題 36	(2)	車両の長さの最高限度は，12mである。
問題 37	(2)	ダム，堰，水門等は，河川法上の河川に含まれる施設（河川管理施設）である。
問題 38	(3)	建築物の敷地は，原則として，道路に2m以上接しなければならない。
問題 39	(2)	消費場所において火薬類を取り扱う場合には，固化したダイナマイト等は，もみほぐして使用する。
問題 40	(1)	ロードローラを使用する作業は，騒音規制法上，特定建設作業の対象とならない作業に該当する。
問題 41	(1)	ジャイアントブレーカは，振動規制法上，特定建設作業の対象となる建設機械に該当する。
問題 42	(2)	汽艇等以外の船舶は，特定港に出入し，又は特定港を通過するときは，国土交通省令で定める航路を通らなければならない。
問題 43	(3)	トラバース測量における閉合比Rは，閉合誤差Eと側線長の総和Σlとの比で示され，$R=E/\Sigma l$で求める。したがって，閉合比$R=0.007/197.257=7/197257=1/28170 \fallingdotseq 1/28100$である。よって，(3)となる。
問題 44	(4)	設計図書には，設計図面・仕様書・現場説明書・現場説明に対する質問回答書があり，見積書は設計図書に該当しない。
問題 45	(3)	(イ)は橋長，(ロ)は桁長，(ハ)は支間長，(ニ)は径間長である。よって，(3)が適当である。
問題 46	(3)	ドラグラインは，機械の設置地盤より低い場所の掘削に適し，水路の掘削・浚渫等に使用される。
問題 47	(1)	仮設工事には，直接仮設工事と間接仮設工事があり，現場事務所や労務宿舎等の設備は，間接仮設工事である。
問題 48	(3)	地山の掘削作業において，運搬機械等が労働者の作業箇所に後進して接近するときは，誘導者を配置し，その者にこれらの機械を誘導させなければならない。
問題 49	(2)	物体の飛来等により労働者に危険が生ずるおそれのある箇所で解体用機械を用いて作業を行うときは，運転者以外の労働者を立ち入らせてはならない。
問題 50	(1)	ロットとは，等しい条件下で生産された品物の集まりである。

番号	解答	解　　　　説
問題 51	(4)	レディーミクストコンクリートの受入れ検査では，空気量の許容差は，±1.5% 以下でなければならない。空気量 5.0% のコンクリートの場合，空気量の上限値は 5.0＋1.5＝6.5%，空気量の下限値は 5.0－1.5＝3.5% で，空気量試験の結果 3.0% は判定基準を満足しない。
問題 52	(3)	(1) 舗装版の取壊し作業では，原則として，小型ブレーカを使用する。 (2) 掘削土をバックホゥ等でダンプトラックに積み込む場合は，落下高をできるだけ低くして，掘削土の放出も静かにスムーズに行う。 (3) 車輪式（ホイール式）の建設機械は，履帯式（クローラ式）の建設機械に比べて，一般に騒音振動レベルが小さい。よって，適当である。 (4) 作業待ち時には，建設機械等のエンジンを止めておく。
問題 53	(4)	建設リサイクル法に定められている特定建設資材とは，コンクリート，コンクリート及び鉄からなる建設資材，木材，アスファルト・コンクリートである。よって，(4)が適当である。
問題 54	(2)	(イ)は小さい，(ロ)は超湿地ブルドーザ，(ハ)は大きい，(ニ)はダンプトラックである。よって，(2)が適当である。
問題 55	(4)	(イ)はトラフィカビリティー，(ロ)は大型ブルドーザ，(ハ)は土質，(ニ)は時間当たりである。よって，(4)が適当である。
問題 56	(4)	(イ)はバーチャート，(ロ)は出来高累計曲線，(ハ)はグラフ式工程表，(ニ)はネットワーク式工程表である。よって，(4)が適当である。
問題 57	(2)	(イ)は作業 C，(ロ)は作業 E，(ハ)は 2 日，(ニ)は 21 日間である。よって，(2) が正しい。 クリティカルパスの日数は，最も長い所要日数である。 ⓪→①→③→⑤→⑥の経路で，3＋6＋9＋3＝21 日である。
問題 58	(1)	(イ)は手すり，(ロ)は覆い，(ハ)は安全ネット，(ニ)は要求性能墜落制止用器具である。よって，(1)が適当である。
問題 59	(3)	(イ)はかつ，(ロ)はシートベルト，(ハ)は乗車席，(ニ)はその日の作業開始前である。よって，(3)が正しい。
問題 60	(2)	(イ)は計量値，(ロ)は平均値，(ハ)は最大・最小の差，(ニ)は中心線である。よって，(2)が適当である。
問題 61	(1)	(イ)は品質，(ロ)は工法，(ハ)は施工，(ニ)は最適である。よって，(1)が適当である。

第二次検定試験

番号	解　　　　答
問題1	省略（各自が経験した土木工事について記述してください。）
問題2	(イ) 日数, (ロ) 出来高比率, (ハ) 施工時期, (ニ) 全体, (ホ) クリティカルパス
問題3	〔施工計画を作成するにあたっての事前調査の実施内容〕 　以下の項目①～③から2つを選び, 解答する。（解答例） 　① 契約書類の確認 　　・事業損失, 不可抗力による損害に対する取扱い方法 　　・工事中止に基づく損害に対する取扱い方法 　　・資材, 労務費の変動に基づく変更の取扱い方法 　　・瑕疵担保の範囲, 工事代金の支払い条件 　　・数量の増減などによる変更の取扱い 　　・図面と現場の相違点, 数量の違算の有無 　　・図面, 仕様書, 施工管理基準などによる規格値・基準値 　② 自然条件の調査 　　・地形, 地質, 土質, 地下水 　　・水文気象データ 　③ 近隣環境の調査 　　・現場用地の状況, 近接構造物, 近隣施設 　　・文化財, 地下埋設物, 地上障害物, 井戸の有無 　　・交通量, 騒音・振動の環境保全基準 　　・労働力, 地元労働者, 季節労働者 　　・物価, 地元調達材料価格, 取扱商店 　　・輸送, 道路状況, トンネル, 橋
問題4	(イ) 温度, (ロ) 外力, (ハ) 湿布, (ニ) 低い, (ホ) 混合
問題5	〔盛土材料として望ましい条件〕 　以下の中から2つを解答する。（解答例） 　① 施工機械のトラフィカビリティーが確保できること。 　② 所定の締固めが行いやすいこと。 　③ 締め固められた土のせん断強さが大きく, 圧縮性・透水性が小さいこと。 　④ 吸水による膨潤性の低いこと。 　⑤ 有機物を含まないこと。
問題6	(イ) N値, (ロ) 断面図, (ハ) 軟弱層, (ニ) 沈下量, (ホ) 地盤反力
問題7	(イ) 2.5, (ロ) 空気量, (ハ) 塩化物, (ニ) 呼び, (ホ) 85

番号	解　　　　　答
問題8	〔高所作業における墜落等による危険の防止対策〕 以下の中から2つを解答する。（解答例） ① 足場の作業床は，幅40 cm以上，床材間の隙間3 cm以下にする。 ② 枠組足場の足場には，交差筋かい・桟を設ける。 ③ 枠組足場以外の足場には，高さ85 cm以上の手すり・中桟等を設ける。 ④ 床材は，転位・脱落しないように2以上の支持物に取り付ける。 ⑤ 強風，大雨等の悪天候の場合は作業を中止する。 ⑥ 足場の設置により作業床を設けることが困難な場合には，防網を張り，要求性能墜落制止用器具を使用させる等の措置をする。
問題9	〔ブルドーザまたはバックホゥを用いて行う建設工事の騒音防止対策〕 以下の中から2つを解答する。（解答例） ① 低騒音型建設機械を使用する。 ② 作業時間帯は，周辺地域の状況と施工法を検討し，許される範囲内で影響が小さくなるようにする。 ③ 騒音源となる建設機械は，受音振部から遠ざける。 ④ 建築物の解体工事では，遮音パネル，遮音シートなどを設置する。 ⑤ 不必要な高速運転やむだな空ぶかしを避けて，ていねいに運転する。 ⑥ 作業待ち時間には，こまめにエンジンを止めるようにする。 ⑦ ブルドーザの掘削押し土を行う場合，無理な負荷をかけないようにし，後進時の高速走行を行わない。

324

章末問題 解答・解説

第1章　章末問題

【問1】　×：土の圧密試験の結果は，粘性土地盤の沈下量と沈下時間の推定に使用される。
【問2】　○
【問3】　×：CBR試験の結果からは，路床土や路盤材料の支持力に関することが求められる。
【問4】　×：平板載荷試験は，原位置試験である。
【問5】　○
【問6】　×：ロードローラは，路床・路盤の締固め作業に使用する。
【問7】　○
【問8】　×：盛土工の構造物縁部の締固めは，小型の締固め機械により入念に締め固める。
【問9】　×：道路土工の盛土材料として望ましい条件は，盛土完成後の圧縮性が小さいことである。
【問10】　×：盛土材料の敷均し厚さは，路床より路体のほうを厚くする。
【問11】　×：盛土の締固めの効果や特性は，土の種類および含水状態などにより異なる。
【問12】　○
【問13】　×：押え盛土工法は，本体盛土に先行して盛土ののり先に押え盛土を施工し，すべりに対する抵抗を増加させる工法である。
【問14】　×：ウェルポイント工法は，排水工法に該当する。
【問15】　○
【問16】　○
【問17】　×：補強土工の目的は，すべり土塊の滑動力への抵抗増大である。
【問18】　×：セメントは，風化すると密度が小さくなる。
【問19】　×：フライアッシュは，コンクリートの長期強度を増大させる。
【問20】　○
【問21】　○
【問22】　○
【問23】　×：打ち込んだコンクリートは，型枠内で横移動させてはならない。
【問24】　○
【問25】　○
【問26】　×：下層のコンクリート中に10cm程度挿入する。
【問27】　×：ブリーディング水は，スポンジ等で取り除いてからコンクリートを打ち込む。
【問28】　×：型枠内面には，はく離剤を塗布することにより型枠の取外しを容易にする。
【問29】　○
【問30】　○
【問31】　×：打込み前に型枠内にたまった水は，取り除かなければならない。
【問32】　×：鉄筋の継手は，小さな荷重がかかる位置に設け同一断面に集めないようにする。
【問33】　○
【問34】　○
【問35】　×：砂地盤では，N値が30以上あれば良質な基礎地盤とみなしてよい。
【問36】　○
【問37】　○
【問38】　○
【問39】　×：バイブロハンマ工法は，杭に振動を与え杭周辺の摩擦力を低下させて杭を打ち込む工法であり，中掘り杭工法に比べて騒音・振動が大きい。
【問40】　○
【問41】　×：油圧ハンマは，低騒音で油の飛散はなく，打込み時の打撃力を調整できる。
【問42】　○
【問43】　○

【問44】　×：アースドリル工法は，掘削孔に満たした安定液の圧力で孔壁を保護しながら，ドリリングバケットで掘削する。

【問45】　×：杭材料の運搬などの取扱いや長さの調節が容易である。

【問46】　○

【問47】　×：深礎工法は，ライナープレートや波型鉄板・リング枠などをせき板とし，孔壁の土留めをしながら人力などで内部の土砂を掘削する。

【問48】　×：親杭横矢板壁は止水性はないので，軟弱地盤では補助工法が必要である。

【問49】　○

【問50】　×：連続地中壁は，他に比べて剛性が大きいが，経済的でない。

第2章　章末問題

【問1】　×：温度の変化などによって伸縮する橋梁の伸縮継手には，鋳鋼が用いられる。

【問2】　×：弾性限度までは弾性を示し，それを超えると塑性を示す。

【問3】　×：トルシア形高力ボルトの本締めは，専用締付け機を使用する。

【問4】　○

【問5】　×：塩害対策として，高炉セメントB種を使用する。

【問6】　×：溶接の始点と終点は，エンドタブを設ける。

【問7】　○

【問8】　×：コンクリートのアルカリ性が空気中の炭酸ガスなどの侵入により失われていく現象は，コンクリートの中性化である。

【問9】　×：河川堤防の土質材料は，できるだけ透水性が小さい材料がよい。

【問10】　×：コンクリートブロック張工において，一般にのり勾配が急で流速の大きい場所では間知ブロックを用いる。

【問11】　○

【問12】　○

【問13】　×：砂防えん堤の基礎の根入れは，岩盤では1m以上で行う。

【問14】　×：排水トンネル工は，地すべり規模や地すべり層厚が大きい場合に用いられる工法である。

【問15】　×：路床の安定処理は，現状路床土と安定材を均一に混合し締め固めて仕上げることで，路上混合方式で行う。

【問16】　○

【問17】　○

【問18】　×：上層路盤の加熱アスファルト安定処理工の一層の仕上り厚さは，10cm以下とする。

【問19】　×：交通開放は，舗装表面の温度が一般に50℃以下になってから行う。

【問20】　×：既設舗装面との付着をよくするために，タックコートを散布する。

【問21】　○

【問22】　×：ヘアクラックは，路面の沈下がなく，転圧時のローラなどの荷重によって路面に生じる細かな線状の亀裂である。

【問23】　○

【問24】　×：中央コア型ロックフィルダムは，一般に堤体の中央部に遮水性の高い材料を用い，上流および下流部にそれぞれ透水性の高い材料を用いて盛り立てる。

【問25】　○

【問26】　○

【問27】　○

【問28】　×：覆工コンクリートの打込みは，覆工の両側から左右均等に，できるだけ水平に打ち込む。

【問29】　○

【問30】　×：乱積みは，荒天時の高波を受けるたびに沈下し，徐々にブロックどうしのかみ合わせがよくなり安定してくる。

【問31】　×：ケーソン据付け直後は，できるだけ早く中詰めを行って重量を増し，ケーソンの安定を高める。

【問32】　×：非航式グラブ浚渫船の船団は，グラブ浚渫船，土運船，曳船，揚錨船で構成される。

【問 33】　×：傾斜堤は，水深の浅い小規模な防波堤に用いる。

【問 34】　○

【問 35】　○

【問 36】　○

【問 37】　○

【問 38】　○

【問 39】　×：工事用重機械を使用する場合は，列車の接近から通過するまで作業を一時中止する。

【問 40】　×：線閉責任者は，線路閉鎖工事を施工する場合，保守用車等を使用する場合，道床バラスト走行散布等の場合，保守作業を施工する場合に配置する。

【問 41】　×：セグメントの外径は，シールドで掘削される掘削外径より小さい。

【問 42】　○

【問 43】　○

【問 44】　×：泥水式シールド工法は，大きい径の礫の排出に適していない。

【問 45】　×：カッターヘッド駆動装置，排土装置やジャッキでシールド機を推進させるのは，シールド機のガーダー部である。

【問 46】　×：管の布設作業は，原則として低所から高所に向けて行い，受口のある管は受口を高所に向けて配管する。

【問 47】　×：硬質塩化ビニル管は，軽量で施工性がよい。

【問 48】　○

【問 49】　○

【問 50】　×：非常に緩いシルトおよび有機質土の極軟弱土の地盤では，鉄筋コンクリート基礎が用いられる。

第 3 章　章末問題

【問 1】　○

【問 2】　×：固定点間の測点数は，往復観測することによって偶数となる。

【問 3】　○

【問 4】　○

【問 5】　×：高低差の合計は，後視の合計 − 前視の合計 $= (0.8 + 1.2 + 1.6 + 1.6) − (2.0 + 1.7 + 1.4 + 1.6)$ $= −1.5\,\mathrm{m}$
　　　　　測点 No.3 の地盤高は，測点 No.0 の地盤高 ＋（高低差の合計）$= 10.0\,\mathrm{m} − 1.5\,\mathrm{m} = 8.5\,\mathrm{m}$ である。

【問 6】　×：受注者は，工事現場内に搬入した工事材料を監督員の承諾を受けないで工事現場外に搬出してはならない。

【問 7】　○

【問 8】　×：発注者は，工事の完成検査において，受注者の費用で工事目的物を最小限度破壊して検査することができる。

【問 9】　○

【問 10】　○

【問 11】　×：受注者は，一般に工事の全部若しくはその主たる部分を一括して第三者に請け負わせてはならない。

【問 12】　×：クラムシェルは，シールド工事の立坑掘削など，狭い場所での深い掘削に使用される。

【問 13】　×：ローディングショベルは，バックホゥほどの掘削力がなく，機械の位置よりも高い場所の掘削に適する。

【問 14】　○

【問 15】　○

【問 16】　○

【問 17】　×：ダンプトラックの性能表示は，積載質量 (t) である。

【問 18】　○

【問19】　×：ブルドーザは，作業装置として土工板を取り付けた機械で，土砂の掘削・運搬（押土）・敷均しに用いられる。

【問20】　○

第4章　章末問題

【問1】　○

【問2】　○

【問3】　×：使用者は，原則として労働者に休憩時間を除き1週間について40時間を超えて労働させてはならない。

【問4】　×：使用者は，満16歳に達した者を，著しくじんあい若しくは粉末を飛散する場所における業務に就かせることができない。

【問5】　×：使用者は，原則として労働時間が8時間を超える場合においては少なくとも1時間の休憩時間を労働時間の途中に与えなければならない。

【問6】　○

【問7】　×：つり上げ荷重5t以上の移動式クレーンの運転作業は，作業主任者を選任すべき作業に該当しない。

【問8】　×：掘削の深さが10m未満の地山の掘削の作業を行う仕事は，労働基準監督署長に工事開始の14日前までに計画の届出を必要としない。

【問9】　○

【問10】　×：建設業を営もうとする者は，建設業者の営業所の置き方によって国土交通大臣または都道府県知事の許可を受けなければならない。

【問11】　×：元請負人は，請け負つた建設工事を施工するために必要な工程の細目，作業方法を定めようとするときは，あらかじめ，下請負人の意見を聞かなければならない。

【問12】　×：当該建設工事の下請契約書の作成は，事業者が行う。

【問13】　×：道路案内標識などの道路情報管理施設は，道路附属物に該当する。

【問14】　○

【問15】　○

【問16】　×：洪水防御を目的とするダムは，河川管理施設に該当する。

【問17】　○

【問18】　×：容積率は，建築物の延べ面積の敷地面積に対する割合をいう。

【問19】　○

【問20】　×：固化したダイナマイトは，もみほぐして使用しなければならない。

【問21】　○

【問22】　×：バックホゥを使用する作業は，建設機械の規格によって特定建設作業の対象となる。

【問23】　×：特定建設作業の実施に関する届出先は，市町村長である。

【問24】　×：船舶は，防波堤，埠頭，または停泊船などを左げん（左側）に見て航行するときは，できるだけこれに遠ざかって航行しなければならない。

【問25】　×：船舶は，特定港に入港したときは，港長に届け出なければならない。

第5章　章末問題

【問1】　×：地質調査は現場の自然条件を把握するために行い，地下埋設物などの調査は現場の支障物を把握するために行う。

【問2】　×：調達計画は，労務計画，資材計画，機械計画が主な内容である。

【問3】　○

【問4】　○

【問5】　○

【問6】　○

【問7】　×：施工計画書の作成は，設計図面および仕様書の内容を精査し，施工条件を理解することが重要である。

【問8】　×：施工体制台帳の作成を義務づけられた元請負人は，その写しを発注者に提出しなければならない。

【問9】　×：施工体系図は，変更があった場合には，速やかに変更して表示しなければならない。

【問10】　×：ブルドーザの作業効率は，砂のほうが岩塊・玉石より大きい。

【問11】　○

【問12】　○

【問13】　×：トラフィカビリティーとは，一般にコーン指数値で判断される。

【問14】　○

【問15】　○

【問16】　○

【問17】　×：組み合わせた一連の作業の作業能力は，組み合わせた建設機械の中で最小の作業能力の建設機械によって決定される。

【問18】　×：工程表は，施工途中において常に工事の進捗状況を把握し，予定と実績の比較を行わなければならない。

【問19】　×：バーチャートは，各工事の工期が一目でわかるようにその工事の予定と実績日数を表した図表である。

【問20】　×：工程管理曲線（バナナ曲線）は，横軸に時間経過比率をとり，縦軸に出来高比率をとる。

【問21】　×：工程管理では，実施工程が計画工程よりもやや上回るように管理する。

【問22】　×：工程管理曲線において，実施工程曲線が上方許容限界を超えたときは，工程が速すぎているので，施工速度を緩めなければならない。

【問23】　○

【問24】　○

【問25】　×：擬似作業（ダミー）は，破線で表し，所要時間0である。

【問26】　○

【問27】　○

【問28】　×：足場の床材間の隙間は，3cm以下とする。

【問29】　×：運転の際に誘導者を配置するときは，事業者が合図方法を定め，誘導者に当該合図を行わせ，運転者に従わせる。

【問30】　○

【問31】　○

【問32】　○

【問33】　○

【問34】　×：移動式クレーン運転者や玉掛け者が，クレーンの定格荷重を常時知ることができるよう表示しなければならない。

【問35】　×：一次下請け，二次下請けなどの関係請負人を含めた協議組織の設置および運営を，特定元方事業者が行う。

【問36】　×：最もよく締まる含水比は，最大乾燥密度が得られる含水比で，この含水比を最適含水比という。

【問37】　○

【問38】　×：ヒストグラムは，データのバラツキ状態を知るために用いる。

【問39】　○

【問40】　○

【問41】　×：フレッシュコンクリートの空気量は，空気量試験によって求める。

【問42】　○

【問43】　○

【問44】　×：工作物の新築に伴って生ずる段ボールなどの紙くずは，産業廃棄物である。

【問45】　×：振動規制法上の特定建設作業においては，住民の生活環境を保全する必要があると認められる地域の指定は，都道府県知事が行う。

【問46】　○

【問47】　×：掘削土をバックホゥなどでトラックなどに積み込む場合，落下高を低くしてスムースに行う。

【問48】　×：車輪式（ホイール式）の建設機械は，一般に履帯式（クローラ式）の建設機械と比べて移動時の騒音・振動が小さい。

【問49】　○

【問50】　×：土砂は，建設リサイクル法に定められている特定建設資材に該当しない。

索　引

［監 修 者］髙瀬 幸紀
　　　　【略歴】
　　　　1971 年　北海道大学工学部土木工学科 卒業
　　　　　同年　住友金属工業(株) 入社
　　　　　　　　土木橋梁営業部長，東北支社長，北海道支社長を歴任
　　　　2003 年　住友金属建材(株)取締役，常務取締役を歴任
　　　　2006 年　日鐵住金建材(株)常務取締役，顧問を歴任
　　　　2009 年　髙瀬技術士事務所 所長，現在に至る
　　　　　　　　技術士：建設部門

［著　　者］米川 誠次
　　　　【職歴】
　　　　1988 年　東亜建設工業(株) 入社
　　　　　　　　施工管理・設計・開発業務に携わる
　　　　1997 年　東亜建設工業(株) 退社
　　　　1998 年　東京都立高等学校教諭(工業)，現在に至る
　　　　　　　　一級土木施工管理技士，測量士

令和 6（2024）年度版　第一次検定・第二次検定
2 級土木施工管理技士　要点テキスト

2023 年 9 月 12 日　初 版 印 刷
2023 年 9 月 20 日　初 版 発 行
2024 年 4 月 25 日　初 版 第 2 刷

監修者　髙　瀬　幸　紀
著　者　米　川　誠　次
発行者　澤　崎　明　治

（印刷・製本）大日本法令印刷
（トレース）丸山図芸社

発行所　株式会社　市ヶ谷出版社
　　　　東京都千代田区五番町 5
　　　　電話　03-3265-3711（代）
　　　　FAX　03-3265-4008
　　　　http://www.ichigayashuppan.co.jp

ISBN 978-4-87071-955-2

〔MEMO〕

令和6年度用　第一次検定・第二次検定

2級土木施工　要点テキスト

別冊付録

（令和5年度前期試験収録）

市ケ谷出版社

２級土木施工管理技術検定の概要

1．試験日程

　令和6年度の試験実施日程の公表が本年12月末のため，令和5年度の実施日程を参考として掲載しました。

	【前期】第一次検定	【後期】第一次検定・第二次検定
受検申込期間	令和5年3月1日（水）〜3月15日（水）	令和5年7月5日（水）〜7月19日（水）
試験日	令和5年6月4日（日）	令和5年10月22日（日）
合格発表	令和5年7月4日（火）	令和5年11月30日（木）（第一次検定後期のみ） 令和6年2月7日（水）（第一次・第二次検定）

（参考）　２級土木施工管理技士補の資格取得まで（前期）

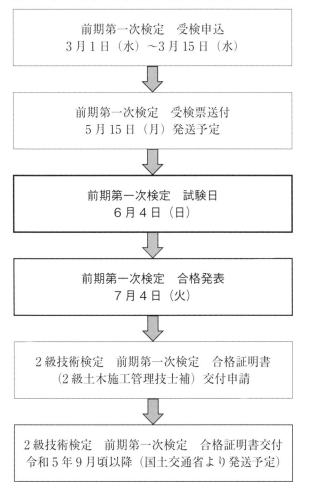

前期第一次検定　受検申込
3月1日（水）〜3月15日（水）

前期第一次検定　受検票送付
5月15日（月）発送予定

前期第一次検定　試験日
6月4日（日）

前期第一次検定　合格発表
7月4日（火）

２級技術検定　前期第一次検定　合格証明書
（２級土木施工管理技士補）交付申請

２級技術検定　前期第一次検定　合格証明書交付
令和5年9月頃以降（国土交通省より発送予定）

令和5年度　2級土木施工　第一次検定試験（前期）
分野別　出題事項

第1章　土木一般

　出題数は11問で，9問を選択して解答する。各分野配当出題数は，例年と同様である。下線で示した箇所は，令和4年度（後期）試験問題の内容と異なる出題事項である。

1. 土　工
- ・出 題 数：4問
- ・出題事項：①土工に使用する建設機械，②法面保護工の工種と目的，③盛土の施工，④軟弱地盤の改良工法
- ・②は，種子吹付け工や張芝工などの目的を問う問題である。

2. コンクリート工
- ・出 題 数：4問
- ・出題事項：①コンクリートに使用する混和材料，②コンクリートのスランプ試験，③フレッシュコンクリートの性質，④鉄筋の加工および組立
- ・①はシリカフュームやAE減水剤などの使用目的を，②はスランプ試験の方法を，④は鉄筋どうしの固定方法を，それぞれ問う問題である。

3. 基 礎 工
- ・出 題 数：3問
- ・出題事項：①既製杭の施工，②場所打ち杭の工法，③土留め工の施工
- ・②は，リバースサーキュレーション工法や深礎工法などで使用する資機材を問う問題である。

第2章　専門土木

　出題数は20問で，6問を選択して解答する。各分野配当出題数は例年と同様である。下線で示した箇所は，令和4年度（後期）の試験問題の内容と異なる出題事項である。

1. 鋼・コンクリート構造物
- ・出 題 数：3問
- ・出題事項：①鋼材の応力度とひずみの関係，②鋼材の溶接接合，③コンクリート構造物の耐久性を向上させる対策
- ・①の問題は，比例限度・上降伏点・最大応力点などの用語を，②の問題は，スカラップやエンドタブなどを，③の問題は，コンクリートの塩害対策・凍害対策を，それぞれ問う問題である。

2. 河川・砂防
- ・出 題 数：4問
- ・出題事項：①河川堤防の施工，②河川護岸の施工，③砂防えん堤の構造，④地すべり防止工の工法

3. 道路・舗装
- ・出 題 数：4問
- ・出題事項：①アスファルト舗装の上層路盤の施工，②アスファルト混合物の施工，③アスファルト舗装の破損，④コンクリート舗装の施工
- ・①は，加熱アスファルト安定処理路盤材料の敷均しなどを，②は，敷均し時の混合物の温度や初転圧温度などを，③は，流動わだち掘れなどの用語を，それぞれ問う問題である。

4. ダム・トンネル
- ・出 題 数：2問
- ・出題事項：①ダムの施工，②トンネルの山岳工法の掘削

5. 海岸・港湾
- ・出 題 数：2問
- ・出題事項：①海岸堤防の消波工，②グラブ浚渫の施工
- ・①は，層積みや乱積みなどを，②は，余掘りや浚渫後の出来形確認測量などを，それぞれ問う問題である。

6. 鉄道

- ・出 題 数：2問
- ・出題事項：①鉄道工事の道床及び路盤，②鉄道の営業線内工事の工事保安体制
- ・①は，バラスト道床や路盤の施工上の留意点を，②は，軌道作業責任者などの配置を，それぞれ問う問題である。

7. 地下構造物

- ・出 題 数：1問
- ・出題事項：①シールド工法の施工
- ・①は，シールド工法の用途やシールド工法の特徴などを問う問題である。

8. 上下水道

- ・出 題 数：2問
- ・出題事項：①上水道の管布設工，②遠心力鉄筋コンクリート管の継手名称
- ・①は，ダクタイル鋳鉄管の据付け・鋳鉄管の切断などを，②は，いんろう継手やカラー継手などの名称を，それぞれ問う問題である。

第 3 章 共 通 工 学

　出題数は4問で，全てを解答する。各分野配当出題数は，例年と同様である。下線で示した箇所は，令和4年度（後期）の試験問題の内容と異なる出題事項である。

1. 測 量

- ・出 題 数：1問
- ・出題事項：①トラバース測量
- ・①は，トラバース測量の観測結果から方位角を計算する問題である。

2. 設計図書

- ・出 題 数：2問
- ・出題事項：①公共工事標準請負契約約款，②ブロック積擁壁の各部名称
- ・②は，擁壁の直高や裏込め材などを問う問題である。

3. 建設機械

- ・出 題 数：1問
- ・出題事項：①建設機械の性能表示
- ・①は，ダンプトラックやクレーンなどの性能表示を問う問題である。

第 4 章 土 木 法 規

　出題数は11問で，6問を選択して解答する。各分野配当出題数は，例年と同様である。下線で示した箇所は，令和4年度（後期）の試験問題の内容と異なる出題事項である。

1. 労働関係〔労働基準法・労働安全衛生法〕

- ・出 題 数：3問
- ・出題事項：①賃金，②災害補償，③作業主任者の選任
- ・①は，労働基準法に規定されている未成年者の賃金の受取りなどを問う問題である。

2. 国土交通省関係〔建設業法・道路関係法・河川法・建築基準法〕

- ・出 題 数：4問
- ・出題事項：①主任技術者，②道路を使用しようとする場合の道路管理者の許可，③河川管理者，④建築基準法に関する用語の定義
- ・①は，建設業法上，請負った工事を施工するときの主任技術者の配置などを，②は，道路法令上，道路管理者の許可を受けるために提出する申請書の記載事項を，③は，河川法上，都道府県知事が管理する河川などを，それぞれ問う問題である。

3. 火薬・環境・港湾関係〔火薬類取締法・騒音振動規制法・港則法〕

- ・出 題 数：4問
- ・出題事項：①火薬類の取扱い，②騒音規制法上の住民の生活環境を保全する必要があると認める地域，③振動規制法上の特定建設作業，④港則法上の許可申請
- ・②は，騒音規制法上，住民の生活環境を保全する必要があると認める地域の指定を行う者を，④は，港則法上，特定港において危険物の積込み，積替又は荷卸をする際の届け出などを，それぞれ問う問題である。

第 5 章　施工管理法

　出題数は15問で，全てを解答する。各分野配当出題数は，例年と同様である。下線で示した箇所は，令和 4 年度（後期）の試験問題の内容と異なる出題事項である。

1．施工計画
・出 題 数：2問
・出題事項：①施工計画作成のための事前調査，②公共工事における施工体制台帳及び施工体系図
・①は，現場事務所用地の調査などを，②は，施工体制台帳の作成と提出などを，それぞれ問う問題である。

2．建設機械
・出 題 数：1問
・出題事項：①建設機械の時間当たりの作業量
・①は，ダンプトラックを用いて土砂を運搬する場合の時間当たりの作業量を問う問題である。

3．工程管理
・出 題 数：2問
・出題事項：①工程表の種類と特徴，②ネットワーク式工程表
・①は，バーチャート・出来高累計曲線・グラフ式工程表などの特徴を，②は，クリティカルパスの経路，工程全体の工期などを，それぞれ問う問題である。

4．安全管理
・出 題 数：4問
・出題事項：①労働者の危険を防止するための措置，②型枠支保工の安全対策，③車両系建設機械の安全対策，④高さ 5 m 以上のコンクリート造工作物の解体作業の安全対策
・①は，橋梁支間 20 m 以上の鋼橋の架設作業を行うときの危険を防止するための対策などを，②は，型枠支保工の構造などを，それぞれ問う問題である。

5．品質管理
・出 題 数：4問
・出題事項：①品質管理における品質特性と試験方法，②レディーミクストコンクリートの受入れ検査，③$\bar{x}$-R 管理図，④盛土の締固め管理
・①は，アスファルト舗装工における品質特性である安定度を求める試験方法などを，③は，$\bar{x}$ 管理図，R 管理図，管理限界線などを，それぞれ問う問題である。

6．環境保全対策
・出 題 数：2問
・出題事項：①建設工事における環境保全対策，②建設工事に係る資材の再資源化等に関する法律（建設リサイクル法）に定められている特定建設資材
・①は，土工事に伴なう土ぼこりの防止対策などを問う問題である。

令和5年度

2級土木施工管理技術検定
前期試験問題

令和5年度
2級土木施工管理技術検定
第一次検定（前期）試験問題（種別：土木）

次の注意をよく読んでから解答してください。

【注意】

1. これは第一次検定（種別：土木）の試験問題です。表紙とも14枚61問あります。

2. 解答用紙（マークシート）には間違いのないように，試験地，氏名，受検番号を記入するとともに受検番号の数字をぬりつぶしてください。

3. 問題番号 No. 1〜No.42 までの42問題は選択問題です。
   問題番号 No. 1〜No.11 までの11問題のうちから9問題を選択し解答してください。
   問題番号 No.12〜No.31 までの20問題のうちから6問題を選択し解答してください。
   問題番号 No.32〜No.42 までの11問題のうちから6問題を選択し解答してください。
   問題番号 No.43〜No.53 までの11問題は，必須問題ですから全問題を解答してください。
   問題番号 No.54〜No.61 までの8問題は，施工管理法（基礎的な能力）の必須問題ですから全問題を解答してください。
   以上の結果，全部で40問題を解答することになります。

4. それぞれの選択指定数を超えて解答した場合は，減点となります。

5. 試験問題の漢字のふりがなは，問題文の内容に影響を与えないものとします。

6. 解答は別の解答用紙（マークシート）にHBの鉛筆又はシャープペンシルで記入してください。
   （万年筆・ボールペンの使用は不可）

解答用紙は

問題番号	解答記入欄			
No. 1	①	②	③	④
No. 2	①	②	③	④
No. 10	①	②	③	④

となっていますから，

当該問題番号の解答記入欄の正解と思う数字を一つぬりつぶしてください。
解答のぬりつぶし方は，解答用紙の解答記入例（ぬりつぶし方）を参照してください。
なお，正解は1問について一つしかないので，二つ以上ぬりつぶすと正解となりません。

7. 解答を訂正する場合は，プラスチック消しゴムできれいに消してから訂正してください。
   消し方が不十分な場合は，二つ以上解答したこととなり正解となりません。

8. この問題用紙の余白は，計算等に使用してもさしつかえありません。
   ただし，解答用紙は計算等に使用しないでください。

9. 解答用紙（マークシート）を必ず試験監督者に提出後，退室してください。
   解答用紙（マークシート）は，いかなる場合でも持ち帰りはできません。

10. 試験問題は，試験終了時刻（12時40分）まで在席した方のうち，希望者に限り持ち帰りを認めます。途中退室した場合は，持ち帰りはできません。

〔選択〕（※問題番号 No. 1～No. 11 までの 11 問題のうちから 9 問題を選択し解答してください。）

問題 1

土工の作業に使用する建設機械に関する次の記述のうち，適当なものはどれか。
(1) ブルドーザは，掘削・押土及び短距離の運搬作業に用いられる。
(2) バックホゥは，主に機械位置より高い場所の掘削に用いられる。
(3) トラクターショベルは，主に機械位置より高い場所の掘削に用いられる。
(4) スクレーパは，掘削・押土及び短距離の運搬作業に用いられる。

問題 2

法面保護工の「工種」とその「目的」の組合せとして，次のうち適当でないものはどれか。

　　　　　　〔工種〕　　　　　　　　　　　〔目的〕
(1) 種子吹付け工 ……………… 土圧に対抗して崩壊防止
(2) 張芝工 ………………………… 切土面の浸食防止
(3) モルタル吹付け工 ………… 表流水の浸透防止
(4) コンクリート張工 ………… 岩盤のはく落防止

問題 3

道路における盛土の施工に関する次の記述のうち，適当でないものはどれか。
(1) 盛土の締固め目的は，完成後に求められる強度，変形抵抗及び圧縮抵抗を確保することである。
(2) 盛土の締固めは，盛土全体が均等になるようにしなければならない。
(3) 盛土の敷均し厚さは，材料の粒度，土質，施工法及び要求される締固め度等の条件に左右される。
(4) 盛土における構造物縁部の締固めは，大型の機械で行わなければならない。

問題 4

軟弱地盤における改良工法に関する次の記述のうち，適当でないものはどれか。
(1) サンドマット工法は，表層処理工法の1つである。
(2) バイブロフローテーション工法は，緩い砂質地盤の改良に適している。
(3) 深層混合処理工法は，締固め工法の1つである。
(4) ディープウェル工法は，透水性の高い地盤の改良に適している。

問題 5

コンクリートに用いられる次の混和材料のうち，水和熱による温度上昇の低減を図ることを目的として使用されるものとして，適当なものはどれか。

(1) フライアッシュ
(2) シリカフューム
(3) AE 減水剤
(4) 流動化剤

問題6

コンクリートのスランプ試験に関する次の記述のうち，適当でないものはどれか。
(1) スランプ試験は，高さ 30 cm のスランプコーンを使用する。
(2) スランプ試験は，コンクリートをほぼ等しい量の2層に分けてスランプコーンに詰める。
(3) スランプ試験は，各層を突き棒で25回ずつ一様に突く。
(4) スランプ試験は，0.5 cm 単位で測定する。

問題7

フレッシュコンクリートに関する次の記述のうち，適当でないものはどれか。
(1) コンシステンシーとは，練混ぜ水の一部が遊離してコンクリート表面に上昇する現象である。
(2) 材料分離抵抗性とは，コンクリート中の材料が分離することに対する抵抗性である。
(3) ワーカビリティーとは，運搬から仕上げまでの一連の作業のしやすさである。
(4) レイタンスとは，コンクリート表面に水とともに浮かび上がって沈殿する物質である。

問題8

鉄筋の加工及び組立に関する次の記述のうち，適当でないものはどれか。
(1) 鉄筋は，常温で加工することを原則とする。
(2) 曲げ加工した鉄筋の曲げ戻しは行わないことを原則とする。
(3) 鉄筋どうしの交点の要所は，スペーサで緊結する。
(4) 組立後に鉄筋を長期間大気にさらす場合は，鉄筋表面に防錆処理を施す。

問題9

打撃工法による既製杭の施工に関する次の記述のうち，適当でないものはどれか。
(1) 群杭の場合，杭群の周辺から中央部へと打ち進むのがよい。
(2) 中掘り杭工法に比べて，施工時の騒音や振動が大きい。
(3) ドロップハンマや油圧ハンマ等を用いて地盤に貫入させる。
(4) 打込みに際しては，試し打ちを行い，杭心位置や角度を確認した後に本打ちに移るのがよい。

問題10

場所打ち杭の「工法名」と「主な資機材」に関する次の組合せのうち，適当でないものはどれか。

　　　　　　　　［工法名］　　　　　　　　　　　　［主な資機材］
(1) リバースサーキュレーション工法 ………… ベントナイト水，ケーシング
(2) アースドリル工法 …………………………… ケーシング，ドリリングバケット
(3) 深礎工法 ……………………………………… 削岩機，土留材
(4) オールケーシング工法 ……………………… ケーシングチューブ，ハンマーグラブ

問題11

土留めの施工に関する次の記述のうち，適当でないものはどれか。
(1) 自立式土留め工法は，支保工を必要としない工法である。
(2) 切梁り式土留め工法には，中間杭や火打ち梁を用いるものがある。
(3) ヒービングとは，砂質地盤で地下水位以下を掘削した時に，砂が吹き上がる現象である。
(4) パイピングとは，砂質土の弱いところを通ってボイリングがパイプ状に生じる現象である。

問題 12

下図は, 一般的な鋼材の応力度とひずみの関係を示したものであるが, 次の記述のうち適当でないものはどれか。

(1) 点 P は, 応力度とひずみが比例する最大限度である。

(2) 点 Y_U は, 弾性変形をする最大限度である。

(3) 点 U は, 最大応力度の点である。

(4) 点 B は, 破壊点である。

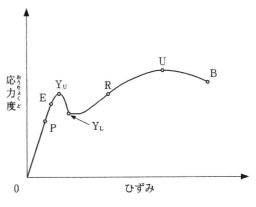

問題 13

鋼材の溶接接合に関する次の記述のうち, 適当なものはどれか。

(1) 開先溶接の始端と終端は, 溶接欠陥が生じやすいので, スカラップという部材を設ける。

(2) 溶接の施工にあたっては, 溶接線近傍を湿潤状態にする。

(3) すみ肉溶接においては, 原則として裏はつりを行う。

(4) エンドタブは, 溶接終了後, ガス切断法により除去してその跡をグラインダ仕上げする。

問題 14

コンクリート構造物の耐久性を向上させる対策に関する次の記述のうち, 適当なものはどれか。

(1) 塩害対策として, 水セメント比をできるだけ大きくする。

(2) 塩害対策として, 膨張材を用いる。

(3) 凍害対策として, 吸水率の大きい骨材を使用する。

(4) 凍害対策として, AE 減水剤を用いる。

問題 15

河川堤防の施工に関する次の記述のうち, 適当でないものはどれか。

(1) 堤防の腹付け工事では, 旧堤防との接合を高めるため階段状に段切りを行う。

(2) 引堤工事を行った場合の旧堤防は, 新堤防の完成後, ただちに撤去する。

(3) 堤防の腹付け工事では, 旧堤防の裏法面に腹付けを行うのが一般的である。

(4) 盛土の施工中は, 堤体への雨水の滞水や浸透が生じないよう堤体横断方向に勾配を設ける。

問題 16

河川護岸の施工に関する次の記述のうち, 適当なものはどれか。

(1) 根固工は, 水衝部等で河床洗掘を防ぎ, 基礎工等を保護するために施工する。

(2) 高水護岸は, 単断面の河川において高水時に表法面を保護するために施工する。

(3) 護岸基礎工の天端の高さは, 洗掘に対する保護のため計画河床高より高く施工する。

(4) 法覆工は, 堤防の法勾配が緩く流速が小さな場所では, 間知ブロックで施工する。

問題 17

砂防えん堤に関する次の記述のうち，**適当でないもの**はどれか。
(1) 袖は，洪水を越流させないようにし，土石等の流下による衝撃に対して強固な構造とする。
(2) 堤体基礎の根入れは，基礎地盤が岩盤の場合は 0.5 m 以上 行うのが通常である。
(3) 前庭保護工は，本えん堤を越流した落下水による前庭部の洗掘を防止するための構造物である。
(4) 本えん堤の堤体下流の法勾配は，一般に 1：0.2 程度としている。

問題 18

地すべり防止工に関する次の記述のうち，**適当なもの**はどれか。
(1) 杭工は，原則として地すべり運動ブロックの頭部斜面に杭をそう入し，斜面の安定を高める工法である。
(2) 集水井工は，井筒を設けて集水ボーリング等で地下水を集水し，原則としてポンプにより排水を行う工法である。
(3) 横ボーリング工は，地下水調査等の結果をもとに，帯水層に向けてボーリングを行い，地下水を排除する工法である。
(4) 排土工は，土塊の滑動力を減少させることを目的に，地すべり脚部の不安定な土塊を排除する工法である。

問題 19

道路のアスファルト舗装における上層路盤の施工に関する次の記述のうち，**適当でないもの**はどれか。
(1) 粒度調整路盤は，1 層の仕上り厚が 15 cm 以下を標準とする。
(2) 加熱アスファルト安定処理路盤材料の敷均しは，一般にモータグレーダで行う。
(3) セメント安定処理路盤は，1 層の仕上り厚が 10〜20 cm を標準とする。
(4) 石灰安定処理路盤材料の締固めは，最適含水比よりやや湿潤状態で行う。

問題 20

道路のアスファルト舗装におけるアスファルト混合物の施工に関する次の記述のうち，**適当でないもの**はどれか。
(1) 気温が 5℃ 以下の施工では，所定の締固め度が得られることを確認したうえで施工する。
(2) 敷均し時の混合物の温度は，一般に 110℃ を下回らないようにする。
(3) 初転圧温度は，一般に 90〜100℃ である。
(4) 転圧終了後の交通開放は，舗装表面温度が一般に 50℃ 以下になってから行う。

問題 21

道路のアスファルト舗装における破損に関する次の記述のうち，**適当でないもの**はどれか。
(1) 沈下わだち掘れは，路床・路盤の沈下により発生する。
(2) 線状ひび割れは，縦・横に長く生じるひび割れで，舗装の継目に発生する。
(3) 亀甲状ひび割れは，路床・路盤の支持力低下により発生する。
(4) 流動わだち掘れは，道路の延長方向の凹凸で，比較的長い波長で発生する。

問題 22

道路のコンクリート舗装に関する次の記述のうち，適当でないものはどれか。

(1) 普通コンクリート舗装は，温度変化によって膨張・収縮するので目地が必要である。
(2) コンクリート舗装は，主としてコンクリートの引張抵抗で交通荷重を支える。
(3) 普通コンクリート舗装は，養生期間が長く部分的な補修が困難である。
(4) コンクリート舗装は，アスファルト舗装に比べて耐久性に富む。

問題 23

ダムの施工に関する次の記述のうち，適当でないものはどれか。

(1) 転流工は，ダム本体工事を確実にまた容易に施工するため，工事期間中の河川の流れを迂回させるものである。
(2) ダム本体の基礎の掘削は，大量掘削に対応できる爆破掘削によるブレーカ工法が一般的に用いられる。
(3) 重力式コンクリートダムの基礎処理は，コンソリデーショングラウチングとカーテングラウチングの施工が一般的である。
(4) RCD工法は，一般にコンクリートをダンプトラックで運搬し，ブルドーザで敷き均し，振動ローラ等で締め固める。

問題 24

トンネルの山岳工法における支保工に関する次の記述のうち，適当でないものはどれか。

(1) ロックボルトは，緩んだ岩盤を緩んでいない地山に固定し落下を防止する等の効果がある。
(2) 吹付けコンクリートは，地山の凹凸をなくすように吹き付ける。
(3) 支保工は，岩石や土砂の崩壊を防止し，作業の安全を確保するために設ける。
(4) 鋼アーチ式支保工は，一次吹付けコンクリート施工前に建て込む。

問題 25

海岸堤防の異形コンクリートブロックによる消波工に関する次の記述のうち，適当でないものはどれか。

(1) 異形コンクリートブロックは，ブロックとブロックの間を波が通過することにより，波のエネルギーを減少させる。
(2) 異形コンクリートブロックは，海岸堤防の消波工のほかに，海岸の侵食対策としても多く用いられる。
(3) 層積みは，規則正しく配列する積み方で整然と並び，外観が美しく，安定性が良く，捨石均し面に凹凸があっても支障なく据え付けられる。
(4) 乱積みは，荒天時の高波を受けるたびに沈下し，徐々にブロックどうしのかみ合わせが良くなり安定してくる。

問題 26

グラブ浚渫の施工に関する次の記述のうち，適当なものはどれか。

(1) グラブ浚渫船は，岸壁等の構造物前面の浚渫や狭い場所での浚渫には使用できない。
(2) 非航式グラブ浚渫船の標準的な船団は，グラブ浚渫船と土運船の2隻で構成される。
(3) 余掘りは，計画した浚渫の範囲を一定した水深に仕上げるために必要である。
(4) 浚渫後の出来形確認測量には，音響測深機は使用できない。

問題 27

鉄道工事における道床及び路盤の施工上の留意事項に関する次の記述のうち，適当でないものはどれか。

(1) バラスト道床は，安価で施工・保守が容易であるが定期的な軌道の修正・修復が必要である。

(2) バラスト道床は，耐摩耗性に優れ，単位容積質量やせん断抵抗角が小さい砕石を選定する。

(3) 路盤は，軌道を支持するもので，十分強固で適当な弾性を有し，排水を考慮する必要がある。

(4) 路盤は，使用材料により，粒度調整砕石を用いた強化路盤，良質土を用いた土路盤等がある。

問題 28

鉄道（在来線）の営業線内工事における工事保安体制に関する次の記述のうち，適当でないものはどれか。

(1) 列車見張員は，工事現場ごとに専任の者を配置しなければならない。

(2) 工事管理者は，工事現場ごとに専任の者を常時配置しなければならない。

(3) 軌道作業責任者は，工事現場ごとに専任の者を配置しなければならない。

(4) 軌道工事管理者は，工事現場ごとに専任の者を常時配置しなければならない。

問題 29

シールド工法に関する次の記述のうち，適当でないものはどれか。

(1) シールド工法は，開削工法が困難な都市の下水道工事や地下鉄工事等で用いられる。

(2) シールド掘進後は，セグメント外周にモルタル等を注入し，地盤の緩みと沈下を防止する。

(3) シールドのフード部は，トンネル掘削する切削機械を備えている。

(4) 密閉型シールドは，ガーダー部とテール部が隔壁で仕切られている。

問題 30

上水道の管布設工に関する次の記述のうち，適当なものはどれか。

(1) 鋼管の運搬にあたっては，管端の非塗装部分に当て材を介して支持する。

(2) 管の布設にあたっては，原則として高所から低所に向けて行う。

(3) ダクタイル鋳鉄管は，表示記号の管径，年号の記号を下に向けて据え付ける。

(4) 鋳鉄管の切断は，直管及び異形管ともに切断機で行うことを標準とする。

問題 31

下図に示す下水道の遠心力鉄筋コンクリート管（ヒューム管）の(イ)～(ハ)の継手の名称に関する次の組合せのうち，適当なものはどれか。

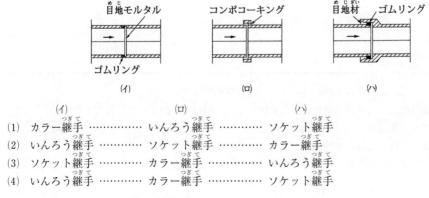

	(イ)	(ロ)	(ハ)
(1)	カラー継手 …………	いんろう継手 …………	ソケット継手
(2)	いんろう継手 …………	ソケット継手 …………	カラー継手
(3)	ソケット継手 …………	カラー継手 …………	いんろう継手
(4)	いんろう継手 …………	カラー継手 …………	ソケット継手

〔選択〕※問題番号 No. 32〜No. 42 までの 11 問題のうちから 6 問題を選択し解答してください。

問題 32

賃金に関する次の記述のうち，労働基準法上，誤っているものはどれか。

(1) 賃金とは，労働の対償として使用者が労働者に支払うすべてのものをいう。
(2) 未成年者の親権者又は後見人は，未成年者の賃金を代って受け取ることができる。
(3) 賃金の最低基準に関しては，最低賃金法の定めるところによる。
(4) 賃金は，原則として，通貨で，直接労働者に，その全額を支払わなければならない。

問題 33

災害補償に関する次の記述のうち，労働基準法上，誤っているものはどれか。

(1) 労働者が業務上疾病にかかった場合においては，使用者は，必要な療養費用の一部を補助しなければならない。
(2) 労働者が業務上負傷し，又は疾病にかかった場合の補償を受ける権利は，差し押さえてはならない。
(3) 労働者が業務上負傷し治った場合に，その身体に障害が存するときは，使用者は，その障害の程度に応じて障害補償を行わなければならない。
(4) 労働者が業務上死亡した場合においては，使用者は，遺族に対して，遺族補償を行わなければならない。

問題 34

労働安全衛生法上，事業者が，技能講習を修了した作業主任者を選任しなければならない作業として，該当しないものは次のうちどれか。

(1) 高さが 3 m のコンクリート橋梁上部構造の架設の作業
(2) 型枠支保工の組立て又は解体の作業
(3) 掘削面の高さが 2 m 以上となる地山の掘削の作業
(4) 土止め支保工の切りばり又は腹起こしの取付け又は取り外しの作業

問題 35

建設業法に関する次の記述のうち，誤っているものはどれか。

(1) 建設業者は，建設工事の担い手の育成及び確保，その他の施工技術の確保に努めなければならない。
(2) 建設業者は，請負契約を締結する場合，工事の種別ごとの材料費，労務費等の内訳により見積りを行うようにする。
(3) 建設業とは，元請，下請その他いかなる名義をもってするのかを問わず，建設工事の完成を請け負う営業をいう。
(4) 建設業者は，請負った工事を施工するときは，建設工事の経理上の管理をつかさどる主任技術者を置かなければならない。

13

問題 36

道路に工作物，物件又は施設を設け，継続して道路を使用しようとする場合において，道路管理者の許可を受けるために提出する申請書に記載すべき事項に**該当するもの**は，次のうちどれか。

(1) 施工体系図
(2) 建設業の許可番号
(3) 主任技術者名
(4) 工事実施の方法

問題 37

河川法に関する次の記述のうち，**誤っているもの**はどれか。

(1) 都道府県知事が管理する河川は，原則として，二級河川に加えて準用河川が含まれる。
(2) 河川区域は，堤防に挟まれた区域と，河川管理施設の敷地である土地の区域が含まれる。
(3) 河川法上の河川には，ダム，堰，水門，床止め，堤防，護岸等の河川管理施設が含まれる。
(4) 河川法の目的には，洪水防御と水利用に加えて河川環境の整備と保全が含まれる。

問題 38

建築基準法上，建築設備に**該当しないもの**は，次のうちどれか。

(1) 煙突
(2) 排水設備
(3) 階段
(4) 冷暖房設備

問題 39

火薬類の取扱いに関する次の記述のうち，火薬類取締法上，**誤っているもの**はどれか。

(1) 火薬類を取り扱う者は，所有又は，占有する火薬類，譲渡許可証，譲受許可証又は運搬証明書を紛失又は盗取されたときは，遅滞なくその旨を都道府県知事に届け出なければならない。
(2) 火薬庫を設置し移転又は設備を変更しようとする者は，原則として都道府県知事の許可を受けなければならない
(3) 火薬類を譲り渡し，又は譲り受けようとする者は，原則として都道府県知事の許可を受けなければならない。
(4) 火薬類を廃棄しようとする者は，経済産業省令で定めるところにより，原則として，都道府県知事の許可を受けなければならない。

問題 40

騒音規制法上，住民の生活環境を保全する必要があると認める地域の指定を行う者として，**正しいもの**は次のうちどれか。

(1) 環境大臣
(2) 国土交通大臣
(3) 町村長
(4) 都道府県知事又は市長

問題 41

振動規制法上，指定地域内において特定建設作業を施工しようとする者が，届け出なければならない事項として，該当しないものは次のうちどれか。

(1) 特定建設作業の現場付近の見取り図
(2) 特定建設作業の実施期間
(3) 特定建設作業の振動防止対策の方法
(4) 特定建設作業の現場の施工体制 表

問題 42

港則法上，許可申請に関する次の記述のうち，誤っているものはどれか。

(1) 船舶は，特定港内又は特定港の境界附近において危険物を運搬しようとするときは，港長の許可を受けなければならない。
(2) 船舶は，特定港において危険物の積込，積替又は荷卸をするには，その旨を港長に届け出なければならない。
(3) 特定港内において，汽艇等以外の船舶を修繕しようとする者は，その旨を港長に届け出なければならない。
(4) 特定港内又は特定港の境界附近で工事又は作業をしようとする者は，港長の許可を受けなければならない。

〔必須〕※問題番号 No.43〜No.53 までの11問題は，必須問題ですから全問題を解答してください。

問題 43

閉合トラバース測量による下表の観測結果において，測線 AB の方位角が182°50′39″のとき，測線 BC の方位角として，適当なものは次のうちどれか。

測点	観測角		
A	115°	54′	38″
B	100°	6′	34″
C	112°	33′	39″
D	108°	45′	25″
E	102°	39′	44″

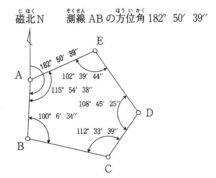

(1) 102° 51′ 5″
(2) 102° 53′ 7″
(3) 102° 55′ 10″
(4) 102° 57′ 13″

15

問題 44

公共工事標準請負契約約款に関する次の記述のうち，誤っているものはどれか。
(1) 設計図書とは，図面，仕様書，契約書，現場説明書及び現場説明に対する質問回答書をいう。
(2) 現場代理人とは，契約を取り交わした会社の代理として，任務を代行する責任者をいう。
(3) 現場代理人，監理技術者等及び専門技術者は，これを兼ねることができる。
(4) 発注者は，工事完成検査において，工事目的物を最小限度破壊して検査することができる。

問題 45

下図は標準的なブロック積擁壁の断面図であるが，ブロック積擁壁各部の名称と記号の表記として2つとも適当なものは，次のうちどれか。
(1) 擁壁の直高 L1，裏込めコンクリート N1
(2) 擁壁の直高 L2，裏込めコンクリート N2
(3) 擁壁の直高 L1，裏込め材 N1
(4) 擁壁の直高 L2，裏込め材 N2

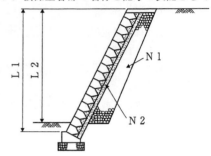

問題 46

建設工事における建設機械の「機械名」と「性能表示」に関する次の組合せのうち，適当なものはどれか。

　　　　[機械名]　　　　　　　　[性能表示]
(1) バックホウ ……………… バケット質量 (kg)
(2) ダンプトラック ………… 車両重量 (t)
(3) クレーン ………………… ブーム長 (m)
(4) ブルドーザ ……………… 質量 (t)

問題 47

施工計画作成のための事前調査に関する次の記述のうち，適当でないものはどれか。
(1) 近隣環境の把握のため，現場周辺の状況，近隣施設，交通量等の調査を行う。
(2) 工事内容の把握のため，現場事務所用地，設計図書及び仕様書の内容等の調査を行う。
(3) 現場の自然条件の把握のため，地質，地下水，湧水等の調査を行う。
(4) 労務，資機材の把握のため，労務の供給，資機材の調達先等の調査を行う。

問題 48

労働者の危険を防止するための措置に関する次の記述のうち，労働安全衛生法上，誤っているものはどれか。

(1) 橋梁支間 20 m 以上の鋼橋の架設作業を行うときは，物体の飛来又は落下による危険を防止するため，保護帽を着用する。

(2) 明り掘削の作業を行うときは，物体の飛来又は落下による危険を防止するため，保護帽を着用する。

(3) 高さ 2 m 以上の箇所で墜落の危険がある作業で作業床を設けることが困難なときは，防網を張り，要求性能墜落制止用器具を使用する。

(4) つり足場，張出し足場の組立て，解体等の作業では，原則として要求性能墜落制止用器具を安全に取り付けるための設備等を設け，かつ，要求性能墜落制止用器具を使用する。

問題 49

高さ 5 m 以上のコンクリート造の工作物の解体作業にともなう危険を防止するために事業者が行うべき事項に関する次の記述のうち，労働安全衛生法上，誤っているものはどれか。

(1) 強風，大雨，大雪等の悪天候のため，作業の実施について危険が予想されるときは，当該作業を中止しなければならない。

(2) 外壁，柱等の引倒し等の作業を行うときは，引倒し等について一定の合図を定め，関係労働者に周知させなければならない。

(3) 器具，工具等を上げ，又は下ろすときは，つり綱，つり袋等を労働者に使用させなければならない。

(4) 作業を行う区域内には，関係労働者以外の労働者の立入り許可区域を明示しなければならない。

問題 50

建設工事の品質管理における「工種・品質特性」とその「試験方法」との組合せとして，適当でないものは次のうちどれか。

[工種・品質特性]	[試験方法]
(1) 土工・盛土の締固め度 …………………………	RI 計器による乾燥密度測定
(2) アスファルト舗装工・安定度 …………………	平坦性試験
(3) コンクリート工・コンクリート用骨材の粒度 ………	ふるい分け試験
(4) 土工・最適含水比 ………………………………	突固めによる土の締固め試験

問題 51

レディーミクストコンクリート（JIS A 5308）の品質管理に関する次の記述のうち，適当でないものはどれか。

(1) スランプ 12 cm のコンクリートの試験結果で許容されるスランプの上限値は，14.5 cm である。

(2) 空気量 5.0 % のコンクリートの試験結果で許容される空気量の下限値は，3.5 % である。

(3) 品質管理項目は，質量，スランプ，空気量，塩化物含有量である。

(4) レディーミクストコンクリートの品質検査は，荷卸し地点で行う。

問題 52

建設工事における環境保全対策に関する次の記述のうち，**適当なもの**はどれか。

(1) 騒音や振動の防止対策では，騒音や振動の絶対値を下げること及び発生期間の延伸を検討する。

(2) 造成工事等の土工事にともなう土ぼこりの防止対策には，アスファルトによる被覆養生が一般的である。

(3) 騒音の防止方法には，発生源での対策，伝搬経路での対策，受音点での対策があるが，建設工事では受音点での対策が広く行われる。

(4) 運搬車両の騒音や振動の防止のためには，道路及び付近の状況によって，必要に応じ走行速度に制限を加える。

問題 53

「建設工事に係る資材の再資源化等に関する法律」(建設リサイクル法)に定められている特定建設資材に**該当するもの**は，次のうちどれか。

(1) 建設発生土

(2) 廃プラスチック

(3) コンクリート

(4) ガラス類

〔必須〕※問題番号 No.54～No.61 までの 8 問題は，施工管理法(基礎的な能力)の必須問題ですから全問題を解答してください。

問題 54

公共工事における施工体制台帳及び施工体系図に関する下記の①～④の 4 つの記述のうち，建設業法上，**正しいもの**の数は次のうちどれか。

① 公共工事を受注した建設業者が，下請契約を締結するときは，その金額にかかわらず，施工体制台帳を作成し，その写しを下請負人に提出するものとする。

② 施工体系図は，当該建設工事の目的物の引渡しをした時から 20 年間は保存しなければならない。

③ 作成された施工体系図は，工事関係者及び公衆が見やすい場所に掲げなければならない。

④ 下請負人は，請け負った工事を再下請に出すときは，発注者に施工体制台帳に記載する再下請負人の名称等を通知しなければならない。

(1) 1つ

(2) 2つ

(3) 3つ

(4) 4つ

ダンプトラックを用いて土砂（粘性土）を運搬する場合に，時間当たり作業量（地山土量）Q（m³/h）を算出する計算式として下記の ☐ の(イ)～(ニ)に当てはまる数値の組合せとして，正しいものは次のうちどれか。

・ダンプトラックの時間当たり作業量 Q（m³/h）

$$Q = \frac{\boxed{(イ)} \times \boxed{(ロ)} \times E}{\boxed{(ハ)}} \times 60 = \boxed{(ニ)} \ \text{m}^3/\text{h}$$

q：1回当たりの積載量（7 m³）
f：土量換算係数＝1/L（土量の変化率 L＝1.25）
E：作業効率（0.9）
Cm：サイクルタイム（24分）

	(イ)	(ロ)	(ハ)	(ニ)
(1)	24	1.25	7	231.4
(2)	7	0.8	24	12.6
(3)	24	0.8	7	148.1
(4)	7	1.25	24	19.7

工程管理に用いられる工程表に関する下記の①～④の4つの記述のうち，適当なもののみを全てあげている組合せは次のうちどれか。

① 曲線式工程表には，バーチャート，グラフ式工程表，出来高累計曲線とがある。
② バーチャートは，図1のように縦軸に日数をとり，横軸にその工事に必要な距離を棒線で表す。
③ グラフ式工程表は，図2のように出来高又は工事作業量比率を縦軸にとり，日数を横軸にとって工種ごとの行程を斜線で表す。
④ 出来高累計曲線は，図3のように縦軸に出来高比率をとり横軸に工期をとって，工事全体の出来高比率の累計を曲線で表す。

(1) ①②
(2) ②③
(3) ③④
(4) ①④

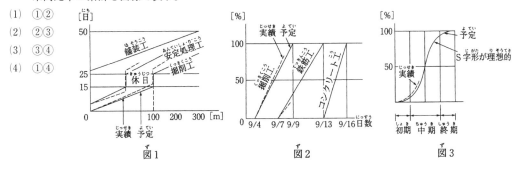

図1　　　　　　　　図2　　　　　　　　図3

下図のネットワーク式工程表について記載している下記の文章中の ☐ の(イ)〜(ニ)に当てはまる語句の組合せとして，正しいものは次のうちどれか。

ただし，図中のイベント間のA〜Gは作業内容，数字は作業日数を表す。

・ (イ) 及び (ロ) は，クリティカルパス上の作業である。

・作業Fが (ハ) 遅延しても，全体の工期に影響はない。

・この行程全体の工期は， (ニ) である。

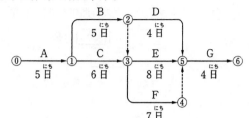

	(イ)	(ロ)	(ハ)	(ニ)
(1)	作業 C	作業 D	1日	23日間
(2)	作業 C	作業 E	1日	23日間
(3)	作業 B	作業 E	2日	22日間
(4)	作業 B	作業 D	2日	22日間

型枠支保工に関する下記の①〜④の4つの記述のうち，**適当なものの数**は次のうちどれか。

① 型枠支保工を組み立てるときは，組立図を作成し，かつ，この組立図により組み立てなければならない。

② 型枠支保工に使用する材料は，著しい損傷，変形又は腐食があるものは，補修して使用しなければならない。

③ 型枠支保工は，型枠の形状，コンクリートの打設の方法等に応じた堅固な構造のものでなければならない。

④ 型枠支保工作業は，型枠支保工の組立等作業主任者が，作業を直接指揮しなければならない。

(1) 1つ

(2) 2つ

(3) 3つ

(4) 4つ

問題 59

車両系建設機械を用いた作業において，事業者が行うべき事項に関する下記の①〜④の４つの記述のうち，労働安全衛生法上，正しいものの数は次のうちどれか。

① 岩石の落下等により労働者に危険が生ずるおそれのある場所で作業を行う場合は，堅固なヘッドガードを装備した機械を使用させなければならない。

② 転倒や転落により運転者に危険が生ずるおそれのある場所では，転倒時保護構造を有し，かつ，シートベルトを備えたもの以外の車両系建設機械を使用しないように努めなければならない。

③ 機械の修理やアタッチメントの装着や取り外しを行う場合は，作業指揮者を定め，作業手順を決めさせるとともに，作業の指揮等を行わせなければならない。

④ ブームやアームを上げ，その下で修理等の作業を行う場合は，不意に降下することによる危険を防止するため，作業指揮者に安全支柱や安全ブロック等を使用させなければならない。

(1) 1つ

(2) 2つ

(3) 3つ

(4) 4つ

問題 60

$\bar{x}$-R 管理図に関する下記の①〜④の４つの記述のうち，適当なものの数は次のうちどれか。

① $\bar{x}$-R 管理図は，統計的事実に基づき，ばらつきの範囲の目安となる限界の線を決めてつくった図表である。

② $\bar{x}$-R 管理図上に記入したデータが管理限界線の外に出た場合は，その行程に異常があることが疑われる。

③ $\bar{x}$-R 管理図は，通常連続した棒グラフで示される。

④ 建設工事では，$\bar{x}$-R 管理図を用いて，連続量として測定される計数値を扱うことが多い。

(1) 1つ

(2) 2つ

(3) 3つ

(4) 4つ

問題 61

盛土の締固めにおける品質管理に関する下記の①〜④の４つの記述のうち，適当なもののみを全て挙げている組合せは次のうちどれか。

① 品質規定方式は，盛土の締固め度等を規定する方法である。

② 盛土の締固めの効果や特性は，土の種類や含水比，施工方法によって変化しない。

③ 盛土が最もよく締まる含水比は，最大乾燥密度が得られる含水比で最大含水比である。

④ 土の乾燥密度の測定方法には，砂置換法や RI 計器による方法がある。

(1) ①④

(2) ②③

(3) ①②④

(4) ②③④

令和5年度 2級土木施工管理技術検定 前期試験問題 解答・解説

第一次検定試験

番号	解答	解　　　説
問題1	(1)	(1) 記述は，適当である。 (2) バックホゥは，主に機械の位置よりも<u>低い場所</u>の掘削に用いられる。主に狭い場所での深い掘削に用いられる機械は，クラムシェルである。 (3) トラクターショベルは，主に<u>積込み・運搬</u>作業に用いられる。主に機械の位置よりも高い場所の掘削に用いられる機械は，ローディングショベルである。 (4) スクレーパは，掘削・積込み・中距離運搬・敷均し作業に用いられる。
問題2	(1)	種子吹付け工の目的は，<u>雨水による法面の浸食防止，凍上による表層の崩壊防止</u>である。
問題3	(4)	盛土工における構造物縁部の締固めは，<u>ソイルコンパクタやランマなどの小型の締固め機械により入念に締め固める</u>。
問題4	(3)	深層混合処理工法は，<u>固結工法</u>の1つである。深層混合処理工法は，軟弱地盤の深層部に攪拌機を貫入し，セメントまたは石灰などの安定材と原地盤の土を混合して地盤を固結する工法である。
問題5	(1)	(1) フライアッシュは，水和熱による温度上昇の低減を図ることを目的として使用される混和材ある。よって，適当である。 (2) シリカフュームは，<u>水密性や化学抵抗性の向上</u>を図ることを目的として使用される混和材である。 (3) AE減水剤は，<u>所要の単位水量および単位セメント量の低減</u>と，<u>コンクリートの耐凍害性の改善</u>を図ることを目的として使用される混和剤である。 (4) 流動化剤は，単位水量を一定に保ち，<u>コンクリートの流動性の増大</u>を図ることを目的として使用される混和剤である。
問題6	(2)	スランプ試験は，コンクリートをほぼ等しい量の<u>3層</u>に分けてスランプコーンに詰める。
問題7	(1)	コンシステンシーとは，フレッシュコンクリートの変形または流動に対する抵抗性である。練混ぜ水の一部が遊離してコンクリート表面に上昇する現象は，ブリーディングである。
問題8	(3)	鉄筋どうしの交点の要所は，<u>直径0.8 mm以上の焼なまし鉄線または適切なクリップで固定</u>する。
問題9	(1)	打撃工法による群杭の打込みでは，杭群の<u>中央部から周辺</u>に向かって打ち進む。
問題10	(1)	リバースサーキュレーション工法の主な資機材は，<u>スタンドパイプ・ドリルパイプ・自然泥水</u>などである。
問題11	(3)	ヒービングとは，<u>軟弱な粘土質地盤を掘削したときに，掘削底面が盛り上がる現象</u>である。砂質地盤で地下水位以下を掘削したときに，砂が吹き上がる現象は，ボイリングである。
問題12	(2)	点Y_Uは，上降伏点で急激にひずみが変化するはじまりの点である。点Y_Lは，急激にひずみが変化する終わりの点である。点Eは，弾性の性質を有する限界の点である。
問題13	(4)	(1) 開先溶接の始端と終端は，溶接欠陥が生じやすいので，<u>エンドタブという部材を設ける</u>。 (2) 溶接の施工にあたっては，溶接線近傍を十分に乾燥させなければならない。 (3) すみ肉溶接においては，<u>原則として裏はつりを行わない</u>。 (4) 記述は，適当である。

番号	解答	解　　　　説
問題 14	(4)	(1) 塩害対策として，水セメント比をできるだけ小さくする。 (2) 膨張材は，コンクリートを膨張させる混和材で，コンクリートのひび割れの低減を目的としたものである。 (3) 凍害対策として，吸水率の小さい骨材を使用する。 (4) 記述は，適当である。
問題 15	(2)	引堤工事を行った場合の旧堤防は，新堤防の完成後，新堤防の安定を待って撤去する。
問題 16	(1)	(1) 記述は，適当である。 (2) 高水護岸は，複断面の河川において高水時に表法面を保護するために施工する。 (3) 護岸基礎工の天端の高さは，洗掘に対する保護のため，計画河床高又は現況河床高のいずれか低いものより 0.5〜1.5 m 程度低く施工する。 (4) 法覆工は，堤防の法勾配が急で流速が大きな場所では，間知ブロックで施工する。
問題 17	(2)	堤体基礎の根入れは，基礎地盤が岩盤の場合は 1.0 m 以上行う。
問題 18	(3)	(1) 杭工は，地すべり運動ブロックの中央部より下部の斜面に設置する。 (2) 集水井工は，集水した地下水を排水ボーリングの排水路に導き，自然排水する。 (3) 記述は，適当である。 (4) 排土工は，地すべり頭部の不安定な土塊を排除する工法である。
問題 19	(2)	加熱アスファルト安定処理路盤材料の敷均しは，一般にアスファルトフィニッシャで行う。
問題 20	(3)	初転圧温度は，一般に 110〜140℃ である。
問題 21	(4)	流動わだち掘れは，道路の横断方向の凹凸で，車両の通過位置が同じところに発生する。
問題 22	(2)	コンクリート舗装は，主としてコンクリートの曲げ抵抗で交通荷重を支える。
問題 23	(2)	ダム本体の基礎の掘削は，大量掘削に対応できる爆破掘削によるベンチカット工法が一般的に用いられる。
問題 24	(4)	鋼アーチ式支保工は，一次吹付けコンクリート施工後に建て込む。
問題 25	(3)	層積みは，規則正しく配列する積み方で整然と並び，外観が美しく，安定性が良いが，捨石均し面に凹凸があると，据付けが困難になる。
問題 26	(3)	(1) グラブ浚渫船は，岸壁等の構造物前面の浚渫や深い場所での浚渫に適している。 (2) 非航式グラブ浚渫船の標準的な船団は，グラブ浚渫船，土運船，曳舟および揚錨船の 4 隻で構成される。 (3) 記述は，適当である。 (4) 浚渫後の出来形確認測量には，原則として音響測探機を使用する。
問題 27	(2)	バラスト道床は，耐摩耗性に優れ，単位容積質量やせん断抵抗角が大きい砕石を選定する。
問題 28	(3)	軌道作業責任者は，作業集団ごとに専任の者を配置しなければならない。
問題 29	(4)	密閉型シールドは，フード部とガーダー部が隔壁で仕切られている。
問題 30	(1)	(1) 記述は，適当である。 (2) 管の布設にあたっては，原則として低所から高所に向けて行う。 (3) ダクタイル鋳鉄管は，表示記号の管径，年号の記号を上に向けて据え付ける。 (4) 鋳鉄管の切断において，直管の場合は切断機で行い，異形管の場合は切断して使用してはならない。
問題 31	(4)	(イ)はいんろう継手，(ロ)はカラー継手，(ハ)はソケット継手，である。よって，(4)が適当である。

番号	解答	解　　説
問題 32	(2)	未成年者の親権者又は後見人は，未成年者の賃金を代って受け取ることができ<u>ない</u>。使用者は，労働者が未成年者であっても，直接労働者に賃金を支払わなければならない。
問題 33	(1)	労働者が業務上疾病にかかった場合においては，使用者は，必要な療養費用の<u>全額負担</u>をしなければならない。
問題 34	(1)	高さが３ｍのコンクリート橋梁上部構造の架設の作業は，<u>技能講習を修了した作業主任者を選任する必要はない</u>。ただし，高さが５ｍ以上または支間が 30 ｍ以上のコンクリート橋梁上部構造の架設の作業は，技能講習を修了した作業主任者を選任しなければならない。
問題 35	(4)	建設業者は，請負った工事を施工するときは，建設工事の<u>技術上</u>の管理をつかさどる主任技術者を置かなければならない。
問題 36	(4)	継続して道路を使用しようとする場合，道路管理者の許可を受けるために提出する申請書に記載すべき事項には，①道路の占用の目的，②道路の占用の期間，③道路の占用の場所，④工作物，物件又は施設の構造，⑤工事実施の方法，⑥工事の時期，⑦道路の復旧方法である。よって，<u>工事実施の方法が申請書に記載すべき事項に該当</u>する。
問題 37	(1)	河川の管理は，原則として，<u>二級河川を都道府県知事，準用河川を市町村長が行う</u>。
問題 38	(3)	建築基準法上，建築設備に該当するものは，建築物に設ける電気・ガス・給水・排水・換気・暖房・冷房・消火・排煙若しくは汚物処理の設備又は煙突・昇降機若しくは避雷針である。よって，<u>階段は建築設備に該当しない</u>。
問題 39	(1)	火薬類を取り扱う者が，所有又は，占有する火薬類，譲渡許可証，譲受許可証又は運搬証明書を紛失又は盗取されたときは，遅滞なくその旨を<u>警察官又は海上保安官に届け出な</u>ければならない。
問題 40	(4)	住民の生活環境を保全する必要があると認める地域を，特定工場等において発生する騒音及び特定建設作業に伴って発生する騒音について規制する地域として指定を行う者は，<u>都道府県知事又は市長である</u>。
問題 41	(4)	指定地域内において特定建設作業を施工しようとする者が，届け出なければならない事項は，①氏名又は名称及び住所並びに法人にあっては，その代表者の氏名，②建設工事の目的に係る施設又は工作物の種類，③特定建設作業の種類・場所・実施期間及び作業時間，④振動の防止の方法，⑤その他環境省令で定める事項，⑥特定建設作業の場所の付近の見取図である。よって，特定建設作業の<u>現場の施工体制表</u>は，<u>届け出なければならない事項</u>に該当しない。
問題 42	(2)	船舶は，特定港において危険物の積込，積替又は荷卸をするには，<u>港長の許可を受けな</u>ければならない。
問題 43	(4)	測線 BC の方位角＝測線 AB の方位角＋測点 B の交角－180° ＝182°50′39″＋100°6′34″－180°＝<u>102°57′13″</u> 　　よって，(4)が適当である。
問題 44	(1)	設計図書とは，図面，仕様書，現場説明書及び現場説明に対する質問回答書をいい，<u>契約書は含まれない</u>。
問題 45	(3)	<u>L1 は擁壁の直高，L2 は地盤の高低差，N1 は裏込め材</u>，N2 は裏込めコンクリートである。よって，(3)が適当である。
問題 46	(4)	(1) バックホウの性能表示は，バケット容量（m³）である。 (2) ダンプトラックの性能表示は，積載重量（t）である。 (3) クレーンの性能表示は，吊上げ荷重（t）である。 (4) 組合せは，適当である。

番号	解答	解　　説
問題 47	(2)	事前調査では，工事内容の把握のため，設計図書及び仕様書の内容などの調査を行うことは必要であるが，<u>現場事務所用地の調査を行うことは不要</u>である。
問題 48	(1)	橋梁支間<u>30 m 以上</u>の鋼橋の架設作業を行うときは，物体の飛来又は落下による危険を防止するため，<u>保護帽</u>を着用する。
問題 49	(4)	作業を行う区域内には，関係労働者以外の労働者の<u>立入り</u>を禁止しなければならない。
問題 50	(2)	アスファルト舗装工の品質管理において，アスファルト混合物の安定度を測定するための試験方法は，<u>マーシャル安定度試験</u>である。平坦性試験は，舗装面の縦横断の凹凸量を測定するための試験方法である。
問題 51	(3)	レディーミクストコンクリートの品質管理項目は，<u>強度</u>，スランプ，空気量，塩化物含有量である。
問題 52	(4)	(1) 騒音や振動の防止対策では，騒音や振動の絶対値を下げるとともに，発生期間の<u>短縮</u>を検討する。 (2) 造成工事等の土工事にともなう土ぼこりの防止対策には，<u>散水養生</u>が一般的である。 (3) 騒音の防止方法には，発生源での対策，伝搬経路での対策，受音点での対策があり，<u>建設工事では発生源での対策</u>が広く行われる。 (4) 記述は，適当である。
問題 53	(3)	建設リサイクル法に定められている特定建設資材とは，<u>コンクリート</u>，コンクリート及び鉄から成る建設資材，木材，アスファルト・コンクリートである。よって，(3)が該当する。
問題 54	(1)	① 誤り：公共工事を受注した建設業者が，下請契約を締結するときは，その金額にかかわらず，施工体制台帳を作成し，その写しを<u>発注者</u>に提出しなければならない。 ② 誤り：施工体系図は，当該建設工事の目的物の引渡しをした時から<u>10 年間</u>は保存しなければならない ③ 正しい。 ④ 誤り：下請負人は，請け負った工事を再下請に出すときは，<u>元請である特定建設業者</u>に通知しなければならない。 よって，正しいものの数は，(1)の 1 つである。
問題 55	(2)	(イ)は q＝7 m³，(ロ)は f＝1/L＝1/1.25＝0.8，(ハ)は Cm＝24 分，(ニ)は Q＝7×0.8×0.9/24×60＝12.6 m³/h である。よって，(2)が正しい。
問題 56	(3)	① 誤り：曲線式工程表には，グラフ式工程表と出来高累計曲線がある。<u>バーチャート</u>は，横線式工程表に分類される。 ② 誤り：図 1 のように縦軸に日数をとり，横軸にその工事に必要な距離を棒線で表す<u>工程表は，斜線式工程表</u>である。 ③ 正しい。 ④ 正しい。 よって，適当なもののみを全てあげている組合せは，(3)の③④である。
問題 57	(2)	(イ)は作業 C，(ロ)は作業 E，(ハ)は 8−7＝1 日，(ニ)は 5＋6＋8＋4＝23 日である。よって，(2)が正しい。 クリティカルパスの日数は，最も長い所要日数である。 　　　Ａ　Ｃ　Ｅ　Ｇ ⓪→①→③→⑤→⑥の経路で，5＋6＋8＋4＝23 日である。

番号	解答	解　　　　　　説
問題 58	(3)	① 正しい。 ② 誤り：事業者は，型枠支保工に使用する材料は著しい損傷，変形又は腐食があるものを使用してはならない。 ③ 正しい。 ④ 正しい。 　よって，正しいものの数は，①③④の 3 つで(3)が適当である。
問題 59	(3)	① 正しい。 ② 正しい。 ③ 正しい。 ④ 誤り：事業者は，ブームやアームを上げ，その下で修理等の作業を行うときは，不意に降下することによる危険を防止するため，作業に従事する労働者に安全支柱や安全ブロック等を使用させなければならない。 　よって，正しいものの数は，①②③の 3 つで(3)が適当である。
問題 60	(2)	① 正しい。 ② 正しい。 ③ 誤り：$\bar{x}$-R 管理図は，通常連続した折れ線グラフで示される。 ④ 誤り：建設工事では，$\bar{x}$-R 管理図を用いて，連続量として測定される計量値を扱うことが多い。 　よって，適当なものの数は，①②の 2 つで(2)が適当である。
問題 61	(1)	① 適当である。 ② 適当でない：盛土の締固めの効果や特性は，土の種類や含水比，施工方法によって変化する。 ③ 適当でない：盛土が最もよく締まる含水比は，最大乾燥密度が得られる含水比で最適含水比である。 ④ 適当である。 　よって，適当なもののみを全てあげている組合せは，①と④で(1)の組合せである。